普通高等教育高职高专土建类“十二五”规划教材

AutoCAD与天正建筑

主编　韦清权　刘勇

中国水利水电出版社
www.waterpub.com.cn

内 容 提 要

本教材涵盖了当前较高版本的 AutoCAD2009 和天正建筑 8.0 两方面制图软件，包括：AutoCAD2009 的基本知识，图形的绘制与编辑，图块与外部参照，尺寸与文字标注，三维图形的绘制等；天正建筑 8.0 则介绍了用户设置方法，建筑的平面、立面、剖面以及详图的绘制方法，常用工具的使用和天正的打印方法等内容。

本教材可作为高职院校建筑类相关专业学生的教学用书，也可作为在职职工的培训教材，还可供有关的工程技术人员参考或自学之用。

本教材配有相关 AutoCAD 工程图及一套完整建筑设计图纸，可供参考，免费下载地址：http：//www.waterpub.com.cn/softdown。

图书在版编目（CIP）数据

AutoCAD与天正建筑 / 韦清权，刘勇主编. -- 北京
：中国水利水电出版社，2012.2(2018.1重印)
普通高等教育高职高专土建类“十二五”规划教材
ISBN 978-7-5084-8731-1

Ⅰ. ①A… Ⅱ. ①韦… ②刘… Ⅲ. ①Auto
CAD软件－高等职业教育－教材②建筑设计：计算机辅助设计－应用软件，TArch－高等职业教育－教材 Ⅳ.
①TP391.72②TU201.4

中国版本图书馆CIP数据核字(2012)第020236号

书　　名	普通高等教育高职高专土建类“十二五”规划教材 **AutoCAD 与天正建筑**
作　　者	主编　韦清权 刘勇
出版发行	中国水利水电出版社 （北京市海淀区玉渊潭南路 1 号 D 座　100038） 网址：www.waterpub.com.cn E－mail：sales@waterpub.com.cn 电话：（010）68367658（营销中心）
经　　售	北京科水图书销售中心（零售） 电话：（010）88383994、63202643、68545874 全国各地新华书店和相关出版物销售网点
排　　版	中国水利水电出版社微机排版中心
印　　刷	北京瑞斯通印务发展有限公司
规　　格	184mm×260mm　16 开本　17.25 印张　409 千字
版　　次	2012 年 2 月第 1 版　2018 年 1 月第 4 次印刷
印　　数	11001—13000 册
定　　价	**36.00** 元

普通高等教育高职高专土建类
“十二五”规划教材

参编院校及单位

安徽工业经济职业技术学院
滨州职业学院
重庆建筑工程职业学院
甘肃工业职业技术学院
甘肃林业职业技术学院
广东建设职业技术学院
广西经济干部管理学院
广西机电职业技术学院
广西建设职业技术学院
广西理工职业技术学院
广西交通职业技术学院
广西水利电力职业技术学院
广西工业职业技术学院
石家庄铁路职业技术学院
太原城市职业技术学院
太原大学
乌海职业技术学院
烟台职业学院
延安职业技术学院
义乌工商学院
邕江大学
浙江工商职业技术学院
金华职业技术学院
九江学院
九江职业大学
兰州工业高等专科学校
辽宁建筑职业技术学院
漯河职业技术学院
内蒙古河套大学
内蒙古建筑职业技术学院
南宁职业技术学院
宁夏建设职业技术学院
山西长治职业技术学院
山西水利职业技术学院
河北交通职业技术学院
河北省交通厅公路管理局
河南财政税务高等专科学校
河南工业职业技术学院
黑龙江农垦科技职业学院
湖南城建集团
湖南交通职业技术学院
淮北职业技术学院
淮海工学院

本 册 编 委 会

本 册 主 编： 韦清权　刘勇

本册副主编： 娄开伦　李　真　甘海龙　赵彬辰　梁　媚　向环丽

本 册 参 编： 韦耿新　全　红　曾根莲　黄月明　李丽梅

序

“十二五”时期，高等职业教育面临新的机遇和挑战，其教学改革必须动态跟进，才能体现职业教育“以服务为宗旨、以就业为导向”的本质特征，其教材建设也要顺应时代变化，根据市场对职业教育的要求，进一步贯彻“任务导向、项目教学”的教改精神，强化实践技能训练、突出现代高职特色。

鉴于此，从培养应用型技术人才的期许出发，中国水利水电出版社于2010年启动了土建类（包括建筑工程、市政工程、工程管理、建筑设备、房地产等专业）以及道路桥梁工程等相关专业高等职业教育的“十二五”规划教材，本套“普通高等教育高职高专土建类‘十二五’规划教材”编写上力求结合新知识、新技术、新工艺、新材料、新规范、新案例，内容上力求精简理论、结合就业、突出实践。

随着教改的不断深入，高职院校结合本地实际所展现出的教改成果也各不相同，与之对应的教材也各有特色。本套教材的一个重要组织思想，就是希望突破长久以来习惯以“大一统”设计教材的思维模式。这套教材中，既有以章节为主体的传统教材体例模式，也有以“项目—任务”模式的“任务驱动型”教材，还有基于工作过程的“模块—课题”类教材。不管形式如何，编写目标均是结合课程特点、针对就业实际、突出职业技能，从而符合高职学生学习规律的精品教材。主要特点有以下几方面：

（1）专业针对性强。针对土建类各专业的培养目标、业务规格（包括知识结构和能力结构）和教学大纲的基本要求，充分展示创新思想，突出应用技术。

（2）以培养能力为主。根据高职学生所应具备的相关能力培养体系，构建职业能力训练模块，突出实训、实验内容，加强学生的实践能力与操作技能。

（3）引入校企结合的实践经验。由企业的工程技术人员参与教材的编写，将实际工作中所需的技能与知识引入教材，使最新的知识与最新的应用充实到教学过程中。

(4) 多渠道完善。充分利用多媒体介质，完善传统纸质介质中所欠缺的表达方式和内容，将课件的基本功能有效体现，提高教师的教学效果；将光盘的容量充分发挥，满足学生有效应用的愿望。

本套教材适用于高职高专院校土建类相关专业学生使用，亦可为工程技术人员参考借鉴，也可作为成人、函授、网络教育、自学考试等参考用书。本套丛书的出版对于“十二五”期间高职高专的教材建设是一次有益的探索，也是一次积累、沉淀、迸发的过程，其丛书的框架构建、编写模式还可进一步探讨，书中不妥之处，恳请广大读者和业内专家、教师批评指正，提出宝贵建议。

编委会

2011 年 1 月

前 言

计算机辅助设计能力已经是高职高专院校学生，特别是建筑类专业学生都必须具备的基本技能之一。本教材的编写是将建筑 CAD 与天正建筑结合在一起，并追求了当前的较高版本软件，能够适应高职高专教育重技能讲应用的教学要求。

本教材分两大篇：第一篇介绍 AutoCAD2009 的基本知识和应用，第二篇是天正建筑 8.0 的应用技术。

第一篇 AutoCAD 制图技术，主要介绍了 AutoCAD2009 软件的安装环境、基本操作以及各种工具和命令的使用方法等，是本教材的重点内容之一。AutoCAD2009 版本是天正建筑 8.0 版本安装的最高平台软件。因此，本书的编写遵循了以适应市场要求、符合职业教育为出发点，突出实用性和使用技巧。本书重点阐述了 AutoCAD2009 中文版的基本方法、操作技巧和应用实例，内容翔实，图文并茂，语言简洁，思路清晰。

第二篇天正建筑 8.0 绘图技术，是以 AutoCAD 为平台的应用软件，是目前绘制建筑施工图的主要软件之一，是根据我国的制图标准，并参照了国际标准编制的软件，与纯粹 AutoCAD 绘制的施工图相比，在标准、质量和效率上均更高，因此是本教材的第二个重点内容。但由于篇幅有限，我们以一个工程案例的设计为切入点，仅介绍了最常用的命令和绘图方法、步骤，对于其他内容，读者可以借助软件安装时自带的视频教学工具自学并提高。

本教材为便于读者理解和巩固知识，另外还配有相应的案例可供下载，内含天正建筑部分在编写时涉及到的工程图，并提供了另一套完整的建筑设计图纸。

本教材的编写得到了几所高职高专院校领导和老师的大力支持，在此表示诚挚感谢。具体分工如下：主编是广西水利电力职业技术学院韦清权老师和南宁职业技术学院刘勇老师；副主编是南宁职业技术学院的娄开伦老师，广西理工职业技术学院的赵彬辰、梁媚老师，广西机电职业技术学院的甘海龙老师，广西工业职业技术学院的向环丽老师，邕江大学的李真老师等；参编的是南宁职业技术学院全红、韦耿新、曾根莲老师，广西交通职业技术学院的黄月明老师等。本教材共分14章内容，编写安排如下：韦清权编写第13章、附录，刘勇编写第2章、第5章，娄开伦编写第4章，全红编写第1章，韦耿新编写第3章，李真编写第6章，曾根莲编写第7章，向环丽编写第8章、第9章，赵彬辰编写第10章，梁媚编写第11章，甘海龙编写第12章、第14章，黄月明编写工程案例。韦清权承担全书的统稿和校订工作。

本教材在编写过程中，参考了国内相关内容的一些书籍，在此谨向有关作者表示衷心的感谢。

由于编者的学识水平有限，书中难免有不妥和疏误之处，敬请读者批评指正。

编　者

2011年11月

目　录

序

前言

第一篇　AutoCAD 制图技术

1　AutoCAD2009 基本知识 …… 1

1.1　AutoCAD2009 的基本特点 …… 1

1.2　AutoCAD2009 的功能 …… 2

1.3　AutoCAD2009 的安装与配置 …… 5

1.4　AutoCAD2009 的用户界面 …… 6

2　AutoCAD2009 的基本操作 …… 11

2.1　AutoCAD2009 基本操作命令 …… 11

2.2　AutoCAD2009 文件管理 …… 16

2.3　常用 AutoCAD2009 操作命令 …… 19

3　图形绘制 …… 27

3.1　AutoCAD 作图的一般原则及方法步骤 …… 27

3.2　绘制线形 …… 33

3.3　绘制圆弧形 …… 42

3.4　绘制多边形和点 …… 49

3.5　绘制样条曲线和面域 …… 53

3.6　图案填充 …… 54

4　图形编辑 …… 58

4.1　选择编辑对象 …… 58

4.2　夹点编辑 …… 62

4.3　删除与恢复 …… 68

4.4　复制、偏移、镜像、阵列 …… 70

4.5　移动与变形 …… 77

4.6　修剪与延伸 …… 83

4.7　复杂线形编辑 …… 93

5 图块与外部参照 …… 98
5.1 创建和调用图块 …… 98
5.2 外部参照与设计中心 …… 108
6 尺寸与文字标注 …… 114
6.1 尺寸标注与编辑 …… 114
6.2 文字标注与编辑 …… 134
7 三维建筑图形绘制 …… 144
7.1 用户坐标系 …… 144
7.2 三维视点与视图设置 …… 147
7.3 建立三维实体 …… 149
7.4 编辑三维对象 …… 157
7.5 三维实体编辑 …… 159
7.6 渲染 …… 163

第二篇 天正建筑 8.0 绘图技术

8 天正建筑 8.0 的用户设置 …… 164
8.1 概述 …… 164
8.2 软件的安装与配置 …… 164
8.3 用户界面与主要操作 …… 165
8.4 天正设置选项 …… 166
9 绘制建筑平面图 …… 169
9.1 绘制首层平面图 …… 169
9.2 绘制标准层平面图 …… 191
9.3 绘制顶层平面图 …… 194
9.4 绘制屋顶层平面图 …… 194
10 绘制建筑立面图 …… 201
10.1 基本建筑立面的创建 …… 202
10.2 立面门窗的修改 …… 205
10.3 立面阳台的修改 …… 208
10.4 立面屋顶的创建与修改 …… 209
10.5 立面楼梯的修改 …… 212
10.6 立面轮廓的创建 …… 215
10.7 立面图的完善 …… 216
11 绘制建筑剖面图 …… 219
11.1 绘制剖面剖切符号 …… 219
11.2 基本建筑剖面的创建 …… 221

11.3 剖面墙的绘制 …… 223
11.4 剖面楼板的绘制 …… 223
11.5 剖面梁的绘制 …… 224
11.6 剖面楼梯的绘制 …… 225
11.7 楼梯栏杆扶手的绘制 …… 227
11.8 剖面门窗和檐口的绘制 …… 230
11.9 剖面图的完善 …… 231

12 绘制建筑详图 …… 235
12.1 外墙详图 …… 235
12.2 绘制墙身剖面详图 …… 236
12.3 绘制楼梯详图 …… 244

13 天正建筑的其他常用工具 …… 250
13.1 文字表格 …… 250
13.2 尺寸标注 …… 254
13.3 符号标注 …… 255
13.4 工具 …… 257

14 文件的打印和输出 …… 259
14.1 打印样式管理 …… 259
14.2 设置打印参数 …… 261

附录 AutoCAD2009 常用命令一览表 …… 265

参考文献 …… 266

第一篇　AutoCAD 制图技术

1　AutoCAD 2009 基本知识

本章要点

AutoCAD 是美国 Autodesk 公司开发研制的计算机辅助设计绘图软件，全称 Auto Computer Aided Design，即计算机辅助设计。AutoCAD 2009 是继 AutoCAD 2008 后发布的新版本。随着新版本的发行，Autodesk AutoCAD 2009 将直观强大的概念设计和视觉工具结合在一起，更有成效地帮助用户实现更具竞争力的设计创意，被广泛应用在建筑、机械、冶金、石油、化工等各个行业。

AutoCAD 2009 的基本知识的学习，是使用 AutoCAD 2009 制图的入门的基本要求。本章重点内容是 AutoCAD 2009 的基本功能和系统界面，主要介绍了以下四个方面的内容：

（1）AutoCAD 2009 的基本特点。

（2）AutoCAD 2009 的功能。

（3）AutoCAD 2009 的安装与配置。

（4）AutoCAD 2009 的用户界面。

1.1　AutoCAD2009 的基本特点

概括起来，AutoCAD 2009 包括如下一些基本特点：

（1）完善的图形绘制功能。

（2）强大的图形编辑功能。

（3）可以采用多种方式进行二次开发或用户定制。

（4）可以进行多种图形格式的转换，具有较强的数据交换能力。

（5）支持多种硬件设备。

（6）支持多种操作平台。

（7）具有通用性、易用性，适用于各类用户此外，AutoCAD2009 系统又增添了许多强大的功能，如 AutoCAD 设计中心（ADC）、多文档设计环境（MDE）、Internet 驱动、新的对象捕捉功能、增强的标注功能以及局部打开和局部加载的功能，从而使 AutoCAD

系统更加完善。

1.2　AutoCAD2009 的功能

1.2.1　AutoCAD 2009 的基本功能

AutoCAD 2009 具有早期 CAD 软件所具有的一切基本功能。用户能够绘制基本的二维和三维图形并进行编辑，可以对图形进行标注和添加文字说明，可以方便地控制视图的显示以及对图层、颜色和线型的管理，可以将绘制的图形输出并打印。

1.2.1.1　绘制和编辑图形

AutoCAD2009 的【菜单浏览器】按钮中包含着丰富的绘图命令，使用它们可以绘制直线、构造线、多段线、圆、矩形、多边形、椭圆等基本图形，也可以将绘制的图形转换为面域，对其进行填充。点击【菜单浏览器】按钮，在弹出菜单中选择【修改】菜单中的各种命令，可以绘制出各种各样的二维图形。

对于一些二维图形，通过拉伸、设置标高和厚度等操作就可以轻松地转换为三维图形。单击【菜单浏览器】按钮，在弹出的菜单中选择【绘图】/【建模】命令中的子命令可以很方便地绘制圆柱体、球体、长方体等基本实体。同样再点击【菜单浏览器】按钮，在弹出的菜单中选择【修改】菜单中的相关命令，还可以绘制出各种各样的复杂三维图形。

1.2.1.2　标注图形尺寸

尺寸标注是向图形中添加测量注释的过程，是整个绘图过程中不可缺少的一步。单击【菜单浏览器】按钮，在弹出的菜单中选择【标注】菜单中的子命令，可以在图形的各个方向上创建各种类型的标注，也可以方便、快速地创建符合行业或项目标准的标注。

标注显示了对象的测量值，对象之间的距离、角度，或者特征与指定原点的距离。在 AutoCAD 中提供了线性、半径和角度 3 种基本的标注类型，可以进行水平、垂直、对齐、旋转、坐标、基线或连续等标注。此外，还可以进行引线标注、公差标注，以及自定义粗糙度标注。标注的对象可以是二维图形或三维图形。

1.2.1.3　渲染三维图形

AutoCAD2009 可以运用雾化、光源和材质，将模型渲染为具有真实感的图像。如果是为了演示，可以渲染全部对象；如果时间有限，或显示设备和图形设备不能提供足够的灰度等级和颜色，就不必精细渲染；如果只需快速查看设计的整体效果，则可以简单消隐或设置视觉样式。

1.2.1.4　输出和打印图形

AutoCAD 不仅允许将所绘图形以不同样式通过绘图仪或打印机输出，还能够将不同格式的图形导入 AutoCAD 或将 AutoCAD 图形以其他格式输出。因此，当图形绘制完成之后可以使用多种方法将其输出。例如，可以将图形打印在图纸上，或创建成文件以供其他应用程序使用。

1.2.2　AutoCAD 2009 的新特性

AutoCAD2009 与以前版本相比，最大的区别就是工作界面发生了很大的变化。另外，AutoCAD2009 在以往版本的基础上增加了许多功能。

1.2.2.1 快捷特性

选择图形对象后，单击状态栏中的“快捷特性”按钮，打开“快捷特性”面板，在其中进行相关设置即可。如图 1.1 所示为选择矩形后打开“快捷特性”面板。在状态栏中的“捕捉模式”按钮上右击，在弹出的快捷菜单中选择“设置”命令，打开“草图设置”对话框，单击“快捷特性”选项卡，在其中可以对快捷特性进行设置，如图 1.2 所示。

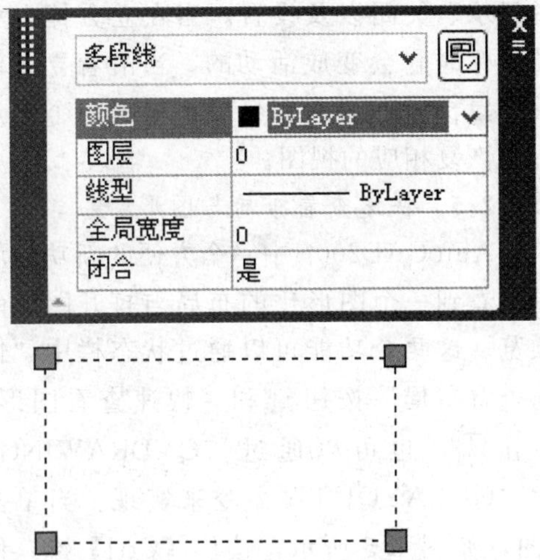

图 1.1 “快捷特性”面板

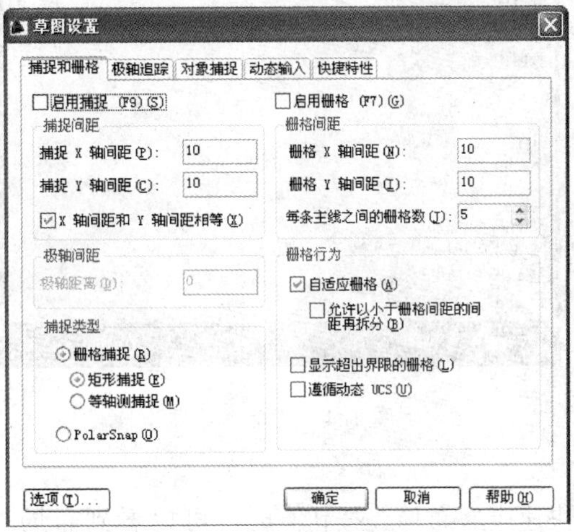

图 1.2 快捷特性选项卡

1.2.2.2 动作记录器

AutoCAD2009 的动作记录器与 office2007 宏的作用类似，它可以快速而简单地录制绘图步骤以备重复使用，也包含诸如暂停、已让用户输入、选择对象等。

打开动作记录器的方法：选择【工具】/【动作记录器】组，单击“录制”按钮，即可开始录制操作步骤，当开始录制时，“录制”按钮变成停止按钮。单击“停止”按钮，将打开“动作宏”对话框，在其中可以对宏的命令名称等进行设置，如图 1.3 所示。

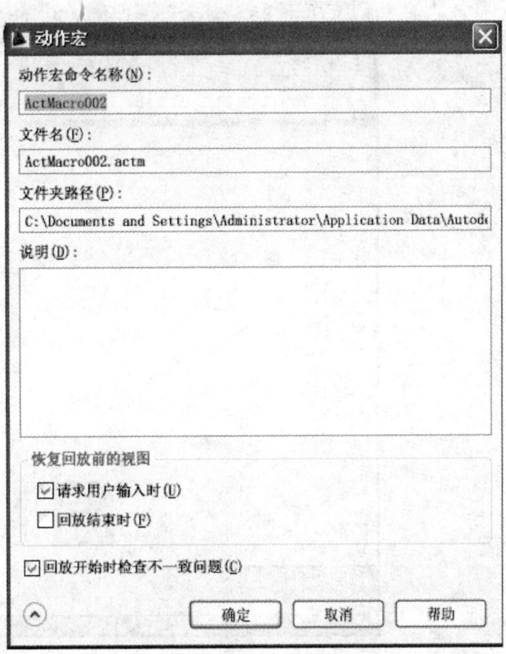

图 1.3 “动作宏”对话框

1.2.2.3 菜单浏览器

AutoCAD2009 用户界面包含一个位于左上角的菜单浏览器。使用菜单浏览器可以方便地访问不同项目，包括命令和文档。菜单浏览器显示一个垂直的菜单项列

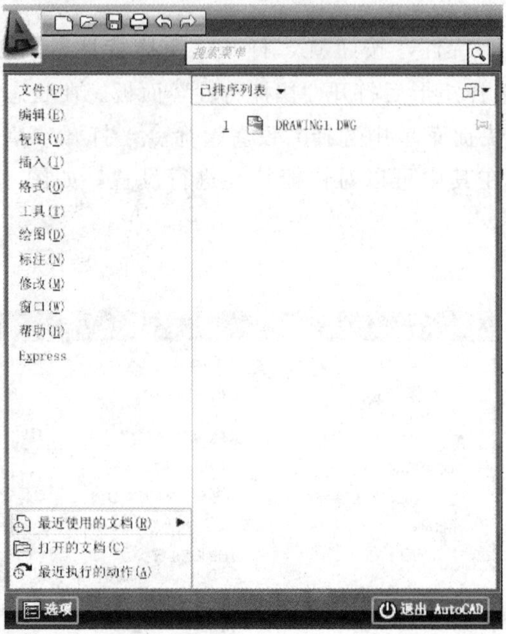

图 1.4　菜单浏览器

表，它用来代表以往水平显示在 AutoCAD 窗口顶部的菜单。用户可以选择一个菜单选项调用相应的命令，如图 1.4 所示。

1.2.2.4　3D 导航立方体

AutoCAD2009 三维视图中查看图形对象比以往更容易。在命令行中输入“CUBE”命令，可以进行 3D 导航立方体的显示、关闭以及设置。当在立方体上移动鼠标时它会变成活动的。当沿着立方体移动鼠标时，热点会变亮，单击一个热点可以恢复相应的视图。

1.2.2.5　快速查看布局与图形

AutoCAD2009 中一个方便的新功能就是能看到一个图形化的布局与打开图形的预览。这两个功能可以通过状态栏中“快速查看布局”按钮和“快速查看图形”按钮，也可以通过“QVDRAWING”和“QVLAYOUT”命令来实现。当单击“快速查看布局”按钮时，可以看到布局缩略图，如图 1.5 所示，按住【Ctrl】键，使用鼠标滚动可以动态改变图像的尺寸。

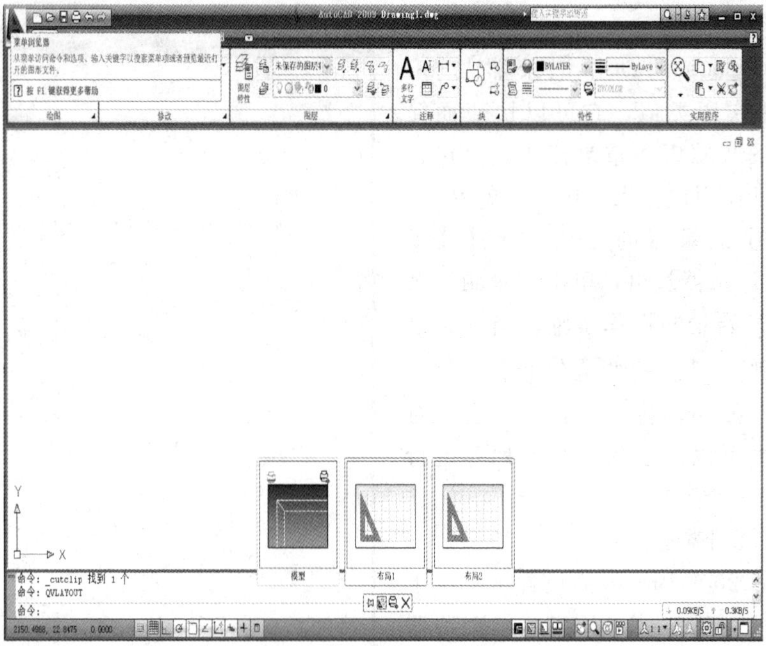

图 1.5　布局缩略图

1.3 AutoCAD2009 的安装与配置

1.3.1 AutoCAD2009 的系统要求

1.3.1.1 软件要求

对于 32 位操作而言，可操作平台有 Microsoft Windows ×P、Professional (Service Pack2，Home Service Pack2)、Windows 2000 Service Pack4 或 Windows Vista (Enterprise、Bussiness、Ultimate、Home Premium、Home Basic 和 Starter)。

对于 64 位操作而言，可操作平台有 Microsoft Windows ×P Professional、Windows 2000 Service Pack4 或 Windows Vista (Enterprise、Bussiness、Ultimate、Home Premium、Home Basic)。

1.3.1.2 硬件要求

(1) 处理器：Premium4、AMD Athlon 或更高版本，800MHz 为最低，建议采用 3.0GHz 或更快的处理器。

(2) 内存：最低 512MB，建议 2GB 以上。

(3) 硬盘空间：安装空间需要 750MB，建议 2GB (不包括安装所需的 750MB) 以上。

(4) 显示器：1024×768VGA，真彩色 24 位以上。

1.3.2 AutoCAD2009 的安装

将 AutoCAD 2009 安装光碟插入计算机的 CD－ROM 光驱内，自动运行安装程序。如图 1.6 所示。

图 1.6 AutoCAD2009 简体中文版安装

在安装程序对话框，单击“安装产品”按钮，弹出 AutoCAD 2009 安装向导对话框，在对话框中选中要安装的产品，然后单击“下一步”按钮。

在弹出“接受许可协议”界面中，阅读相关的许可协议后，选中“我接受”单选按钮，然后单击“下一步”，在弹出的“产品和用户信息”界面中填写产品序列号及相关信息，单击“下一步”按钮。

在弹出的“查看一安装一配置”界面中，单击“配置”按钮，在弹出“许可类型”界面中选中“单击许可”单选按钮，然后单击“下一步”按钮，在弹出的“安装类型”界面中选中“典型”单选按钮，并且勾选 Express Tool（s）、材质库、“创建桌面快捷方式”复选框，确定产品安装路径完成配置后，单击安装按钮，开始安装产品。

安装完成后，运行 AutoCAD2009，会出现“注意！你还有 30 天可以注册并激活本产品”的提示，选择“激活产品”，“下一步”会出现一个申请号，记下来备用。

接着运行上图中“注册机”目录中“acad2009 中文注册机”程序，在“申请码”下面的空白处输入刚才出现的“申请号”完成后再点下面的“生成”按钮，就会在“激活码”下面出现一组数字，这个就是我们所需要的激活码，同样也记下来或用鼠标复制下来备用。

回到激活的界面，选择“输入激活码”，会出现“粘贴激活码”或“键入激活码”两个选项，选择任何一种方式将上面得到的激活码填入到注册处，完成激活。

1.4 AutoCAD2009 的用户界面

启动 AutoCAD 2009 的方法一般有三种：

（1）快捷方式。

安装 AutoCAD 2009 后，系统会在 Windows 桌面添加如图的快捷方式，双击桌面上的 AutoCAD 2009 快捷方式图标。

（2）开始菜单。

从 Windows【开始】菜单中选择【程序】子菜单中的【Autodesk】/【AutoCAD 2009－Simplified Chinese】/【AutoCAD 2009】命令，即可启动 AutoCAD 2009，如图 1.7 所示。

（3）通过打开 AutoCAD 文件的方式启动。

如果计算机已经存有 AutoCAD 的图形文件，则可双击扩展名为 .dwg 的文件，也可启动 AutoCAD 2009 的同时打开该图形文件。

启动 AutoCAD2009 直接进入工作界面，它的各个工作空间包括标题栏、绘图区、命令行、状态栏和选项卡等（图 1.7）。

1.4.1 标题栏

标题栏位于工作界面的最上方，用于显示当前正在运行的程序及文件名等信息，如图 1.8 所示。

1.4.1.1 “菜单浏览器”按钮

“菜单浏览器”按钮是 AutoCAD2009 新增的功能按钮，位于界面左上角，单击该按扭，将弹出 AutoCAD 菜单，如图 1.9 所示，其中几乎包含了 AutoCAD 的全部功能和命令，用户选择命令后即可执行相应操作。

图 1.7　AutoCAD2009 工作界面

图 1.8　标题栏

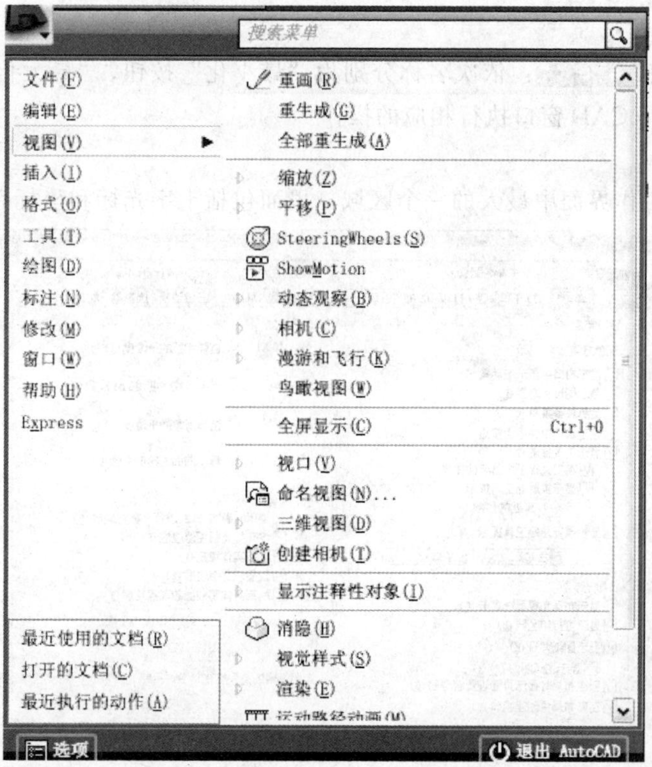

图 1.9　“菜单浏览器”按钮菜单

1.4.1.2　快速访问区

AutoCAD2009 的快速访问工具栏是，包含最常用操作的快捷按钮，方便用户使用。在默认情况下显示 6 个按钮，包括“新建”按钮、“打开”按钮、“保存”按钮、“打印”按钮、“放弃”按钮、“重做”按钮。

如果想在快捷访问工具栏中添加或删除其他按钮，可以右击快速访问工具栏，在弹出的快捷菜单中选择“自定义快速访问工具栏”命令，在弹出的“自定义用户界面”对话框中进行设置即可。

1.4.1.3　文件显示

AutoCAD 2009 Drawing1.dwg 前面代表软件名称和版本，后面代表文件名称。

1.4.1.4　搜索栏

键入关键字或短语 在“输入关键字或短语”的文本上，输入要查找的内容，后单击按钮即可进行搜索。

1.4.1.5　“通讯中心”

“通讯中心”按钮：用于更新 AutoCAD，接受产品支持通告和其他服务，单击“通讯中心”按钮，将弹出“通讯中心”菜单，选择相应的命令即可进行相应的操作。

1.4.1.6　“收藏夹”

“收藏夹”按钮：收藏夹中收藏了需要的网址，与通讯中心的操作类似，单击“收藏夹”按钮，在弹出的菜单中选择需要的网址即可打开相应的网站。

1.4.1.7　控制按钮

文件控制按钮：依次名称分别为“最小化”按钮、“最大化”按钮、“关闭”按钮，用于对 AutoCAD 窗口执行相应的操作。

1.4.2　绘图区

绘图区域是工作界面中最大的一个区域，里面包括十字光标和坐标系图标。

图 1.10　“选项”对话框

1.4.2.1 十字光标

AutoCAD2009 的光标可用于定点位、绘图及选择对象等操作。当光标位于 AutoCAD 绘图区域时显示为十字形状，故又称 AutoCAD 光标为十字光标。如果要修改十字光标的显示大小，则从“工具”菜单中选择“选项”命令，打开“选项”对话框，如图 1.10 所示。单击“显示”选项卡，在十字光标大小选项组中通过输入数值或拖动滑块来修改十字光标的大小，另外，切换到“选择集”选项卡，可以修改拾取框的大小。

1.4.2.2 坐标系图标

坐标系图标通常显示在绘图区域的左下方，如图 1.11 所示为坐标系图标。AutoCAD2009 提供了用户坐标系（User Corordinate System，UCS）和世界坐标系（World Corordinate System，WCS）两种坐标系。世界坐标系为默认坐标系，且默认水平向左为 X 轴正方向，垂直向上方向为 Y 轴正方向（图 1.11）。

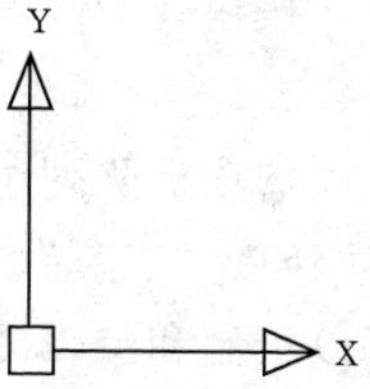

图 1.11 坐标系图标

1.4.2.3 命令行

命令行位于绘图区域的底部，用于显示用户输入的命令、系统的提示及相关信息，如图 1.12 所示。默认状态下，AutoCAD 在命令行中保留所执行的最后 3 行命令或提示信息。

图 1.12 命令行

在绘图过程中，如果想查看多行命令，按【F2】键将 AutoCAD 文本窗口打开，该窗口中显示了对文件执行过的所有命令，如图 1.13 所示。在该窗口中也可输入命令，命令行是跟随命令执行过程变化的。再次按【F2】，又可以关闭次窗口。

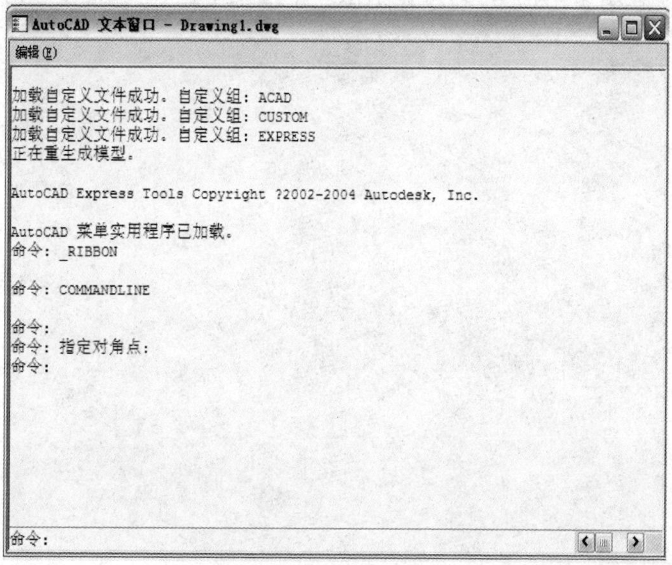

图 1.13 文本窗口

1.4.2.4 状态栏

状态栏位于命令行下方，如图 1.14 所示，主要用于显示或设置当前的绘图状态。状态栏上最左边的一组数字反映当前光标的坐标，其余图形工具从左向右分别表示当前是否启用了捕捉、格栅、正交、极轴、对象捕捉、对象追踪，DUCS、动态输入及是否显示线宽和快捷特性等信息。用户单击任意按钮可开启和关闭相应的功能，按钮处于凹陷状态时表示被选中。

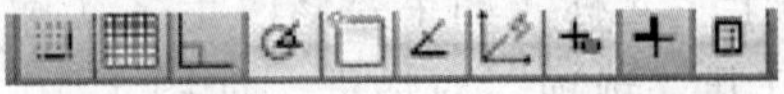

图 1.14 状态栏

1.4.2.5 选项板

选项板陈列了各菜单命令，方便了用户的使用，默认情况下有“常用”、“块和参照”、“注释”、“工具”、“视图”和“输出”选项卡，单击某个选项卡将打开相应的编辑按钮组，可以绘制和编辑图形，如图 1.15 所示。单击右侧的“帮助”按钮，可打开帮助文件。

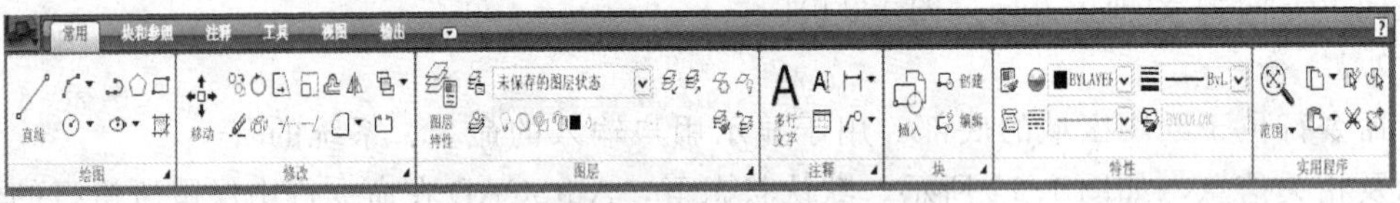

图 1.15 选项板

1.4.2.6 传统下拉菜单

习惯 2008 版本以前界面的客户，可以再调出下拉菜单，方法是在快速访问栏之上点鼠标右键，勾选“显示菜单栏”，即可显示出“下拉菜单栏”，如图 1.16 所示。

图 1.16 传统下拉菜单栏

2 AutoCAD 2009 的基本操作

本章要点

在应用 AutoCAD 2009 软件绘制图形过程中，常常会用到一些基本的操作工具和命令，熟练掌握并合理运用，是学习计算机绘图技能的基础。本章重点内容是 AutoCAD 2009 的基本操作命令、常用操作命令的使用方法和 AutoCAD 2009 的文件管理，主要介绍了三个方面的内容：

（1）AutoCAD 2009 基本操作命令。

（2）AutoCAD 2009 文件管理。

（3）常用 AutoCAD 2009 操作命令。

2.1 AutoCAD 2009 基本操作命令

2.1.1 菜单及工具应用

启动 AutoCAD 2009 软件，我们可以将工作空间切换到“AutoCAD 经典”模式，进行图形文件的绘制与编辑等。操作时可以从菜单栏及工具栏选取命令。

2.1.1.1 从工具栏选取命令

从图 2.1 可以看出，AutoCAD 2009 的界面上有许多工具栏，每一个工具栏均是由图标组成的，用户可以将光标移至图标之上，稍微停顿之后即弹出相应图标所代表的命令中文名称。如图 2.1 所示。

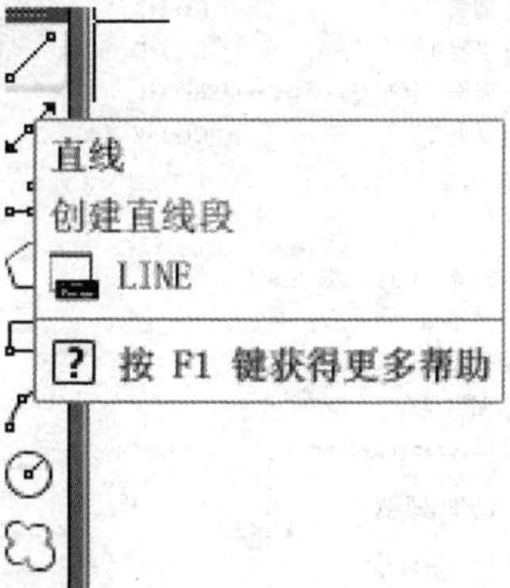

图 2.1 工具栏上命令的选择

需要说明的是，AutoCAD 安装完毕后，用户界面上可见的工具栏一般只有标准工具栏、图层栏、对象特性栏、绘图栏和修改栏等，如果在绘图过程中不小心删掉了某工具栏，需要重新调出或者需要更多的快捷工具栏，可以应用以下操作方法：在任意工具栏界面上点击鼠标右键，即可弹出工具栏总列表。列表中带“√”者为已有的工具栏，用户可以在需要的选项上点选画“√”，如图 2.2 所示，则画“√”的工具栏将显示到界面上。若将光标移至工具栏顶上的蓝色带（标题栏），可按住鼠标左键将工具栏移动到所需的位置。

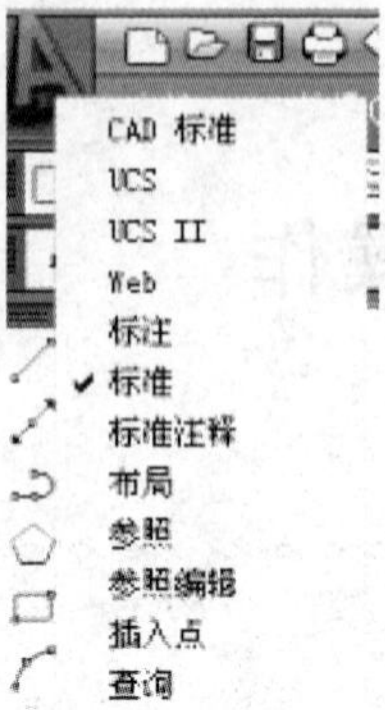

图 2.2　弹出快捷工具栏的方法

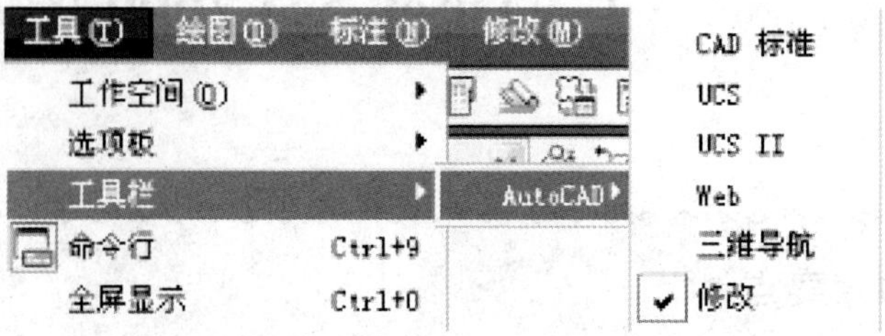

图 2.3　下拉菜单的选择

2.1.1.2　从菜单栏选取命令

点击菜单栏“工具”→“工具栏”→“AutoCad”，可弹出工具项，将需要的选项上画“√”即可保存该工具命令，如图 2.3 所示。

2.1.2　鼠标及其操作

AutoCAD 2009 版本的软件，对鼠标的要求最好是三键鼠标，即具有左、右键和中键（滚轮）。在软件安装完毕后，鼠标的功能是默认的。如在未选择任何图形和命令的情况下，点击鼠标右键可弹出图 2.4 所示的快捷菜单；当执行过某命令（如绘制直线）后点击鼠标右键时，可弹出如图 2.5 所示的快捷菜单。用户可根据菜单选择需要的命令。

点击鼠标中键（滚轮键），可弹出如图 2.6 所示的菜单。

图 2.4　未操作任何命令前的鼠标右键菜单

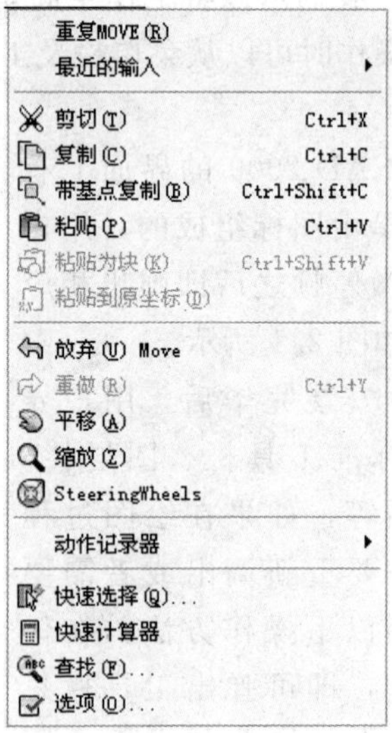

图 2.5　执行过直线命令的鼠标右键菜单

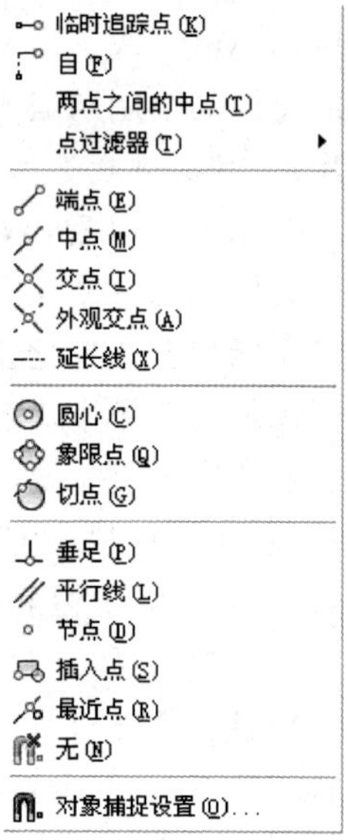

图 2.6　设置鼠标滚轮功能前的默认菜单

在追求高效率制图的今天，我们可通过设置鼠标功能进行快捷操作。其设置过程是：

在命令行键入 mbuttonpan，回车后，提示“输入 MBUTTONPAND 的新值＜0＞：”，此时输入数值 1，按 Enter 键即可。经过设置的鼠标功能说明如下：

（1）左键。命令执行键，是命令操作过程中的选择功能。

（2）右键。命令确认功能，相当于 Enter 键和空格键功能。

（3）中键。功能有三个：上下滚动可以缩放视图，双击可以最大化视图，按住可以平移视图。

经过设置的鼠标中键功能比设置前要实用得多。

2.1.3　AutoCAD 的命令方式

使用 AutoCAD 可以绘制各种图形，但绘图方式不外乎两种：交互式绘图与程序绘图。程序绘图是通过编写程序来完成具体图形的绘制；交互式绘图则是利用人与计算机的对话工具（如键盘、鼠标等）完成图形的输入、编辑等。通常用的最多的是交互式绘图，本书作重点介绍。

2.1.3.1　AutoCAD 命令输入工具

（1）鼠标。利用鼠标来完成命令的输入与定位功能，指针形状与当前绘图所处的功能状态有关，不同的功能状态下分别显示为“十”字形、箭头、小方框、大方框等指针形状。

有关鼠标的功能与设置详见章节 2.1.2 中所述。

（2）键盘。键盘是输入文本对象、坐标数据、命令选项及各种参数的唯一方法，也是命令输入的方法之一。

2.1.3.2　AutoCAD 命令输入方法

（1）一般命令输入方法。

当命令窗口行为“命令：”提示时，表示处于接受命令状态（也就是处于空命令状态），此时可按下列方式之一输入命令：

1）键盘输入。各种命令均可用对应的英语单词或单词简写来输入，如绘制直线可输入“Line”或“L”，绘制圆可输入“Circle”或“C”。从键盘输入命令名或相应的简写，再按回车键或空格键，即可完成了命令的输入。

2）通过选择菜单栏的下拉菜单选项完成命令的输入。

3）通过点选工具栏的图标完成命令的输入。

4）单击鼠标右键弹出快捷菜单，选取后完成命令输入。

5）重复上一次命令输入：在“命令：”提示下，按 Enter 键或空格键，可重复上一次执行的命令。

以上五种方法中，前三种是最常用的输入方式。

（2）透明命令输入法。

透明命令是指在其他命令执行期间也可以插进去执行的命令，执行完后继续返回到原被中断的命令处。

AutoCAD 中，系统变量设置、视图显示控制、辅助绘图等命令均被定义为透明命令。在复杂图形绘制时，灵活运用透明命令显得非常重要。

常用单击工具栏图标按钮、下拉菜单输入两种方法运行透明命令。

2.1.3.3 交互式绘图法

交互式又称对话式或人机对话。更确切地说是人与命令窗口的对话。交互式绘图就是人在绘图时要依靠命令行窗口的提示信息进行鼠标和键盘的操作，而计算机则是通过判断鼠标和键盘的操作来了解人的意图。所以，命令窗口是人机交互式绘图的接口，可以记录已执行的命令，显示命令行状态、出错提示及命令选项等信息。通过这些提示信息，用户可以决定下一步该做什么，以及怎么做。

因此，从以上分析可知，用户绘图时要特别注意命令窗口，尤其命令行提示信息，必须遵照提示进行操作，不能盲目操作。尤其对于初学者，了解命令行提示的意义及按提示进行相应的操作至关重要，注意到这一点，将产生事半功倍的效果。

2.1.4 编辑对象的方法

编辑对象就是对现有的图形文件进行修改的意思，包括图形、文本、尺寸、布局等。编辑对象的方法常用以下几种：

（1）“夹点”功能。在命令行“命令：”提示下，点取图形，将出现图形的几个控制点即夹点，利用图形的控制点可以将图形变形或移动。

（2）工具栏或菜单栏命令。利用“修改”工具栏或“修改”菜单栏的相关命令可以对图形进行编辑。

（3）对象特性。对象特性是一种列表形式，用户可以在其中总览对象的各项参数，直接在表格内输入修改的数据即可。

2.1.5 坐标系与坐标输入法

坐标是定位图形元素的最基本的参数，而坐标点又是特定坐标系统中的点，本节简单介绍 AutoCAD 2009 的坐标系及坐标输入法。

2.1.5.1 坐标系类别

AutoCAD 2009 提供了世界坐标系、用户坐标系和笛卡儿坐标系三种坐标系统，用户可根据需要选择其中一种。

（1）世界坐标系（WCS，World Coordinate System）。

WCS 是 AutoCAD 默认的坐标系，由三个相互垂直并相交的坐标轴 X，Y，Z 组成，X 轴正方向水平向右，Y 轴正方向垂直向上，Z 轴正方向垂直纸面（或屏幕）向外，X，Y，Z 轴交点处为坐标原点，此处有一个小方框标记，表明是世界坐标系。可通过 Ucsicon 命令设置 WCS 是否显示、是否改变原点位置等，但坐标原点和坐标轴方向都不会改变。

（2）用户坐标系（UCS，User Coordinate System）。

UCS 又称可变的坐标系，用户可根据实际绘图需要设置坐标系。默认情况下，UCS 与 WCS 重合。

在“命令：”提示下输入“UCS”后按 Enter 键，弹出 UCS 的若干命令选项，通过这些命令选项可修改坐标原点、坐标轴方向及保存、恢复、删除用户坐标系设置等。

（3）笛卡儿坐标系（CCS，Cartesian Coordinate System）。

AutoCAD 采用三维 CCS 来确定点的位置。在屏幕底部状态栏上显示的三维坐标值，就是笛卡儿坐标系中的数值，可准确的反映当前的十字光标所处位置的坐标值。

2.1.5.2　坐标输入法

坐标输入是实现精确绘图的最直接的方式，坐标输入法又称为两大类：绝对坐标输入法和相对坐标输入法。

(1) 绝对坐标输入法。

常用的平面绘图中有直角坐标与极坐标，三维坐标空间有球坐标与柱坐标，这里主要介绍平面绘图坐标。

1) 绝对直角坐标。

绝对直角坐标为相对于坐标原点的坐标值。在点提示符下，输入点的 X，Y，Z 坐标值，之间用“，”隔开，二维空间中点的 Z 坐标值为 0，只要输入 X，Y 坐标值即可。例如，一个点的 X 坐标值是 50，Y 坐标值是 60，则在要求指定点的提示下，输入 50，60 就可确定此点。

2) 绝对极坐标。

绝对极坐标为距原点（0，0，0）的距离及与 X 轴正方向的夹角所确定的坐标，输入距离与角度值，两者之间用“＜”隔开，格式为：距离＜角度。如绘制直线时，在“指定下一点或“放弃（U)”：”提示下，输入 100＜30。

(2) 相对坐标输入法。

使用绝对坐标与工程制图的标注方式不匹配。实际绘图时计算量大，使用绝对坐标很不方便，有很大的局限性。为提高工程图形绘制效率，广泛采用相对坐标法指定坐标点，相对坐标就是在绝对坐标前加一个“@”符号。

1) 相对直角坐标。

相对直角坐标以相对于上一点的水平、垂直距离作为 X，Y 坐标值。

输入基本格式为：@X，Y

【例】 利用相对直角坐标方式绘制一个长为 100，宽为 60 的矩形。

方法 1：使用绘直线命令，步骤如下。

a. 单击“绘图”工具栏上的“直线”图标，命令行提示：

　　_ line 指定第一点：

b. 在绘图窗口上任意拾取一点，命令行提示：

　　指定下一点或“放弃（U)”：

c. 输入“@100，0”后按 Enter 键，命令行提示：

　　指定下一点或“放弃（U)”：

d. 输入“@0，60”后按 Enter 键，命令行提示：

　　指定下一点或“闭合（C）/放弃（U)”：

e. 输入“@－100，0”后按 Enter 键，命令行提示：

　　指定下一点或“闭合（C）/放弃（U)”：

f. 输入“C”后按 Enter 键，形成闭合的长为 100，宽为 60 的矩形。

方法 2：直接使用绘矩形命令，步骤如下。

a. 单击“绘图”工具栏上的“矩形”图标，命令行提示：

　　命令：_ rectang

指定第一个角点或“倒角（C）/标高（E）/圆角（F）/厚度（T）/宽度（W）”：

b. 在绘图窗口上任意拾取一点，命令行提示：

指定另一个角点或“尺寸（D）”：

c. 输入“@100，－60”后按 Enter 键，则生成以第一点为左上角点、此步指定的点为右下角点的矩形。

2）相对极坐标。

相对极坐标以相对于上一点的距离和与 X 轴正方向的夹角作为坐标值。

格式：@距离<角度，如@100<30。

若用绘直线命令和相对极坐标完成，则基本步骤同上例方法 1，只是在步骤 c、d、e 中分别将相对坐标换成@100<0、@60<20、@100<180 即可。

2.2　AutoCAD2009 文件管理

2.2.1　新建图形文件

对 AutoCAD 2009 的绘图界面有了基本了解之后，用户便可以开始绘图了。在绘制一幅新图形之前，用户先要建立一个新的图形文件。在 AutoCAD 2009 中，用户可以通过如下几种方式建立新的图形文件：

（1）键盘输入。在命令行中输入 New 命令。

（2）文件菜单。在文件菜单上单击“文件”→“新建”子菜单项。

（3）工具栏。在标准工具栏上单击“新建文件”图标。

（4）快捷键。输入快捷键“Ctrl＋N”。

用上述方法中的任一种命令，AutoCAD 都会出现如图 2.7 所示的【启动】对话框。用户可以利用该对话框中的“从草图开始”、“使用样板”或“使用向导”选项卡创建新的图形文件。

图 2.7　【启动】对话框

2.2.2 打开已有的图形文件

用户如果想在已有的图形文件基础上进行有关的操作，就必须打开已有的图形文件。在 AutoCAD 2009 中，用户可以通过如下几种方法打开原有的图形文件：

(1) 键盘输入。在命令行中输入 Open 命令。

(2) 文件菜单。在文件菜单上单击“文件”→“打开”子菜单项。

(3) 工具栏。在标准工具栏上单击打开文件图标。

(4) 快捷键。输入快捷键“Ctrl+O”。

用上述方式中的任一种命令，AutoCAD 将出现“选择文件”对话框，如图 2.8 所示。

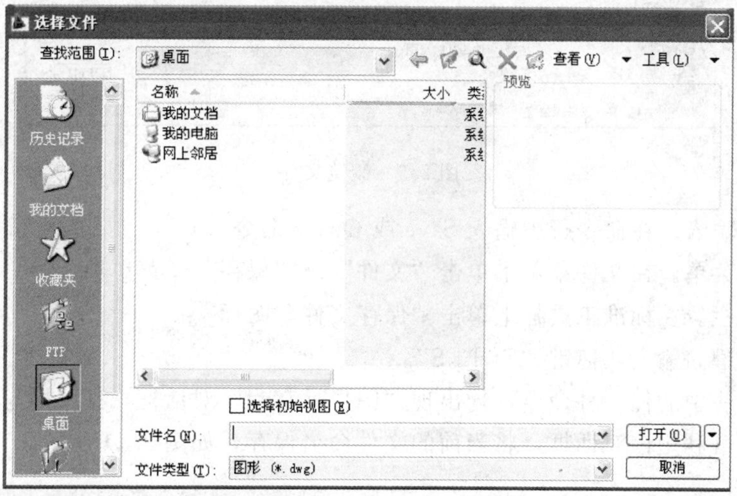

图 2.8 “选择文件”对话框

在该对话框中，用户可以在“文件类型”输入框中选择要打开图形的类型，然后在“文件名”输入框中直接输入文件名打开已有的图形文件，也可以在“名称”列表框中双击要打开的文件名打开已有的图形文件。

通过选择文件对话框，用户可以配合“Ctrl”键和“Shift”键选择打开多个图形以方便编辑；也可以通过在资源管理器中拖放的方式打开多个图形文件，以节省文件打开的时间，提高效率。当然，如果所使用的计算机硬件档次不高，或打开的文件太多太大，反而会影响操作速度。

2.2.3 浏览/搜索图形

对于已有的图形文件，如果知道其在计算机上保存的位置，可以通过点击图 2.8 中“查找范围”右边下拉按钮来查找文件，如图 2.9 所示；如果知道文件的名称但又不知道所在位置或知道文件的部分名称，可以通过搜索的方式查找文件，方法是在图 2.8 中，点击“工具（L）：”→“查找（E）…”，弹出“查找”对话框，如图 2.10 所示，对话框中输入名称、搜索范围等，按下“开始查找”按钮即可查出名称相同或部分相同的图形文件所在位置。

2.2.4 存储图形文件

在 AutoCAD 2009 中，用户可以利用如下几种方法保存当前的图形文件：

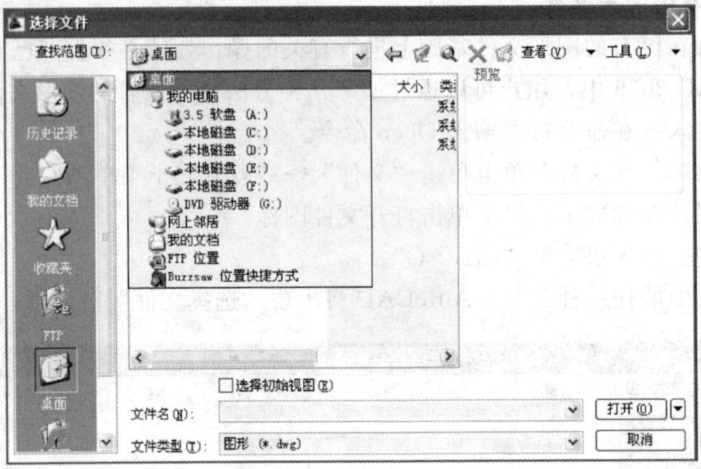

图 2.9 浏览文件

(1) 键盘输入。在命令行中输入 Save 或 Qsave 命令。

(2) 文件菜单。在文件菜单上单击“文件”→“保存”子菜单项。

(3) 工具栏。在标准工具栏上单击“保存文件”图标。

(4) 快捷键。输入快捷键“Ctrl+S”。

用上述方法中的任一种命令，均出现“图形另存为”对话框，其结构与选择文件对话框类似。用户可利用该对话框，将当前的文件命名保存，如图 2.11 所示。

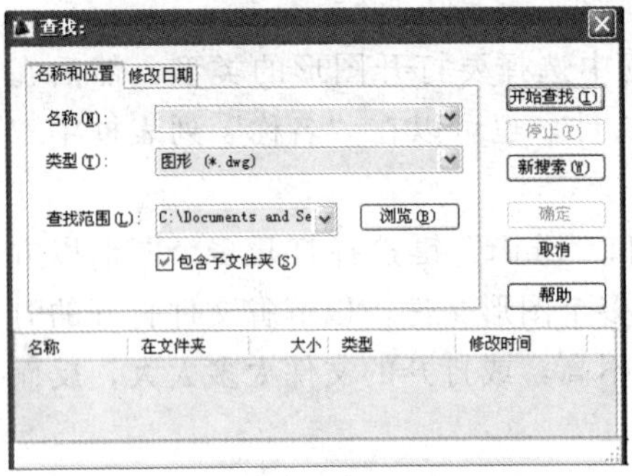

图 2.10 搜索文件

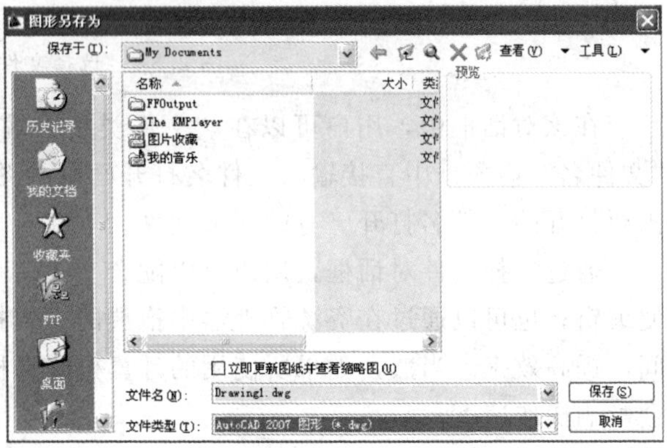

图 2.11 保存文件

对于已经命名保存过的文件，用户若单击标准工具栏上的“保存”图标或文件菜单上“保存”命令，文件将以当前文件名称进行保存。用户如果不注意，很容易做出用一个文件覆盖另一个文件的错误操作。在绘图的过程中，用户要记住经常存盘，以免在发生死机、断电等计算机故障时丢失文件，这在绘制大幅工程图时尤为重要。

(1) 在 AutoCAD 中，用户还可以将当前的图形文件保存为一个新的文件，命令调用方式为：

1) 键盘输入。在命令行中输入 Saveas 命令。

2）文件菜单。在文件菜单上单击“文件”→“另存为”子菜单项。

（2）由于 AutoCAD 从 2000 版开始支持多文档环境，因此提供了“Close”命令来关闭当前的图形文件，而不影响其他已打开的文件。该命令的调用方式为：

1）键盘输入。在命令行中输入 Close 命令。

2）文件菜单。在文件菜单上单击“文件”→“关闭”子菜单项。

调用该命令后，AutoCAD 将关闭当前的图形。如果该图形的修改结果还没有保存过，则 AutoCAD 将显示一个警告提示，提示用户选择是否保存修改结果。

2.2.5 退出 AutoCAD 2009

用户退出 AutoCAD 2009 方法有以下几种：

（1）标题栏。单击右上角的关闭图标×。

（2）文件菜单。在文件菜单上单击“文件”→“退出”子菜单项。

（3）快捷键。输入快捷键“Ctrl＋F4”或“Ctrl＋Q”。

（4）命令行。在命令行中输入 Quit 或 Exit，按 Enter 键。

若用户的当前文件没有保存，AutoCAD 将显示提示保存文件的信息。

用户若选择“是”按钮或直接回车，AutoCAD 将当前图形文件存盘后退出 AutoCAD。用户若选择“否”按钮，AutoCAD 将不保存当前图形而直接退出 AutoCAD。用户若选择“取消”按钮，则取消退出 AutoCAD 的操作，重新回到 AutoCAD 的工作界面。

2.3 常用 AutoCAD2009 操作命令

在 AutoCAD 的实际绘图中，为了追求快速、精确、简洁操作，常常用到一些命令来辅助绘图，这些命令的使用率非常高，因此有必要作如下介绍。

2.3.1 正交

一般情况下，默认状态下的 AutoCAD 在绘制直线时，拖动的光标显示直线可以任意向绘制，而当 AutoCAD 处于正交状态时（激活状态），所绘制的直线则只能沿着 X 轴或 Y 轴方向，即操作被强行限制在两个方向。建筑绘图中，房屋等大部分图形对象具有横平竖直的特点，而且正交功能可以在命令执行过程中随时激活和关闭。所以正交功能的灵活应用，将会大大提高绘图效率。

激活和关闭正交功能的方法有两种：

（1）键盘方式。按键盘上的“F8”功能键。

（2）鼠标方式。单击状态栏上的“正交”按钮。按钮凹下时，表示正交功能被激活，按钮凸出时表示正交功能处于关闭状态。

以绘制图形 ABC 为例，点 A 为直线的起点，我们在确定 A 点后，按下 F8 键（激活正交功能），拖动鼠标向右一段距离后，点击鼠标左键确定 B 点，然后再按下一次 F8 键（取消正交功能），拖动鼠标向右上方一段距离后，点击鼠标左键确定 C 点。

2.3.2 对象捕捉

利用对象捕捉，AutoCAD 可以自动捕捉住光标附近已绘制图形对象的特殊位置点（如端点、交点、中点、垂足、切点等），从而快速、准确的定点。

1. 激活和关闭对象捕捉功能的方法

(1) 键盘方式。按键盘上的“F3”功能键。

(2) 鼠标方式。单击状态栏上的“对象捕捉”按钮。

(3) 工具栏。调用“对象捕捉”工具栏（图 2.12），直接单击相应按钮。

(4) 快捷菜单。在图形窗口中，做“shift＋鼠标右键”操作，可弹出“对象捕捉”快捷菜单（图 2.13），移动光标到指定选项，就可激活捕捉相应对象的功能。

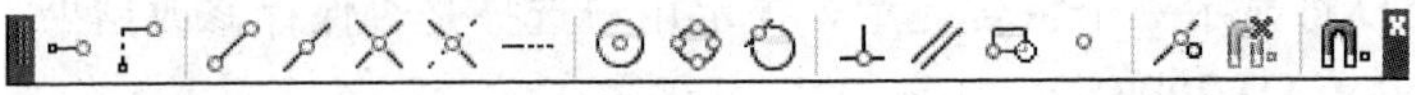

图 2.12　“对象捕捉”工具栏

2. 对象捕捉模式的设置

AutoCAD 强大的捕捉功能，为用户提供了 13 种特殊点的捕捉。在图形绘制过程中，用户可以随时调用捕捉功能。用户可根据绘制图形的特点和用户自身的绘图习惯，自定义对象捕捉功能。在自定义模式中，用户可以将几个使用频率较高的特殊点设置为选用状态，当“对象捕捉”功能被激活后，这几个点的捕捉功能被同时激活。这样就可避免频繁而重复的调用，提高绘图效率。

调出“对象捕捉”设置对话框的方法如下两种：

(1) 做“shift＋鼠标右键”操作，弹出“对象捕捉”快捷菜单（图 2.13），移动光标到“对象捕捉设置”选项后单击，弹出如图 2.15 所示的“草图设置”对话框之“对象捕捉”选项卡内容。

(2) 移动鼠标到状态栏的“对象捕捉”按钮后，单击鼠标右键，弹出如图 2.14 所示快捷菜单，选择并单击“设置”选项，弹出图 2.15 所示对话框。

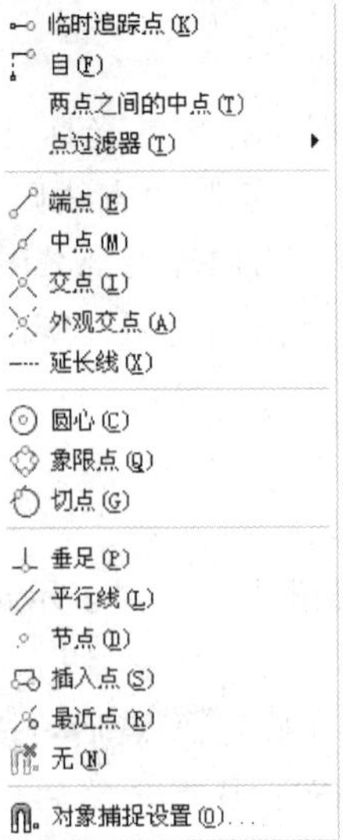

图 2.13　“对象捕捉”快捷菜单

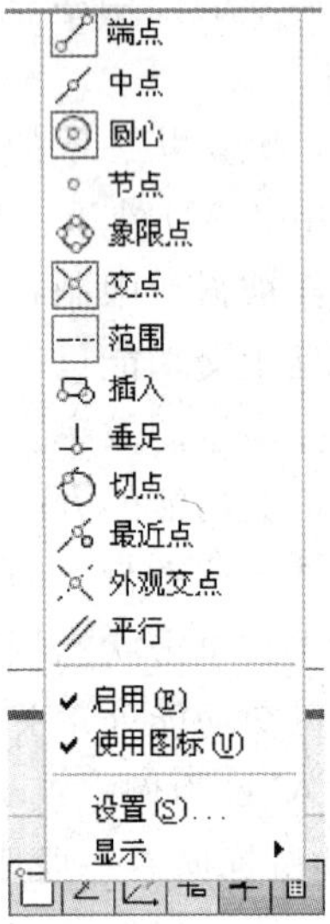

图 2.14　“对象捕捉”设置快捷菜单

在图 2.15 中，各特殊点名称前都有一个复选框，当复选框被勾选后，表明对象捕捉模式被激活，该点的捕捉功能也同时被激活。

复选框前的符号，表示各特殊点的“显示符”。例如，当被捕捉点为“端点”时，显示符为“□”；被捕捉点为“中点”时，显示符为“△”。命令执行过程中，系统自动捕捉离鼠标最近的点，并显示被捕捉点的“显示符”，供用户判断是否为所要捕捉的点。

用户在自定义特殊点时，一般选择 3～4 种即可，设置过多反而会增加捕捉选择的难度，降低绘图效率。在建筑绘图中，“端点、交点、中点、垂点”使用频率较高，建议勾选。

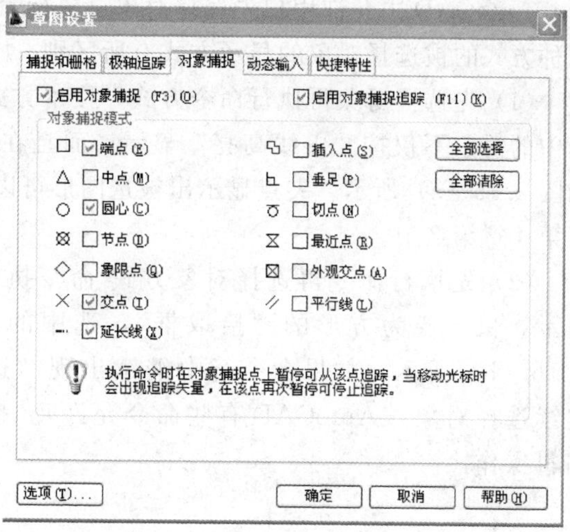

图 2.15　“对象捕捉”设置对话框

2.3.3　对象选择

用 AutoCAD 绘制图形过程中，经常要选择图形或图形的一部分执行编辑操作，如删除、移动或复制。正确、快捷地选择目标对象是进行图形编辑的基础。AutoCAD2009 提供了 16 种对象选择方式。

（1）单选 Single。

（2）Window 窗口选择。

（3）Crossing 交叉窗口选择。

（4）最新创建对象选择 Last。

（5）框选择 Box。

（6）全部选择 All。

（7）栅栏选择 Fence。

（8）多边形窗口选择 Wpolygon。

（9）多边形交叉窗口选择 Cpolygon。

（10）组选择 Group。

（11）添加方式 Add。

（12）扣除方式 Remove。

（13）多个对象选择 Multiple。

（14）前次选择集选择 Previous。

（15）取消上次选择 Undo。

（16）自动方式 Auto。

这些方法可以分为三种基本类型：拾取方式、窗口方式和选项方式。使用上述的每一种选择方式，都可以选中要操作的对象。但对于不同的图形，不同的情况，只有采用合适的选择方式才能达到简捷而高效的目的。

1. 单选（Single）方式

单选方式是用鼠标直接单击要选择的对象。对象被选择后呈现“虚线高亮”显示状态。

AutoCAD中允许用户先选择对象再执行命令，也可以先执行命令再选择对象，但这两种方式的被选择对象的显示方式有所区别。

（1）先选择对象再执行命令方式，按本方式选择对象时，鼠标为“十字光标”形式。选中的对象不仅按“虚线高亮”显示，而且在被选图形上会出现夹点（蓝色的小方框），如图2.16（a）所示。夹点显示出被选图形可以编辑的特征点的位置。有关夹点知识请参阅第4章第2节。

（2）先执行命令再选择对象方式 命令执行后，在命令行中出现“选择对象：”的提示，鼠标变为方形的“拾取框”，选中的对象仅按“虚线高亮”方式显示，如图2.16（b）所示。如果命令行中继续出现“选择对象：”提示，表示该命令允许用户连续选择对象（AutoCAD有些命令允许）。按Enter键可退出选择状态，转入后续的编辑操作。

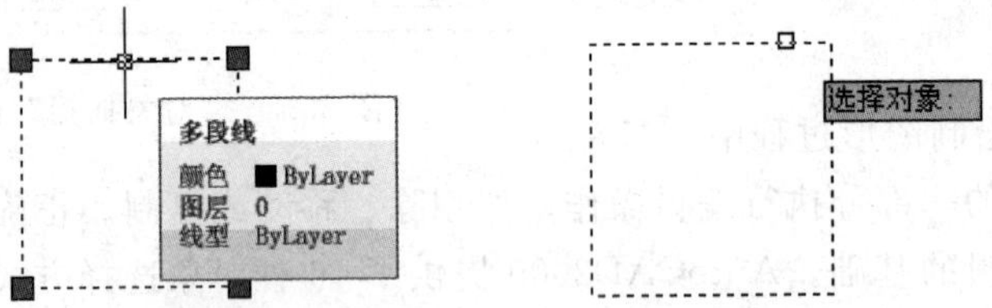

（a）虚显和夹点对象　　（b）虚显对象

图2.16　选中对象的显示方式

2. 窗口选择方式

窗口选择方式分为“Window窗口”和“Crossing交叉窗口”两种。两者都是用一个矩形窗口同时选择多个对象，其区别有两点：一是定义窗口的方式不同，二是选择效果不同。

（1）Window窗口。

Window窗口要求“从左到右”定义窗口的两个对角点，而且窗口的外框线显示为实线。Window窗口只选中窗口线以内的所有对象，窗口线外的对象以及与窗口线相交的对象不能被选中（图2.17）。

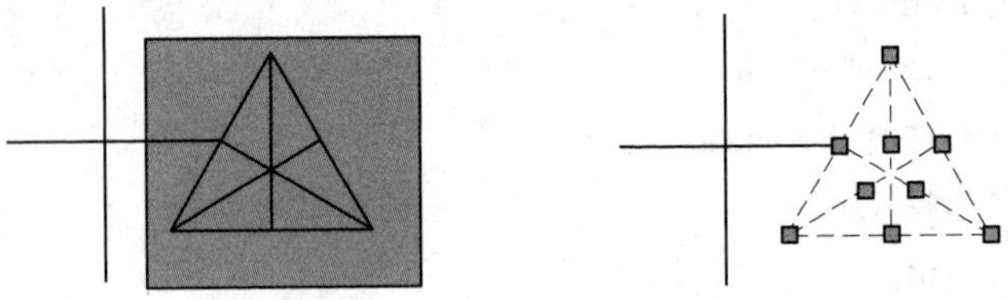

（a）选择对象　　（b）选择效果

图2.17　Window窗口选择效果

（2）Crossing交叉窗口。

Crossing交叉窗口要求“从右到左”定义窗口的两个对角点，而且窗口的外框线显示为虚线。凡是与窗口线相交以及窗口内的对象会全部选中，框线外的对象不能选中（图2.18）。

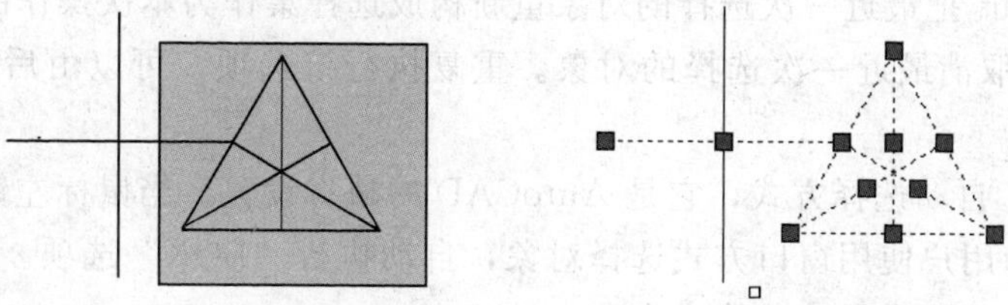

(a) 选择对象　　　(b) 选择效果

图 2.18　Crossing 交叉窗口选择效果

上述两种窗口选择方式，其窗口形状是矩形，也是 AutoCAD 的默认窗选方式。在矩形窗口选择方式基础上，程序还提供了适用范围更广的多边形窗口选择方式。它也分为(普通) 窗口 (WP) 和交叉窗口 (CP) 两种形式。在选择状态下，在命令行分别键入"WP"或"CP"后按 Enter 键，就可切换到相应选择状态。

3. 选项方式

上面所讲的三种选择方式是 AutoCAD 缺省设置，其他选择方式则需要通过选项的形式来实现。在命令行"选择对象"提示后，直接输入"?"后按 Enter，就会在命令窗口中出现下列两行提示。

" Window/Last/BOX/ALL/Fence/Wpolygon/Cpolygon/Group/Add/Remove/Multiple/Previous/Undo/Single"。

提示行中各选项之间用"/"符号分隔，只要在"选择对象:"提示后，键入各选项单词中的大写字母后按 Enter，就可启动对应选项功能。

Window 和 Crossing 选项对应上述的窗口选择方式，其他各选项的功能含义简介如下。

(1) Last 把用户最后绘制的图形对象加入选择集。

(2) BOX 是 Window 和 Crossing 选择方式的综合，根据定点顺序自动指定两种窗口形式中的一种。

(3) ALL 选择所有可选对象。

(4) Fence 要求用户在绘图区指定一条栅栏线 (栅栏线可以由多条直线组成，折线可以不闭合)，凡与栅栏线相交的对象均被选中。

(5) Wpolygon。同 Window 窗口功能一样，区别在于 Window 窗口为矩形，而 Wpolygon 窗口可以是任意的多边形。

(6) Cpolygon。同 Crossing 窗口功能一样，区别在于 Crossing 窗口为矩形，而 Cpolygon 窗口可以是任意的多边形。

(7) Group 按对象组选择对象。首先必须有已经构建好的对象组，构建对象组的命令为"Group"，可参照命令说明。

(8) Add 将选择的对象移入选择集，通常和 Remove 方式配合使用。

(9) Remove 将选择的对象移出选择集。

(10) Multiple 用户指定多个点来选择对象，但选中的对象并不立即呈虚线高亮显示，只有当按 Enter 确认多重选择结束后，所选对象才呈虚线高亮显示。

（11）Previous 把最近一次选择的对象重新构成选择集作为本次操作的对象。

（12）Undo 取消最近一次选择的对象。重复执行该选项，可以由后向前逐步取消已经选取的对象。

（13）Auto。自动选择方式，它是 AutoCAD 的缺省设置。当鼠标左键没有选中对象，AutoCAD 会认为用户使用窗口方式选择对象，自动执行“BOX”选项。在命令行中提示“Other corner”，再拾取另一点构成窗口。

（14）Single 只能选择一次对象，选择完成后自动转入编辑操作状态。

2.3.4　删除对象

（1）删除是绘图工作中最常用的操作之一。删除对象的命令执行方法有以下 3 种。

1）下拉菜单。单击修改下拉菜单“修改”→“删除”。

2）工具栏。单击修改工具栏命令按钮。

3）键盘操作。在命令行提示符下，输入 erase 或 E，回车。

（2）删除命令的操作分为两步：执行命令和选择对象。执行步骤的顺序不同，操作过程有所区别。

1）先执行命令后选择对象方式。

按本方式操作，用户选择对象后，被选对象并不立即删除。只有当按 Enter 键结束命令后，被选对象才被删除。

2）先选择对象后执行命令方式。

按本方式操作，一旦执行命令，删除命令就立即执行，而不会出现任何提示。

说明：用户可以先选择对象，然后按键盘上的 Delete 键，也可实现删除对象。

2.3.5　放弃 Undo 和重做 Redo

在绘图操作中，错误或不慎的操作是不可避免的。例如，我们在执行上节的删除操作时，错误的删除了不该删除的对象，那么我们还有机会恢复到删除操作之前的状态吗？答案是肯定的。

AutoCAD 为我们提供了取消已执行操作的命令：U 命令和 Undo 命令。

1. Undo 命令

其操作方法有以下四种。

（1）编辑菜单。单击编辑下拉菜单“编辑”→“放弃”。

（2）工具栏。单击编辑工具栏命令按钮。

（3）键盘输入。在命令行提示符下，输入“U”和“Undo”后，回车。

（4）热键：Ctrl+Z。

“U”命令的功能是一次只能取消最后一次所进行的操作。如果想取消前面的 N 次操作，就必须执行 N 次 U 命令。方法是输入一次 U 命令，然后可以连续按 N 次 Enter 键即可恢复到 N 次前的操作。热键 Ctrl+Z 的操作同 U 命令，可以在按住 Ctrl 键不动的情况下，按 Z 键 N 次可以恢复到 N 次前的操作。

“Undo”命令可以一次取消已进行的一个或多个操作。在“命令:”后输入“Undo”回车后，出现提示行：“Auto/Control/BEgin/End/Mark/Back/＜Number＞:”。

由于命令行操作较复杂，使用不便，我们建议单击工具栏按钮型，执行“U”命令。

2. Redo 命令

Redo 命令是 Undo 命令的反操作，它起到恢复刚由“U”命令取消的操作。其操作方法有以下三种。

(1) 编辑菜单。单击编辑下拉菜单“编辑”→“重做”。

(2) 工具栏。单击标准工具栏命令按钮↷。

(3) 键盘输入。在命令行提示符下，输入 Redo，回车。

注意：执行“重做 Redo”命令，必须在“放弃 U”命令执行结束后立即执行。

2.3.6　视图缩放 Zoom 和平移 Pan

在计算机上绘图时，由于图形窗口大小的限制，当所绘图形较为复杂时，可能会遇到图形的线条、文字等显示较密，无法清楚观察对象的情况（图 2.19）。AutoCAD 为用户提供了强大的视图显示和控制功能，使用户可以方便地调整图形在窗口中的位置，观察图形的全貌或局部，准确地捕捉目标对象，绘制出精确的图形。

Zoom 和 Pan 命令就是最典型的两个命令，也是使用频率很高的命令。

1. 视图缩放 Zoom

在命令行中输入“Z”或“Zoom”并按回车后，命令行中出现如下提示信息。

“全部 (A) /中心点 (C) /动态 (D) /范围 (E) /上一个 (P) /比例 (S) /窗口 (W)” <实时>:

可以看出，AutoCAD 为用户提供了多种参数选择，下面我们主要为读者讲述使用较多的四个参数。

(1) 窗口 (Window)。

本选项是 Zoom 命令的缺省选项。此时光标由十变成“十”形状，移动光标在绘图区拾取两个对角点确定一个矩形窗口区域（图 2.19），矩形区域代表缩放后的视图范围。命令执行后，显示效果如图 2.20 所示。

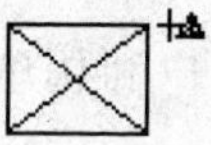

图 2.19　图形缩放前的原图（指定显示窗口）

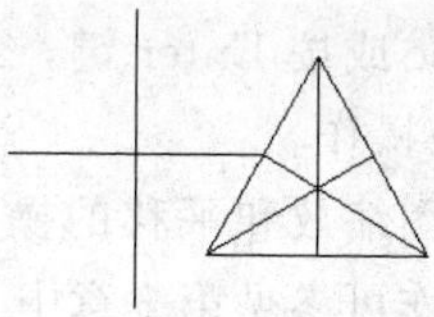

图 2.20　图形缩放后

(2) 全部 (ALL)。

在命令提示行后，输入“A”后按 Enter 键，选项功能执行。本选项是将当前图形的全部信息都显示在图形窗口屏幕内。对图 2.20 执行本参数，可得图 2.21 显示效果。

(3) 实时 (Real time)。

命令栏出现选项提示行后，按 Enter 键即可转入实时选项状态。鼠标的光标变为一个放大镜形状🔍+，通过“拖动鼠标”实施操作。拖动的方向会影响缩放的效果，操作规则和效果如下。

1) 由上向下拖动鼠标，缩小视图。

2) 由下向上拖动鼠标，缩小视图。

调整到理想的视图窗口后，直接按 Enter 键，完成操作。

如果右击鼠标将弹出图 2.21 所示的快捷菜单，拖动鼠标到不同选项，可切换到其他几种视图缩放效果，选择“退出”选项，将结束本次操作。

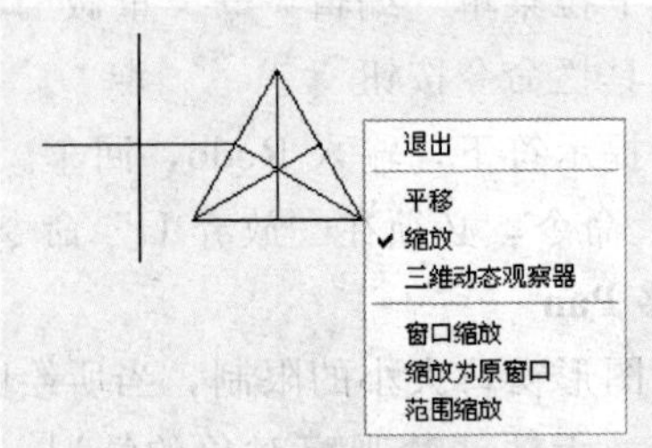

图 2.21　快捷菜单

（4）上一个（Previous）。

本选项可使操作者从当前视图窗口，以最快的方式回到最近的一个视图或前几个视图中。AutoCAD 为每一视窗保存前 10 次显示的视图。对于需要在二个视图间快速切换的用户来说，这是一个不错的选择。

2. 视图平移 Pan

如果想察看当前视图窗口附近的图形，又要保持当前的视图的比例，可以使用视图平移 Pan 命令。

平移 Pan 命令的执行方法如下。

（1）工具栏。单击标准工具栏命令按钮。

（2）键盘输入。在命令行提示符下，输入 Pan 或 P 后，回车。

命令执行后，鼠标变为“手”形光标。按住鼠标左键拖动，可前后左右平移视图。

用户可以按 Esc 或按 Enter 键，结束平移状态。也可以右击从弹出快捷菜单中选择“退出”选项，结束操作。

说明：对于视图缩放和平移的操作，拥有三维鼠标的用户利用中键的功能将更加方便、快捷，具体操作可参见第 2 章中 2.1.2 的内容。

3 图 形 绘 制

本章要点

任何图形都是从基本图元的绘制开始并组合而成的，掌握基本图元的绘制方法是AutoCAD2009绘图的基础。本章重点内容是最基本图元的绘制方法与技巧，主要介绍了六个方面：

(1) AutoCAD作图的一般原则及方法步骤。

(2) 绘制线形。

(3) 绘制圆弧形。

(4) 绘制多边形和点。

(5) 绘制样条曲线和面域。

(6) 图案填充。

3.1 AutoCAD作图的一般原则及方法步骤

用户在AutoCAD中绘图除了应遵守《房屋建筑制图统一标准》中规定的制图规范，遵守平面绘图的基本要求外，为了达到图样清晰、美观、整齐、正确的目的并有效提高绘图速度，减少修改工作量，还应了解并遵循AutoCAD中相应的作图原则及方法步骤。

3.1.1 作图的一般原则

用户在AutoCAD中绘图应遵循如下的作图原则：

(1) 绘图过程中应尽量使用1∶1的绘图比例。图纸幅面大小应根据该比例的要求按进行设置。打印时可根据实际需要，在“打印比例”选项中设置所需的比例来改变输出图样的大小。

(2) 用途相同的图线及图块在设置时其颜色、线型及线宽应保持一致，其中线型及线宽的设置应遵守《房屋建筑制图统一标准》(GB/T 50001—2001) 中的规定并由对应的图层控制 (BYLAYER)，如无必要在绘图过程中不应再单独进行设置。若随意设置则容易使图样达不到清晰、美观的要求，也会给修改过程中寻找修改对象带来不必要的麻烦。

(3) 不同用途的字体在设置“文字样式”时应按《房屋建筑制图统一标准》(GB/T 50001—2001) 中的规定选择相应的字体、字高，不应随意设置，破坏图样的美观、整齐性。

(4) 图样上，同一类型的标注及使用的符号在设置及布局时应遵守《房屋建筑制图统一标准》(GB/T 50001—2001)中的规定并保持一致性原则。

(5) 对于图形文件及文件中的有名对象，如视图、图层、图块、线型、文字样式、打印样式等，命名时不仅要简明而且要遵循一定的规律，以便于查找和使用。

(6) 将一些常用设置，如图层、标注样式、文字样式、栅格捕捉等内容设置在一图形模板文件中（即另存为 *.dwt 文件），以后绘制新图时，可在创建新图形向导中单击“使用模板”来打开它开始绘图而不必再进行相应的设置。

(7) 绘图过程中注意选用合适的命令。在具体操作过程中，尽管可能有多种命令能够达到相同的效果，但如果命令选用得当，则会明显减少操作步骤，从而提高绘图效率。

(8) 可根据绘图过程的需要建立用户自己的工具条，从而提高绘图速度。

(9) 绘图过程中也可以根据自己的需要来打开或关闭（冻结/解冻；锁定/解锁）一些图层，从而达到简化图形，提高绘图速度的目的。

(10) 应及时清理图形，删除不需要的线条及一些不需要的图层、图块、文本样式、尺寸标注样式、线型等对象。

以上是用户在 AutoCAD 中绘图应遵循的一般原则（尤其是当绘图工作量很大时更应遵守以上原则），用户应在此基础上养成良好的绘图习惯。初学者切忌进入到 AutoCAD 的界面后就立即绘图而不作任何设置或边绘图边设置，从而为后面的工作带来很多的不便，降低了工作效率。

3.1.2 作图的一般方法步骤

在新建图形文件后，对绘图环境进行必要的设置，在绘图过程中，遵循相应的方法步骤都有助于更加准确和快速地绘图。

1. 设置绘图单位及精度

AutoCAD 2009 的单位类型包括长度单位和角度单位。系统默认长度单位为毫米，默认的类型为小数（十进制），精度为小数点后四位。默认角度单位为十进制角度单位、类型为十进制角度，精度为个位，角度测量的起始方向（0°角方向）为“东”（即水平方向）、角度方向（角度的测量方向或正方向）为逆时针方向。

以上各项一般都使用默认设置即可，如需更改可在新建图形文件时通过使用向导来进行设置。建筑制图的长度单位为毫米，没有小数点，所以需重新设置长度单位精度，也可以在绘图过程中，在命令行输入：units 并回车，或打开“格式”下拉式菜单，执行“单位”命令，在如图 3.1 所示的“图形单位”对话框中进行设置。

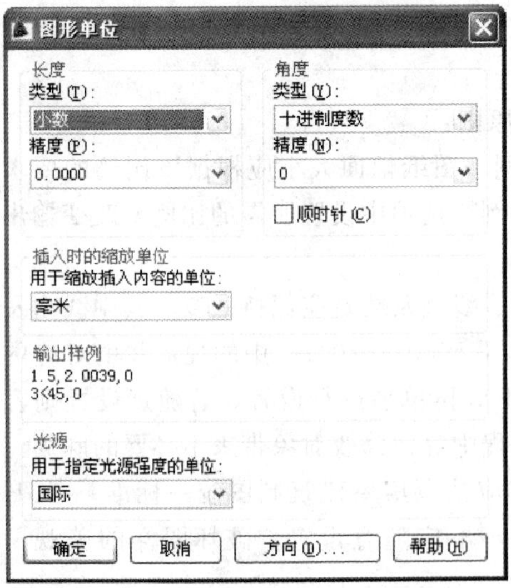

图 3.1 “图形单位”对话框

2. 设置绘图界限

设置的绘图界限，也就是绘图区域，相当

于手工绘图时选择图纸幅面的大小。由于在 AutoCAD 中通常是按 1∶1 的比例绘图，最后绘图输出时，在“打印比例”选项中设置所需比例来改变输出图样的大小，所以绘图界限一般按所绘图形的实际尺寸进行设置。但是，如果同一张图样上安排了不同比例的图形，就应考虑各图形的比例关系了。

AutoCAD 2009 默认的绘图界限是 A3 横放的图纸（420×297）。如需更改则在命令行输入：limits 并回车，或打开“格式”下拉式菜单，执行“图形界限”命令，都可以在命令行按提示进行设置绘图界限操作：

指定左下角点或［开（ON）/关（OFF）］＜0.0000，0.0000＞：绘图区域左下角坐标 X，Y 值。可直接回车取默认值（0，0）；也可以输入新的 X，Y 值，回车确认。

开（ON）/关（OFF）选项用于控制是否允许在设置的绘图界限外作图。在命令提示后输入 ON，回车，则打开图形界限，此时系统不允许在设置的绘图界限外生成对象；若输入 OFF，回车，则关闭图形界限，此时系统允许杂在设置的绘图界限外生成对象。

指定右上角点＜420.0000，297.0000＞：绘图区域右上角坐标 X，Y 值。可直接回车取默认值（420，297）；也可以输入新的 X，Y 值回车确认。例如：输入：59400，42000 回车就是按 A2 图纸的大小，且绘图比例为 1∶100 的图样设置的图形界限。

3. 按图样需要建立若干图层

AutoCAD 中的每一个图层相当于一张透明的图纸，所绘制图样中的不同要素对象可以在不同的图层上生成，各层重叠的效果是一张完整的图样。而在绘图的过程中，可以通过相应的设置，使各层上的操作彼此之间不会互相干扰。例如：要删除某一层上的一些要素对象，只要冻结其他图层，就可以使删除命令只对未冻结的图层产生作用，而对已经冻结的图层上的内容将不受影响。

在 AutoCAD 2009 中要建立若干图层，可以在命令行输入：layer 并回车，或打开“格式”下拉式菜单，执行“图层”命令，也可以通过单击“图层”工具条上的“图层特性管理器”命令按钮，在如图 3.2 所示的“图层特性管理器”对话框中进行设置。

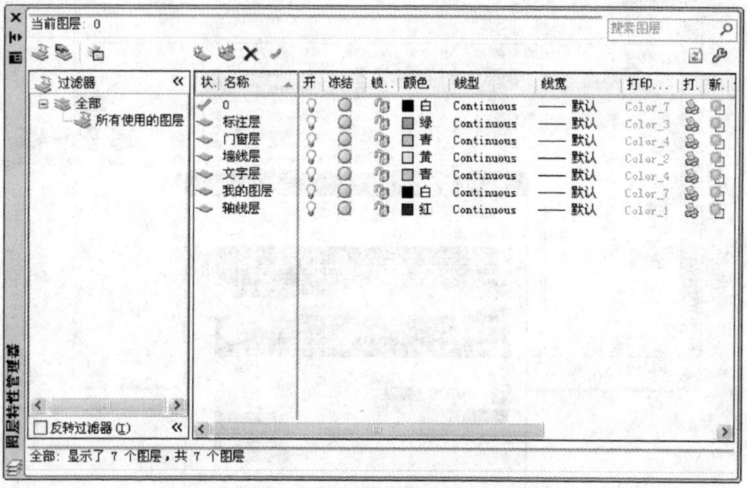

图 3.2 “图层特性管理器”对话框

在图层特性管理器中，可以显示图形中的图层列表及其特性。可以添加、删除和重命名图层，修改图层特性或添加说明，控制图层状态。图层过滤器用于控制在列表中显示哪些图层，还可用于同时对多个图层进行修改。在此仅介绍新建、删除、置为当前和重命名图层，修改图层特性及添加说明，图层状态控制。

（1）新建图层。

单击“新建图层”命令按钮，创建新图层。列表中将显示名为图层 1 的图层。该名称处于选中状态，从而可以直接输入一个新图层名。新图层将继承图层列表中当前选定图层的特性（颜色、开/关状态、线型、线宽等）。

（2）删除图层。

鼠标（或结合 CTRL 键）在图层名称上单击，可选定一个或多个图层。单击“删除图层”命令按钮，标记将要删除的图层。单击“应用”或“确定”命令按钮后，即可删除相应图层。只能删除未参照的图层。参照图层包括图层 0 和 DEFPOINTS、包含对象（包括块定义中的对象）的图层、当前图层和依赖外部参照的图层。局部打开图形中的图层也被视为参照并且不能被删除。如果处理的是共享工程中的图形或基于一系列图层标准的图形，删除图层时要特别小心。

（3）置为当前。

选定某一图层，单击“置为当前”命令按钮，设置该层为当前图层。单击“确定”命令按钮后，返回绘图区，所创建的对象即被放置在该层上。

（4）重命名图层。

要重命名图层，只需选中该图层后，在图层原有名称上单击鼠标左键，输入新的图层名称即可。

（5）修改图层特性及添加说明。

修改图层特性及添加说明的操作可以在图层列表中进行。

修改某图层的颜色设置，可单击图层列表中该图层的颜色名称，在弹出的如图 3.3 所

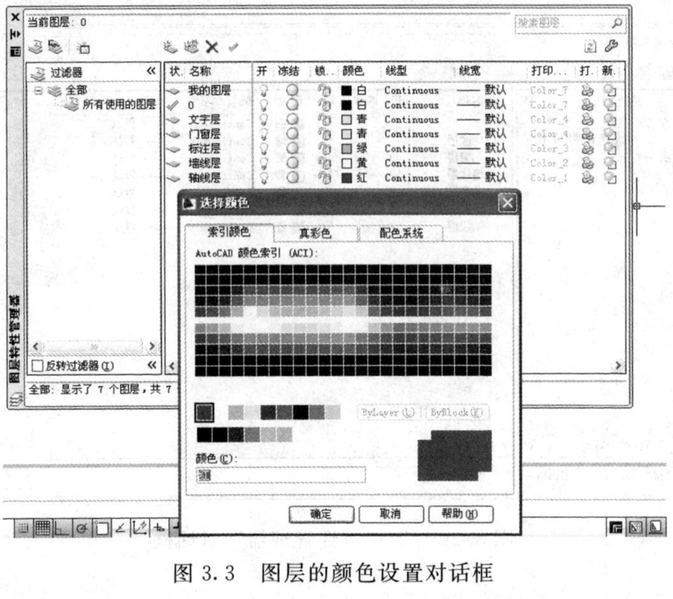

图 3.3　图层的颜色设置对话框

示的选择颜色对话框中进行设置。

设置时，用鼠标在索引颜色选项卡中选中某一颜色，单击“确定”按钮即可将该颜色赋予该图层。也可以在真彩色或配色系统选项卡中调配自己需要的颜色。

修改某图层的线型设置，可单击图层列表中该图层的线型名称，在弹出的如图 3.4 所示的“选择线型”对话框中进行设置。

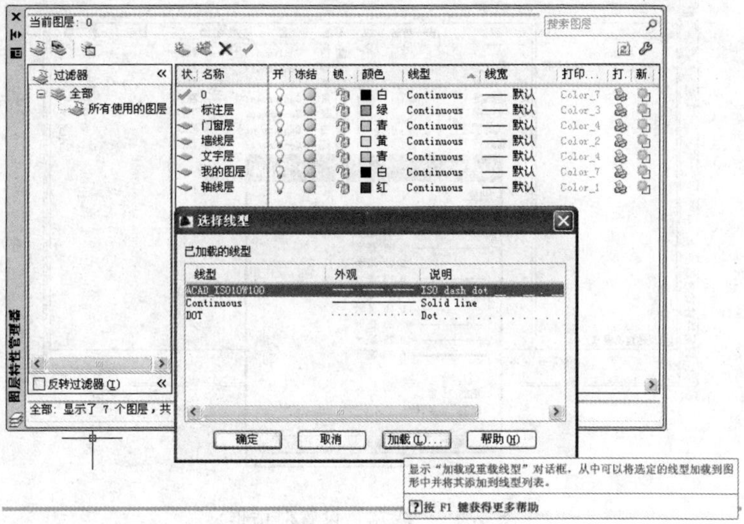

图 3.4 线型设置对话框

设置时，通过鼠标单击选中某一线型后，单击“确定”按钮，该对话框关闭，同时完成图层的线型设置。如果已加载的线型中没有需要的线型，则单击“加载”命令按钮，打开如图 3.5 所示的“加载或重载线型”对话框，加载线型。

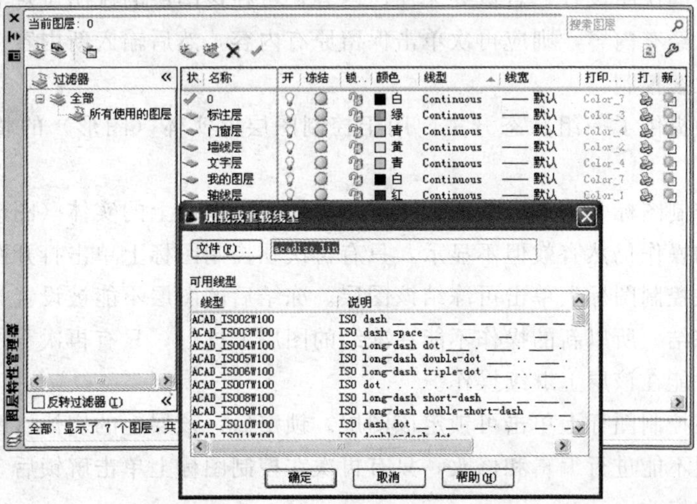

图 3.5 “加载或重载线型”对话框

在该对话框中，用鼠标单击选择要加载的线型，单击“确定”按钮完成线型加载，同时关闭该对话框，返回“选择线型”对话框，继续线型设置。

修改某图层的线宽设置，可单击图层列表中该图层的线宽值，在弹出的如图 3.6 所示的“线宽”对话框中进行设置。

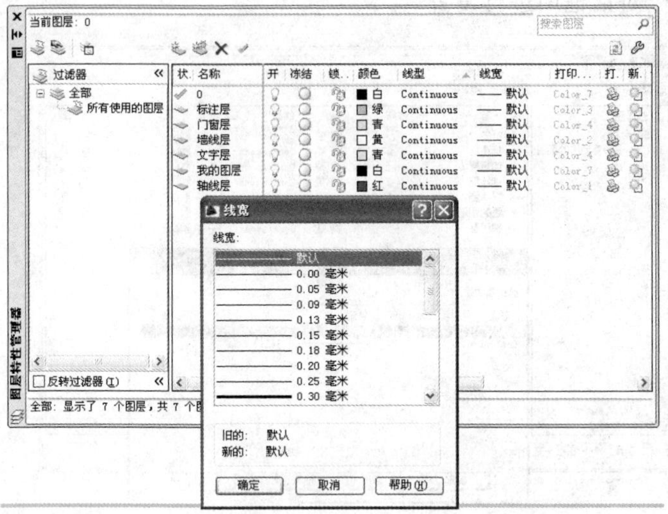

图 3.6　“线宽”设置对话框

在该对话框中，用鼠标单击选择合适的线宽，单击“确定”按钮完成线宽的设置，同时关闭该对话框。

修改某图层的打印设置，可单击图层列表中该图层的打印机小图标，控制该图层上的对象是否被打印。

修改某图层的说明设置，若该处无任何内容，可在该图层的说明位置上用鼠标单击两次，如该区域已经有内容，则应再次单击保留原有内容，然后输入新内容。

(6) 图层状态控制。

图层列表中提供了一组状态开关，用于控制图层上实体（图形）的整体属性，具体如下。

“开”：在控制图标上单击可关闭该图层。关闭后，该层上的实体（图形）不再显示或绘图输出。新的操作仍然有效但不显示，只有再次在控制图标上单击打开图层后才显示。

“冻结”：在控制图标上单击可冻结该图层。冻结后的图层不能被设置为当前层，而当前层是不能被冻结，所以新的操作不能在冻结的图层上进行，只有再次在控制图标上单击解冻图层后，才能在该层上继续操作。

“锁定”：在控制图标上单击可锁定该图层。锁定后，该层上的实体（图形）可以显示或绘图输出，但不能进行编辑和修改，只有再次在控制图标上单击解锁后，才能在该层上继续进行编辑和修改。

图层状态的设置，除了可以在图层特性管理器中进行，还可以在“图层”工具栏上的图层控制下拉列表中通过鼠标单击，开、关相应的状态图标进行设置。

4. 利用图层绘图的步骤

下面以首层平面图的绘制为例，说明绘图的一般步骤。

（1）制作图块：根据绘图的需要，在相应的图层上，先将一些需重复绘制的对象要素如：门、窗、柱、餐橱设备、卫浴设备、符号等按要求制作成图块。建议使用 WBLOCK 命令生成图块。

（2）放样：从“图层”工具条上的图层下拉列表中切换到设置好的图层，利用构造线画出所有的柱心或墙心的位置。

（3）切换图层，插入柱的图块。

（4）切换图层，绘制墙线并加入墙剖面线。

（5）开门窗洞口。

（6）切换图层，插入门窗的图块。

（7）切换图层，绘制所有柱、墙、梁的粉刷线。

（8）切换图层，绘制楼梯。

（9）切换图层，绘制室外排水沟。

（10）切换图层，插入卫浴等设备的图块。

（11）检查图形，删除无用的线条。

（12）切换图层，标注尺寸。

（13）切换图层，标示符号。

（14）切换图层，注写文字。

（15）全面检查，补漏拾遗，完成图样的绘制。

3.2 绘制线形

3.2.1 直线（L）

绘制直线的命令是 Line，执行 Line 命令一次，可以画一条线段，也可以画出连续的多条线段，但每一条线段都是独立的。

启动直线命令的三种方法。

（1）工具栏。单击标注工具栏的命令按钮。

（2）绘图菜单。单击下拉菜单栏“绘图”→“直线（L）”。

（3）键盘输入。在命令行命令提示符下，输入 Line 或 L 后，回车。

启动直线命令后，命令行提示如下：

命令：_line 指定第一点：在此输入线段起点坐标值，回车确认。

指定下一点或“放弃（U）”：在此输入线段端点坐标值，回车确认。

指定下一点或“放弃（U）”：在此输入线段下一个端点坐标值，回车确认。

指定下一点或“闭合（C）/放弃（U）”：可以继续输入线段下一个端点坐标值，回车确认；也可以输入 C，回车，将上一点与起点用直线连接；若输入 U，回车，则取消上一步的操作。

输入线段起点和终点的方法之一是在命令行的提示如下，输入点的坐标值，如：X，Y，Z 回车确认，之二是用十字光标，在绘图区直接通过“对象捕捉”获取已经绘制出的点（点的捕捉），输入完成后，回车结束。

【例 3-1】 利用直线命令画边长为 50 的正多边形。

（1）方法 1：本方法要求掌握使用相对极坐标，输入线段的端点坐标值，完成直线的绘制过程。

启动直线命令后，命令行操作如下：

命令：_line 指定第一点：200，200，回车。
指定下一点或［放弃（U）］：@50<0，回车。
指定下一点或［放弃（U）］：@50<－60，回车。
指定下一点或［闭合（C）/放弃（U）］：@50<－120，回车。
指定下一点或［闭合（C）/放弃（U）］：@50<180，回车。
指定下一点或［闭合（C）/放弃（U）］：@50<120，回车。
指定下一点或［闭合（C）/放弃（U）］：c，回车。

执行完上述操作后，得到如图 3.7 所示的图形。

（2）方法 2：本方法要求掌握使用坐标法，输入线段的端点坐标值，完成直线的绘制过程。说明：需要计算每条线段的水平投影长度和垂直投影长度值。

启动直线命令后，命令行操作如下：

命令：_line 指定第一点：用光标指定绘制的起点，如图 3.7 中的点 1
指定下一点或［放弃（U）］：@50，0，回车。
指定下一点或［放弃（U）］：@25，43.3，回车。
指定下一点或［闭合（C）/放弃（U）］：@－25，43.3，回车。
指定下一点或［闭合（C）/放弃（U）］：@－50，0，回车。
指定下一点或［闭合（C）/放弃（U）］：@－25，－43.3，回车。
指定下一点或［闭合（C）/放弃（U）］：输入字母 c，回车。

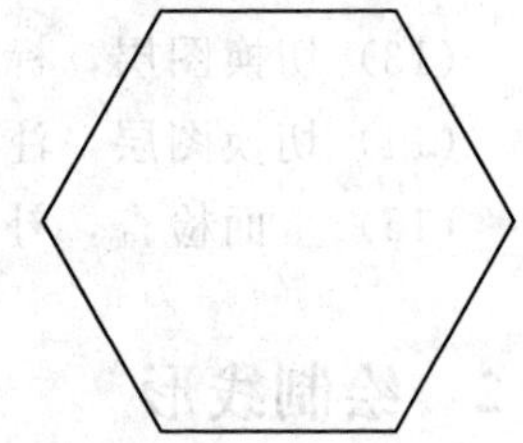

图 3.7　应用“直线”绘制图形

执行完上述操作后，得到如图 3.7 所示的图形。

3.2.2　射线（Ray）

绘制射线的命令是 Ray，执行 Ray 命令一次，可以画一条射线，也可以画出连续的多条射线，但每一条的起点都是相同的。

启动射线命令的两种方法：

（1）绘图菜单。单击下拉菜单栏“绘图”→“射线（R）”。

（2）键盘输入。在命令行命令提示符下，输入 Ray 回车。

启动射线命令后，命令行提示如下：

命令：_ray 指定起点：在此输入射线起始端点坐标值，回车确认。
指定通过点：在此输入射线上另一个点的坐标值，回车确认。
指定通过点：在此输入点的坐标值，回车确认，生成一条新的射线，该射线与上一条射线具有共同的起点。

利用射线命令，可以一次绘制出具有相同端点的多条射线。

3.2.3　构造线（XL）

绘制构造线的命令是 Xline，执行 Xline 命令一次，可以画一条两端无限延伸的直线，也可以连续画出两端无限延伸的多条直线，但每一条直线的起点都是相同的。

(1) 启动射线命令的方法。

1) 工具栏：单击标注工具栏的命令按钮。

2) 绘图菜单：单击下拉菜单栏“绘图”→“构造线（T)”。

3) 键盘输入：在命令行命令提示符下，输入 Xline 或 XL 后，回车。

启动构造线命令后，命令行提示如下：

命令：_ xline 指定点或［水平（H）/垂直（V）/角度（A）/二等分（B）/偏移（O)］：在此，可从命令行输入构造线经过的某一点坐标值，回车确认。也可以通过鼠标在绘图区单击，输入点的坐标。

指定通过点：在此输入构造线经过的另一点坐标值，回车确认。完成一条构造线的绘制。

指定通过点：在此输入点坐标值，回车确认可继续绘制构造线。若不想再继续绘制构造线，则再次回车结束该命令。

(2) 在命令行：_ xline 指定点或［水平（H）/垂直（V）/角度（A）/二等分（B）/偏移（O)］：提示下，如果需要选用其他命令选项，则应输入相应选项后的字母（在 AutoCAD 中，输入代表命令选项的字母时，大写或小写均可)，回车启动该选项，然后再进行相应的操作。其他命令选项的操作如下：

1) 水平（H)：输入 H 回车，可连续画出多条水平构造线。

2) 垂直（V)：输入 V 回车，可连续画出多条铅垂构造线。

3) 角度（A)：输入 A 回车。

命令行提示：

输入构造线的角度（0）或［参照（R)］：输入角度值，回车可连续画出多条与水平方向成一定角度的构造线。若输入 R 回车。

选择直线对象：鼠标可单击，选择图形上已有的直线作为参考线。

输入构造线的角度＜0＞：输入要绘制的构造线和刚才选择的参考线之间的角度值，回车确认后可绘制出相应角度要求的构造线。

4) 二等分（B)：输入 B 回车，命令行提示：

指定角的顶点：输入要进行二等分的角的顶点坐标（一般结合对象捕捉输入顶点坐标)，输入完成后。

指定角的起点：输入要进行二等分的角的起点坐标（一般结合对象捕捉输入顶点坐标)，输入完成后。

指定角的端点：输入要进行二等分的角的端点坐标（一般结合对象捕捉输入顶点坐标)，完成一个角的二等分线的绘制。

在命令行的提示下，端点的输入可以是连续的，可以生成具有相同顶点和起点，而端点不同的角的二等分线。

5) 偏移（O)：输入 O 回车，命令行提示及操作如下：

指定偏移距离或［通过（T)］＜通过＞：输入距离值（该距离值是将要绘制的构造线和图形上已经生成的某一直线之间的距离)，回车。

选择直线对象：鼠标可单击选择图形上已有的直线。

指定向哪侧偏移：鼠标在刚才选中的直线一侧单击，生成由已有直线定距偏移的构造线。该操作可继续进行，偏移距离不变，可选择不同直线，进行偏移。

若在命令行提示：指定偏移距离或［通过（T）］＜通过＞：输入 T 回车。

命令行提示：

选择直线对象：鼠标可单击，选择图形上已有的直线。

指定通过点：输入点的坐标（一般结合对象捕捉输入点的坐标），回车，生成经过输入点和刚才选中的直线平行的构造线。

3.2.4 多线（ML）

绘制多线的命令是 Mline，执行 Mline 命令一次，可绘制一条多线。多线的绘制可以是连续的。并且，从起点到终点间的线条是一个整体对象。多线是由多条平行的直线组成的，平行线的数目、间距、线型、线宽、颜色等选项是可以根据需要来设定的。

启动多线命令的两种方法：

（1）绘图菜单。单击下拉菜单栏“绘图”→“多线（M）”。

（2）键盘输入。在命令行命令提示符下，输入 Mline 或 ML 后，回车。

启动多线命令后，命令行提示如下：

指定起点或［对正（J）/比例（S）/样式（ST）］：

此时，多线按默认的样式绘制，即按历史命令行中的当前设置：

对正 = 上，比例 = 20.00，样式 = STANDARD

在此，可从命令行输入多线起点坐标值，回车确认。也可以通过鼠标在绘图区单击（结合点的捕捉）输入点的坐标。

指定下一点或［放弃（U）］：从命令行输入多线下一点的坐标值，回车确认。或鼠标在绘图区单击（结合点的捕捉）输入点的坐标。

指定下一点或［闭合（C）/放弃（U）］：继续从命令行输入多线下一点的坐标值，回车确认。

或鼠标在绘图区单击（结合点的捕捉），输入点的坐标。也可以键入 C，回车，形成终点与起点间的封闭曲线。如果，输入错误也可键入 U，回车，取消上一步操作。

如果需要设置新的样式，则应在命令行提示：

［对正（J）/比例（S）/样式（ST）］：输入相应选项后的字母，回车，启动该选项。然后再进行相应的操作。其他命令选项的操作如下：

1. 对正（J）

输入 J，回车，设置多线的对齐方式。

命令行提示：

输入对正类型［上（T）/无（Z）/下（B）］＜上＞：输入相应选项后的字母，回车，返回多线绘制状态，以选择的对齐方式绘制多线。

（1）选项“上（T）”，一般为默认选项，在此对齐方式下，从左向右绘制多线，以多线最上端的直线为点的坐标输入基准；从右向左绘制多线，以多线最下端的直线为点的坐标输入基准；从下向上绘制多线，以多线最左端的直线为点的坐标输入基准；从上向下绘制多线，以多线最右端的直线为点的坐标输入基准。

(2) 选项“无 (Z)”，在此对齐方式下，以多线中心线为点的坐标输入基准。

(3) 选项“下 (B)”，在此对齐方式下，多线点的坐标输入基准与选项“上 (T)”相反。

2. 比例 (S)

输入 S，回车，设置多线的比例，即多线两条最外侧直线间的距离，该距离等于比例选项值乘以多线原来设定的宽度值，默认比例选项值为 20，多线原来设定的宽度值为 1，所以，绘制的多线最外侧直线间的距离为 20。

命令行提示：

输入多线比例<20.00>：根据需要输入比例数值，回车确认。

3. 样式 (ST)

输入 ST，回车，调用已设置好的多线样式进行绘制。

命令行提示：

输入多线样式名或 [?]：输入已设置好的多线样式名称，回车确认。

多线的样式可在“格式”下拉菜单中启动“多线样式”命令，在弹出的如图 3.8 所示的“多线样式”对话框中进行设置。

鼠标单击“修改”按钮，可在弹出的如图 3.9 所示的“元素特性”对话框中对构成多线的直线的偏移量（多线原来设定的宽度值）、线型、颜色进行设置，也可删除或添加元素数目。

鼠标单击“线型”按钮，可在弹出的如图 3.10 所示的“选择线型”对话框中对多线的线型进行设置，还可以对多线直线间的颜色填充进行设置。

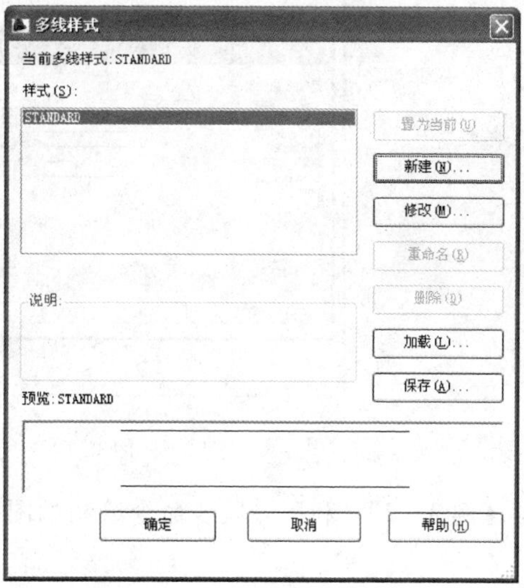

图 3.8 “多线样式”对话框

3.2.5 多段线 (PL)

绘制多段线的命令是 Polyline，执行 Polyline 命令一次，可绘制一条多段线。多段线的绘制可以是连续的。并且，从起点到终点间的线条是一个整体对象。通过绘制多段线，可以得到由若干直线和圆弧连接而成的折线或曲线。而且，各段的线宽还可以在绘制的过程中分别设置。

启动多段线命令的三种方法：

(1) 工具栏。单击标注工具栏的命令按钮。

(2) 绘图菜单。单击下拉菜单栏“绘图”→“多段线 (P)”。

(3) 键盘输入。在命令行命令提示符下，输入 Pline 或 PL 后，回车。

多段线的命令选项较多，下面通过一个例题来说明其各个命令选项的功能。

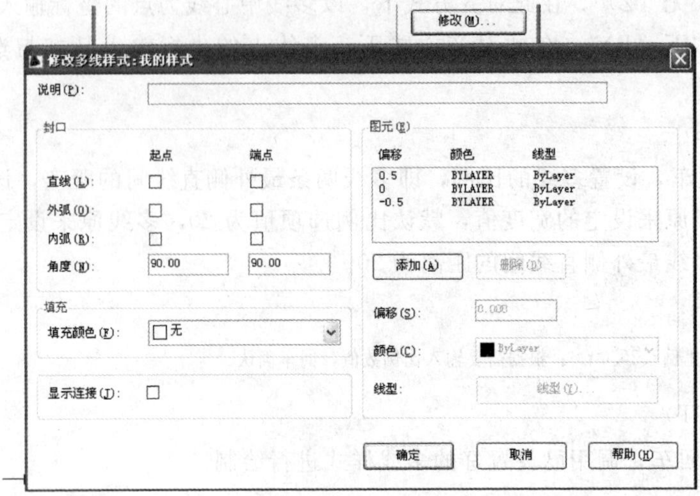

图 3.9　“修改多线样式”对话框

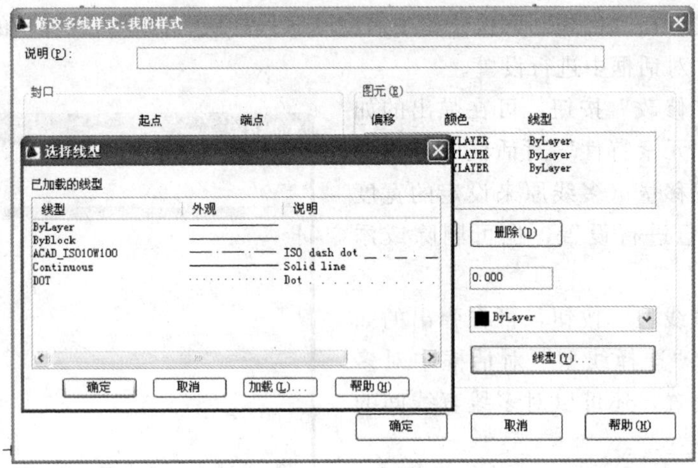

图 3.10　“选择线型”对话框

【例 3－2】　利用多段线命令绘制如图 3.11 所示的图形。

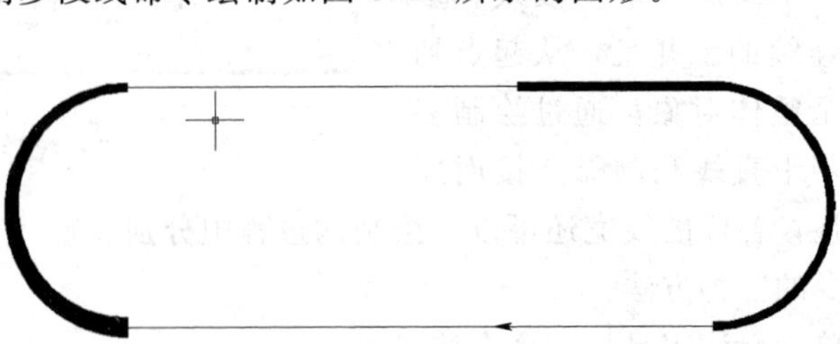

图 3.11　应用“多段线”绘制图形

方法：本方法要求掌握多段线的绘制过程，熟悉各个命令选项的功能。

启动多段线命令后，命令行提示及操作如下：

命令：_ pline

指定起点：100，200

当前线宽为 0.0000

指定下一个点或［圆弧（A）/半宽（H）/长度（L）/放弃（U）/宽度（W）］：@100，0

指定下一点或［圆弧（A）/闭合（C）/半宽（H）/长度（L）/放弃（U）/宽度（W）］：w

指定起点宽度＜0.0000＞：2

指定端点宽度＜2.0000＞：

指定下一点或［圆弧（A）/闭合（C）/半宽（H）/长度（L）/放弃（U）/宽度（W）］：@50，0

指定下一点或［圆弧（A）/闭合（C）/半宽（H）/长度（L）/放弃（U）/宽度（W）］：a

指定圆弧的端点或

［角度（A）/圆心（CE）/闭合（CL）/方向（D）/半宽（H）/直线（L）/半径（R）/第二个点（S）/放弃（U）/宽度（W）］：@60＜－90

指定圆弧的端点或

［角度（A）/圆心（CE）/闭合（CL）/方向（D）/半宽（H）/直线（L）/半径（R）/第二个点（S）/放弃（U）/宽度（W）］：l

指定下一点或［圆弧（A）/闭合（C）/半宽（H）/长度（L）/放弃（U）/宽度（W）］：w

指定起点宽度＜2.0000＞：0

指定端点宽度＜0.0000＞：

指定下一点或［圆弧（A）/闭合（C）/半宽（H）/长度（L）/放弃（U）/宽度（W）］：@50＜180

指定下一点或［圆弧（A）/闭合（C）/半宽（H）/长度（L）/放弃（U）/宽度（W）］：w

指定起点宽度＜0.0000＞：2

指定端点宽度＜2.0000＞：0

指定下一点或［圆弧（A）/闭合（C）/半宽（H）/长度（L）/放弃（U）/宽度（W）］：@5＜180

指定下一点或［圆弧（A）/闭合（C）/半宽（H）/长度（L）/放弃（U）/宽度（W）］：@95＜180

指定下一点或［圆弧（A）/闭合（C）/半宽（H）/长度（L）/放弃（U）/宽度（W）］：a

指定圆弧的端点或

［角度（A）/圆心（CE）/闭合（CL）/方向（D）/半宽（H）/直线（L）/半径（R）/第二个点（S）/放弃（U）/宽度（W）］：w

指定起点宽度＜0.0000＞：5

指定端点宽度＜5.0000＞：2

指定圆弧的端点或

［角度（A）/圆心（CE）/闭合（CL）/方向（D）/半宽（H）/直线（L）/半径（R）/第二个点（S）/放弃（U）/宽度（W）］：cl

多段线绘制过程中，各个命令选项的功能如下。

1. 圆弧（A）

该选项的功能是用于绘制圆弧。默认状态下，以起点、端点、方向的方式绘制圆弧。起点为上一条线条的终点，端点是所要绘制的圆弧的终点，而方向是上一次所绘线条的切线方向。

（1）角度（A）。

该选项的功能是利用所绘制圆弧的圆心角来生成圆弧。选择该选项后命令行提示：

指定包含角：输入角度值，回车。

指定圆弧的端点或［圆心（CE）/半径（R)]：输入 CE，回车。

指定圆弧的圆心：输入所绘圆弧的圆心坐标值，回车，完成一段圆弧的绘制。

指定圆弧的端点或

［角度（A）/圆心（CE）/闭合（CL）/方向（D）/半宽（H）/直线（L）/半径（R）/第二个点（S）/放弃（U）/宽度（W)]：

若在：指定圆弧的端点或［圆心（CE）/半径（R)］提示下，输入 R，回车，则命令行提示：

指定圆弧的半径：输入所绘圆弧的半径值，回车。

指定圆弧的弦方向＜151＞：输入要绘制的圆弧的两端点间的弦与水平方向的夹角值，回车，完成一段圆弧的绘制。

指定圆弧的端点或［角度（A）/圆心（CE）/闭合（CL）/方向（D）/半宽（H）/直线（L）/半径（R）/第二个点（S）/放弃（U）/宽度（W)]：

（2）圆心（CE）。

该选项的功能是利用所绘制圆弧的圆心位置来生成圆弧。选择该选项后命令行提示：

指定圆弧的圆心：输入圆弧圆心坐标，回车。

指定圆弧的端点或［角度（A）/长度（L)]：输入 A，回车。

指定包含角：输入圆弧所包含的圆心角的角度值，回车，完成一段圆弧的绘制。

指定圆弧的端点或［角度（A）/圆心（CE）/闭合（CL）/方向（D）/半宽（H）/直线（L）/半径（R）/第二个点（S）/放弃（U）/宽度（W)]：

若在：指定圆弧的端点或［角度（A）/长度（L)]：输入 l，回车。

指定弦长：输入所绘圆弧的弦长值，回车，完成一段圆弧的绘制。

指定圆弧的端点或［角度（A）/圆心（CE）/闭合（CL）/方向（D）/半宽（H）/直线（L）/半径（R）/第二个点（S）/放弃（U）/宽度（W)]：

（3）闭合（CL）。

在直线命令功能下，选择该选项，用直线封闭多段线终点和起点；

在圆弧命令功能下，选择该选项，用圆弧封闭多段线终点和起点。

（4）方向（D）。

该选项的功能是重新指定所绘圆弧起点的切线方向，不使用默认方向。

选择该选项后命令行提示：

指定圆弧的起点切向：通过输入一点的位置，使该点和圆弧起点的连线成为所绘圆弧的新的切线方向。

指定圆弧的端点：输入圆弧端点位置，回车，完成一段圆弧的绘制。

（5）直线（L）。

该选项的功能是返回绘制直线功能。

（6）半径（R）。

该选项的功能是通过确定圆弧的半径并指定所绘圆弧的端点（或所绘圆弧的圆心角）来生成圆弧。选择该选项后命令行提示：

指定圆弧的半径：输入所绘圆弧半径值，回车。

指定圆弧的端点或［角度（A)]：输入圆弧端点位置，回车，完成一段圆弧的绘制。

若在，指定圆弧的端点或［角度（A）］：输入A回车。

指定包含角：输入圆弧所包含的圆心角的角度值，回车。

指定圆弧的弦方向＜0＞：输入该圆弧的弦与水平方向的夹角值，回车，完成一段圆弧的绘制。

（7）第二个点（S）。

该选项的功能是通过确定圆弧上的除起点外，另外两点的位置来生成圆弧的。选择该选项后命令行提示：

指定圆弧上的第二个点：指定圆弧上的第二个点的位置，回车。

指定圆弧的端点：指定圆弧的端点位置，回车，完成一段圆弧的绘制。

2. 闭合（C）

该选项的功能是在所绘多段线的终点和起点间形成封闭线条。

3. 半宽（H）

该选项的功能是设置多段线的半宽度，即所绘制的多段线的宽度等于该输入值的2倍，选择该命令选项后，命令行操作如下：

指定起点半宽＜0.0000＞：输入起点半宽值，回车。

指定端点半宽＜x.0000＞：输入下一点半宽值，回车，＜x.0000＞为默认的起点半宽值。

指定下一点或［圆弧（A）/闭合（C）/半宽（H）/长度（L）/放弃（U）/宽度（W）］：输入多段线下一点位置

如果起点、端点半宽值相等则生成等宽线，反之，形成沿多段线长度方向均匀渐变的线条。

4. 长度（L）

该选项的功能是在绘制直线状态下，以设定所绘直线长度的方式绘制直线。

5. 放弃（U）

该选项的功能是取消上一步的操作所绘制的线条。

6. 宽度（W）

该选项的功能是设置多段线的宽度。

3.2.6 徒手画线

可以使用SKETCH命令徒手绘制线条。徒手画线对于创建不规则的边界非常有用。徒手画线的时候，光标就像画笔一样。通过单击鼠标左键把“画笔”放到屏幕上，这时可以通过移动鼠标光标进行绘图，当再次单击鼠标左键时，将提起画笔并停止绘图。徒手画线生成的线条是由许多条线段组成。每条线段都可以是独立的对象或多段线。可以通过设置线段的最小长度或增量，使绘图精度得以提高，但这样将会明显增加图形文件的大小。因此，要尽量少使用此工具。

徒手绘图之前，应检查CELTYPE系统变量，确保当前的线型为“随层”。如果使用的是点划线或虚线，并且，徒手画线的最小长度，设置得比点划线或虚线的线段间距或线段短，则看不到相应的线型。

使用SKETCH命令的“删除”选项可以删除徒手画线。在“删除”模式下，无论光标在何处与徒手画线相交，交点到线末尾之间的部分都将被删除。并且，记录了的徒手画线，是不能用 SKETCH 命令的“删除”选项编辑或删除它们。只有在完成徒手画后，使用 ERASE 命令删除。

1. 徒手绘图和记录徒手画线的步骤

（1）在命令提示下，输入 sketch，回车。

（2）在“记录增量”提示下，输入最小线段长度，回车。

（3）在绘图区单击鼠标左键，放下“画笔”。

移动鼠标光标，AutoCAD以指定的长度随着光标的移动生成临时的线段。SKETCH 不接受坐标输入。在命令运行期间，生成的线条是以另一种颜色显示的。

（4）若所绘线条是不连续的，则在绘制完一段线条后，应在该线条端点处单击鼠标左键，提起“画笔”，这样光标移动时就不会在屏幕上留下不需要的线条。在新起点单击鼠标左键，光标从新的位置重新开始绘图。

（5）徒手画线的过程中，输入 r 都可以把正在绘制和已经绘制的线记录（保存）到数据库中。如果画笔已放下，可以在记录之后继续绘图。如果画笔已提起，单击鼠标左键可以继续画线。徒手画线从单击时光标所在的位置开始。

（6）徒手画线的过程中，回车，将结束徒手画并记录所有未保存的线。

2. 删除徒手画线的步骤

（1）在运行 SKETCH 命令时（画笔处于提起或放下状态），输入 e。如果画笔已放下，它将被提起。

（2）将光标移到最近绘制的那条线的末尾，然后沿这条线回移以指定要删除的部分。

（3）需要结束删除并返回到 SKETCH 命令提示，应输入 p。要放弃删除，应输入 e。要在徒手绘图时更改当前视口，必须提起画笔，并确保所有输入的线都已经记录。

3.3　绘制圆弧形

3.3.1　圆（C）

绘制圆的命令是Circle，执行命令一次，可绘制一个圆。实际上，在AutoCAD中绘制的圆都是正多边形，边数越多匀越光滑。调整圆的平滑度，可以通过启动工具下拉式菜单中的选项命令，在打开的如图 3.12 所示的选项对话框中，选择显示选项卡，调整显示精度选项组中的圆弧和圆的平滑度选项参数，该值默认为 1000，此参数调整的越大，生成的圆越光滑。

启动绘制圆命令的三种方法：

（1）工具栏。单击标注工具栏的命令按钮⊙。

（2）绘图菜单。单击下拉菜单栏“绘图”→“圆（C）”。

（3）键盘输入。在命令行命令提示符下，输入 circle 或 C 后，回车。

在如图 3.13 所示的“绘图”下拉式菜单中，“圆”命令下，有 6 种绘制圆的方法。

具体操作如下。

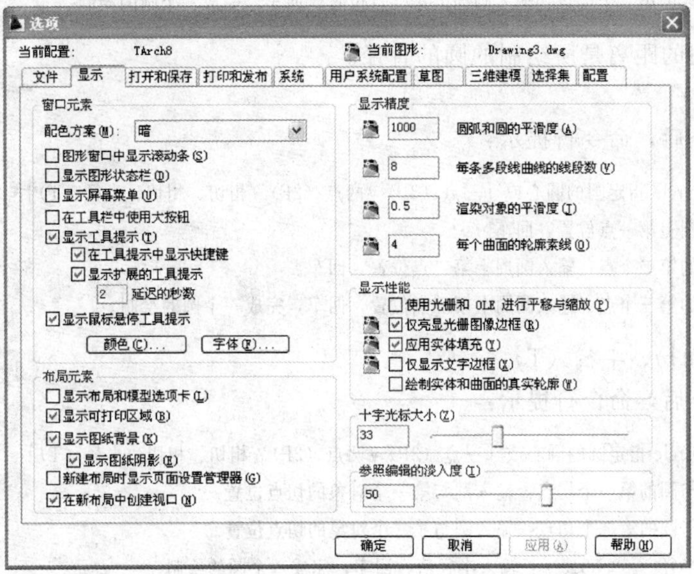

图 3.12 工具“选项”对话框

1. 圆心、半径（R）

选择该命令后，命令行提示：

命令：_ circle 指定圆的圆心或［三点（3P）/两点（2P）/相切、相切、半径（T）］：输入圆心位置，回车。

指定圆的半径或［直径(D)］：<51.5561> 输入半径值，回车，完成一个圆的绘制。<51.5561>为默认上一次使用该命令时设定的半径值。

2. 圆心、直径（D）

选择该命令后，命令行提示：

命令：_ circle 指定圆的圆心或［三点（3P）/两点（2P）/相切、相切、半径（T）］：输入圆心位置，回车。

指定圆的半径或［直径（D）］<30.0000>：_d 指定圆的直径<60.0000>：输入直径值，回车，完成一个圆的绘制。<60.0000>为默认上一次使用该命令时设定的直径值。

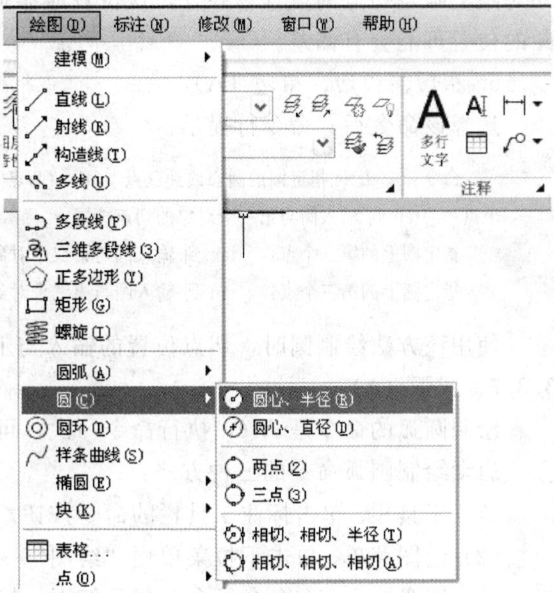

图 3.13 “圆”的六种绘制方法

3. 两点（2）

选择该命令后，命令行提示：

命令：_ circle 指定圆的圆心或［三点（3P）/两点（2P）/相切、相切、半径（T）］：_ 2p 指定圆周直径的第一个端点：输入圆周上第一点位置，回车。

指定圆直径的第二个端点：输入圆周上第二点位置，回车，完成一个圆的绘制。

以上两点间的距离是所绘制的圆的直径。

4. 三点（3）

选择该命令后，命令行提示：

命令：_circle指定圆的圆心或［三点（3P）/两点（2P）/相切、相切、半径（T）］：_3p指定圆周上的第一个点：输入圆上第一点位置，回车。

指定圆上的第二个点：输入圆周上第二点位置，回车。

指定圆上的第三个点：输入圆周上第三点位置，回车，完成一个圆的绘制。

5. 相切、相切、半径（T）

选择该命令后，命令行提示：

命令：_circle指定圆的圆心或［三点（3P）/两点（2P）/相切、相切、半径（T）］：_ttr

指定对象与圆的第一个切点：输入圆与第一个对象的切点位置。

指定对象与圆的第二个切点：输入圆与第二个对象的切点位置。

指定圆的半径<62.5315>：输入半径值，回车，完成一个圆的绘制。

使用该方法绘制圆时，通常是在设置完“对象捕捉”的切点捕捉方式后，用鼠标在已知对象上确定切点的位置。并且，该位置应靠近实际切点的位置，若偏离过大，则生成的圆的位置可能会有偏差。

6. 相切、相切、相切（A）

选择该命令后，命令行提示：

命令：_circle指定圆的圆心或［三点（3P）/两点（2P）/相切、相切、半径（T）］：_3p指定圆上的第一个点：_tan到 输入圆与第一个对象的切点位置。

指定圆上的第二个点：_tan到 输入圆与第二个对象的切点位置。

指定圆上的第三个点：_tan到 输入圆与第三个对象的切点位置。完成一个圆的绘制。

使用该方法绘制圆时，切点位置的输入与上一方法相同。

3.3.2 圆弧（A）

绘制圆弧的命令是Arc，执行命令一次，可绘制一条圆弧。

启动绘制圆弧命令的三种方法：

（1）工具栏。单击标注工具栏的命令按钮。

（2）绘图菜单。单击下拉菜单栏“绘图”→“圆弧（A）”。

（3）键盘输入。在命令行命令提示符下，输入arc或A后，回车。

在如图3.14所示的“绘图”下拉式菜单中，“圆弧”命令下，有10种绘制圆弧的方法。

具体操作如下。

1. 三点（P）

该命令是通过指定所绘制的圆弧起点、中间任意一点、端点的位置，来生成一段圆弧的。三个点的位置的确定可以在命令行的提示下输入坐标值，也可以用鼠标光标只绘图区指定。

选择该命令后，命令行提示：

命令：_ arc 指定圆弧的起点或［圆心（C)]：输入圆弧起点位置。

指定圆弧的第二个点或［圆心（C）/端点（E)]：输入圆弧中间点位置。

指定圆弧的端点：输入圆端起点位置，完成一段圆弧的绘制。

2. 起点、圆心、端点（S）

该命令是通过指定所绘制的圆弧起点、圆心、端点的位置，来生成一段起点与端点间圆弧。三个点的位置的确定可以在命令行的提示下输入坐标值，也可以用鼠标光标只绘图区指定。

选择该命令后，命令行提示：

命令：_ arc 指定圆弧的起点或［圆心（C)]：输入圆弧起点位置。

指定圆弧的第二个点或［圆心（C）/端点（E)]：_ c 指定圆弧的圆心：输入圆弧圆心位置。

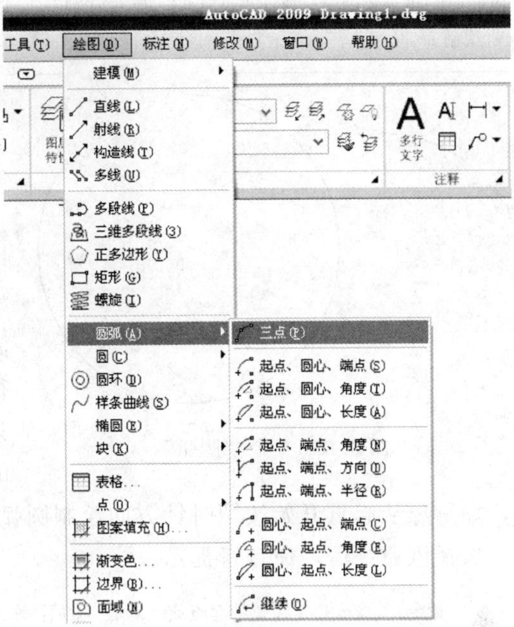

图 3.14 “圆弧”的十种绘制方法

指定圆弧的端点或［角度（A）/弦长（L)]：输入圆端起点位置，完成一段圆弧的绘制。

3. 起点、圆心、角度（T）

该命令是通过指定所绘制的圆弧起点、圆心、圆心角角度，来生成一段由圆心角值控制长度和方向的圆弧。两个点的位置的确定可以在命令行的提示下输入坐标值，也可以用鼠标光标只绘图区指定，而角度的指定是具有方向性的，AutoCAD 默认的角度正方向是逆时针方向，如果想从起点开始按顺时针方向绘制圆弧，则应在角度值前面加一个负号。

选择该命令后，命令行提示：

命令：_ arc 指定圆弧的起点或［圆心（C)]：输入圆弧起点位置。

指定圆弧的第二个点或［圆心（C）/端点（E)]：_ c 指定圆弧的圆心：输入圆弧圆心位置。

指定圆弧的端点或［角度（A）/弦长（L)]：_ a 指定包含角：输入圆心角角度，完成一段圆弧的绘制。

4. 起点、圆心、长度（A）

该命令是通过指定所绘制的圆弧起点、圆心、起点与终点间的弦长，来生成一段由弦长控制长度的圆弧。两个点的位置的确定可以在命令行的提示下输入坐标值，也可以用鼠标光标只绘图区指定，而弦长的指定值是不能超过直径的。用鼠标指定弦长时，最多只能得到从起点开始的逆时针方向的近半周圆弧，若想得到超过半周的圆弧，可以在弦长值前面加一个负号。

选择该命令后，命令行提示：

命令：_ arc 指定圆弧的起点或［圆心（C)]：输入圆弧起点位置。

指定圆弧的第二个点或［圆心（C）/端点（E)]：_ c 指定圆弧的圆心：输入圆弧圆心位置。

指定圆弧的端点或［角度（A）/弦长（L）］：_l 指定弦长：输入起点与终点间的弦长值，完成一段圆弧的绘制。

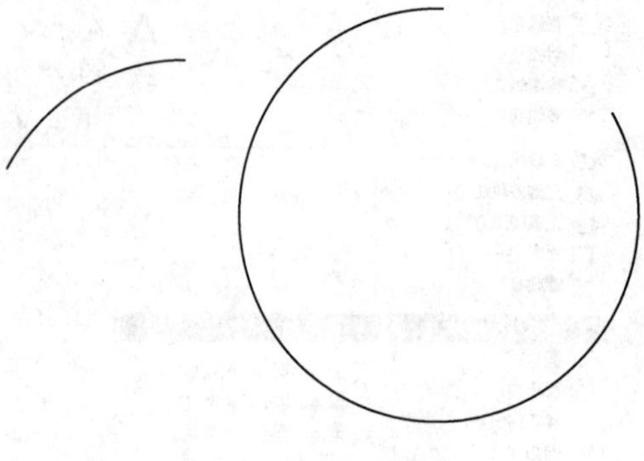

图 3.15　绘制“圆弧”

用该方法绘制的起点、圆心任定，半径为 100，弦长分别为 100 和－100 的圆弧如图 3.15 所示。

5. 起点、端点、角度（N）

该命令是通过指定所绘制的圆弧起点、端点、圆心角角度，来生成一段起点与端点间的圆弧。两个点的位置的确定可以在命令行的提示下输入坐标值，也可以用鼠标光标只绘图区指定，而角度的指定是具有方向性的，AutoCAD 默认的角度正方向是逆时针方向，如果想从起点开始按顺时针方向绘制圆弧到端点，则应在角度值前面加一个负号。

选择该命令后，命令行提示：

命令：_arc 指定圆弧的起点或［圆心（C）］：输入圆弧起点位置。

指定圆弧的第二个点或［圆心（C）/端点（E）］：_e

指定圆弧的端点：输入圆端起点位置。

指定圆弧的圆心或［角度（A）/方向（D）/半径（R）］：_a 指定包含角：输入圆心角角度，完成一段圆弧的绘制。

6. 起点、端点、方向（D）

该命令与上一命令相似，只不过是在圆弧的起、端点位置输入后，通过指定起点处的圆弧的切线方向来完成一段圆弧的绘制的。

选择该命令后，命令行提示：

命令：_arc 指定圆弧的起点或［圆心（C）］：输入圆弧起点位置。

指定圆弧的第二个点或［圆心（C）/端点（E）］：_e

指定圆弧的端点：输入圆端起点位置。

指定圆弧的圆心或［角度（A）/方向（D）/半径（R）］：_d 指定圆弧的起点切向：指定起点处圆弧的切线方向。

7. 起点、端点、半径（R）

该命令与上一命令相似，只不过是在圆弧的起、端点位置输入后，通过指定圆弧的半径，来生成一段沿逆时针方向，从起点到端点的圆弧。

选择该命令后，命令行提示：

命令：_arc 指定圆弧的起点或［圆心（C）］：输入圆弧起点位置。

指定圆弧的第二个点或［圆心（C）/端点（E）］：_e

指定圆弧的端点：输入圆端起点位置。

指定圆弧的圆心或［角度（A）/方向（D）/半径（R）］：_r 指定圆弧的半径：输入圆弧的半径值（该数值应大于起点、端点间的距离，否则，命令行提示“无效”）。

8. 圆心、起点、端点（C）

该命令用于绘制指定圆心后，从起点沿逆时针方向到端点的一段圆弧。

选择该命令后，命令行提示：

命令：_arc 指定圆弧的起点或［圆心（C）］：_c 指定圆弧的圆心：输入圆弧圆心位置。
指定圆弧的起点：输入圆弧起点位置。
指定圆弧的端点或［角度（A）/弦长（L）］：输入圆弧端点位置。

9. 圆心、起点、角度（E）

该命令与上一命令相似，只不过是在圆弧的圆心、起点输入后，把端点控制圆弧的长度变为有圆心角角度控制。只是注意角度值的正负决定圆弧是按逆时针还是按顺时针生成。

选择该命令后，命令行提示：

命令：_arc 指定圆弧的起点或［圆心（C）］：_c 指定圆弧的圆心：输入圆弧圆心位置。
指定圆弧的起点：输入圆弧起点位置。
指定圆弧的端点或［角度（A）/弦长（L）］：_a 指定包含角：输入圆弧的圆心角角度值。

10. 圆心、起点、长度（L）

该命令与上一命令相似，只是由弦长来控制而得到圆弧。这里的弦长值为正值，圆弧为逆时针方向长度小于半周的圆弧，弦长值为负值，圆弧为逆时针方向长度大于半周的圆弧。

选择该命令后，命令行提示：

命令：_arc 指定圆弧的起点或［圆心（C）］：_c 指定圆弧的圆心：输入圆弧圆心位置。
指定圆弧的起点：输入圆弧起点位置。
指定圆弧的端点或［角度（A）/弦长（L）］：_l 指定弦长：输入圆弧的弦长值。

11. 继续（L）

该命令用于从上一条线条的终点绘制圆弧。

选择该命令后，命令行提示：

命令：_arc 指定圆弧的起点或［圆心（C）］：
指定圆弧的端点：输入圆弧端点位置。

3.3.3 圆环（DO）

绘制圆环的命令是 Donut，执行命令一次，可绘制多个圆环。圆环在 AutoCAD 中是按一个对象对待的，被认为是带有宽度的闭合多段线。通过在命令行输入变量：FILLMODE 回车，修改该值为 0 或 1，可以设定生成的圆环是填充环，还是实体填充圆。

启动绘制圆环命令的两种方法：

（1）绘图菜单。单击下拉菜单栏“绘图”→“圆环（D）”。

（2）键盘输入。在命令行命令提示符下，输入 donut 或 DO 后，回车。

启动圆环命令后，命令行提示如下：

命令：_donut

指定圆环的内径 <15.0000>：指定第二点：输入圆环的内径值。

指定圆环的外径 <22.0000>：指定第二点：输入圆环的外径值。

指定圆环的中心点或 <退出>：在绘图区指定圆环中心点的位置。

指定圆环的中心点或 <退出>：可继续通过指定圆环中心点的位置生成圆环，也可回车或单击鼠标右键，结束绘制圆环的命令。

3.3.4　椭圆（EL）

绘制椭圆的命令是 Ellipse，执行命令一次，可绘制一个椭圆。

启动绘制椭圆命令的三种方法：

（1）工具栏。单击标注工具栏的命令按钮。

（2）绘图菜单。单击下拉菜单栏“绘图”→“椭圆（E）”。

（3）键盘输入。在命令行命令提示符下，输入 ellipse 或 EL 后，回车。

在 AutoCAD 中绘制完整椭圆的方法有两种：

1. 中心点

在绘图下拉式菜单中，选择椭圆的该子命令后，命令行提示如下：

命令：_ellipse

指定椭圆的轴端点或［圆弧（A）/中心点（C）］：_c

指定椭圆的中心点：输入椭圆中心点的位置。

指定轴的端点：指定椭圆一条轴线的端点。

指定另一条半轴长度或［旋转（R）］：输入椭圆另一条轴线的长度，回车。完成椭圆的绘制；也可输入 R 回车，命令行提示：

指定绕长轴旋转的角度：该角度值是指以椭圆的中心，到刚才输入的轴线的端点（长轴）为半径的圆绕长轴在空间旋转的角度，该圆旋转后在垂直于投影面（绘图平面）的投影，为所要绘制的椭圆。

2. 轴、端点

在绘图下拉式菜单中，选择椭圆的该子命令后，命令行提示如下：

命令：_ellipse

指定椭圆的轴端点或［圆弧（A）/中心点（C）］：输入椭圆长轴或短轴的一个端点。

指定轴的另一个端点：输入椭圆长轴或短轴的另一个端点，从而确定椭圆的一条轴的长度。

指定另一条半轴长度或［旋转®］：输入另一条半轴长度值，完成椭圆的绘制。

3.3.5　椭圆弧

启动绘制椭圆弧命令的三种方法：

（1）工具栏。单击标注工具栏的命令按钮。

（2）绘图菜单。单击下拉菜单栏“绘图”→“椭圆（E）”→“圆弧（A）”。

（3）键盘输入。在命令行命令提示符下，输入 ellipse 或 EL 后，回车；再输入 A，回车。

启动该命令后，命令行提示如下：

命令：_ ellipse

指定椭圆的轴端点或［圆弧（A）/中心点（C）］：_ a

指定椭圆弧的轴端点或［中心点（C）］：输入椭圆长轴或短轴的一个端点。

指定轴的另一个端点：输入椭圆长轴或短轴的另一个端点，从而确定椭圆的一条轴的长度。

指定另一条半轴长度或［旋转（R）］：输入另一条半轴长度值。

指定起始角度或［参数（P）］：输入椭圆弧的起始角度。

指定终止角度或［参数（P）/包含角度（I）］：输入椭圆弧的终止角度。

由以上过程可以知道，椭圆弧是在绘制出的椭圆上，通过确定起始和终止角度截取的。起始和终止角度的输入可以用鼠标点取，也可以通过输入数值确定。角度值是以椭圆的长轴为基准测量的，并以逆时针方向为正。在绘制椭圆的过程中，如果输入的第一个端点是长轴的端点，则椭圆中心到该端点的连线为0°方向，若输入的第一个端点为短轴的端点，则沿逆时针方向与其相邻的长轴的端点到椭圆的中心的连线为0°方向。

3.4 绘制多边形和点

3.4.1 矩形（REC）

绘制矩形的命令是Rectangle，执行命令一次，可绘制一个矩形。矩形的绘制是通过确定矩形的两个对角点来完成的，绘制出的矩形是被作为一个整体对象对待的，同时，在绘制的过程中，还可以为矩形指定线宽、厚度、标高、圆角和倒角。

启动绘制矩形命令的三种方法：

（1）工具栏。单击标注工具栏的命令按钮□。

（2）绘图菜单。单击下拉菜单栏“绘图”→“矩形（G）”。

（3）键盘输入。在命令行命令提示符下，输入rectang或REC后，回车。

启动矩形命令后，命令行提示如下：

命令：_ rectang

指定第一个角点或［倒角（C）/标高（E）/圆角（F）/厚度（T）/宽度（W）］：输入矩形第一个角点的位置。

指定另一个角点或［尺寸（D）］：输入矩形上与第一个角点对角的顶点的位置，完成一个使用默认线宽的矩形的绘制。

如果想为矩形指定线宽，则应在第一个角点输入前，在命令行提示下输入W后回车，为矩形设置线宽。

如果想矩形的边与边间以一定的圆角过渡，则应在命令行提示：

命令：_ rectang

指定第一个角点或［倒角（C）/标高（E）/圆角（F）/厚度（T）/宽度（W）］：输入f，回车。

指定矩形的圆角半径 <0.0000>：输入过渡圆角的半径值，回车。

指定第一个角点或［倒角（C）/标高（E）/圆角（F）/厚度（T）/宽度（W）］：输入矩形第一个角点的位置。

指定另一个角点或［尺寸（D）］：输入矩形上与第一个角点对角的顶点的位置，完成一个以指定圆弧过渡的矩形的绘制。

如果想矩形的边与边间以指定的倒角过渡，则应在命令行提示：

命令：_ rectang

当前矩形模式：圆角＝0.0000

指定第一个角点或［倒角（C）/标高（E）/圆角（F）/厚度（T）/宽度（W）］：输入 c，回车。

指定矩形的第一个倒角距离 <0.0000>：输入倒角距离。

指定矩形的第二个倒角距离 <0.0000>：输入倒角距离。

指定第一个角点或［倒角（C）/标高（E）/圆角（F）/厚度（T）/宽度（W）］：输入角点位置

指定另一个角点或［尺寸（D）］：输入角点位置，完成矩形绘制。

如果指定的矩形的第一个倒角距离值与第二个距离值不等，要想得到需要的图形应注意距离值的输入次序和指定的两个角点的相对位置，以上两点都会影响倒角的方向。

3.4.2　正多边形（POL）

绘制正多边形的命令是 Polygon，执行命令一次，可绘制一个正多边形。正多边形的绘制方式有圆内接正多边形、圆外切正多边形、指定边长三种。绘制出的正多边形是被作为一个整体对象对待的。

启动绘制正多边形命令的三种方法：

（1）工具栏。单击标注工具栏的命令按钮⬠。

（2）绘图菜单。单击下拉菜单栏“绘图”→“正多边形（Y）”。

（3）键盘输入。在命令行命令提示符下，输入 polygon 或 POL 后，回车。

正多边形的绘制过程并不复杂，下面通过三个例题来说明每种绘制正多边形方式的操作过程。

【例 3-3】 用圆内接正多边形的方式，绘制半径为 100mm 的圆的内接正六边形，图形如图 3.16 所示。

方法：本方法要求掌握用圆内接正多边形的方式生成正多边形。

启动正多边形命令后，命令行提示及操作如下：

命令：_ polygon 输入边的数目 <4>：输入 6，回车。

指定正多边形的中心点或［边（E）］：输入正多边形几何中心位置，回车。

输入选项［内接于圆（I）/外切于圆（C）］<I>：系统默认为内接方式，直接回车。

指定圆的半径：输入 100，回车完成圆内接正六边形的绘制。

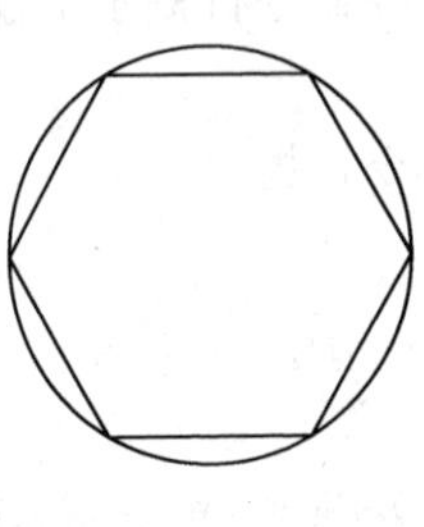

图 3.16　绘制内接正六边形的圆

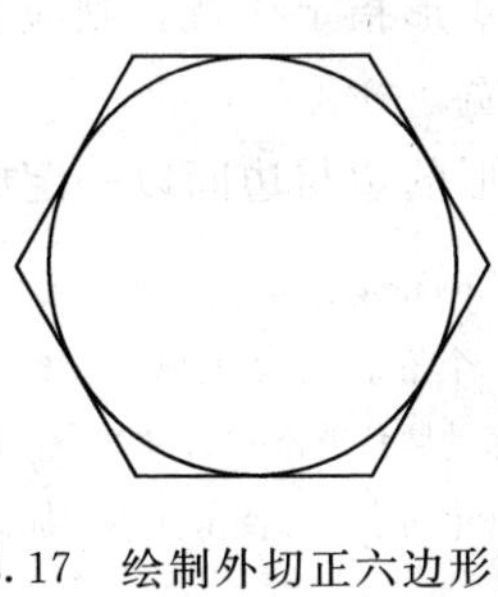

图 3.17　绘制外切正六边形的圆

【例 3-4】 用圆外切正多边形的方式，绘制半径为 100mm 的圆的外切正六边形，图形如图 3.17 所示。

方法：本方法要求掌握用圆外切正多边形的方式生成正多边形。

启动正多边形命令后，命令行提示及操作如下：

命令：_polygon 输入边的数目 <4>：输入 6，回车。

指定正多边形的中心点或［边（E）］：输入正多边形几何中心位置，回车。

输入选项［内接于圆（I）/外切于圆（C）］<I>：输入 c，回车。

指定圆的半径：输入 100，回车，完成圆外切正六边形的绘制。

【例 3－5】 用指定正多边形边长的方式，绘制边长为 100mm 正六边形，图形如图 3.18 所示。

方法：本方法要求掌握用指定正多边形边长的方式生成正多边形。

启动正多边形命令后，命令行提示及操作如下：

命令：_polygon 输入边的数目 <4>：输入 6，回车。

指定正多边形的中心点或［边（E）］：输入 e，回车。

指定边的第一个端点：输入正多边形的一个顶点的位置。

指定边的第二个端点：输入 @100<0，回车，完成边长为 100mm 的正六边形的绘制。

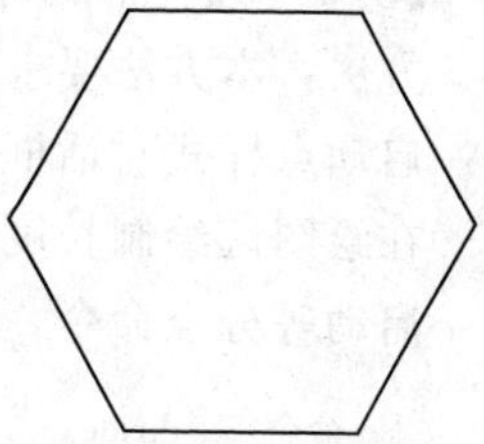

图 3.18　应用“正多边形”绘制图形

3.4.3　点（PO）

绘制点的命令是 Point，执行命令一次，可绘制一个或多个点。在建筑设计中，点常用于辅助定位，绘图时使用节点捕捉可捕捉到所绘制的孤立的点。

启动绘制点命令的三种方法：

（1）工具栏。单击标注工具栏的命令按钮 ▫。

（2）绘图菜单。单击下拉菜单栏“绘图”→“点（O）”。

（3）键盘输入。在命令行命令提示符下，输入 point 或 PO 后，回车。

点的绘制方法有“单点”绘制和“多点”绘制，单点绘制一般从下拉式菜单中启动，一次只能生成一个点，点生成后命令自动结束，绘制下一个点时需要重新启动该命令。而多点绘制可以一次连续绘制出许多点。结束多点命令时必须使用 ESC 键，回车键无效。

启动点命令后，命令行提示如下：

命令：_point

当前点模式：PDMODE=0 PDSIZE=0.0000

指定点：输入点的位置，按回车或 ESC 结束。

按照系统默认的设置，绘制出的点比较小，不容易观察。通过对点的样式进行设置，可以改变点的大小、样式和显示方式。在格式下拉式菜单中单击点样式命令，在弹出的如图 3.19 所示的点样式对话框中进行设置。

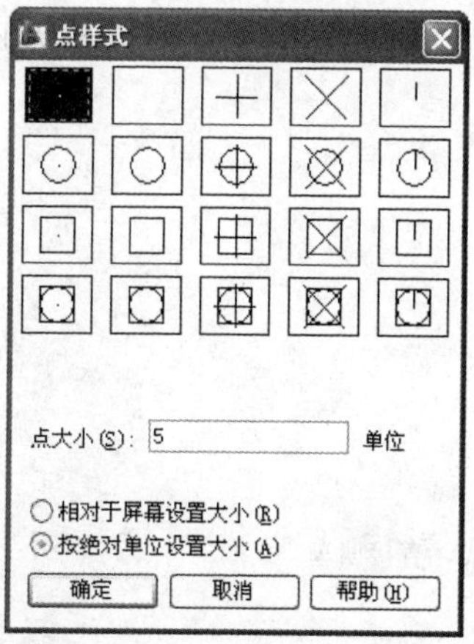

图 3.19　“点样式”对话框

3.4.4　等分点（DIV）

绘制等分点的命令是 Divide，执行该命令可以将选定的对象按给定的数目进行等分，并用点或图块进行标记。图块的相关内容参考第 12 章。

启动等分点命令的两种方法：

（1）绘图菜单。单击下拉菜单栏“绘图”→“点（O）”→“定数等分（D）”。

（2）键盘输入。在命令行命令提示符下，输入 divide 或 DIV 后，回车。

下面通过两个例题来说明使用点和图块对选定的对象进行等分并标记的操作过程。

【例 3－6】　用点将长度为 100mm 的直线六等分，图形如图 3.20 所示。

方法：本方法要求掌握使用点将选定的对象进行等分并标记的操作方法。

启动点样式对话框，将点的样式设置为该对话框中第二行第四列的样式。

在绘图区绘制长度为 100mm 的直线。

启动等分点命令，命令行提示及操作如下：

命令：_ divide

选择要定数等分的对象：用鼠标选择要进行等分的对象。

输入线段数目或［块（B）］：输入等分数目 6 回车，完成等分操作。

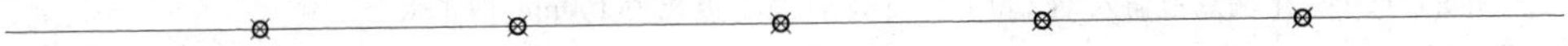

图 3.20　将直线六等分

【例 3－7】　用定义好的图块插入到等分点将一段圆弧四等分，图形如图 3.21 所示。

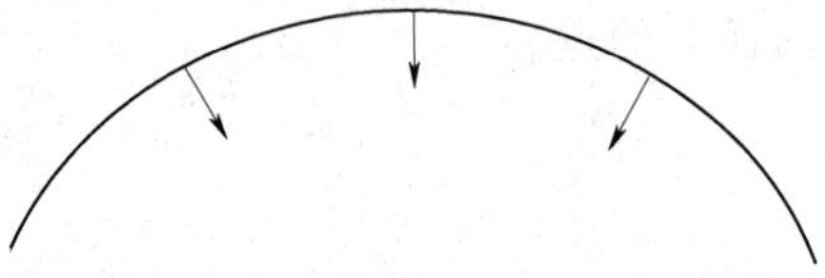

图 3.21　将圆弧对齐块和对象的四等分

方法：本方法要求掌握使用定义的图块将选定的对象进行等分并标记的操作方法。

在等分点位置插入图块时，图块的插入点和等分点是重合的，若不要求图块和等分对象对齐，则图块插入时保持原来的方向，如果要求图块和等分对象对齐，则应注意：假想从图块的插入点向上作一条铅垂线，在对齐时，铅垂线是与等分对象上的等分点的法线的正方向重合，由此确定图块插入的方向。圆弧的法线的正方向指向弧心，直线的法线的正方向与画线的方向相关。

定义图块 yepian，绘制一段圆弧。

启动等分点命令，命令行提示及操作如下：

命令：_ divide

选择要定数等分的对象：用鼠标选择要进行等分的对象。

输入线段数目或［块（B）］：输入 b 回车。

输入要插入的块名：输入图块名称 yepian 回车。

是否对齐块和对象？［是（Y）/否（N）］<Y>：采用默认对齐的方式，直接回车。

输入线段数目：输入等分数目 4 回车，完成等分操作。

若在命令行提示：

是否对齐块和对象？[是（Y）/否（N）]<Y>：输入 n 回车。

输入线段数目：输入等分数目 4 回车，完成等分操作。

则得到如图 3.22 所示的等分效果。

3.4.5 测量点（ME）

绘制测量点的命令是 Measure，执行该命令可以将选定的对象按指定的长度进行测量并用点或图块进行标记。绘制测量点时，鼠标光标选择对象时靠近哪一端，系统就从哪一端开始测量，当对象所余部分不足指定的测量长度时，便不再测量标记。图块的相关内容参考第 12 章。

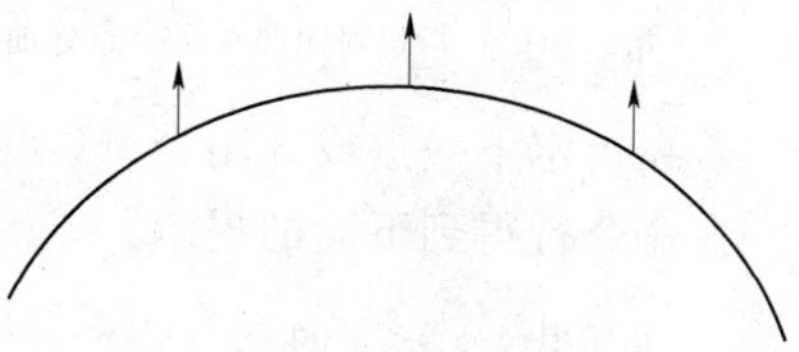

图 3.22 将圆弧不对齐块和对象的四等分

启动测量点命令的两种方法：

（1）绘图菜单。单击下拉菜单栏“绘图”→“点（O）”→“定距等分（M）”。

（2）键盘输入。在命令行命令提示符下，输入 measure 或 ME 后，回车。

启动测量点命令，命令行提示及操作如下：

命令：_ measure

选择要定距等分的对象：用鼠标选择要进行等分的对象。

指定线段长度或［块（B）]：输入等分数目，回车，完成等分操作。

测量点和等分点的操作很相近，只是方式不同，具体操作可参考等分点的绘制过程。

3.5 绘制样条曲线和面域

3.5.1 样条曲线（SPL）

在 AutoCAD 中有时需要绘制一些非圆的光滑曲线，这就要用到样条曲线命令，在 AutoCAD 中样条曲线命令可以通过定义一组点，经过系统的计算，生成光滑曲线。

绘制样条曲线的命令是 SPline，执行 SPline 命令一次，可绘制一条样条曲线。样条曲线的绘制是连续的。并且，从起点到终点间的线条是一个整体对象。

启动样条曲线命令的三种方法：

（1）工具栏。单击标注工具栏的命令按钮。

（2）绘图菜单。单击下拉菜单栏“绘图”→“样条曲线（S）”。

（3）键盘输入。在命令行命令提示符下，输入 spline 或 SPL 后，回车。

启动样条曲线命令后，命令行提示如下：

命令：_ spline

指定第一个点或［对象（O）]：输入曲线起点位置，回车。

指定下一点：输入曲线第二点位置，回车。

指定下一点或［闭合（C）/拟合公差（F）]<起点切向>：可输入曲线下一点位置，回车，继续曲线的绘制。

指定下一点或［闭合（C）/拟合公差（F）]<起点切向>：直接回车。

指定起点切向：指定曲线起点处曲线的切线方向。

指定端点切向：指定曲线终点处曲线的切线方向，完成曲线的绘制。

也可以在指定下一点或［闭合（C）/拟合公差（F）］＜起点切向＞：提示下，输入 C 回车，在命令行得到下面的提示：

指定切向：指定封闭曲线闭合点处曲线的切线方向，完成封闭曲线的绘制。

若在指定下一点或［闭合（C）/拟合公差（F）］＜起点切向＞：提示下，输入 F 回车，在命令行得到下面的提示：

指定拟合公差＜0.0000＞：

当使用默认值 0.0000 时，所绘制的曲线经过所指定的所有控制点，即前面所输入的点。当将该数值设定为大于 0 时，所绘制的曲线通过指定公差之内的拟合点，即生成的曲线在前面所输入的点的内部。

3.5.2　面域（REG）

面域是由封闭的边界线条围成的一个二维区域。创建面域的命令是 Region，该命令用于将一组首尾相连的封闭线条创建为面域。这些线条可以是直线、多段线、样条曲线、圆弧、椭圆弧、矩形、圆、椭圆、正多边形等。使用面域命令一次可以创建一个面域，也可以同时选择多个封闭图形，创建多个面域。线条相交的图形不能用于创建面域。在三维绘图中，创建的二维面域可以经过拉伸或旋转命令形成三维实体。

启动面域命令的三种方法：

（1）工具栏。单击标注工具栏的命令按钮。

（2）绘图菜单。单击下拉菜单栏“绘图”→“面域（N）”。

（3）键盘输入。在命令行命令提示符下，输入 region 或 REG 后，回车。

启动面域命令后，命令行提示如下：

命令：_region

选择对象：找到 1 个（选择要创建面域的封闭图形的一条线条，命令行提示找到的个数。）

选择对象：找到 1 个，总计 2 个

选择对象：找到 1 个，总计 3 个

选择对象：找到 1 个，总计 4 个

选择对象：找到 1 个，总计 5 个

选择对象：找到 1 个，总计 6 个

选择对象：选择完成后回车。

已提取 1 个环

已创建 1 个面域（提示面域是否创建成功）

3.6　图案填充

在绘图过程中，有时需要在图形的某些区域填入一些图案，这就要用到 AutoCAD 中的图案填充命令。AutoCAD 提供了丰富的填充图案供用户使用。

AutoCAD 的填充图案必须填充在封闭的线条区域内。该封闭区域可以由直线、圆、圆弧或多段线等围成。填充图案时，不但要求填充边界是真正封闭的，而且封闭的边界线条只能画一次，不能重复绘制。图案填充后如果不满意还可以通过编辑命令进行修正。

3.6.1 创建图案填充（H）

在 AutoCAD 中，创建图案填充的命令是 Bhatch。

启动图案填充命令的三种方法：

（1）工具栏。单击标注工具栏的命令按钮。

（2）绘图菜单。单击下拉菜单栏“绘图”→“图案填充（H）”。

（3）键盘输入。在命令行命令提示符下，输入 BH 或 H 后，回车。

启动图案填充命令后，会弹出如图 3.23 所示的“图案填充”对话框。

在图案填充选项卡下单击图案（P）后面的[...]按钮，弹出如图 3.24 所示的“填充图案选项板”对话框。

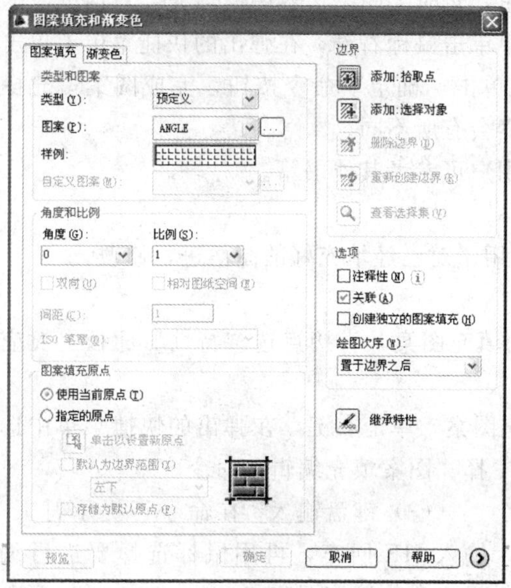

图 3.23 “图案填充”对话框

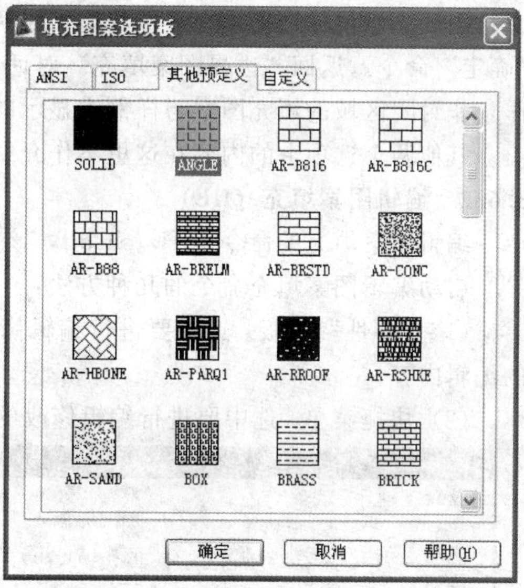

图 3.24 “填充图案选项板”对话框

在该对话框中，不同的选项卡下面列有各种预定义的图案，用鼠标在某一图案上单击，再单击“确定”命令按钮，便选中该图案作为填充图案，并返回边界图案填充对话框（另外，需要说明的一点是，只有在“类型”为预定义时，以上操作才可以进行）。此时，在样例框中有刚才选中图案的预览。

在“角度”下拉列表框中可以选择填充图案的旋转角度值，也可以输入旋转角度数值。该数值是以填充图案自身线条的方向为参考，按逆时针方向计算的。

在“比例”下拉列表框中，可以选择填充图案的比例缩放系数，也可以直接由键盘输比例值。该数值用于控制填充图案的尺寸大小。数值越大，图案尺寸越大，图形也越稀疏。

以上设置完成后，单击“拾取点”命令按钮，暂时关闭“边界图案填充”对话框，返回绘图区。鼠标光标移动到要填充图案的封闭线条的内部，单击左键。AutoCAD 自动搜索离该点最近的封闭线条，并以虚线状态显示该封闭边界。在这里需要说明的是，封闭线条如果是圆、椭圆、矩形、正多边形、面域或封闭的多段线，则该封闭的线条即使不都显示在绘图区内，图案填充的边界同样会被完整确立。如果封闭的线条是由直线绘制或其他几种线条围成时，只有在绘图区显示大部分图形的情况下，图案填充的边界才会被完整确立。否则，系统提示边界定义错误，图案填充不能继续进行。可用线条将该封闭图形分割为几个封闭部分，分别填充的方法解决上面问题。另外，如果系统不能搜索到封闭的填充边界，将同样提示“边界定义错误”，图案填充也不能继续进行，必须对图形进行检查，完全封闭后再进行填充操作。

系统搜索到有效的填充边界后，单击鼠标右键，在弹出的快捷菜单上单击“确定”命令。返回“边界图案填充”对话框，单击“确定”命令按钮，完成图案填充操作。

在“边界图案填充”对话框中单击“选择对象”命令按钮，可以对封闭或非封闭的区域进行图案的填充。单击“选择对象”命令按钮，暂时关闭“边界图案填充”对话框，返回绘图区。用鼠标选择填充区域的边界线条后，单击鼠标右键，在弹出的快捷菜单上单击“确定”命令。返回“边界图案填充”对话框，单击“确定”命令按钮，完成图案填充操作。非封闭区域的填充图案与样例中显示的图案会有所不同。

其他两个选项卡的内容在这里不作介绍，用户可参考其他书籍。

3.6.2　编辑图案填充（HE）

编辑图案填充的命令是 Hatchedit，该命令用于对已经填充好的图案进行修改。

启动编辑图案填充命令的几种方法：

（1）“特性”面板。选中要进行编辑修改的填充图案，直接点选“特性”面板上对应的编辑内容。

（2）快捷菜单。选中要进行编辑修改的填充图案，单击右键，在弹出的快捷菜单中选择“图案填充编辑”命令。

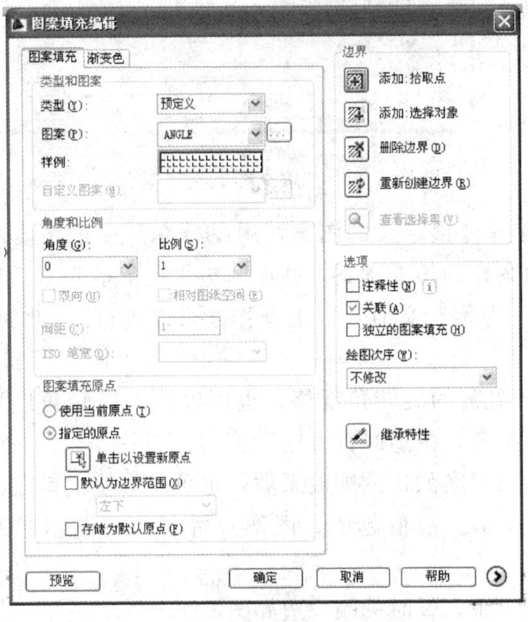

图 3.25　“图案填充编辑”对话框

（3）键盘输入。在命令行提示符下，输入 HE 回车，再用鼠标选择要进行编辑修改的填充图案。

（4）双击鼠标。用鼠标双击需要进行编辑修改的填充图案。

后三种操作均可调出“图案填充编辑”对话框，如图 3.25 所示，可以在该对话框中对填充图案进行修改编辑。

第四种操作是在如图 3.26 所示的“特性”面板上进行的。选中要进行编辑修改的填充图案，这时如果绘图区左侧的特性面板是处于展开状态的，则可以直接在其图案选项部分对填充图案进行编辑修改。如果该面板处于收缩状态，可将鼠标光标放到该面板标题栏上，将面板展开再进行操作。该面板用于对一些对象的特性进行查看、编辑修改是很方便的。

具体填充图案的编辑修改可参考创建图案填充部分的内容。

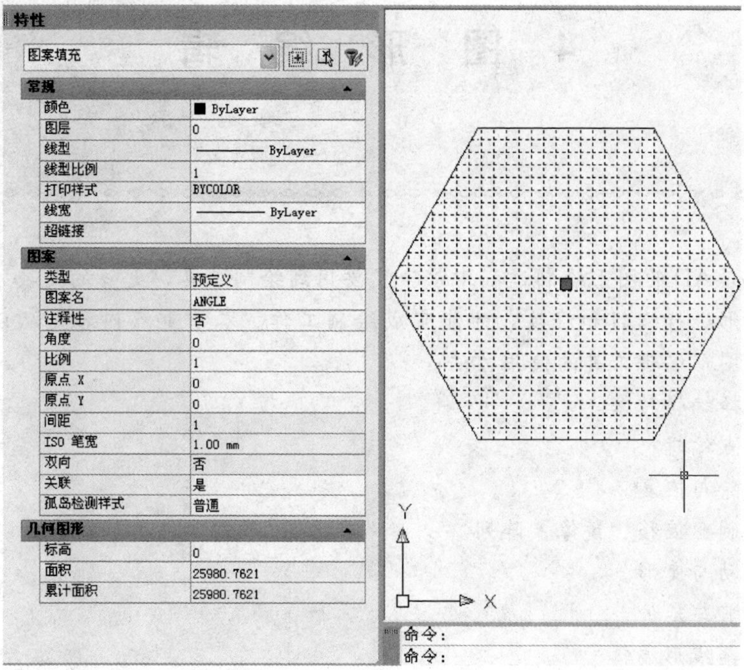

图 3.26 图案“特性”编辑框

4 图 形 编 辑

本章要点

在 AutoCAD 的图形绘制过程中，除了要用到绘制工具，更多的是要应用多种编辑工具对图形进行编辑和修改，才能完成绘制工作。本章重点内容是从以下几个方面介绍各种图形编辑工具的使用方法。

（1）选择编辑对象。

（2）夹点编辑。

（3）删除与恢复。

（4）复制、偏移、镜像、阵列。

（5）移动与变形。

（6）修剪与延伸。

（7）复杂线形编辑。

4.1 选择编辑对象

选择对象是 AutoCAD 重要的基本技能之一，它常用于对图形对象进行修改、编辑之前。在编辑修改对象时，既可以先选择修改对象后执行编辑修改命令，也可以先选择编辑修改命令后选择对象。而选择对象的方式是否使用恰当，会对绘图的速度有很大的影响。下面介绍有关选择编辑对象的相关内容。

4.1.1 设置选择方法

用户可以在“工具”下拉式菜单中启动“选项”命令，在打开的如图 4.1 所示的“选项”对话框中，单击“选择集”选项卡，在该选项卡中对“拾取框大小”和“选择模式”进行设置。

该对话框也可以通过在命令行输入“OP”回车，或鼠标在绘图区单击右键，在弹出的快捷菜单中选择“选项”命令调出，在选项卡中设置如下内容。

1. “拾取框大小”的设置

用鼠标按住滑动滑块左右移动，可设置用于选择对象的拾取框的大小。

2. “选择集模式”的设置

（1）先选择后执行：该选项用来确定编辑次序。选择该复选框，则允许先选择编辑对象，后进行编辑。未选择该复选框，则编辑对象时应先选择编辑命令再选择编辑对象。系

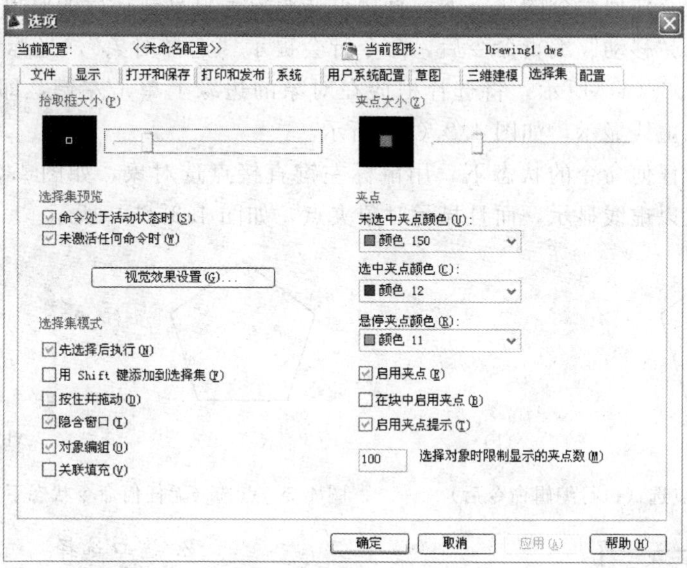

图 4.1 “选择集”选项卡

统默认状态为选择此选项。

(2) 用 Shift 键添加到选择集：选择该复选框后，当选择多个对象时，需要在添加的编辑对象前，先按住 Shift 键，再选择编辑对象。否则，一次只能选择一个对象，如果新选择对象，则放弃前面选择的对象。不选择该复选框，新选择的对象会自动添加到原来的选集中。系统默认的状态为不选。

(3) 按住并拖动：选择该选项，用户使用窗口的方式选择对象时，在第一点处按下鼠标左键不放，拖动鼠标到第二点时释放左键，形成一个选择编辑对象的窗口。未选择该复选框，需要用鼠标左键分别输入两点才能建立一个选择编辑对象的窗口。系统默认状态为不选。

(4) 隐含窗口：选择该复选框，当鼠标在绘图区单击，未选中任何对象时，则该点被作为选择窗口的一个角点，移动光标在下一点单击，将形成一个选择窗口。系统默认状态为选择此项。

(5) 对象编组：选择该复选框，则选中编组后的对象中的一个成员就选择了整个组中的所有对象。系统默认状态为选择此项。

(6) 关联填充：选择该复选框，则选择填充图案进行编辑时，也同时选择了该填充图案的边界。系统默认为状态为不选。

4.1.2 选择对象方式

AutoCAD 的选择对象的方式有多种。下面重点介绍常用的点选、窗口选择和窗交选择三种方式。

1. 点选

点选是最基本、最简单的一种选择方式。此方式是将鼠标左键在选择对象上的任何一个部位点击，即可选中对象，且点选一次只能选择一个对象。点选可在输入编辑命令之后进行，也可在没有任何命令的状态下，直接点选对象，只是选择后的对象显示状态不同。

例如，执行“移动”编辑命令后，命令行会提示“选择对象”，光标切换为矩形选择框形状，如图 4.2（a）所示，将选择框放在对象的边缘上单击左键，即可选择该对象。对象被选择后以虚线显示，如图 4.2（b）所示。

在没有执行任何命令的状态下，用鼠标左键直接点选对象，如图 4.3（a）所示。对象被选择后不仅以虚线显示，而且显示对象夹点，如图 4.3（b）所示。

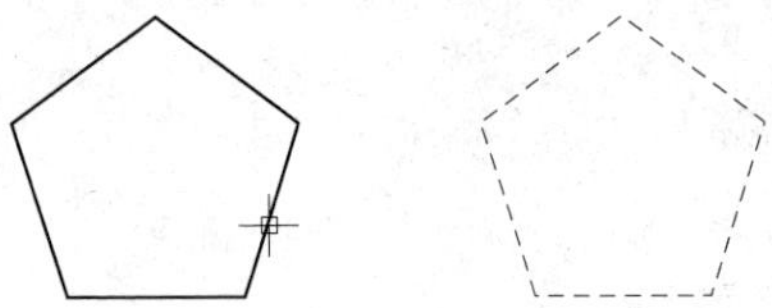

(a)　　(b)

图 4.2　点选（执行编辑命令后）

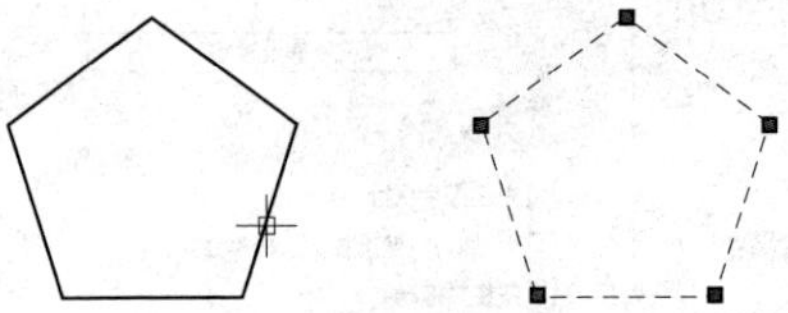

(a)　　(b)

图 4.3　点选（无任何命令状态下直接点选）

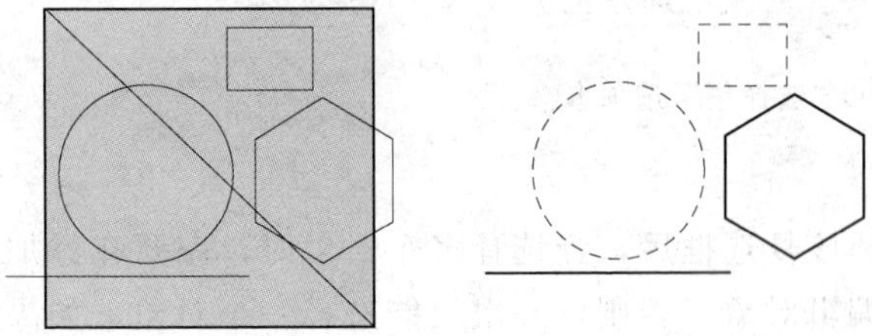

(a)　　(b)

图 4.4　窗口选择

2. 窗口选择

窗口选择是对一个或多个对象进行选择的一种常用选择方式。

例如，执行“移动”编辑命令后，命令行提示“选择对象”，系统自动进入点选状态，光标切换为矩形选择框形状。此时按住鼠标左键从左向右拖出一个矩形选择框（窗口），拖动窗口的部位以实线显示窗框，框内呈蓝色透明填充状，如图 4.4（a）所示。当指定窗口选择框的对角点之后，全部位于选择框内的对象都被选择，而仅是部分位于选择框内的对象则不能被选择。被选择的对象以虚线显示，如图 4.4（b）所示。

3. 窗交选择

窗交选择是使用频率很高的一种选择方式。与窗口选择不同的是，窗交选择是按住鼠标左键从右向左拖出一个矩形选择框（窗口），对一个或多个对象进行选择。选择的结果是，凡被选择框内接触到的对象都可被选择。

仍以上图为例。执行“移动”编辑命令后，命令行提示“选择对象”，系统自动进入点选状态，光标切换为矩形选择框形状。此时按住鼠标左键从右向左拖出一个矩形选择框（窗口），拖动窗口的部位以实线显示窗框，框内呈蓝色透明填充状，如图 4.5（a）所示。当指定窗口选择框的对角点之后，所有与选择框相交的和全部位于选择框内

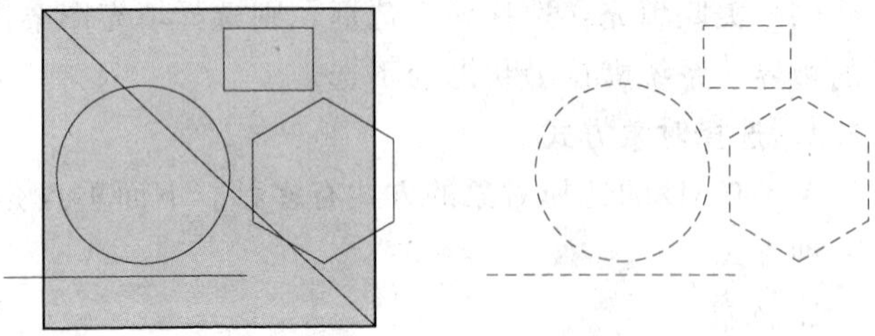

(a)　　(b)

图 4.5　窗交选择

的对象都被选择，如图 4.5（b）所示。

4.1.3 对象编组

在 AutoCAD 中，编组是保存的对象集。用户可以根据需要同时选择和编辑这些对象，也可以分别进行。编组提供了以组为单位操作图形元素的简单方法。

可以通过添加或删除对象来更改编组的部件。

创建编组时，可以为编组指定名称和说明。

创建编组的步骤：

（1）在命令行输入 group，回车。

（2）在弹出的如图 4.6 所示的“对象编组”对话框中的“编组标识”下输入编组名称和说明。

（3）在“创建编组”区域中，单击“新建”。

（4）对话框暂时关闭。

（5）选择对象后按 ENTER 键，返回“对象编组”对话框。

（6）单击“确定”按钮。

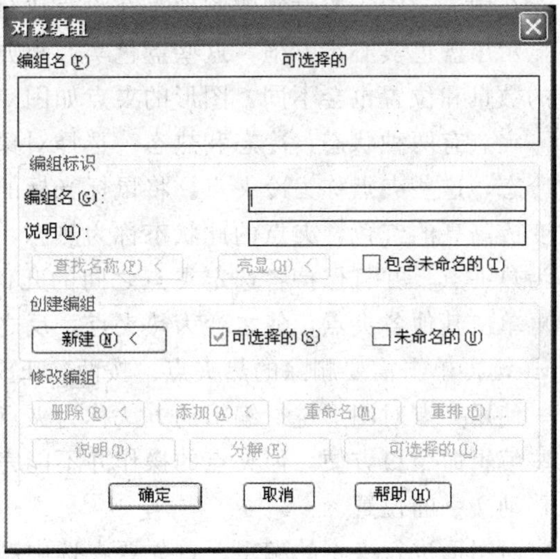

图 4.6 “对象编组”对话框

创建编组的操作注意事项：

（1）如果选择某个可选编组中的一个成员，将其包含到一个新编组中，那么该编组中的所有成员都将包含在新编组中。

（2）图形中的对象可能是多个编组的成员，同时这些编组本身也可能嵌套于其他编组中。可以对嵌套的编组进行解组，以恢复其原始编组配置。

（3）不要创建包含成百或上千个对象的大型编组。大型编组会大大降低 AutoCAD 的运行速度。

（4）可以在“选择对象”提示下按名称选择组。

如果将 PICKSTYLE 系统变量设置为 1 或 3，并选择可选编组中的一个成员，AutoCAD 将选择编组中所有符合选择条件的成员。也可以通过按 CTRL＋H 或 SHIFT＋CTRL＋A 打开或关闭编组选择。

（5）选择一个属于多个可选编组的对象时，将选择该对象所在的编组中的所有成员。

（6）可以随时添加或删除编组成员并重命名编组，也可以复制、镜像和排列编组。删除编组成员将从编组定义中删除该对象。当编组成员包含在被删除的块中时，将从图形和编组中删除该对象。如果从编组中删除对象使编组为空，编组将仍保留定义状态。通过分解编组可以删除编组定义。分解组是从图形中删除该组。但是，该组包含的对象仍保留在图形中。

（7）可以改变编组中成员的次序（对象被选定的次序）和说明，还可以设置其是否可选。对编组成员重排序的方法有两种：改变各个成员的编号或编组成员的范围；反向排列所有成员。编组的第一个对象编号为 0 而不是 1。

4.2　夹点编辑

对图形的编辑修改，AutoCAD 还提供了“夹点编辑”的功能。使用此功能，可以非常方便地编辑图形。在介绍此功能之前，首先对“夹点”和“夹点编辑”的概念进行了解。

在图 4.3 中，所看到的图形是在没有执行任何命令的状态下被选择，图形上的节点处会显示出蓝色实心小方框，这些蓝色实心小方框就是图形的夹点。不同的图形结构，其夹点的数量和位置也会不同。图形的夹点如图 4.7 所示。

夹点有两种状态：冷态和热态。选择对象后，图形上出现的夹点呈现蓝色，此状态称为冷态，这些夹点称为冷夹点。将鼠标光标的拾取框与某一冷夹点重合后单击左键，该夹点变成高亮的红色，夹点的此状态称为热态，该夹点称为热夹点。如果需要选择多个夹点作为热夹点，并且保持各选定夹点之间的几何尺寸完好如初，可在选择夹点时按住 Shift 键再单击其他各夹点，使之变为热夹点。反之，从选择集的热夹点中删除对象，也要按住 Shift 键再单击需要删除的热夹点。按两次 ESC 键可取消夹点。

使用夹点对图形进行编辑的方法称为夹点编辑。灵活运用夹点编辑修改图形有时会比一些编辑命令更方便。但夹点的操作并不能完全替代编辑命令。此外，利用夹点编辑也可以移动文字的位置。

对图形进行夹点的编辑，首先要在选中图形后，使图形显示出蓝色夹点，然后选择其中的一个或多个夹点，才能激活“夹点编辑”功能，进入夹点编辑状态。默认状态下，被选中的夹点呈红色显示，称为“夹基点”或“热夹点”。在选择图形对象之后，用鼠标左键单击图形上的任何一个需要编辑的夹点，使之以红色亮显，即可进入夹点编辑状态，如图 4.8 所示。

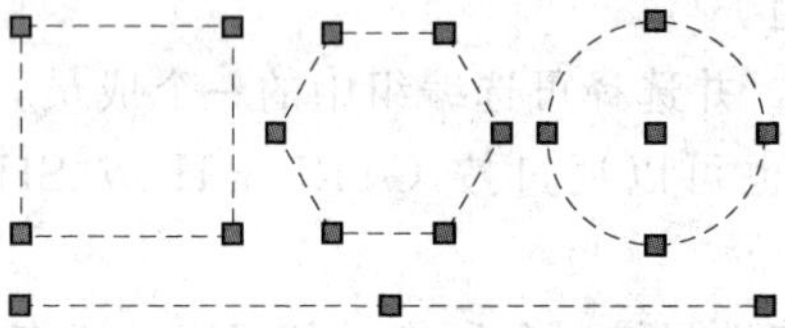

图 4.7　图形的夹点

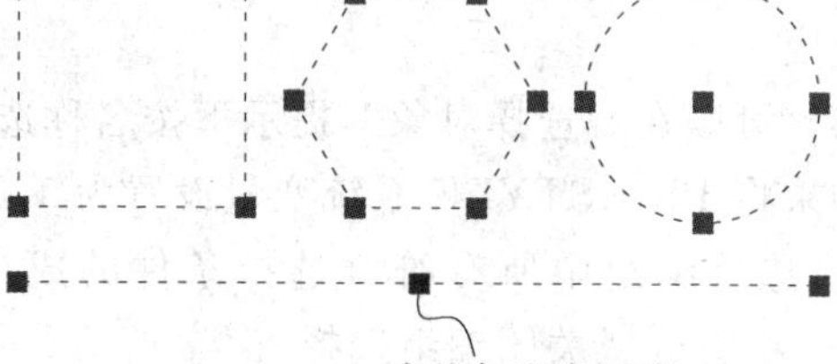

图 4.8　夹点的编辑状态

4.2.1　夹点编辑功能的设置

用户在“工具”下拉式菜单中选择“选项”命令，打开如图 4.1 所示的“选项”对话框。单击“选择集”选项卡，在该选项卡中可以进行的设置有：冷、热夹点显示出的颜色；用来显示夹点的小方点的大小；是否启用夹点编辑功能。

1.“夹点大小”的设置

用鼠标按住滑动滑块左右移动来设置显示的夹点的大小。

2. “夹点”的设置

为了方便使用夹点编辑对象，应该用不同的颜色区别夹点的状态。在 AutoCAD 的默认状态中，各种状态下的夹点颜色已经预设。用户可根据个人需要进行重置修改。

(1) 未选中夹点颜色。

用户可以从颜色列表中指定未选中的夹点（冷夹点）的颜色。如果从颜色列表中选择了“选择颜色”选项，AutoCAD 将显示“选择颜色”对话框，可以在该对话框中进行更多颜色的选择。AutoCAD 将未选中的夹点显示为一个填充小方块。

(2) 选中夹点颜色。

用户可以从颜色列表中指定选中的夹点（热夹点）的颜色。

(3) 悬停夹点颜色。

用户可以从颜色列表中指定光标在夹点上滚动时夹点显示的颜色。

3. 启用夹点

用户只有选择该复选框才可以使用夹点和快捷菜单编辑对象。否则被选中的对象上将不显示夹点，也无法使用夹点对图形进行编辑。系统默认状态为选择该选项。

4. 在块中启用夹点

用户只有选择该复选框，才可以在定义的图块中显示相应对象上的每一个夹点。否则，AutoCAD 只在块的插入点位置显示一个夹点。通过选择夹点和使用快捷菜单，可以用夹点来编辑对象。一般情况下，不使用这些夹点对图块进行变形操作。

5. 启用夹点提示

用户选择该复选框，当光标悬停在支持夹点提示的自定义对象的夹点上时，将显示夹点的特定提示。该选项在标准 AutoCAD 对象上无效。

6. 显示夹点时限制对象选择

用户选择该选项后，当初始选择集包括多于指定数目的对象时，抑制夹点的显示。有效值的范围从 1 到 32，767。默认设置是 100。

4.2.2 夹点编辑的操作过程

用户使用夹点（夹点热状态）编辑对象时，可以进行“移动”、“镜像”、“比例缩放”、“拉伸”、“复制”的操作。可以选择下列方法之一选择编辑命令。

1. 使用命令行选项编辑图形

当进入夹点编辑状态后（夹点热状态），连续按 Enter 键或空格键，命令行即可循环提示上述 5 种编辑命令，用户可以进行相应的选择。其中夹点编辑中的“移动”、“旋转”等功能与“修改”工具栏中的“移动”、“旋转”等功能完全一样，此处不作赘述。

2. 使用快捷菜单选择编辑命令

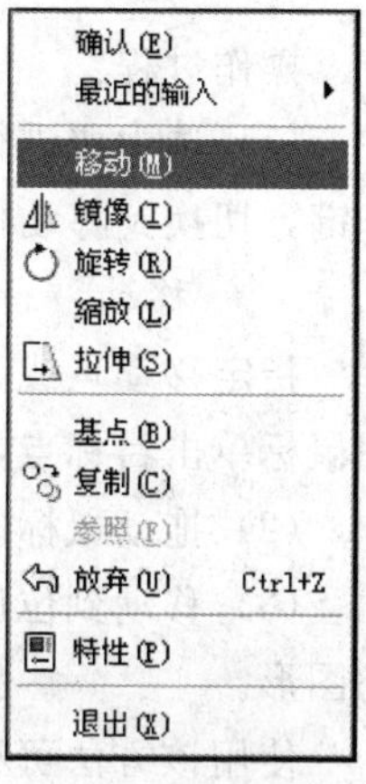

图 4.9 夹点编辑快捷菜单

选择对象进入夹点编辑状态后，将光标置于“夹基点”上单击鼠标右键，即可打开夹点编辑菜单，如图 4.9 所示。在编辑菜单中，夹点编辑命令分两级，第一级编辑命令为修改命令，包括“移动”、“镜像”、“旋转”、“缩放”、“拉伸”等。这些命令是平级的，任选其中一个修改命令，即可对对象进行修改。第二级编辑命令为选项命令，包括“基点”、“复制”、“参照”、“放弃”等。

该快捷菜单上各个命令选项的功能如下：

(1) 确认：等同于按回车键或空格键。

(2) 移动 (M)：将夹点编辑切换至移动模式。

(3) 镜像 (I)：将夹点编辑切换至镜像模式。

(4) 旋转 (R)：将夹点编辑切换至旋转模式。

(5) 比例 (L)：将夹点编辑切换至比例缩放模式。

(6) 拉伸 (S)：将夹点编辑切换至拉伸模式。

(7) 基点 (B)：设置编辑的基点。

(8) 复制 (C)：将夹点编辑的复制功能开启。

(9) 参照 (F)：使用参照的方式进行编辑操作，只对“旋转”和“缩放”模式有效。

(10) 放弃 (U)：取消最近一次的编辑操作。

(11) 特性 (P)：打开“对象特性”面板，编辑修改对象。

(12) 退出 (X)：退出夹点编辑操作，返回 AutoCAD 的就绪状态。

3. 使用夹点编辑对象的具体操作过程

【例 4-1】 使用夹点移动对象。由如图 4.10 (a) 所示，经移动过程如图 4.10 (b) 所示，移动到位后，如图 4.10 (c) 所示。

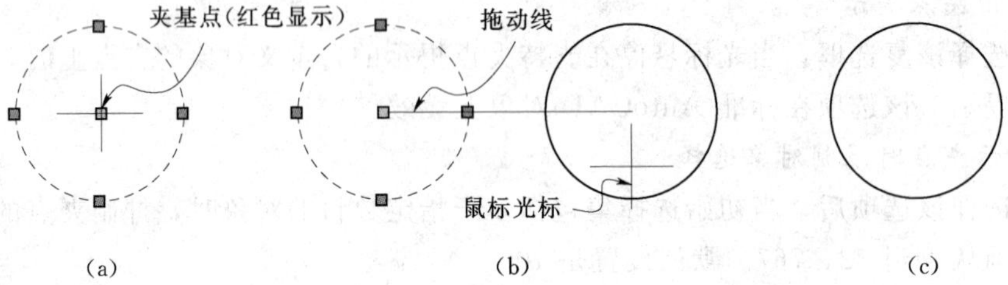

图 4.10　应用夹点编辑进行的对象移动

操作过程：

(1) 选中要进行移动的圆形，用鼠标选择圆心将其激活为夹基点（红色显示），按回车键，切换到移动模式。此时，命令行提示：

＊＊ 移动 ＊＊

指定移动点或 [基点 (B) /复制 (C) /放弃 (U) /退出 (X)]：配合“对象捕捉”，用鼠标单击目标点，完成激活为夹基点的操作，如图 4.10 (a) 所示的图形。

(2) 拖动鼠标向右移动（此例为正交模式状态），如图 4.10 (b) 所示的图形。

(3) 移动到位后单击鼠标左键，按回车键或空格键。移动完成，如图 4.10 (c) 所示的图形。

使用该方法可移动一个或多个对象。移动多个对象时，同样也只激活一个热夹点，且被移动的多个对象间的相对位置是不变的。

【例 4-2】 使用夹点镜像对象。由如图 4.11 (a) 所示，选择镜像（多重）过程得到如图 4.11（b）所示，结果如图 4.11（c）所示。

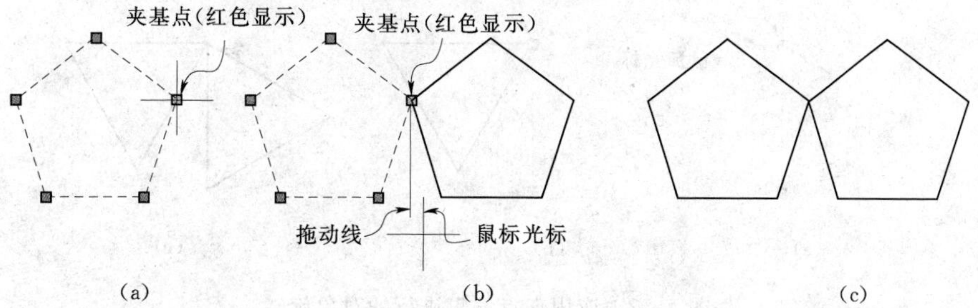

图 4.11　应用夹点编辑进行的对象镜像

操作过程：

（1）选中要进行镜像的对象，并左键点击图形右侧的端点，将其激活为夹基点（红色显示），如图 4.11（a）所示图形。

（2）按回车键，切换到镜像模式。此时，命令行提示：

** 镜像 **

指定第二点或［基点（B）/复制（C）/放弃（U）/退出（X）］：输入 c，回车（或不输入 c，而直接按住 Shift 键，继续进行下面的操作，结果是一样的。）

** 镜像（多重）**

（3）指定第二点或［基点（B）/复制（C）/放弃（U）/退出（X）］：打开正交状态按钮，用鼠标向下或向上拖动（第一点为激活的热夹点），此时在右侧出现镜像图形，如图 4.11（b）所示。

（4）回车，完成操作。结果如图 4.11（c）所示图形。

使用该方法可镜像一个或多个对象。镜像多个对象时，同样也以激活的一个热夹点为镜像轴线的端点，且被镜像的多个对象间的相对位置是不变的。

如果想在镜像的同时删除原先的对象，则在命令行提示后，直接指定镜像轴线的第二点。

** 镜像 **

指定第二点或［基点（B）/复制（C）/放弃（U）/退出（X）］：直接指定镜像轴线的第二点。

其结果是，得到镜像图形的同时原来的对象被删除。

【例 4-3】 使用夹点旋转对象。由如图 4.12（a）所示，选择旋转（多重）过程如图 4.12（b）所示，结果如图 4.12（c）所示。

操作过程：

（1）选中要进行旋转的对象，并左键点击图形右上侧的端点，将其激活为夹基点（红色显示），如图 4.12（a）所示。

（2）按回车键，切换到旋转模式。此时，命令行提示：

** 旋转 **

指定旋转角度或［基点（B）/复制（C）/放弃（U）/参照（R）/退出（X）］：输入

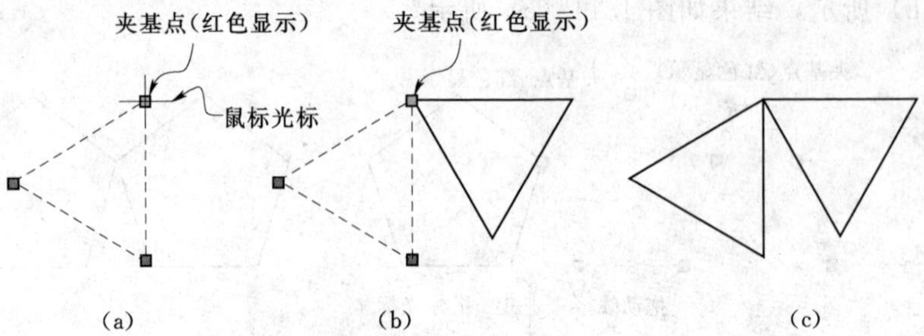

图 4.12　应用夹点编辑进行的对象旋转

c，回车（或不输入 c，而直接按住 Shift 键，用鼠标输入旋转角度。）

＊＊ 旋转（多重）＊＊

(3) 指定旋转角度或［基点（B）/复制（C）/放弃（U）/参照（R）/退出（X）]：输入 90，回车。如图 4.12（b）所示。

＊＊ 旋转（多重）＊＊

(4) 指定旋转角度或［基点（B）/复制（C）/放弃（U）/参照（R）/退出（X）]：回车，完成操作。结果如图 4.12（c）所示。

如过在旋转对象时不想保留原来的对象，则在命令行提示：

＊＊ 旋转 ＊＊

指定旋转角度或［基点（B）/复制（C）/放弃（U）/参照（R）/退出（X）]：输入旋转角度，回车即可。

【例 4-4】 使用夹点比例（缩放）对象。由如图 4.13（a）所示，选择夹点比例（缩放）过程如图 4.13（b）所示，结果如图 4.13（c）所示。

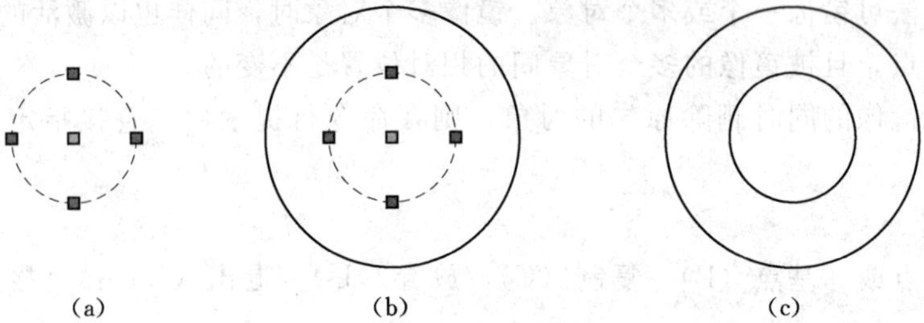

图 4.13　应用夹点编辑进行的对象缩放

操作过程：

(1) 选中要进行缩放的对象，并左键点击圆形中间的夹点，将其激活为夹基点（红色显示），如图 4.13（a）所示。

(2) 按回车键切换到比例（缩放）模式。此时，命令行提示：

＊＊ 比例缩放 ＊＊

指定比例因子或［基点（B）/复制（C）/放弃（U）/参照（R）/退出（X）]：输入 c，回车（或不输入 c，而直接按住 Shift 键，用鼠标输入比例因子。）

＊＊ 比例缩放（多重）＊＊

(3) 指定比例因子或［基点（B）/复制（C）/放弃（U）/参照（R）/退出（X)]：输入 2，回车。选择夹点比例（缩放）过程如图 4.13（b）所示。

(4) 再回车，完成操作。结果如图 4.13（c）所示。

比例因子的输入可以是连续的，其结果是得到多个同心圆周。

如过在比例（缩放）对象时不想保留原来的对象，则在命令还提示：

＊＊ 比例缩放 ＊＊

指定比例因子或［基点（B）/复制（C）/放弃（U）/参照（R）/退出（X)]：直接输入比例因子，回车即可。

【例 4-5】 使用夹点拉伸对象。使用夹点拉伸对象的操作，是夹点编辑最简单常用的方式，只要在选择对象后，点选要编辑的夹点使之激活，直接将该夹点拉伸到指定目标。也可以通过命令行输入命令，操作过程如图 4.14 所示。

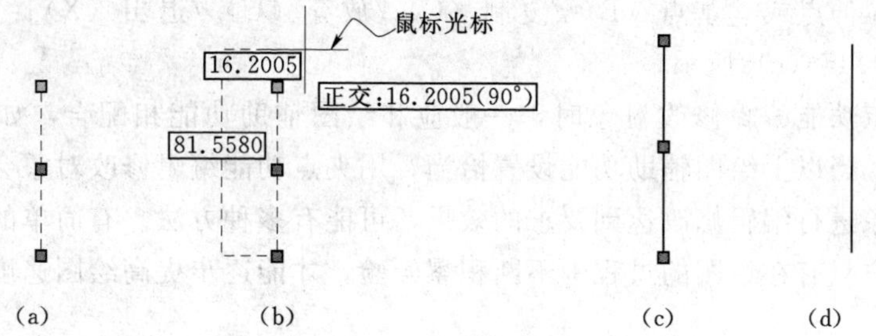

图 4.14 应用夹点编辑进行的对象拉伸

操作过程：

(1) 选中要进行拉伸的对象，用鼠标选择如图 4.14（a）所示的夹点，将其激活为热夹点。此时，命令行提示：

＊＊ 拉伸 ＊＊

(2) 指定拉伸点或［基点（B）/复制（C）/放弃（U）/退出（X)]：鼠标左键点击热夹点，向上拉伸（或向其他指定方向拉伸），如图 4.14（b）所示。（注：此时为正交模式）

＊＊ 拉伸＊＊

(3) 指定拉伸点或［基点（B）/复制（C）/放弃（U）/退出（X)]：输入目标点位置（例如@ 0<20），回车。如图 4.14（c）所示。

＊＊ 拉伸 ＊＊

(4) 指定拉伸点或［基点（B）/复制（C）/放弃（U）/退出（X)]：回车，完成操作。结果如图 4.14（d）所示。

【例 4-6】 使用夹点拉伸（多重）对象。拉伸目标点的输入可以是连续的，其结果是得到多个拉伸对象。

操作过程：

(1) 选中要进行拉伸的对象，用鼠标选择如图 4.15（a）所示的夹点，将其激活为热夹点。此时，命令行提示：

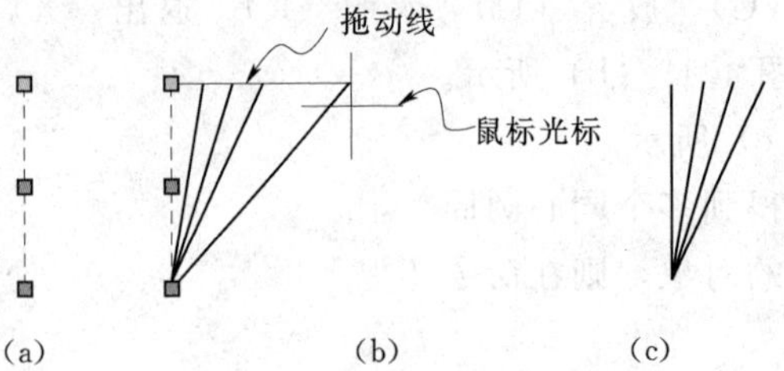

图 4.15　应用夹点编辑进行的对象拉伸（多重）

＊＊ 拉伸 ＊＊

（2）指定拉伸点或［基点（B）/复制（C）/放弃（U）/退出（X）]：输入 c，回车（或不输入 c，而直接按住 Shift 键，用鼠标输入拉伸目标点）。

＊＊ 拉伸（多重）＊＊

（3）指定拉伸点或［基点（B）/复制（C）/放弃（U）/退出（X）]：鼠标左键点击热夹点，向右拉伸（或向其他指定方向拉伸），依次输入 10/20/30，如图 4.15（b）所示。（注：此时为正交模式）

＊＊ 拉伸 ＊＊

（4）指定拉伸点或［基点（B）/复制（C）/放弃（U）/退出（X）]：回车，完成操作。结果如图 4.15（c）所示。

在使用夹点功能编辑修改对象时，一般应和绘图辅助功能相配合，如对象捕捉、极轴、对象追踪。当以上绘图辅助功能设置恰当，用夹点功能编辑修改对象会事半功倍。

对同一对象进行编辑修改达到要求的效果，可能有多种方法。有简单的方法，也有复杂的方法，用户只有在绘图的过程中不断积累经验，才能逐步提高绘图速度。

4.3　删除与恢复

在绘图的过程中，难免会出现错误。利用下面的命令能够非常迅速的更正这些错误。

4.3.1　删除（E）

删除命令的作用好比绘图工具的橡皮擦，当要擦除某些不需要的图形内容，可以借助于删除命令完成。删除的命令是 Erase，启动删除命令的几种方法：

（1）工具栏。单击修改工具栏的命令按钮。

（2）修改菜单。单击“修改”下拉菜单→“删除”。

（3）键盘输入。在命令行命令提示符下，输入 E，回车。

（4）快捷键。在选择要删除的对象后，敲击键盘上的 Delete 键。

【例 4－7】 使用删除命令，选择要删除的图形如图 4.16（a）所示。

启动删除命令后，光标变成矩形小方框，命令行提示如下：

命令：_ erase。移动光标（矩形小方块）选择要删除的第一个图形。此时图形呈虚线。

选择对象：找到 1 个。移动光标（矩形小方框）选择要删除的第二个图形。

选择对象：找到 1 个，总计 2 个。移动光标（矩形小方框）选择要删除的第三个图形。

……

选择对象：回车。

结果如图 4.16（b）所示。

另外，也可以先选中要删除的对象，然后按 Delete 键删除选择的对象。

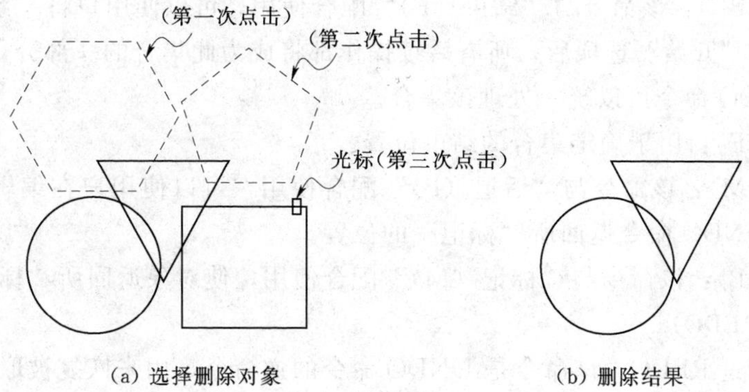

图 4.16 删除命令操作

4.3.2 恢复 (OOPS)

恢复的命令是 OOPS，该命令用于恢复最近一次使用删除命令删除的对象。进行恢复操作，只需要在命令行输入 OOPS，回车即可。使用该命令也可以恢复用 BLOCK、WBLOCK 命令删除的对象。

4.3.3 取消操作 (U)

取消操作的命令是 UNDO，使用该命令可以使被编辑修改的对象恢复到修改前的状态。

1. 启动取消操作命令的几种方法

(1) 工具栏。单击标准工具栏上的命令按钮。

(2) 编辑菜单。单击编辑下拉菜单“编辑”→“放弃”。

(3) 键盘输入。在命令行提示符下，输入 U，回车。

(4) 快捷键。Ctrl＋Z。

按上面的方法重复使用该命令，可以逐步向前取消所做的各种操作。同时命令行也会给出相应的取消操作的提示。

如果在命令行输入 UNDO，回车。命令行提示如下：

命令：undo

输入要放弃的操作数目或［自动 (A) /控制 (C) /开始 (BE) /结束 (E) /标记 (M) /后退 (B)］<1>：

2. 各个选项的功能

(1) 输入要放弃的操作数目：通过输入数值确定向前取消操作的步数，回车即可完成一次向前取消多步的操作，效果与多次输入 U 回车相同。

(2) 自动 (A)：将单个命令的操作编组，从而可以使用单个 U 命令放弃这些操作。如果“自动”选项设置为开，则启动一个命令后系统会对所有操作进行编组，直到退出该命令。可以将操作组当作一个操作放弃。

如果“控制”选项关闭或者限制了 UNDO 功能，UNDO 命令的“自动”功能将不可用。

(3) 控制 (C)：用于确定保留恢复信息的多少。

（4）开始（BE）：该命令与“结束（E）”配合使用，可以使用户将一系列的命令编为一个集合，输入“开始”选项后，所有后续操作都将成为此集合的一部分，直至使用“结束”选项。UNDO 命令可以统一处理该集合。

（5）结束（E）：用于确定集合的结束位置。

（6）标记（M）：该命令与“后退（B）”配合使用，可以使用户在编辑的过程中设置标记，可以用 UNDO 命令返回所“标记”的位置。

（7）后退（B）：该命令与“标记（M）”配合使用，使对象返回所“标记”的位置。

4.3.4　重做（REDO）

重做的命令是 REDO，该命令是 UNDO 命令的逆命令，用来恢复被取消的操作。

启动重做命令的几种方法：

（1）工具栏。单击标准工具栏上的命令按钮。

（2）编辑菜单。单击编辑下拉菜单“编辑”→“重做”。

（3）键盘输入。在命令行提示符下，输入 REDO，回车。

（4）快捷键。Ctrl＋Y。

REDO 必须紧跟在 U 或 UNDO 命令之后使用，如果在 U 或 UNDO 命令之后进行了其他操作，则不能使用 REDO 恢复 U 或 UNDO 的操作。

4.4　复制、偏移、镜像、阵列

绘图的过程，需要对同样形状或类似图形做大量的复制性工作，在 AutoCAD 中，可以通过“复制”、“偏移”、“镜像”、“阵列”等命令，生成有一定规律可循的对象，恰当地使用这些命令，可大幅度地提高绘图的速度。

下面，我们将逐一介绍这些命令的使用功能。

4.4.1　复制（CO）

复制对象的命令是 Copy，该命令用于将选定的对象进行复制。复制出的对象其尺寸、形状、角度等保持不变，唯一发生改变的是对象的位置。由复制生成的对象与原对象各自独立，同样可以被编辑和使用。

启动复制命令的几种方法：

（1）工具栏。单击修改工具栏上的命令按钮。

（2）修改菜单。单击修改下拉菜单“修改”→“复制”。

（3）键盘输入。在命令行提示符下，输入 Copy 或 CO 或 CP，回车。

启动复制命令，命令行语言提示及操作如下：

命令：_ copy。此时光标变成正方形小方框。

选择对象：在绘图区用鼠标选择要进行复制的对象。

选择对象：单击右键或回车，结束复制对象的选择。（可以连续选择多个对象进行复制）。

指定基点或［位移（D）/模式（O）］〈位移〉：单击左键点击对象的某一节点，作为位移基点。

指定基点或［位移（D）/模式（O）］〈位移〉：指定第二个点或 <使用第一个点作位移>：将鼠标由位移基点移到预定的点位作为复制到达的基点。该点在复制对象的过程中用于定位由复制生成的对象的位置，所以，指定该点时应考虑将来生成图形的方位，一般需要配合“对象捕捉”精确捕捉该点的位置。

指定位移的第二点或［退出（E）/放弃（U）］〈退出〉：回车或单击右键，结束操作过程。

【例 4-8】 使用复制命令。由如图 4.17（a）所示的图形得到如图 4.17（d）所示的图形。

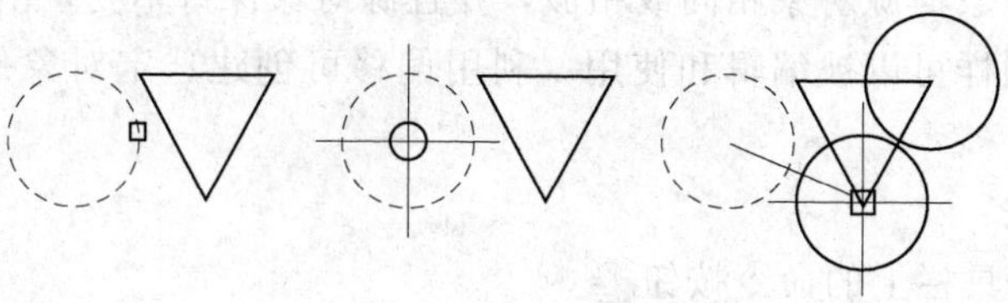

（a）　（b）　（c）　（d）

图 4.17　复制操作过程

操作过程：

启动复制命令，命令行提示及操作如下：

命令：_ copy

选择对象：选择要进行复制操作的圆形。如图 4.17（a）所示的图形。

命令行提示：找到 1 个

选择对象：单击右键或回车，结束复制对象的选择。

指定基点或位移：指定位移的第二点或＜用第一点作位移＞：配合“对象捕捉”，鼠标点取如图 4.17（b）所示的圆心作为复制的基点。

指定位移的第二点：配合“对象捕捉”，用鼠标拾取框依次点取三角形的另外两个端点。得到的图形如图 4.17（c）所示。

指定位移的第二点：回车或单击右键，结束操作过程。结果如图 4.17（d）所示的图形。

上面的复制操作适用于在 AutoCAD 界面的绘图区画图的过程中生成目标对象。此外，在 AutoCAD 的“编辑”下拉式菜单中的“复制”、“带基点复制”命令用于将绘制的对象通过剪贴板复制到其他的 AutoCAD 文档中去，其操作过程等同于在不同的 AutoCAD 文档间进行复制和粘贴操作。另外，通过“编辑”下拉式菜单中的“复制”、“带基点复制”命令，还可以将 AutoCAD 图形复制到其他应用程序创建的文档中去，例如 Word 文档，这里不作过多的介绍。

另外还有一种复制方法。在没有执行任何命令的情况下，鼠标选择要复制的对象使之呈虚线状，将鼠标光标移动到所选图形的轮廓上，按住右键移动光标，被选择的对象即可随光标移动。按住右键移动对象到目标点后，松开右键，即刻弹出的如图 4.18 所示的快捷菜单，在快捷菜单中选择“复制到此处”，也可以完成复制的操作（这种复制方法一般用于不需要捕捉到准确位置的对象复制，而且只能一次复制一个对象。这种方法也可用于移动）。

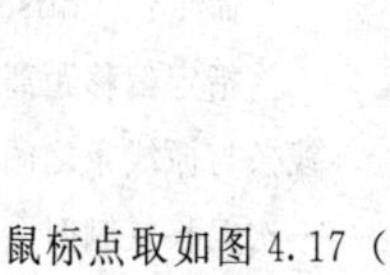

图 4.18　移动复制快捷菜单

在“窗口”下拉式菜单选择“垂直平铺”或“水平平铺”，可以同时打开多个 AutoCAD 文件。使用上面的方法结合用鼠标进行拖拽的操作，可以在不同的 AutoCAD 文件中进行复制操作。

应该注意的是，如果参照上面的方法将 AutoCAD 图形复制到其他应用程序创建的文档中去，例如 Word 文档，图形可能会产生一定的变形，用户还需要进行调整。

4.4.2　偏移（O）

偏移对象的命令是 Offset，该命令用于将图线按照一定的距离或指定的通过点进行移动复制，移动复制所生成的对象与源对象相同或相似，并且源对象保持不变，由偏移生成的对象与源对象各自独立，同样可以被编辑和使用。利用偏移可创建选定对象的平行线、平行曲线或同心圆等。

启动偏移命令的几种方法：

（1）工具栏。单击修改工具栏上的命令按钮。

（2）修改菜单。单击修改下拉菜单栏“修改”→“偏移”。

（3）键盘输入。在命令行提示符下，输入 Offset 或 O，回车。

偏移对象时，可使用距离偏移和定点偏移两种方式。

1. 距离偏移（按指定的距离进行偏移复制对象）

命令行提示及操作如下：

命令：_ offset

指定偏移距离或［通过（T）/删除（E）/图层（L）］<通过>：输入数值。该数值为通过偏移复制生成的线条与原线条之间的距离，也可以用鼠标配合“对象捕捉”确定两点间的距离来作为偏移距离值。此数值在下一次偏移复制时会作为默认的偏移距离值使用。如果需要变更，可以重新指定。

命令行“删除”选项用于将源对象删除；“图层”选项用于设置偏移后的对象所在的图层。

在输入偏移距离值之后，回车。命令行继续提示：

选择要偏移的对象，或［退出（E）/放弃（U）］<退出>：用鼠标的拾取框点取要进行偏移复制操作的对象。

指定点以确定偏移所在一侧：用鼠标光标在预计线条产生的位置上单击鼠标左键，完成一次偏移复制的操作。

命令行继续提示：

选择要偏移的对象，或［退出（E）/放弃（U）］<退出>：可以用鼠标的拾取框继续点取要进行偏移复制的对象，以指定的距离进行偏移复制。若回车或单击右键，则结束偏移复制的操作。

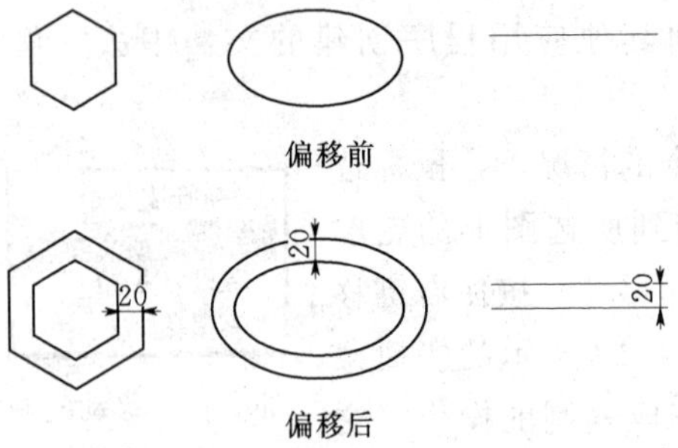

图 4.19　距离偏移的过程与效果

下面对六边形、椭圆和直线三个对象进行距离偏移，偏移距离为 20 的前后效果如图 4.19 所示。

2. 定点偏移（使偏移复制生成的对象通过某点）

所谓“定点偏移”，是指为偏移对象指定一个通过点，使偏移的结果偏移到该点位置。操作过程通常需要配合“对象捕捉”功能。

命令行的提示及操作如下：

命令：_ offset

指定偏移距离或［通过（T）/删除（E）/图层（L）］<通过>：输入 t，回车。

选择要偏移的对象，或［退出（E）/放弃（U）］<退出>：用鼠标的拾取框点取要进行偏移操作的对象。

指定通过点：配合“对象捕捉”用鼠标点取要求偏移复制生成的线条通过的某点，完成一次偏移复制的操作。

选择要偏移的对象，或［退出（E）/放弃（U）］＜退出＞：可以用鼠标继续点取要进行偏移复制操作的对象，指定通过点，继续偏移复制操作。若回车或单击右键，则结束偏移复制的操作。

下面继续对已经偏移过的六边形、椭圆两个对象采用定点偏移的方式进行偏移，偏移的前后效果如图 4.20 所示。

在使用偏移命令时，应注意如下问题。

（1）点、多线、图块、属性、文本、标注等对象不能被偏移。

（2）对象为椭圆或样条曲线偏移生成的对象，其线条轮廓与源对象的规律基本一致，但系统已对生成的轮廓有较大调整，造成与源线条的编辑属性较大的差别，如图 4.21 所示。使用时应予以注意。

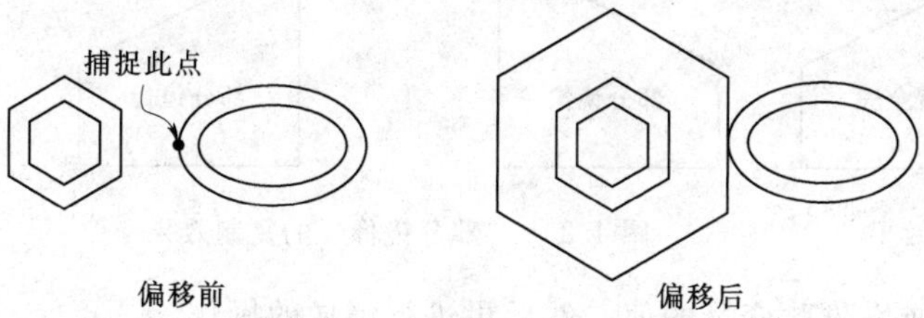

图 4.20　定点偏移的过程与效果

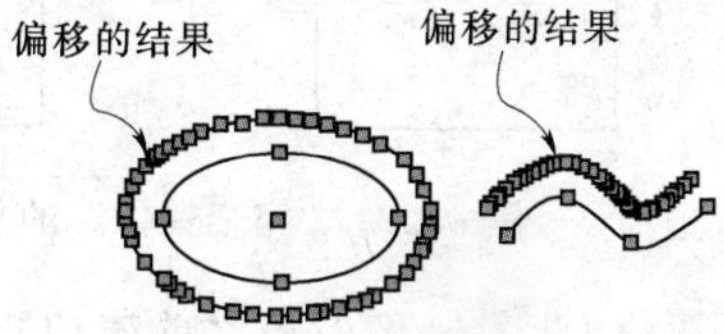

图 4.21　样条曲线的图形偏移后与源对象被选择显示的结果

4.4.3　镜像（MI）

镜像对象的命令是 Mirror，该命令用于绘制对称的对象时非常方便快捷，能够达到事半功倍的效果。在绘制对称或近似对称的对象时，先绘制出对称图形的半个部分，然后利用镜像命令以对称轴线为镜像线生成与之对称的另一半对象。由镜像生成的对象与原对象各自是独立，同样可以被编辑和使用。

启动镜像命令的几种方法：

（1）工具栏。单击修改工具栏上的命令按钮⚠。

（2）修改菜单。单击修改下拉菜单“修改”→“镜像”。

（3）键盘输入。在命令行提示符下，输入 Mirror 或 MI，回车。

启动镜像复制命令，命令行提示及操作如下：

命令：_Mirror

选择对象：鼠标选择要进行镜像的对象。鼠标选中后，命令行提示：找到 1 个。

选择对象：可以继续选择要进行镜像的对象，也可以单击右键或回车结束选择。

指定镜像线的第一点：大多数情况下，可以配合“对象捕捉”输入镜像线（对称轴线）的一个端点。

指定镜像线的第二点：配合对象捕捉输入镜像线（对称轴线）的两个端点。

是否删除源对象吗？［是（Y）/否（N）］＜N＞：采用默认选项（N）时，直接回车，保留原对象的同时镜像复制生成对称部分；或输入 Y，回车，镜像复制生成对称部分，同时删除源对象。

镜像有“完全镜像”和“部分镜像”两种功能。在 AutoCAD 中，“完全镜像”和“部分镜像”的操作步骤完全相同。只不过是系统变量 MIRRTEXT 的值设置不同，将其值设置为 1 则进行“完全镜像”，改设为 0 则进行“部分镜像”。

图形和文字都可以进行“完全镜像”操作。只是图形对象在进行“完全镜像”或“部分镜像”时，其结果都是一样。而文字只有通过“部分镜像”才能将文字的正确内容复制到相应的镜像位置上去，否则，镜像的文字不具有可读性。下面通过修改系统变量值，观察对象在镜像（复制）后的效果。

在命令行输入 MIRRTEXT，回车。此时，命令行提示：

输入 MIRRTEXT 的新值 <0>：直接回车，接受默认值 0，进行“部分镜像”；输入 1，回车，则进行“完全镜像”。

“完全镜像”的效果如图 4.22 所示。

“部分镜像”的效果如图 4.23 所示。

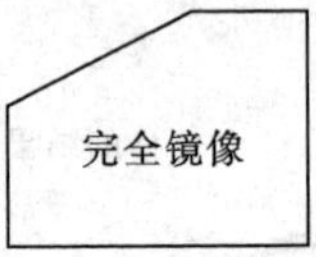

图 4.22 “完全镜像”的复制效果

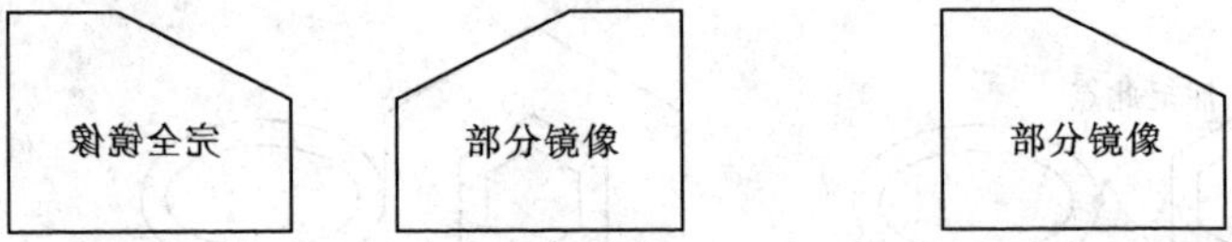

图 4.23 “部分镜像”的复制效果

因此，镜像对象之前建议查看或修改此变量的值，然后再进行镜像的操作。

4.4.4 阵列（AR）

阵列对象的命令是 Array，该命令用于一次复制生成多个呈一定规律分布的对象时非常方便快捷，尤其是复制大量并行等距排列的对象，阵列复制优于多重复制命令。阵列复制生成的对象与源对象各自是独立的，同样可以被编辑和使用。

启动阵列命令的几种方法：

（1）工具栏。单击修改工具栏上的命令按钮。

（2）修改菜单。单击修改下拉菜单栏“修改”→“阵列”。

（3）键盘输入。在命令行提示符下，输入 AR，回车。

按生成对象的分布规律不同，阵列分为矩形阵列和环形阵列两种方式。矩形阵列是将复制出的对象按一定的方向和指定的行数、列数进行排列。环形阵列是将复制出的对象绕指定的旋转中心，在设定的角度范围内，按限定的数目进行排列。

下面通过例题具体说明其操作过程。

【例 4-9】 使用矩形阵列复制命令。由如图 4.24（a）所示的图形得到如图 4.24（b）所示的图形。

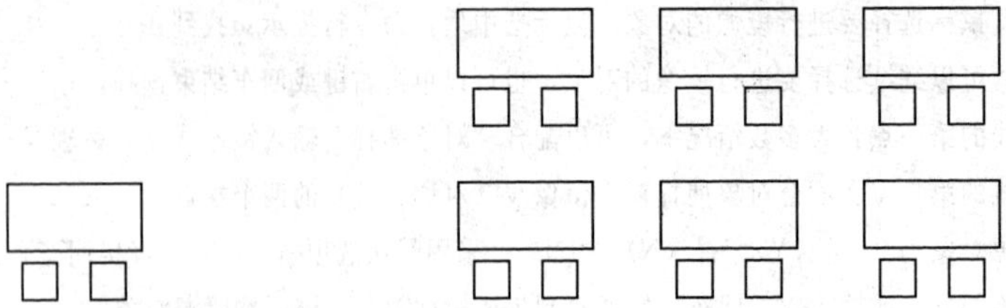

（a）　　（b）

图 4.24 “矩形阵列”效果

操作过程：

（1）启动阵列命令，弹出如图 4.25 所示的“阵列”对话框。

（2）鼠标单击“矩形阵列（R）”，将对话框切换到矩形阵列方式。

（3）鼠标单击“选择对象（S）”按钮，“阵列”对话框暂时关闭，用鼠标选择图 4.24（a）所示的对象（在实际操作时可连续选择多个对象进行阵列，命令行会在选择对象后提示选中对象的个数）。选择对象完成后回车或单击右键返回“阵列”对话框。

（4）在“行（W）”后的小方框中输入阵列后生成对象的总行数 2。

（5）在“列（O）”后的小方框中输入阵列后生成对象的总列数 3。

（6）在“偏移距离和方向”选项组中：

1）在“行偏移（F）”后的小方框中输入阵列后生成对象行与行之间的距离值 50。也可以单击其后面的“拾取行偏移”命令按钮，暂时关闭“阵列”对话框。用鼠标在绘图区指定两点，则系统会自动将两点间的距离设为行偏移值。

2）在“列偏移（M）”后的小方框中输入阵列后生成对象列与列之间的距离值 60。也可以单击其后面的“拾取列偏移”命令按钮，暂时关闭“阵列”对话框。用鼠标在绘图区指定两点，则系统会自动将两点间的距离设为列偏移值。

3）在“阵列角度（A）”后的小方框中输入阵列后生成的每行对象与水平方向的夹角值，取默认值 0，不必更改。

4）在“提示”后面，有阵列时复制出对象排列方向的提示：行偏移值为正，则行添加在原对象的上方，行偏移值为负（数值前输入负号），则行添加在原对象的下方；列偏移值为正，则列添加在原对象的右侧，列偏移值为负（数值前输入负号），则列添加在原对象的左侧。

（7）在“偏移距离和方向”选项组右侧，有相应设置的预览显示。

（8）单击“预览（V）”按钮，暂时收缩“阵列”对话框如图 4.26 所示，此时，在绘图区可以查看阵列后的对象分布情况。若符合要求，则单击阵列对话框上的“确定”命令按钮完成阵列；若不符合要求，则单击阵列对话框上的“修改”命令按钮，重新展开“阵列”对话框，修改相应的参数，直到符合要求为止。

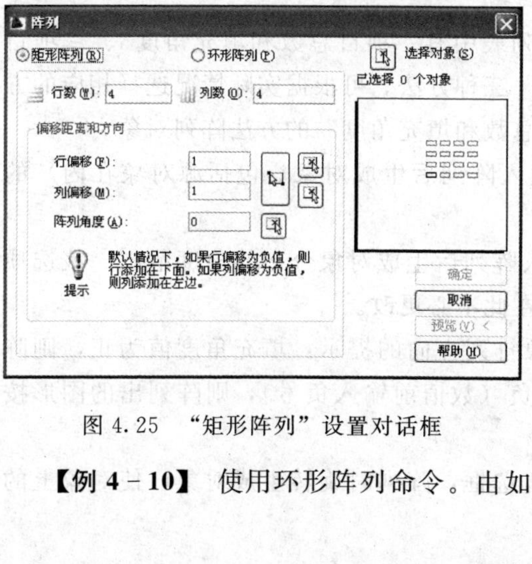

图 4.25 “矩形阵列”设置对话框

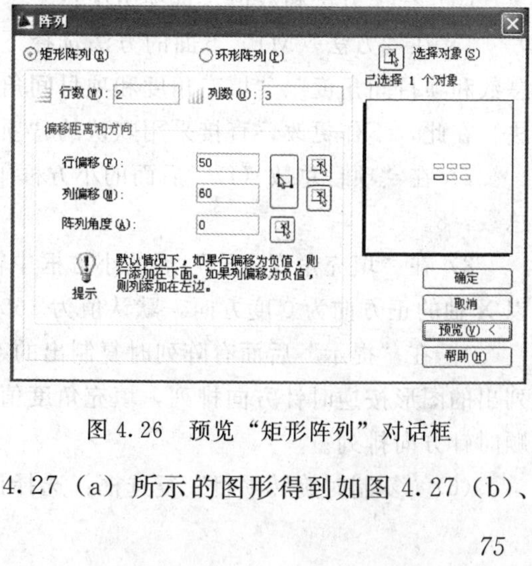

图 4.26 预览“矩形阵列”对话框

【例 4-10】 使用环形阵列命令。由如图 4.27（a）所示的图形得到如图 4.27（b）、

(c) 所示的图形。

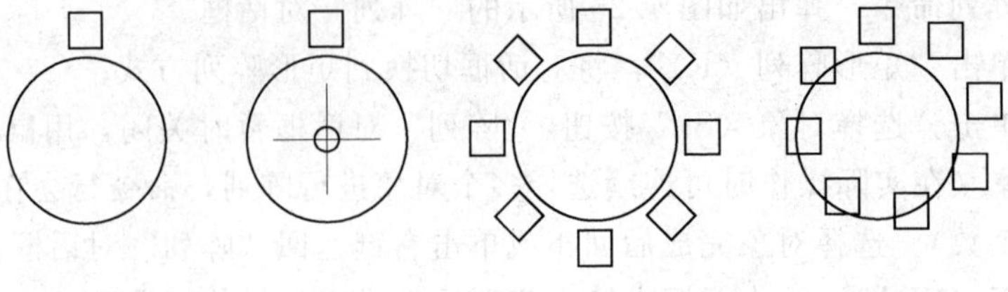

(a)　(b)　(c)　(d)

图 4.27　“环形阵列”效果

操作过程：

(1) 启动阵列命令，弹出“阵列”对话框。

(2) 鼠标单击“环形阵列（P）”，将对话框切换到环形阵列方式，对话框如图 4.28 所示。

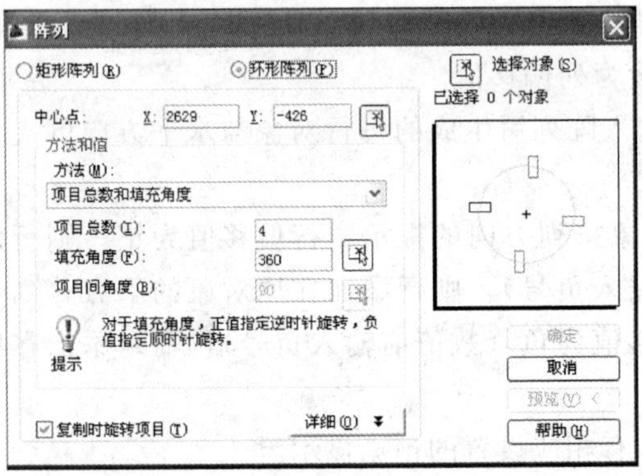

图 4.28　“环形阵列”设置对话框

(3) 鼠标单击“选择对象（S）”按钮，“阵列”对话框暂时关闭。用鼠标选择图 4.27（a）所示的对象（在实际操作时可连续选择多个对象进行阵列，命令行会在选择对象后提示选中对象的个数）。完成选择对象后，回车或单击右键返回上面的对话框。

(4) 在“中心点：”X；Y 后的小方框中可以输入阵列对象绕其旋转的中心点的坐标值。在此，单击其后面的“拾取中心点”命令按钮，暂时关闭“阵列”对话框。用鼠标在绘图区配合“对象捕捉”指定图 4.27（b）所示的中心点，则系统会自动将该点的坐标值设为环形阵列中心点的坐标值。

(5) 在“方法和数值”选项组中：

1) 在“方法（M）”下面的方法选择下拉列表中有“项目总数和填充角度”、“项目总数和项目间角度”、“填充角度和项目间角度”三种方法。可根据实际情况选择相应的方法。在此，不作更改，直接采用默认的“项目总数和填充角度”的方法阵列对象。

2) 在“项目总数（I）”后面的小方框中输入阵列后生成对象（包括源对象在内）的总数：8。

3) 在“填充角度（F）”后的小方框中输入阵列后生成对象分布的角度范围。该选项以 X 轴的正方向为 0 度方向，默认值为 360，在此不必更改。

4) 在“提示”后面有阵列时复制出的对象排列方向的提示：填充角度值为正，则阵列出的图形按逆时针方向排列，填充角度值为负（数值前输入负号），则阵列出的图形按顺时针方向排列。

(6)“复制时旋转项目”复选框：选择该复选框，阵列时旋转生成对象，使对象上的每个点相对阵列中心的距离保持不变；不选择该复选框，阵列时对象通过平移复制生成，只有对象上的基点（默认点）到阵列中心的距离保持不变。通过单击“详细”按钮，可以取消“设为对象的默认值（D）”复选框，重新设定基点。

选择“复制时旋转项目”复选框，阵列后得到的图形如图 4.27（c）所示。

取消“复制时旋转项目”复选框，阵列后得到的图形如图 4.27（d）所示。

（7）该对话框右侧，同样有相应设置的预览显示。

（8）单击“预览（V）”按钮，暂时收缩“阵列”对话框如图 4.29 所示。

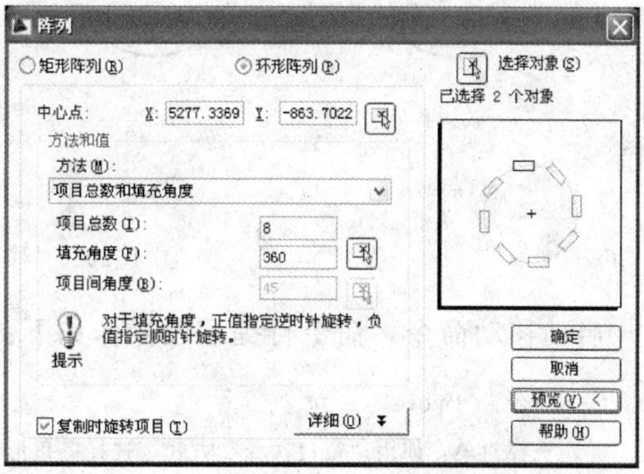

图 4.29　预览“环形阵列”对话框

此时，在绘图区可以查看阵列后的对象分布情况。若符合要求，则单击阵列对话框上的“确定”命令按钮完成阵列；若不符合要求，则单击阵列对话框上的“修改”命令按钮，重新展开“阵列”对话框，修改相应的参数，直到符合要求为止。

4.5　移动与变形

在绘图的过程中有时需要调整对象的位置；改变对象的大小；对图形进行变形处理；将图形分解为基本单元，这些操作将用到下面的命令。

4.5.1　移动（M）

移动的命令是 Move，该命令用于调整对象在绘图区的位置。执行移动命令后原对象不被保留，移动的对象可以是文字及图形。使用移动命令可以调整各个对象之间的相对位置，例如：用户可以在绘图区的其他位置生成对象，再通过移动命令将其放到相应的位置上去。当然，也可以使用移动命令，为所有的对象重新调整在绘图区的位置。

启动移动命令的几种方法：

（1）工具栏。单击修改工具栏上的命令按钮。

（2）修改菜单。单击修改下拉菜单栏“修改”→“移动”。

（3）键盘输入。在命令行提示符下，输入 M，回车。

启动移动命令后，命令行提示及操作如下：

命令：_ move

选择对象：用鼠标拾取框选择要进行移动的对象，系统提示：找到 1 个。

选择对象：可继续选择要进行移动的对象，系统提示选择对象的个数。也可以单击右键或回车，结束选择。

指定基点或［位移（D）］：输入基点位置。

指定位移的第二点或 <用第一点作位移>：输入目标点位置（可以配合对象捕捉输入目标点的位置，也可以用相对坐标输入该点位置，根据具体情况选择输入方法），完成移动操作过程。

【例 4-11】　使用移动命令。由如图 4.30（a）所示的图形经过如图 4.30（b）、（c）

过程的操作，得到如图 4.30（c）所示的图形。

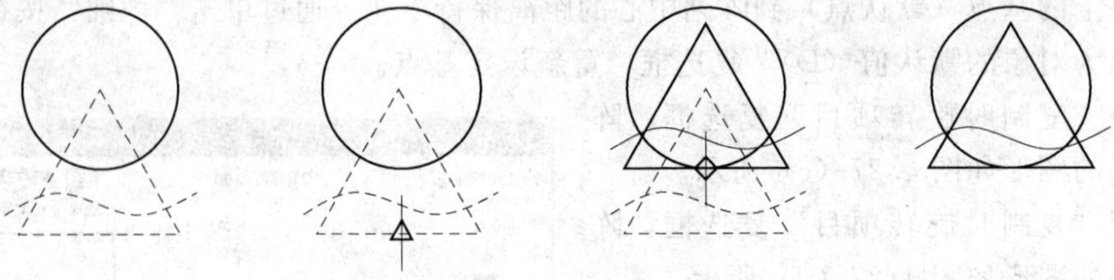

（a）　　（b）　　（c）　　（d）

图 4.30　“移动”操作过程

启动移动命令，命令行提示及操作如下：

命令：_ move

选择对象：使用“窗口选择”方式，选择三角形和曲线段（虚线显示）。如图 4.30（a）所示。

选择对象：单击右键结束选择。

指定基点或［位移（D）］：配合中点捕捉，鼠标左键单击图 4.30（b）中所示的基点位置（三角形中点）。

指定位移的第二点或＜用第一点作位移＞：配合象限点捕捉，鼠标左键单击如图 4.30（c）中所示的目标点（圆形象限点）。

完成操作，结果如图 4.30（d）所示。

4.5.2　旋转（RO）

旋转的命令是 Rotate，该命令可以使对象绕某指定点旋转一定的角度重新定位。执行旋转命令后原对象不被保留。旋转对象可以是文字及图形。在旋转角度已知的情况下，可以用键盘键入该角度值。默认的 X 轴的正方向为角度的 0°方向，并且逆时针为正，顺时针为负；若旋转角度未知，也可以用绘制出的线条作为参照，来确定旋转的角度。

启动旋转命令的几种方法：

（1）工具栏。单击修改工具栏上的命令按钮。

（2）修改菜单。单击修改下拉菜单栏“修改”→“旋转”。

（3）键盘输入。在命令行提示符下，输入 RO，回车。

1. 当旋转角度已知时

启动旋转命令后，命令行提示及操作如下：

命令：_ rotate

UCS 当前的正角方向：ANGDIR＝逆时针 ANGBASE＝0

选择对象：选择旋转对象。

选择对象：右键或回车，结束选择。

指定基点：输入对象绕其旋转的基点位置。

指定旋转角度或［复制（C）参照（R）］：输入旋转角度值，回车，完成操作。

2. 当旋转角度未知时

需要借助［复制］选项来确定旋转角度，其操作过程可参考下面的例题。

【例 4－12】 使用旋转（复制）命令。由如图 4.31（a）所示的图形，经过如图 4.31

（b）过程的操作，得到如图 4.31（c）所示的图形。

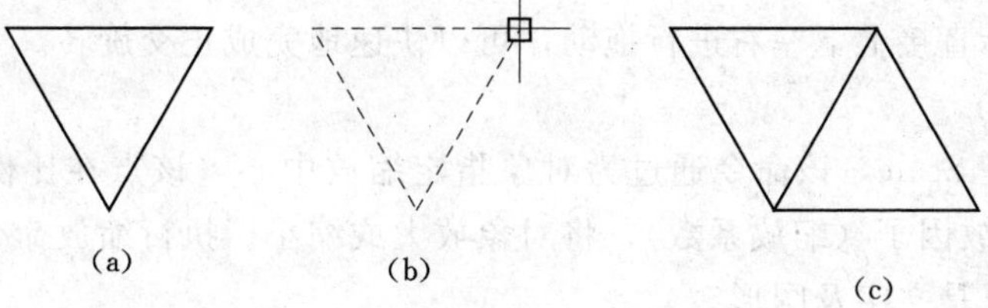

图 4.31 “旋转（复制）”操作过程

启动旋转命令，命令行提示及操作如下：

命令：_ rotate

UCS 当前的正角方向：ANGDIR＝逆时针 ANGBASE＝0

选择对象：鼠标选择图 4.31（a）中的三角形。

选择对象：单击右键结束选择。

指定基点：鼠标选择图 4.31（b）中三角形的右上角端点。

指定旋转角度或［复制］：输入 C，回车。

指定旋转角度，或［复制（C）参照（R）］：键盘输入 60。回车。

完成操作。三角形在旋转 60 度复制的结果如图 4.31（c）所示。

【例 4－13】 使用旋转（参照）命令。由如图 4.32（a）所示的图形，经过如图 4.32（b）、（c）、（d）过程的操作，得到如图 4.32（e）所示的图形。

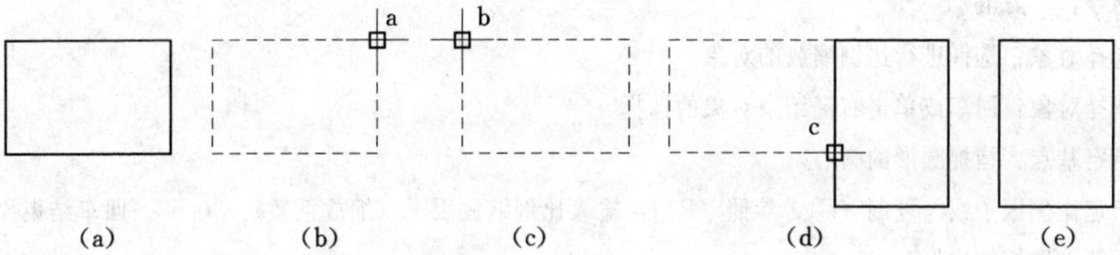

图 4.32 “旋转（参照）”操作过程

启动旋转命令，命令行提示及操作如下：

命令：_ rotate

UCS 当前的正角方向：ANGDIR＝逆时针 ANGBASE＝0

选择对象：鼠标选择图 4.32（a）中的矩形。

选择对象：单击右键结束选择。

指定基点：鼠标选择图 4.32（b）中矩形上的 a 点。

指定旋转角度或［复制（C）/参照（R）］：输入 r，回车。

指定参照角 <0>：鼠标继续选择图 4.32（b）中矩形上的 a 点，作为旋转（参照）的基点。

指定第二点：鼠标选择图 4.32（c）中矩形上的 b 点，作为旋转（参照）起始点。

指定新角度：鼠标选择图 4.32（d）中矩形上的 c 点，作为旋转（参照）结束点。

完成操作。结果如图 4.32（e）所示。

旋转（参照）命令的“参照”选项，是用于将对象进行参照旋转，即指定一个参照角度和新角度，两个角度的差值就是对象的实际旋转角度。

此外，对于将对象作90°、180°、270°的旋转操作，可在输入旋转命令后，打开正交模式，配合用鼠标直接上下左右进行拖动，可以快速地完成正交旋转。

4.5.3 缩放（SC）

缩放的命令是Scale，该命令通过为对象指定缩放中心（该点在比例缩放前后位置不变），设置比例缩放因子（缩放系数），将对象放大或缩小。执行缩放命令后原对象不被保留。缩放对象可以是文字及图形。

启动比例缩放命令的几种方法：

（1）工具栏。单击修改工具栏上的命令按钮。

（2）修改菜单。单击修改下拉菜单栏“修改”→“缩放”。

（3）键盘输入。在命令行提示符下，输入SC，回车。

缩放的命令有三种方式，第一种是等比例缩放对象，用于局部放大时尤其方便。缩放的比例因子可以用键盘键入大于1或小于1的数值（该值大于1，将对象放大；该值小于1，将对象缩小）；第二种是缩放复制对象，即在等比例缩放对象的同时，将其进行复制；第三种是若比例缩放因子未知，可以使用参照选项来确定比例缩放因子。

1. 等比例缩放对象

【例4-14】 使用等比例缩放命令。由如图4.33（a）所示的图形，分别得到如图4.33（b）和图4.33（c）所示的图形。

启动比例缩放命令后，命令行提示及操作如下：

命令：_scale

选择对象：选择进行比例缩放的对象。

选择对象：回车或单击右键结束对象的选择。

指定基点：捕捉圆形的圆心。

指定比例因子或[复制（C）/参照（R）]：输入比例缩放因子（缩放系数）：“0.5”，回车结束操作。

重新设置缩放比例。

命令：_scale

选择对象：选择进行比例缩放的对象。

选择对象：回车或单击右键结束对象的选择。

指定基点：捕捉圆形的圆心。

指定比例因子或[复制（C）/参照（R）]：输入比例缩放因子（缩放系数）：“1.5”，回车结束操作。

图4.33所示的，是等比例缩放对象分别输入“0.5”和“1.5”比例因子的情况，图4.33（a）为源对象；图4.33（b）为缩放0.5的图形；图4.33（c）为缩放1.5的图形。

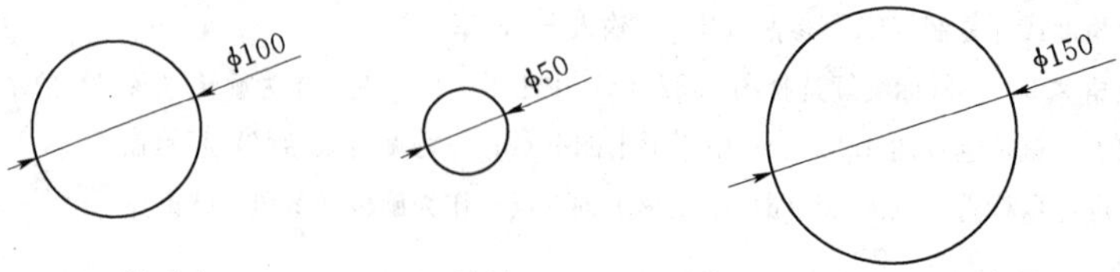

(a) 源对象　　(b) 缩放0.5　　(c) 缩放1.5

图4.33 等比例缩放圆形

2. 缩放复制对象

【例 4－15】 使用缩放复制命令。由如图 4.34（a）所示的图形，分别得到如图 4.34（b）和图 4.34（c）所示的图形。

启动比例缩放命令后，命令行提示及操作如下：

命令：_ scale

选择对象：选择进行比例缩放的正五边形。

选择对象：回车或单击右键结束对象的选择。

指定基点：捕捉正五边形左侧端点。

指定比例因子或［复制（C）/参照（R）］<1.0000>：输入 C，回车。

缩放一组选定对象。

指定比例因子或［复制（C）/参照（R）］<0.6000>：输入“0.5”，回车。

重新设置缩放比例。

命令：_ scale

选择对象：选择进行比例缩放的正五边形（源对象）。

选择对象：回车或单击右键结束对象的选择。

指定基点：继续捕捉正五边形左侧端点。

指定比例因子或［复制（C）/参照（R）］<1.0000>：输入 C，回车。

缩放一组选定对象。

指定比例因子或［复制（C）/参照（R）］<0.6000>：输入“1.5”，回车。

图 4.34 所示的，是等复制缩放对象分别输入“0.5”和“1.5”比例因子的情况，图 4.34（a）为源对象；图 4.34（b）为复制缩小 0.5 的图形；图 4.34（c）为继续对源对象进行复制放大 1.5 的图形。

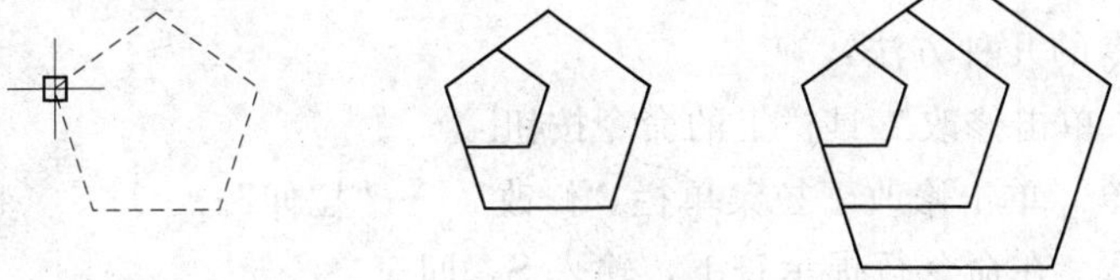

(a) 选择源对象　(b) 先缩小 0.5 并复制　(c) 再放大 1.5 并复制

图 4.34　缩放复制对象

3. 参照缩放对象

需要借助［参照（R）］选项来确定缩放系数，其操作过程可参考下面的例题。

【例 4－16】 使用参照缩放命令。由如图 4.35（a）所示的图形，得到如图 4.35（d）所示的图形。

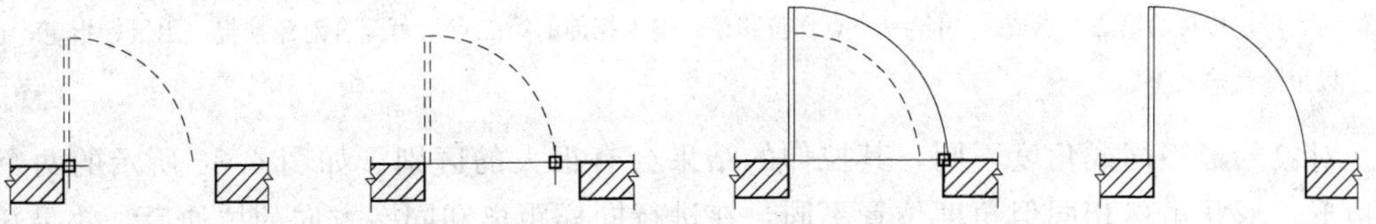

(a)　(b)　(c)　(d)

图 4.35　参照缩放对象

启动比例缩放命令，命令行提示及操作如下：

命令：_ scale

选择对象：选择图 4.35（a）中的平开门作为比例缩放的对象，以虚线显示。

选择对象：回车或右键结束对象的选择。

指定基点：配合对象捕捉，鼠标点取图 4.35（a）中平开门靠墙边的端点，将其指定为基点。

指定比例因子或［参照（R）］：输入 r，回车。

指定参照长度 <1>：配合对象捕捉，鼠标再次点取图 4.35（a）中平开门靠墙边的端点。

指定第二点：配合对象捕捉，鼠标拉向右侧，点取图 4.35（b）中圆弧线段（门扇开启线）下面的端点。

指定新长度或［点（P）］：鼠标继续向右侧拉至右侧墙边的端点，如图 4.35（c）所示，回车。

操作结束。结果如图 4.35（d）所示。

4.5.4 拉伸（S）

拉伸的命令是 Stretch，该命令可以对图形通过拉伸或压缩进行变形处理。使用该命令可以调整对象大小，使其在相应的方向上增大或缩小；还可以通过移动端点、顶点或控制点来拉伸某些对象；另外，拉伸命令还可以移动窗口内的端点，而不改变窗口外的端点，移动窗口内的宽线顶点和二维实体，而不改变窗口外的宽线顶点和二维实体，这对于图形上局部的修改是非常方便的。

在使用该命令的过程中，选择拉伸对象时，必须使用窗交选择的方式，其他选择方式均无效。

凡是与交叉选择窗口相交的圆弧、椭圆弧、直线、多段线线段、二维实体、射线、宽线和样条曲线都可以被拉伸。

拉伸对于至少有一个顶点或端点包含在交叉窗口内部的对象有效。如果拉伸的对象完全包含在窗交选择框内，其结果将是整个对象被移动，而不进行拉伸。

启动拉伸命令的几种方法：

（1）工具栏。单击修改工具栏上的命令按钮。

（2）修改菜单。单击修改下拉菜单栏“修改”→“拉伸”。

（3）键盘输入。在命令行提示符下，输入 S，回车。

启动拉伸命令后，命令行提示及操作如下：

命令：_ stretch

以窗交选择的方式选择要拉伸的对象。

选择对象：以交叉选择窗口选择拉伸对象。

选择对象：回车或右键结束选择。

指定基点或位移：输入基点或位移。

指定位移的第二个点或 <用第一个点作位移>：输入拉伸的第二点（可配合对象捕捉，用鼠标指定；也可以用键盘输入坐标）。

对象图形不同或角度不同，其拉伸的结果会有很大的区别。如图 4.36 所示的两个正六边形，形状虽然相同但角度位置不同，在进行同样距离和同一方向的拉伸后，效果却完全不一样了。使用者可多做不同的尝试。

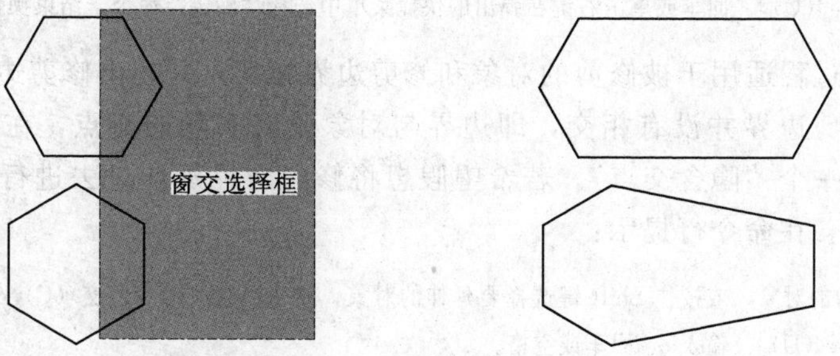

(a) 拉伸前　　　　(b) 拉伸后

图 4.36 “拉伸”操作过程

4.6 修剪与延伸

根据绘图的需要，AutoCAD 为用户提供了一些修改图形局部细节的命令，主要包括：修剪、延伸、打断、倒角、圆角等命令。

4.6.1 修剪（TR）

在绘图的过程中，修剪命令的使用频率非常高。修剪的命令是 Trim，该命令用于对图形对象的指定部分进行剪切。前提是，修剪时需事先指定一个边界，以该边界为修剪边，对与该边界相交或有延伸交点的对象进行修剪。通过该命令，用户可以将图形中某些线条上不需要的部分沿选定的边界剪掉，只保留边界另一侧需要的部分。

执行修剪命令后，被选择的对象既可以确定为剪切的边界，也可以作为被修剪的对象。如“直线”、“射线”、“构造线”、“多段线”、“多线”、“矩形”、“正多边形”、“圆弧”、“椭圆”、“样条曲线”、“圆环”等。而有些图形却只能作为剪切的边界，不能被修剪，如“文本”等对象。有些图形不能作为剪切的边界，却能作为被修剪的对象，如“尺寸标注”等对象。

启动修剪命令的几种方法：

（1）工具栏。单击修改工具栏上的命令按钮。

（2）修改菜单。单击修改下拉菜单栏“修改”→“修剪”。

（3）键盘输入。在命令行提示符下，输入 TR，回车。

启动修剪命令后，命令行提示及操作如下：

命令：_ trim

当前设置：投影＝UCS，边＝无

选择剪切边...

选择对象或<全部选择>：鼠标选择修剪边界，可以连续选定多个修剪边界。

选择对象：右键或回车，结束边界的选择。

选择要修剪的对象，或按住 Shift 键选择要延伸的对象，或［栏选（F）/窗交（C）/投影（P）/边（E）/删除（R）/放弃（U）］：鼠标选择修剪边界一侧要剪掉的部分。

选择要修剪的对象，或按住 Shift 键选择要延伸的对象，或［栏选（F）/窗交（C）/投影（P）/边（E）/

删除（R）/放弃（U）]：回车或单击右键在弹出的快捷菜单中选择“确定”命令，结束操作。

上面的操作过程适用于被修剪的对象和修剪边界相交，并超出修剪边界的情况。当被修剪的对象和修剪边界并没有相交，即边界与对象没有实际的交点，在边界被想象延长后，与对象存在一个“隐含交点”。若希望假想将修剪边界延伸过去进行修剪，则需更改默认的修剪模式。在命令行提示：

选择要修剪的对象，或按住 Shift 键选择要延伸的对象，或［栏选（F）/窗交（C）/投影（P）/边（E）/删除（R）/放弃（U）]：输入 e，回车或空格。

输入隐含边延伸模式［延伸（E）/不延伸（N）］<不延伸>：默认为“不延伸”（被修剪的对象和修剪边界必须相交，才能进行剪切。），输入 e（将修剪边界设为“无限延长”，被修剪的对象和修剪边界不必相交，也能进行剪切。）回车或空格。

选择要修剪的对象，或按住 Shift 键选择要延伸的对象，或［栏选（F）/窗交（C）/投影（P）/边（E）/删除（R）/放弃（U）]：鼠标选择修剪边界一侧要剪掉的部分。

选择要修剪的对象，或按住 Shift 键选择要延伸的对象，或［栏选（F）/窗交（C）/投影（P）/边（E）/删除（R）/放弃（U）]：回车或单击右键在弹出的快捷菜单中选择“确定”命令，结束操作。

另外，只要本次修剪过程没有结束，都可以用“放弃（U）”命令选项逐次向前取消本次命令所做过的剪切。

下面通过具体实例来学习修剪操作。

1. 默认模式下的修剪操作

【例 4-17】 使用修剪命令。由如图 4.37（a）所示的图形得到如图 4.37（c）所示的图形。

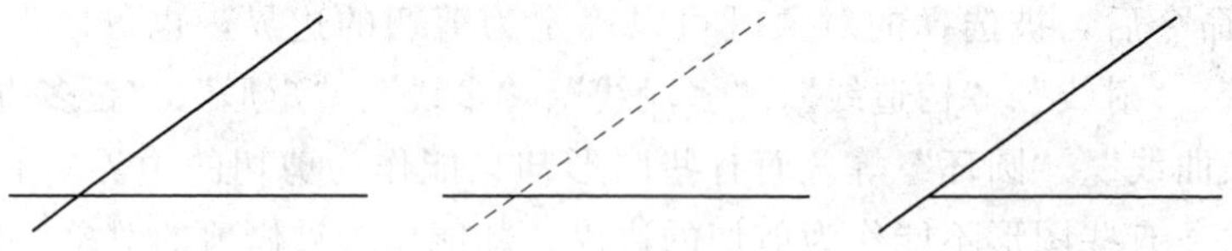

（a）　　（b）　　（c）

图 4.37　默认模式下的修剪操作过程

命令行提示及操作如下：

命令：_trim

当前设置：投影=UCS，边=无

选择剪切边...

选择对象或<全部选择>：选择倾斜直线为修剪边界，虚线显示。如图 4.37（b）所示。

选择对象：回车，结束边界的选择。

选择要修剪的对象，或按住 Shift 键选择要延伸的对象，或［栏选（F）/窗交（C）/投影（P）/边（E）/删除（R）/放弃（U）]：在水平直线的左端单击鼠标左键，选择要删除的部分。

选择要修剪的对象，或按住 Shift 键选择要延伸的对象，或［栏选（F）/窗交（C）/投影（P）/边（E）/删除（R）/放弃（U）]：回车完成操作。

修剪结果如图 4.37（c）所示。

2. 选择“栏选”或“窗选”选项的修剪操作

【例 4-18】 使用修剪命令。由图 4.38（a）所示的图形得到图 4.38（c）所示的图形。

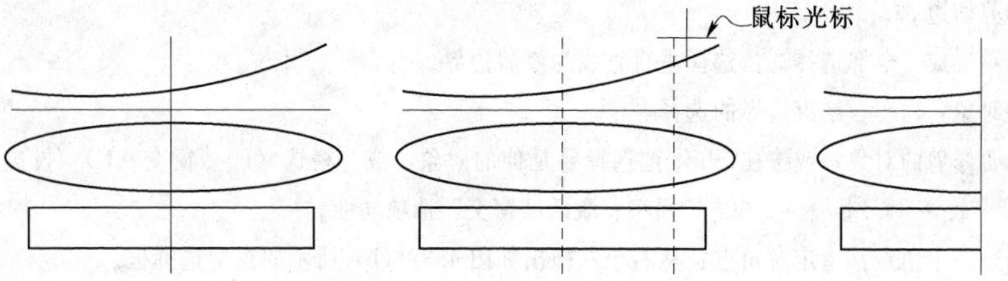

(a) (b) (c)

图 4.38 “栏选”修剪操作过程

命令行提示及操作如下：

命令：_ trim

当前设置：投影=UCS，边=延伸

选择剪切边...

选择对象或<全部选择>：选择垂直直线为修剪边界。

选择对象：回车，结束边界的选择。

选择要修剪的对象，或按住 Shift 键选择要延伸的对象，或［栏选（F）/窗交（C）/投影（P）/边（E）/删除（R）/放弃（U）］：输入“F”，回车。激活“栏选”选项功能。

指定第一个栏选点：在直线的右侧和要删除对象的下方某一位置拾取一点。

指定下一个栏选点或“放弃（U）”：光标向上延伸至引线能将删除对象都压住的位置拾取一点。结果如图 4.38（b）所示。

选择要修剪的对象，或按住 Shift 键选择要延伸的对象，或［栏选（F）/窗交（C）/投影（P）/边（E）/删除（R）/放弃（U）］：回车完成操作。

修剪结果如图 4.38（c）所示。

由上面的实例可见，“栏选”的选项功能，是通过绘制一条或多条虚拟的删栏线，使所有对象都与删栏线相交而被选择。

如果选择“窗交”选项，则可进行如下操作。

【例 4-19】 使用修剪命令，由如图 4.39（a）所示的图形得到如图 4.39（c）所示的图形。

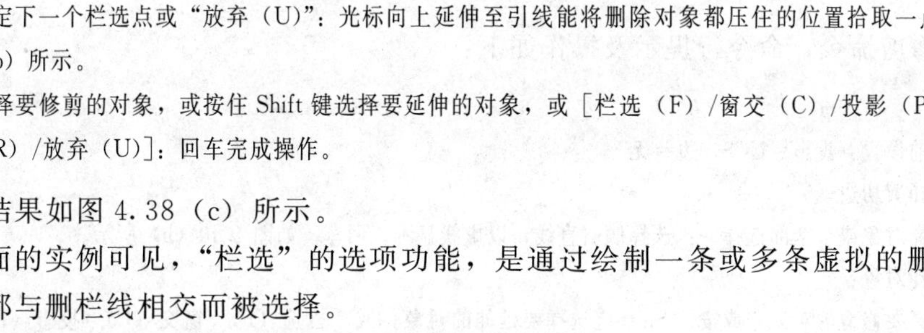

(a) (b) (c)

图 4.39 “窗交”修剪操作过程

命令行提示及操作如下：

命令：_trim

当前设置：投影=UCS，边=延伸

选择剪切边...

选择对象或<全部选择>：选择垂直直线为修剪边界。

选择对象：回车，结束边界的选择。

选择要修剪的对象，或按住 Shift 键选择要延伸的对象，或［栏选（F）/窗交（C）/投影（P）/边（E）/删除（R）/放弃（U）］：输入“C”，回车。激活“窗交”选项功能。

指定第一个角点：指定对角点：从右至左拖出如图 4.39（b）所示的窗交选择框。

选择要修剪的对象，或按住 Shift 键选择要延伸的对象，或［栏选（F）/窗交（C）/投影（P）/边（E）/删除（R）/放弃（U）］：回车完成操作。

修剪结果如图 4.39（c）所示。

3.“隐含交点”下的修剪操作

【例 4-20】 使用修剪命令。由如图 4.40（a）所示的图形得到如图 4.40（c）所示的图形。

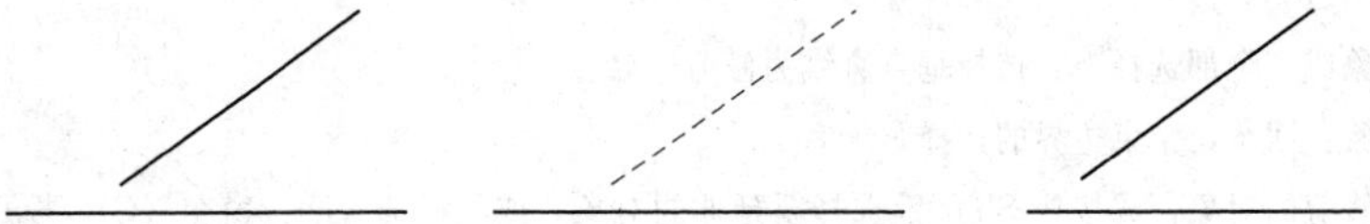

(a)　(b)　(c)

图 4.40　“隐含交点”的修剪操作过程

启动修剪命令，命令行提示及操作如下：

命令：_trim

当前设置：投影=UCS，边=无

选择剪切边...

选择对象或<全部选择>：选择倾斜直线，以虚线显示。回车。如图 4.40（b）所示。

选择对象：

选择要修剪的对象，或按住 Shift 键选择要延伸的对象，或［栏选（F）/窗交（C）/投影（P）/边（E）/删除（R）/放弃（U）］：输入“E”，回车。激活“边”选项功能。

输入隐含边延伸模式［延伸（E）/不延伸（N）］<不延伸>：输入“E”，回车。

选择要修剪的对象，或按住 Shift 键选择要延伸的对象，或［栏选（F）/窗交（C）/投影（P）/边（E）/删除（R）/放弃（U）］：在水平直线的左端单击鼠标左键。

选择要修剪的对象，或按住 Shift 键选择要延伸的对象，或［栏选（F）/窗交（C）/投影（P）/边（E）/删除（R）/放弃（U）］：回车，完成操作。

结果如图 4.40（b）所示。

“边”选项用于修剪边的隐含延伸状态。“延伸”选项表示修剪边边界可无限延长，边界与被剪对象不必相交。

4.6.2　延伸（EX）

延伸的命令是 Extend，该命令用于将选择的对象延伸到指定的边界上去。该命令的使用过程与修剪极为相似。先指定延伸的边界，再选择延伸的对象。使用该命令可以延伸的对象包括：直线、射线、构造线、多段线线段、圆弧、椭圆弧、尺寸标注等对象。多线和样条曲线等对象不能被延伸。

启动延伸命令的几种方法：

（1）工具栏。单击修改工具栏上的命令按钮--/。

（2）修改菜单。单击修改下拉菜单栏“修改”→“延伸”。

（3）键盘输入。在命令行提示符下，输入EX，回车。

启动延伸命令后，命令行提示及操作如下：

命令：_ extend
当前设置：投影＝UCS，边＝无
选择边界的边...
选择对象：用鼠标选择延伸边界。
选择要延伸的对象，或按住 Shift 键选择要修剪的对象，
或［栏选（F）/窗交（C）/投影（P）/边（E）/放弃（U）］：选择要延伸的对象。
选择要延伸的对象，或按住 Shift 键选择要修剪的对象，
或［栏选（F）/窗交（C）/投影（P）/边（E）/放弃（U）］：回车，完成操作。

如同修剪功能一样，在延伸对象时，对象的指定边界也有两种情况。一种是对象被延伸后存在一个实际的交点，另一个是与边界的延长线相交于一点，即“隐含交点”。AutoCAD为用户提供了两种模式，即“延伸”和“不延伸”，系统默认的模式是“不延伸”。

对于“隐含交点”模式，在延伸操作时，需要更改默认的延伸模式，即在选项时输入“E”，以激活“边”选项，将默认模式更改为“延伸”。“不延伸”模式下的延伸操作和“隐含交点”下的延伸操作情况，分别如图 4.41 和图 4.42 所示。

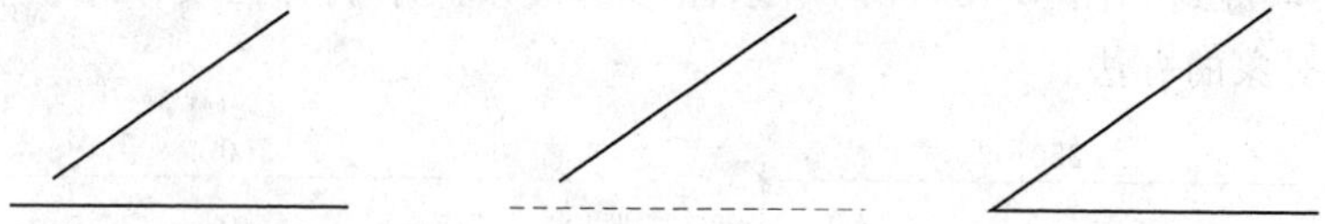

(a) 初始状况　(b) 选择延伸边界　(c) 延伸结果

图 4.41 “不延伸”模式下的延伸操作

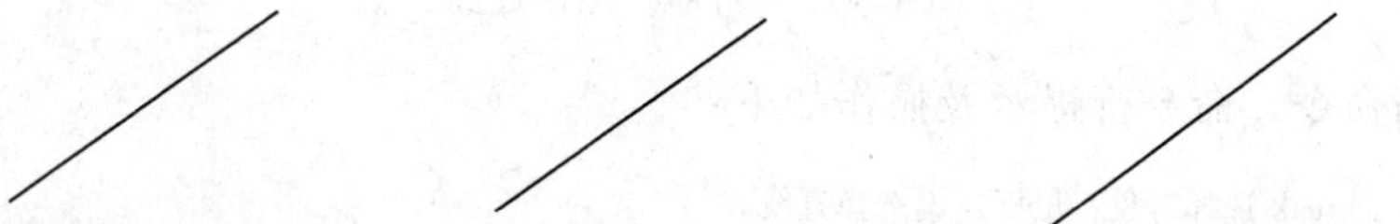

(a) 初始状况　(b) 选择延伸边界　(c) 延伸结果

图 4.42 “隐含交点”下的延伸操作

4.6.3　打断（BR）

打断的命令是 Break，该命令用于将对象从某一指定的点断开或删除指定的两点之间的部分。能够被打断的对象包括：直线、射线、构造线、多段线、矩形、正多边形、圆、圆弧、椭圆、样条曲线、圆环等。在此应注意，圆形被打断时，删除的是从第一点逆时针方向到第二点的部分圆周。

启动打断命令的几种方法：

（1）工具栏。单击修改工具栏上的命令按钮。

（2）修改菜单。单击修改下拉菜单栏“修改”→“打断”。

（3）键盘输入。在命令行提示符下，输入 BR，回车。

启动打断命令后，命令行提示及操作如下：

命令：_ break 选择对象：用鼠标选择要打断的对象，同时也在相应的位置上输入了第一个打断点。

指定第二个打断点 或［第一点（F）］：指定对象上的第二个打断点，同时完成操作；

如果对第一点的位置需要进行调整，则应输入 f，回车。命令行提示：

指定第一个打断点：重新输入第一个打断点的位置。

指定第二个打断点：输入第二个打断点的位置（此时第二点没有指定到对象上，系统会自动认定，对象上离鼠标指定的点最近的点为打断点），完成操作。

此外，AutoCAD 还提供了将对象从某一点断开的“打断于点”命令，该命令也是通过启动 Break 命令来操作的。其命令行具体操作过程如下：

命令：_ break 选择对象：选择打断对象。

指定第二个打断点 或［第一点（F）］：输入 f，回车。激活“第一点”选项。

指定第一个打断点：鼠标确定打断点，作为第一断点。

指定第二个打断点：系统自动提示：@。输入“@ x，y”（相对坐标）。操作完成。

【例 4-21】 使用打断命令，由如图 4.43（a）所示图形的水平直线中心点打断删除 40 个绘图单位，得到如图 4.43（b）所示图形的效果。本例方法要求掌握使用“两点打断”命令修改对象的方法。

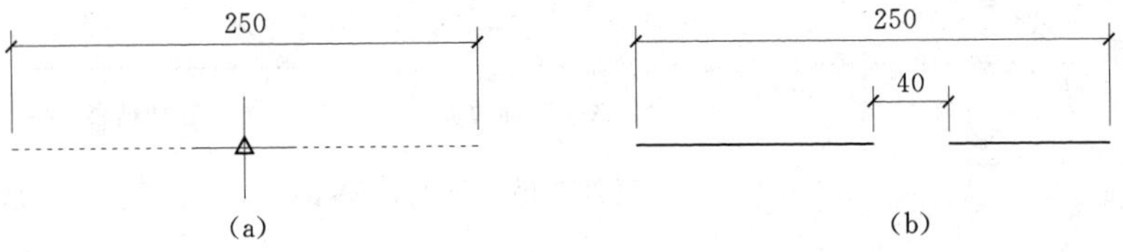

图 4.43　“打断”操作过程

启动打断命令，命令行提示及操作如下：

命令：_ break 选择对象：鼠标左键选择直线。

指定第二个打断点 或［第一点（F）］：输入 f，回车。激活“第一点”选项。

指定第一个打断点：鼠标在图 4.43（a）所示直线上捕捉拾取中点，作为第一打断点。

指定第二个打断点：输入“@ 40，0”。回车。定位第二断点。

完成操作，大段效果如图 4.43（b）所示。

提示："第一点"选项用于重新确定第一断点。由于在选择对象时不能拾取到准确的点位，所以需要激活此项，以重新定位第一断点。在输入打断距离选项时，如果只是希望将对象在该点位置分开，并不需要删除任何部分，可以直接输入相对坐标符号"@"之后回车，不再输入坐标数字。结果是线段在打断点处分开（直观效果是不显）。

4.6.4 倒角（CHA）

倒角的命令是 Chamfer，该命令用于在不平行的两条直线形线条间形成倒角（一条斜线）过渡。可进行倒角的对象包括：直线、多段线、射线、构造线、矩形、正多边形。由倒角命令生成的线段是否为独立的对象，与倒角过渡的对象的特性和"修剪"模式等因素有关，用户可以在使用该命令的过程中进行了解，这里不作进一步的说明。

1. 启动倒角命令的几种方法

（1）工具栏。单击修改工具栏上的命令按钮。

（2）修改菜单。单击修改下拉菜单栏"修改"→"倒角"。

（3）键盘输入。在命令行提示符下，输入 CHA，回车。

2. 启动倒角命令后，命令行提示及相应选项功能

命令：_ chamfer

（"修剪"模式）当前倒角距离 1 = 0.0000，距离 2 = 0.0000

该行为提示性内容，指明默认状态下，生成倒角时，是否对倒角外侧的线条进行修剪及上一次修剪时，用户为倒角设置的两个距离参数。

选择第一条直线或 [放弃（U）/多段线（P）/距离（D）/角度（A）/修剪（T）/方式（E）/多个（M）]：

默认状态下的参数设置并不一定符合需要，这就需要输入相应的命令选项，重新进行设置，然后再完成倒角的操作。以上各命令选项的功能如下。

（1）多段线（P）：使用该命令选项，可以在所选多段线的相邻边间同时进行倒角。用"C"方式封闭的多段线，相邻的线段都可以倒角；用"端点捕捉"方式封闭的多段线和不封闭的多段线，起点与终点所在的线段将不会倒角。多段线上非平行线段间的圆弧在倒角时将被删除，并以倒角过渡。该命令选项一次只可以选择一条多段线进行倒角，不能连续选择多条多段线进行倒角。

在各个命令选项提示下，输入 P，回车，启动该命令选项，命令行提示：

选择二维多段线：选择多段线，完成操作。

（2）距离（D）：该命令选项用于设置决定倒角形状的两个距离值。这两个距离值可以相等，也可以不等。当两个距离值设定不同时，应注意：选择对象的次序不同，生成倒角方向的规律。

当上面设置的两个或其中一个距离值，大于在倒角生成方向上被编辑线段的总长度，将不能生成倒角。并且系统会提示：距离太大 *无效* 。此时，需要重新调整图形或距离值。

在各个命令选项提示下，输入 D，回车，启动该命令选项，命令行提示：

指定第一个倒角距离 ＜0.0000＞：输入第一个距离值，回车。

指定第二个倒角距离 <第一个距离值>：输入第二个倒角距离值，回车。

选择第一条直线或 [放弃（U）/多段线（P）/距离（D）/角度（A）/修剪（T）/方式（E）/多个（M）]：鼠标选择第一条直线。

选择第二条直线：鼠标选择第二条直线，完成操作。

（3）角度（A）：该命令选项用于使用“角度法”设置倒角参数。

在各个命令选项提示下，输入 A，回车，启动该命令选项，命令行提示：

指定第一条直线的倒角长度 <0.0000>：输入距离数值（该数值应为后续步骤中，要指定的第一条直线上倒角的起始点到指定的第二条直线的距离值），回车。

指定第一条直线的倒角角度 <0>：输入将要指定的第一条直线与预计生成的倒角线段之间的夹角值，回车。

选择第一条直线或 [放弃（U）/多段线（P）/距离（D）/角度（A）/修剪（T）/方式（E）/多个（M）]：鼠标选择倒角过渡的第一条直线。

选择第二条直线：选择倒角过渡的第二条直线，完成操作。

（4）修剪（T）：该命令选项用于设定修剪模式。

在各个命令选项提示下，输入 T，回车，启动该命令选项，命令行提示：

输入修剪模式选项 [修剪（T）/不修剪（N）] <修剪>：根据需要，输入 T 或 N，回车，设定修剪模式（“修剪”模式指生成倒角时，删除选择的两条直线上倒角线段端点以外的部分；“不修剪”模式指生成倒角线段时不做删除）。

选择第一条直线或 [放弃（U）/多段线（P）/距离（D）/角度（A）/修剪（T）/方式（E）/多个（M）]：选择倒角过渡的第一条直线。

选择第二条直线：选择倒角过渡的第二条直线，完成操作。

（5）方式（E）：该命令选项用于设定倒角的方法。

在各个命令选项提示下，输入 M，回车，启动该命令选项，命令行提示：

输入修剪方法 [距离（D）/角度（A）] <角度>：根据需要，输入 D 或 A，回车，选择倒角参数的确定方法。

选择第一条直线或 [放弃（U）/多段线（P）/距离（D）/角度（A）/修剪（T）/方式（E）/多个（M）]：选择倒角过渡的第一条直线。

选择第二条直线：选择倒角过渡的第二条直线，完成操作。

（6）多个（M）：使用该命令选项，可以重复第一条直线和第二条直线的选择，生成多个倒角。

在各个命令选项提示下，输入 M，回车，启动该命令选项，命令行提示：

选择第一条直线或 [放弃（U）/多段线（P）/距离（D）/角度（A）/修剪（T）/方式（E）/多个（M）]：选择倒角过渡的第一条直线。

选择第二条直线：选择倒角过渡的第二条直线。

……

选择第一条直线或 [放弃（U）/多段线（P）/距离（D）/角度（A）/修剪（T）/方式（E）/多个（M）]：回车结束。

若被选定做倒角处理的对象所在图层和设定的线型及颜色一致，则倒角命令生成的线段与其保持一致，否则倒角线段将生成在当前层并使用当前层的相应设置。

下面通过例题具体说明倒角命令的使用过程。

【例 4－22】 使用倒角命令，由如图 4.44（a）所示图形，通过倒角命令，得到如图 4.44（b）、（c）所示的效果。本方法要求掌握：倒角的两个距离值不等时，要注意选择对象的顺序和生成倒角方向的规律。

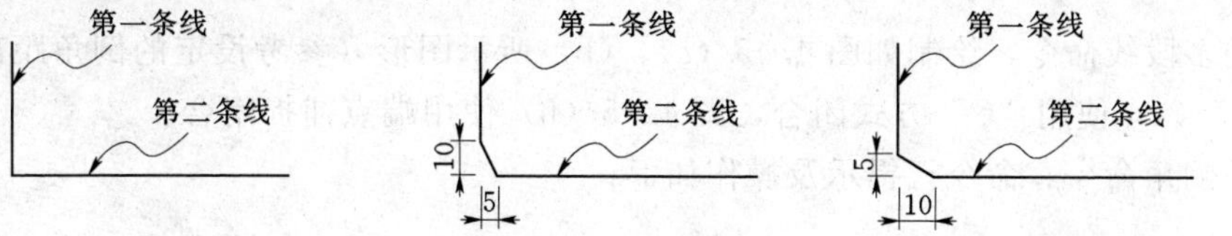

（a）倒角前　（b）第一次选择倒角效果　（c）第二次选择倒角效果

图 4.44　倒角操作

操作过程：

绘制如图 4.44（a）所示的两条直线，并复制到如图 4.44（b）和图 4.44（c）所示的位置。

启动倒角命令，命令行提示及操作如下：

命令：_ chamfer

（“修剪”模式）当前倒角距离 1 = 0.0000，距离 2 = 0.0000

选择第一条直线或［放弃（U）/多段线（P）/距离（D）/角度（A）/修剪（T）/方式（E）/多个（M）］：输入 d，回车。

指定第一个倒角距离 <0.0000>：输入 5，回车。

指定第二个倒角距离 <5.0000>：输入 10，回车。

选择第一条直线或［放弃（U）/多段线（P）/距离（D）/角度（A）/修剪（T）/方式（E）/多个（M）］：输入 M，回车。

至此，可以多次选择对象生成倒角，直至回车结束。

选择第一条直线或［放弃（U）/多段线（P）/距离（D）/角度（A）/修剪（T）/方式（E）/多个（M）］：选择图 4.44（b）中所指定的第一条直线。

选择第二条直线：选择图 4.44（b）中所指定的第二条直线。

选择第一条直线或［放弃（U）/多段线（P）/距离（D）/角度（A）/修剪（T）/方式（E）/多个（M）］：选择图 4.44（c）中所指定的第二条直线。

选择第二条直线：选择图 4.44（c）中所指定的第一条直线。

选择第一条直线或［放弃（U）/多段线（P）/距离（D）/角度（A）/修剪（T）/方式（E）/多个（M）］：回车。

如图 4.44（b）和图 4.44（c）所示，由于倒角选择对象的顺序不同，倒角的方向和效果也不相同。

【例 4－23】 使用倒角命令，由如图 4.45（a）、（b）所示图形，通过倒角命令，得到如图 4.46（a）、（b）所示的效果。本例方法要求掌握：在倒角命令“多段线（P）”选项使用过程中，多段线的形状特点、闭合方式和生成倒角的规律。

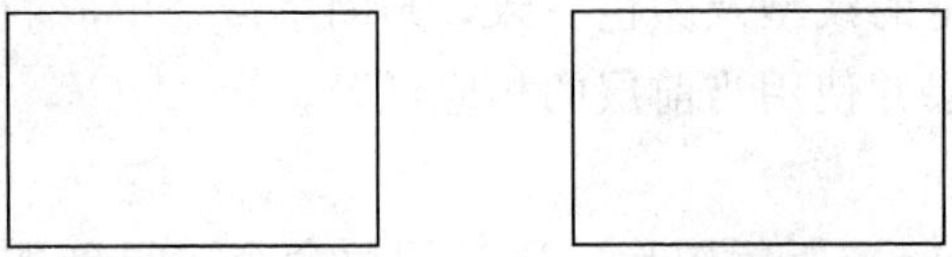

(a) 使用"c"方式闭合绘制的矩形　　(b) 使用端点捕捉闭合绘制的矩形

图 4.45　倒角"多段线（P）"选项前的图形

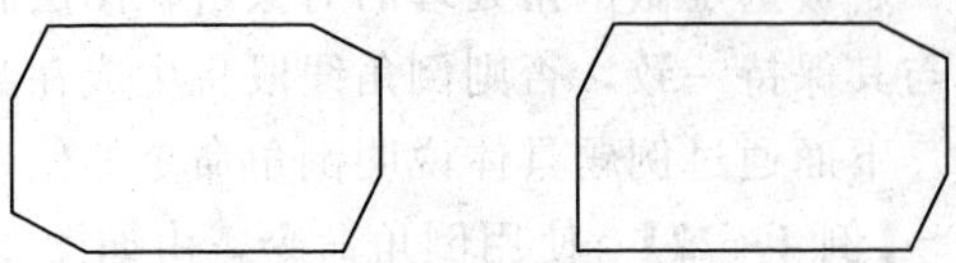

(a)　　(b)

图 4.46　倒角"多段线（P）"选项后的图形

使用多段线命令，绘制如图 4.45（a）、（b）所示图形（参考设定的倒角距离值）。其中图 4.45（a）使用"C"方式闭合，图 4.45（b）使用端点捕捉闭合。

启动倒角命令，命令行提示及操作如下：

命令：_chamfer

（"修剪"模式）当前倒角距离 1 = 5.0000，距离 2 = 10.0000

选择第一条直线或[放弃（U）/多段线（P）/距离（D）/角度（A）/修剪（T）/方式（E）/多个（M）]：输入 M，回车。

选择第一条直线或[放弃（U）/多段线（P）/距离（D）/角度（A）/修剪（T）/方式（E）/多个（M）]：输入 p，回车。

选择二维多段线：用鼠标拾取框选择图 4.45（a）所示的图形。

矩形的 4 个角均被倒角。如图 4.46（a）所示的图形。

选择第一条直线或[放弃（U）/多段线（P）/距离（D）/角度（A）/修剪（T）/方式（E）/多个（M）]：输入 p，回车。

选择二维多段线：用鼠标拾取框选择图 4.45（b）所示的图形。

矩形的 3 个角均被倒角，唯独使用端点捕捉闭合的角不发生改变。如图 4.46（b）所示的图形。

选择第一条直线或[放弃（U）/多段线（P）/距离（D）/角度（A）/修剪（T）/方式（E）/多个（M）]：回车。

4.6.5　圆角（F）

圆角的命令是 Fillet，该命令用于在两条线条间形成圆角（一条过渡圆弧）过渡。可进行倒角的对象包括：直线、多段线、射线、构造线、矩形、正多边形、圆弧、椭圆弧、样条曲线。由倒角命令生成的线段是否为独立的对象，与倒角过渡的对象特性和"修剪"模式等因素有关，用户可以在使用该命令的过程中进行了解，这里不作进一步的说明。

1. 启动圆角命令的几种方法

（1）工具栏。单击修改工具栏上的命令按钮。

（2）修改菜单。单击修改下拉菜单栏"修改"→"圆角"。

（3）键盘输入。在命令行提示符下，输入 F，回车。

2. 启动圆角命令后，命令行提示及相应选项功能

命令：_fillet

当前设置：模式 = 修剪，半径 = 0.0000

该行为提示性内容，说明默认状态下，生成圆角时，是否对圆角外侧的线条进行修剪及上一次修剪时，用户为过渡圆角设置的半径值。

选择第一个对象或［放弃（U）/多段线（P）/距离（D）/角度（A）/修剪（T）/方式（E）/多个（M）］：

默认状态下的参数设置并不一定符合需要，这就需要输入相应的命令选项，重新进行设置，然后再完成倒角的操作。以上各命令选项的功能如下。

（1）多段线（P）：参考倒角命令。选择多段线后，系统将对多段线的每个顶点进行圆角操作，如图 4.47（a）所示。

（2）半径（R）：该命令选项用于指定过渡圆角的半径值（当设置的半径值大于被编辑线段的总长度时，将不能生成圆角，并且系统会提示：半径太大 *无效* 。此时，需要重新调整图形或圆角半径值）。

在各个命令选项提示下，输入 R，回车，启动该命令选项，命令行提示：

r指定圆角半径＜0.0000＞：输入过渡圆角的半径值，回车。

选择第一个对象或［放弃（U）/多段线（P）/距离（D）/角度（A）/修剪（T）/方式（E）/多个（M）］：鼠标选择第一个圆角过渡对象。

选择第二个对象：鼠标选择第二个圆角过渡对象，同时完成操作。

（3）修剪（T）：参考倒角命令。指定倒角操作后是否修剪对象。如图 4.47（b）所示。

（4）多个（M）：参考倒角命令。可一次创建多个圆角。系统将重复提示“选择第一个对象”和“选择第二个对象”，直到回车结束命令为止。

当选择对象为两条平行线段时，系统将忽略半径值的设定，用半圆弧连接两线段的端点。

图 4.47 给出了一些对象圆角操作后的效果，可供用户参考。

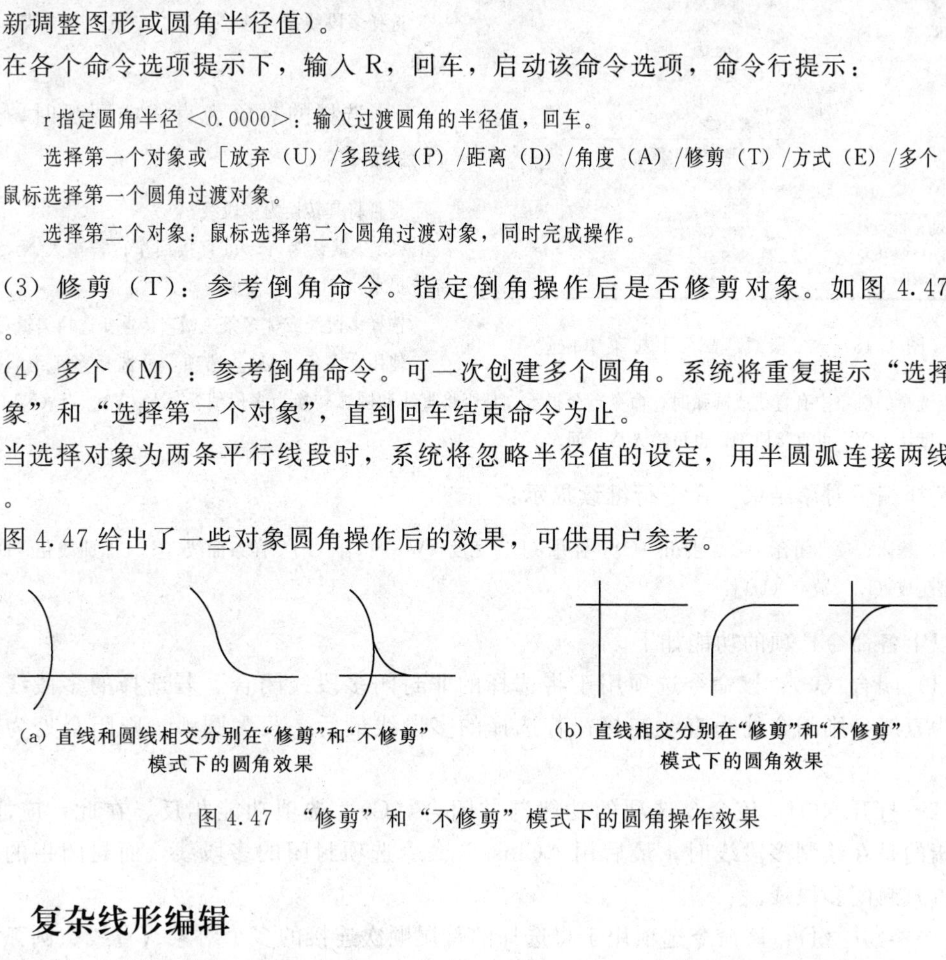

（a）直线和圆线相交分别在“修剪”和“不修剪”模式下的圆角效果

（b）直线相交分别在“修剪”和“不修剪”模式下的圆角效果

图 4.47 “修剪”和“不修剪”模式下的圆角操作效果

4.7 复杂线形编辑

在 AutoCAD 中，有专门编辑多段线、样条曲线、多线的命令，这些命令主要用于对象本身特性的修改，属于高级编辑命令。下面是这些编辑命令的介绍。

4.7.1 多段线编辑

编辑多段线的命令是 Pedit，该命令可以对直线、圆弧、矩形、正多边形、多段线等对象进行编辑，修改其特性。

1. 启动多段线编辑命令的几种方法

（1）工具栏。单击修改Ⅱ工具栏上的命令按钮。

（2）修改菜单。单击修改下拉菜单栏“修改”→“对象”→“多段线”。

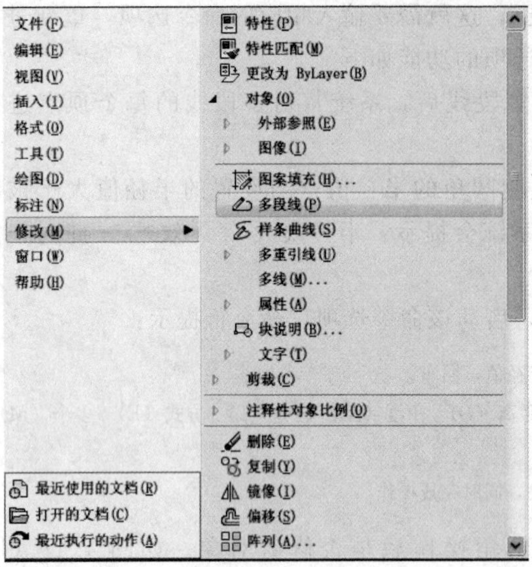

图 4.48　“多段线编辑”下拉菜单位置

“多段线（P）”的位置如图 4.48 所示。

（3）键盘输入。在命令行提示符下，输入 PE，回车。

2. 启动 Pedit 命令后，命令行提示及相应选项功能

命令：_ pedit

选择多段线或［多条（M）］：鼠标选择某一编辑对象。

当选择的对象为直线或圆弧时，命令行会提示：

是否将其转换为多段线？

<Y>默认为 Y，可直接回车；若输入 N，回车，系统提示：

选择多段线或［多条（M）］：重新选择编辑对象。

使用［多条（M）］选项，可选择多个编辑对象。当选择的对象中有直线或圆弧时，命令行会提示：是否将直线和圆弧转换为多段线？［是（Y）/否（N）］？<Y>默认为 Y，可直接回车；也可输入 N，回车。

选择编辑对象结束，命令行继续提示：

输入选项［闭合（C）/ 打开（O）/合并（J）/宽度（W）/拟合（F）/样条曲线（S）/非曲线化（D）/线型生成（L）/放弃（U）］：

以上各命令选项的功能如下。

（1）闭合（C）：该命令选项用于将选择的非封闭多段线闭合。若选择的多段线最后一段为直线，则闭合处为直线连接；若选择的多段线最后一段为圆弧，则闭合处为圆弧连接。

（2）打开（O）：该命令选项的功能与“闭合（C）”选项功能相反。在此，应注意：闭合指的是在绘制多段线时，最后用“Close”命令选项封闭的多段线，而封闭指的是用其他方式封闭多段线。

（3）合并（J）：该命令选项用于将选择的首尾顺次连接的多个对象（直线、圆弧、多段线）合并为一条新的多段线。若选择的对象不是首尾连接的，该命令选项只将选择的对象中首尾连接的部分合并为新的多段线。

（4）宽度（W）：该命令选项用于为选择的多段线重新指定一个统一的线宽。

（5）拟合（F）：该命令选项用于拟合多段线的各个顶点，生成一条光滑的拟合曲线。该拟合曲线的轮廓受各个顶点的切线方向控制。图 4.49 给出了由多段线拟合生成的光滑曲线，供用户参考。

（6）样条曲线（S）：该命令选项以多段线上各线段的中点控制生成样条曲线。图 4.50 给出了由多段线“样条曲线”生成的光滑曲线，供用户参考。

(a) 拟合前　　　　(b) 拟合后

图 4.49 “多段线”的“拟合”效果

(a) 生成样条曲线前　　　　(b) 生成样条曲线后

图 4.50 “多段线”变成“样条曲线”

我们从上面的两个图例可以看出，拟合（F）选项与样条曲线（S）都可以生成光滑曲线，但前者起伏转折变化较大，后者相对平滑。

（7）非曲线化（D）：该命令选项用于将多段线中的所有曲线部分用直线取代，还可以当“拟合（F）”、“ 样条曲线（S）”的逆向命令使用。

（8）线型生成（L）：该命令选项用于控制由非连续性线型（如虚线和中心线等）生成的多段线的线型表现方式。

选择该命令选项后，命令行提示：

输入多段线线型生成选项［开（ON）/关（OFF）］<关>：输入 ON 或 OFF，回车。

两种方式的区别如图 4.51 所示。

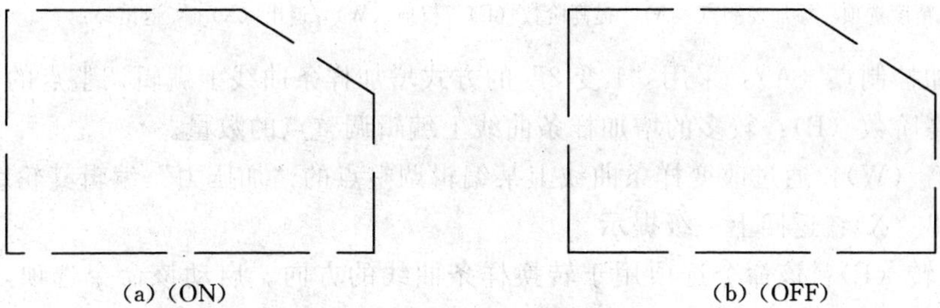

(a)（ON）　　　　(b)（OFF）

图 4.51 “多段线”的“线型生成”效果

（9）放弃（U）：该命令选项用于逐次向前取消对多段线进行编辑的操作。

4.7.2 样条曲线编辑

编辑样条曲线的命令是 splinedit，该命令用于对样条曲线及用 Pedit 命令中“样条曲线”选项修改过的对象进行更多样化的编辑。

1. 启动样条曲线编辑命令的几种方法

（1）工具栏。单击修改Ⅱ工具栏上的命令按钮。

（2）修改菜单。单击修改下拉菜单“修改”→“样条曲线”。

（3）键盘输入。在命令行提示符下，输入“splinedit”回车。

（4）鼠标光标左键双击样条曲线对象。弹出浮动编辑面板如图 4.52 所示。

图 4.52 样条曲线编辑浮动面板

2. 启动编辑样条曲线命令后，命令行提示及相应选项功能

命令：_ splinedit

选择样条曲线：鼠标选择要编辑的样条曲线。

输入选项 [闭合(C)/移动顶点(M)/精度(R)/反转(E)/放弃(U) /退出(X)]：

(1) 闭合 (C)：该命令选项用于封闭开口的样条曲线。启动该命令选项，命令行提示如下：

输入选项 [打开 (O) /移动顶点 (M) /精度 (R) /反转 (E) /放弃 (U) /退出 (X)] <退出>：

各命令选项功能可参考其他步骤的提示。

(2) 移动顶点 (M)：该命令选项通过移动样条曲线的顶点，编辑其轮廓。启动该命令选项，命令行提示如下：

指定新位置或 [下一个 (N) /上一个 (P) /选择点 (S) /退出 (X)] <下一个>：

1) 下一个 (N)：选择样条曲线上下一个编辑调整点。

2) 上一个 (P)：选择样条曲线上前一个编辑调整点。

3) 选择点 (S)：鼠标选择样条曲线上的一个编辑调整点。

4) 退出 (X)：返回上一级提示。

(3) 精度 (R)：该命令选项用于重新定义样条曲线的控制点条件。启动该命令选项，命令行提示如下：

输入精度选项 [添加控制点 (A) /提高阶数 (E) /权值 (W) /退出 (X)] <退出>：

1) 添加控制点 (A)：采用“1 变 2”的方式增加样条曲线上编辑调整点的数量。

2) 提高阶数 (E)：较多的增加样条曲线上编辑调整点的数量。

3) 权值 (W)：通过改变样条曲线上某编辑调整点的“加压力”编辑其轮廓。

4) 退出 (X)：返回上一级提示。

(4) 反转 (E)：该命令选项用于转换样条曲线的方向。启动该命令选项，命令行提示如下：

样条曲线已反转。

(5) 放弃 (U)：该命令选项用于逐次向前取消对样条曲线进行编辑的操作。

(6) 退出 (X)：输入“X”，回车结束编辑。

4.7.3 多线编辑

编辑多线的命令是 mledit，该命令用于对多线及其相交处进行编辑。

1. 启动多线编辑命令的几种方法

(1) 修改菜单。单击修改下拉菜单“修改”→“对象”→“多线”。

(2) 键盘输入。在命令行提示符下，输入 mledit，回车。

(3) 鼠标左键双击多线编辑对象。

启动 Mledit 命令后，弹出如图 4.53 所示的“多线编辑工具”对话框。

2. 编辑多线的方式

该对话框为用户提供了 12 种编辑多线的形式，分为如图 4.53 所示的几种方式。

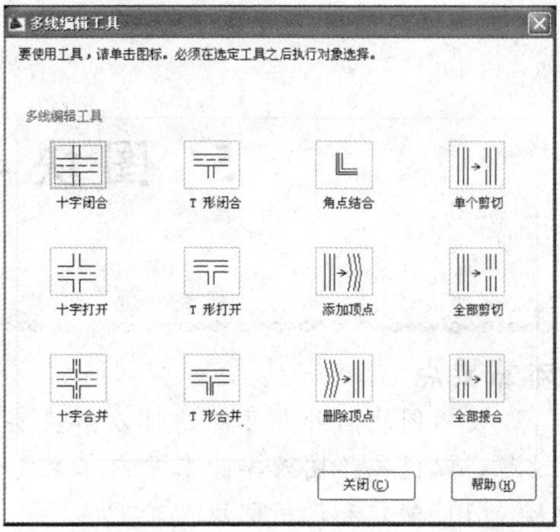

图 4.53 “多线编辑工具”对话框

(1) 鼠标单击“十字”编辑方式之一后，命令行提示：

选择第一条多线：鼠标选择第一条多线。

选择第二条多线：鼠标选择第二条多线。

选择第一条多线 或 [放弃 (U)]：可以继续重复上面的操作；输入 U 回车，取消刚才的修改；直接回车，结束操作。

(2) 鼠标单击“T 形”编辑方式之一后，命令行提示：

选择第一条多线：鼠标选择第一条多线上要保留的部分。

选择第二条多线：鼠标选择第二条多线。

选择第一条多线 或 [放弃 (U)]：可以继续重复上面的操作；输入 U 回车，取消刚才的修改；直接回车，结束操作。

(3) 鼠标单击“角点结合”方式之后，命令行提示：

选择第一条多线：鼠标选择第一条多线上要保留的部分。

选择第二条多线：鼠标选择第二条多线上要保留的部分。

选择第一条多线 或 [放弃 (U)]：可以继续重复上面的操作；输入 U 回车，取消刚才的修改；直接回车，结束操作。

(4) 鼠标单击“剪切”方式之一后，命令行提示：

选择多线：鼠标选择多线，同时光标输入剪切的第一个点的位置。

选择第二个点：输入剪切的多线上第二个点的位置。

选择多线 或 [放弃 (U)]：可以继续重复上面的操作；输入 U 回车，取消刚才的修改；直接回车，结束操作。

(5) 鼠标单击“全部接合”方式之后，命令行提示：

选择多线：鼠标选择多线，同时光标输入接合处第一个点的位置。

选择第二个点：拾取同一条多线上接合处第二个点的位置。

选择多线 或 [放弃 (U)] 可以继续重复上面的操作；输入 U 回车，取消刚才的修改；直接回车，结束操作。

(6) 鼠标单击“顶点”编辑方式之一后，命令行提示：

选择多线：鼠标选择多线。

选择多线 或 [放弃 (U)]：可以继续重复上面的操作；输入 U 回车，取消刚才的修改；直接回车，结束操作。

用户可以在使用 Mledit 的过程中细心观察多线轮廓编辑前后的变化规律，这里不作过多的说明。

5 图块与外部参照

本章要点

使用图块与外部参照，可以解决实际绘图中反复使用的图形，减少重复绘制的过程，以提高绘图效率。本章内容主要介绍了两个方面：

（1）创建和调用图块。

（2）外部参照与设计中心。

5.1 创建和调用图块

在绘图的过程中，有些对象需要重复生成在不同位置上，如果每次都重新绘制，会占用较多的时间同时也浪费存储空间，而使用“图块”可以很好地解决这个问题。

图块是用户定义的一组对象的总和。用户定义的图块是被当作一个整体的、独立的对象进行操作的，可以根据需要将定义的图块调用出来，放置在指定的位置上。在调用时还可以根据实际需要，通过相应选项的设置，对调入的图块进行调整。调用后的图块可以被一些编辑命令进行整体的调整，另外，还可以对图块进行分解操作，将这组对象打散后，形成各自独立的实体，再进行编辑修改。

总之，在 AutoCAD 中，图块的使用不但提高了用户的绘图效率，还节省了大量的文件存储空间，是一个非常重要的工具。

5.1.1 创建内部块

“内部块”指的是使用 Block（创建块）命令定义的图块。使用 Block 命令可以将指定的一组对象定义为一个图块。使用该方法定义的图块只能在其所处的文件内使用，并随同该文件一起存储、打开或关闭，不能被其他的 AutoCAD 文件调用，所以称为“内部块”。

1. 启动 Block 命令的几种方法

（1）工具栏。单击绘图工具栏上的命令按钮。

（2）键盘输入。在命令行命令提示符下，输入 Block，回车。

（3）绘图菜单。单击绘图下拉菜单“绘图”→“块”→“创建”。

启动 Block 命令后，将弹出如图 5.1 所示的“块定义”对话框，定义图块是通过操作该对话框实现的。

2. “块定义”对话框各选项的功能

（1）“名称”：在其后面的复选框中输入将要定义的图块的名称，该名称应尽量反映出图块的特征，从而和定义的其他图块有所区别，同时也方便图块的调用。

图块的名称可以由字母、数字、符号、中文等组成（但不能包括 ＞ ＜ " ? * / \

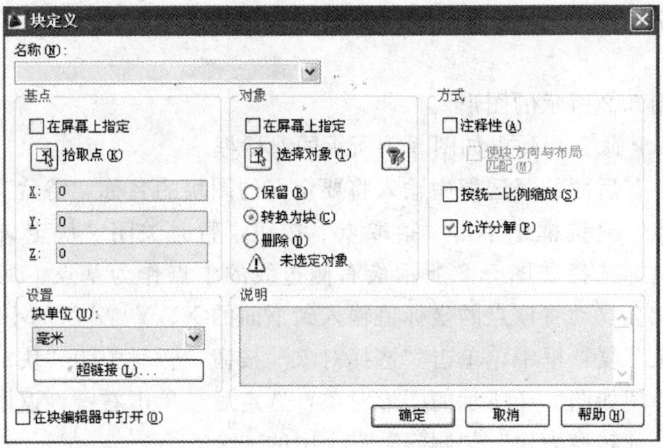

图 5.1 “块定义”对话框

| :；=,)，长度不能超过 256 个字符。

每个图块必须有一个名称，但彼此间不能重复，否则，新定义的图块将覆盖原来的图块。对于已经定义，但又需要修改的图块，可以在“名称”后面的复选框中选择已经定义的图块的名称，对该图块重新定义，重新定义后，原来使用该图块生成的图形将发生相应的变化。

(2) 基点复选框：在这里，基点是用户将来调用图块时，为图块定位的点。可单击“拾取点”按钮，暂时关闭“块定义”对话框，用鼠标在绘图区指定，指定后返回“块定义”对话框，系统会自动将指定点的坐标值输入到下面的 X、Y、Z 后的小方框中。当然，也可以直接在 X、Y、Z 后的小方框中输入坐标值，用以确定基点的位置。

如果用户不指定基点，系统会自动将坐标原点指定为基点。

(3) 对象复选框：用于选择定义到该图块中的对象。可单击“选择对象”按钮，暂时关闭“块定义”对话框，用鼠标在绘图区选择对象，选定后，单击右键或回车（空格），返回“块定义”对话框。

在该复选框中还有三个功能选项，其作用如下。

“保留”：在图形中保留定义图块时所选择的对象，并保持对象各自独立的状态。

“转换为块”：在图形中将定义图块时所选择的对象直接转化为图块。

“删除”：在图形中删除定义图块时所选择的对象。

(4) 预览图标复选框：选择“从块的几何图形创建图标”，可以在右侧显示所定义的图块的预览图形。通过“预览图标”可以检查将要定义的图块，查看其包含的对象是否符合要求，如果不符合要求，可以单击“选择对象”按钮，重新选择对象。

完成了上面的操作，单击“确定”按钮，完成图块的定义。

【例 5-1】 使用 Block 命令，将如图 5.2 所示的图形定义为一个名称为“浴盆”的图块。

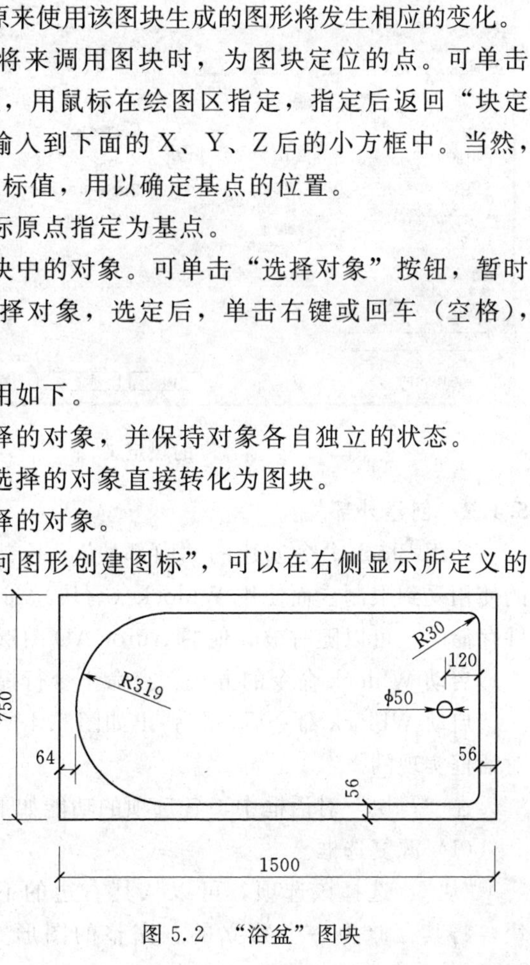

图 5.2 “浴盆”图块

本方法要求掌握使用 Block 命令定义图块的操作过程。

操作过程：

(1) 绘制如图 5.2 所示的图形。

(2) 启动 Block 命令，弹出如图 5.1 所示的对话框。

(3) 在“名称”后面的复选框中输入将要定义的图块的名称“浴盆”。

(4) 在“基点”复选框中单击“拾取点”按钮，暂时关闭“块定义”对话框，配合“对象捕捉”，用鼠标选择如图 5.2 所示最右侧边线的中点作为基点。回车，返回“块定义”对话框，系统会自动将该点的坐标值输入到下面的 X、Y、Z 后的小方框中。

(5) 在“对象”复选框中，单击“选择对象”按钮，暂时关闭“块定义”对话框，用鼠标在绘图区选择图如图 5.2 所示的图形对象，选定后，单击右键，返回“块定义”对话框。选择“保留”、“转换为块”、“删除”三个中的一个。

(6) 在“预览图标”复选框中进行检查。完成上面操作的“块定义”对话框如图 5.3 所示。

(7) 单击“确定”按钮，完成图块“浴盆”的定义。

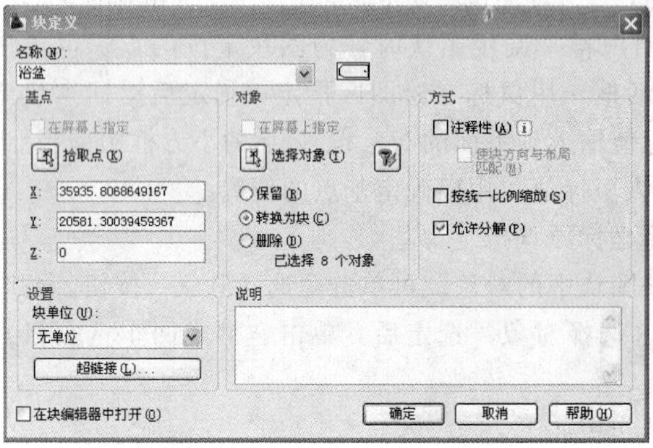

图 5.3　“浴盆”的块定义

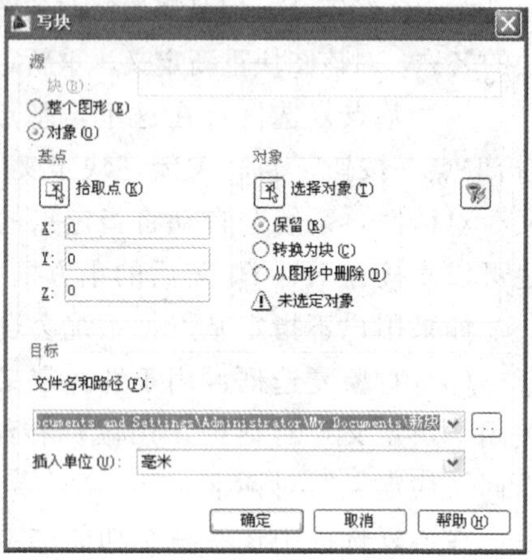

图 5.4　“写块”对话框

5.1.2　创建外部块

使用 Block 命令创建的“内部块”，不能被其他的 AutoCAD 图形文件调用，令图块的使用受到限制。而使用 Wblock（写块）命令创建的图块，是被作为一个独立的图形文件存储的，可以随时被其他的 AutoCAD 图形文件调用，所以被称为“外部块”。

启动 Wblock 命令的方法：在命＋令行提示符下，输入 Wblock，回车。

启动 Wblock 命令后，将弹出如图 5.4 所示的“写块”对话框，写块的操作是通过该对话框实现的。

在“写块”对话框中，各选项的功能如下。

(1) 源复选框。

“块”：选择该选项，可以从其右边的下拉列表中选择用“创建块”命令定义的图块，将其存储为一个独立的、完整的图形文件，以便随时被其他 AutoCAD 图形文件调用。

“整个图形”：选用该选项，是用当前图形文件上的所有对象（整个图形）建立一个图块。

“对象”：选用该选项时，参考前面的“块定义”对话框中的相应选项功能。

（2）目标复选框。

“文件名和路径”：输入所要存储的图块的名称和存储路径。

“插入单位”：默认为毫米。

在完成上述操作后单击“确定”按钮，完成“写块”的操作。

5.1.3 图块的调用

定义和保存图块的目的是为了重复使用图块，将其放置到图形文件上被指定的位置，这就需要调用图块。调用图块是通过“插入”图块的方式实现的，插入图块的命令是Insert。通过该命令既可以调用“内部块”又可以调用“外部块”。

1. *启动 Insert 命令的几种方法*

（1）工具栏。单击绘图工具栏上的命令按钮。

（2）键盘输入。在命令行命令提示符下，输入 Insert，回车。

（3）插入菜单。单击插入下拉式菜单“插入”→“块”。

启动 Insert 命令后，将弹出如图 5.5 所示的“插入”对话框，插入图块的操作是通过该对话框实现的。

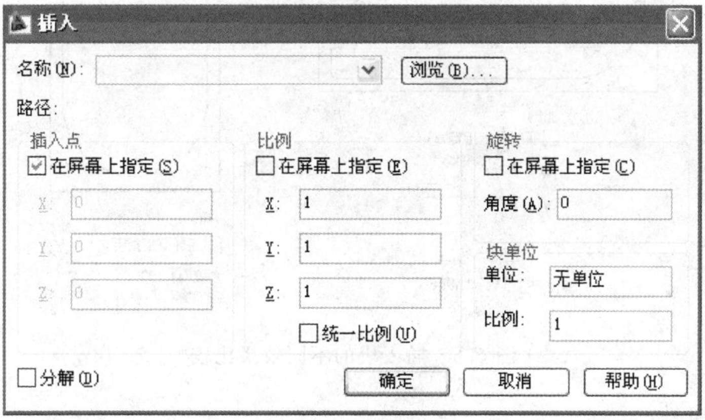

图 5.5 “插入”对话框

2. *“插入”对话框各选项的功能*

（1）“名称”：该选项用于选择要插入的图块。在其后面的下拉列表中，可以通过名称选择要调用的图块。用 Block 定义的“内部块”的名称都自动存放在该下拉列表中。单击“浏览”按钮，可以按路径选择用“写块”的方式定义的“外部块”。

（2）“路径”：显示所选用的“外部块”的完整路径。

（3）插入点复选框：用于选择在图形文件上定位图块的方式。选择“在屏幕上指定”选项，可配合“对象捕捉”，用鼠标在当前图形文件上指定图块的插入位置。也可以取消“在屏幕上指定”选项，通过坐标值的输入，确定图块在当前图形文件上插入的位置。一般情况下，"插入点"是和定义图块时指定的"基点"对应的。

（4）缩放比例：控制图块在插入到当前图形文件时图块的尺寸大小。选择"在屏幕上指定"选项，可以在命令行中指定 X、Y、Z 轴的比例缩放因子。也可以取消"在屏幕上指定"选项，通过输入各坐标轴上的比例因子，确定图块在图形文件上插入时，图块在各坐标轴上的比例缩放因子。选择"统一比例"选项，三个坐标轴上的比例因子统一，只输入 X 轴方向上的比例因子即可。各个方向上的比例因子可以相等，也可以不等；数值可正也可负，输入负值时，插入的图形为图块的镜像图形。

（5）旋转：控制图块在插入到当前图形文件时图块的方向。选择"在屏幕上指定"选项，可以在命令行中指定图块旋转的角度。也可以取消"在屏幕上指定"选项，通过输入角度值，控制图块旋转的角度。

（6）"分解"：控制图块插入后是否被分解。若选择此选项，则图块插入到当前图形时，组成图块的各个对象将自动分解成为各自独立的状态。

图 5.6 给出了由［例 5－1］定义的图块"浴盆"在设置不同的"缩放比例"和"旋转"角度时，插入到当前图形文件后的效果，供用户参考。

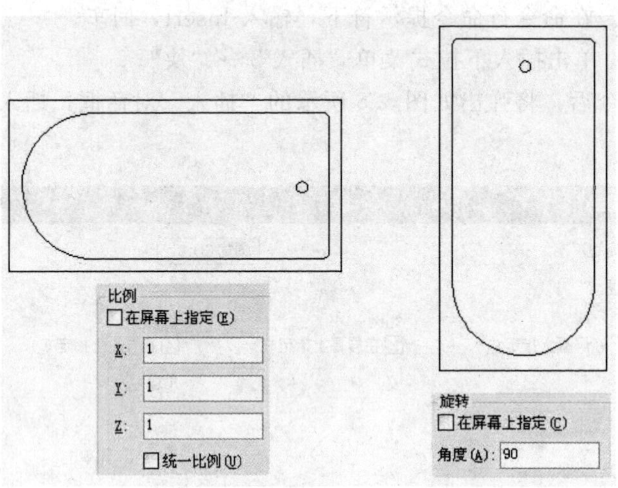

图 5.6　插入块的不同效果比较

5.1.4　图块的属性

图块的属性是用户在定义图块时，为图块添加的文本信息。这些文本可以是某些必要的参数或说明。在定义图块时，如果还需要在图形上给出一些信息，如：标记、材料、价格等，这就需要通过定义图块的属性来实现了。而且定义属性的时候，可以将其设置成在插入图块时可以进行修改的模式。这样，图块的使用范围就更广泛了。

定义图块属性的命令是 Attdef，当然，在此之前一般应先生成图块的图形部分。

1. *启动 Attdef 命令的几种方法*

（1）键盘输入。在命令行命令提示符下，输入 Att，回车。

（2）绘图菜单。单击绘图下拉式菜单"绘图"→"块"→"定义属性"。

启动 Attdef 命令后，将弹出如图 5.7 所示的"属性定义"对话框，图块的属性是通过该对话框来定义的。

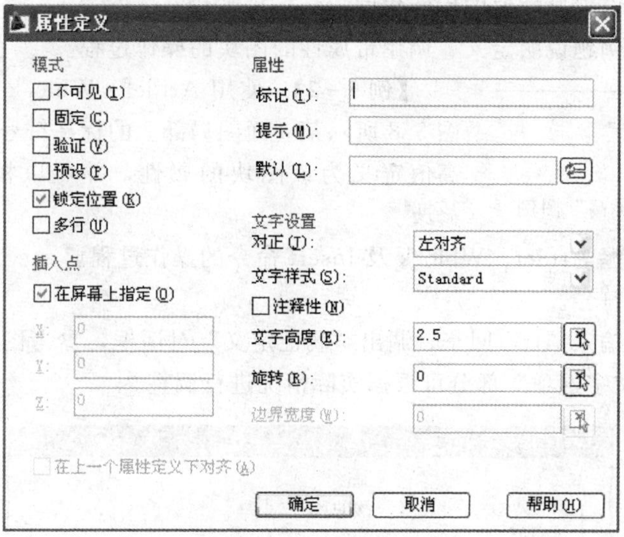

图 5.7 块的“属性定义”对话框

2. “属性定义”对话框各部分的功能

(1) 模式复选框。

“不可见”：控制所设置的属性值在图块插入后是否可见。

“固定”：为属性设置一个常量值，用户不能编辑常量属性值。

“验证”：控制图块在插入到当前图形文件时，系统是否提示用户验证图块的属性值。选择该选项，则用户在验证的过程中可以对属性值进行修改。

“预设”：预设属性值，当插入预设属性的图块，系统自动填写属性值。

“锁定位置”：锁定块参照中属性的位置。

“多行”：可以指定属性的边界宽度。

(2) 属性区域。

“标记”：用来确定属性的位置、大小，必须填写，不能包含空格。

“提示”：在要求输入属性时，系统给出的提示。可以自行设置，如果不填写，系统会以属性标记作为提示。

“默认”：插入图块后显示的属性值，可以先不填写，在要求时再输入，也可以输入一个使用频率较高的属性值作为默认值。

(3) 插入点复选框。

“在屏幕上指定”：选择该方式，可以用鼠标在图形上指定属性值的位置。取消该选项，可以直接输入决定属性值在图块上的位置的坐标值。

(4) 文字选项复选框。

通过“对正”下拉列表选择属性值的对齐方式。

通过“文字样式”选择属性值使用的文字样式。

通过“高度”确定属性值文本的高度，若选择的“文字样式”中指定了文字的高度，则该选项不可用。

通过“旋转”设置属性值的旋转角度。

下面通过一个例题说明定义、调用带属性的图块的操作过程。

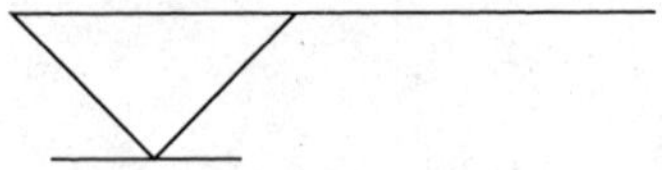

图 5.8　建筑“标高”图例

【例 5-2】 使用 Attdef、Wblock 及 Insert 命令，将图 5.8 所示某立面图局部上的标高符号定义为图块，将标高值定义为该图块的属性，并可以根据实际情况进行修改。

本方法要求掌握 Attdef、Wblock 及 Insert 命令的操作过程。

(1) 绘制标高符号。

(2) 在命令行输入 Att，回车。调出“属性定义”对话框，参考图 5.9 进行设置。其中，“属性”和“文字选项”部分可根据实际情况进行调整。

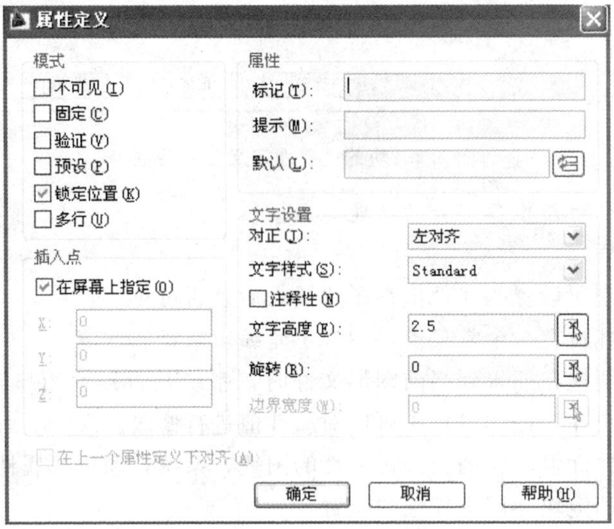

图 5.9　标高块“属性定义”

(3) 单击“属性定义”对话框上的“确定”按钮，回到绘图区。用鼠标在图形符号上适当的位置指定属性值的“插入点”。效果如图 5.10 所示。

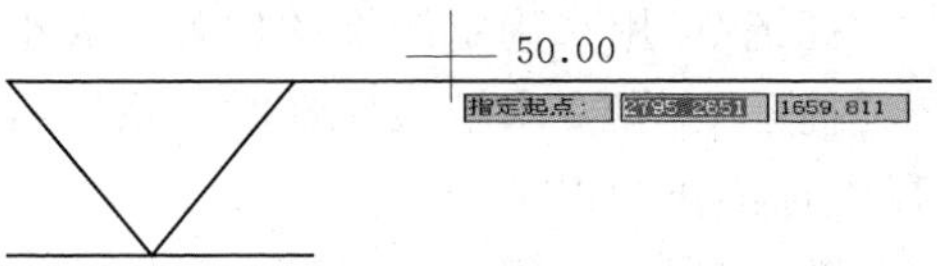

图 5.10　确定“标高”块插入点

(4) 在命令行输入 Wblock，回车，调出“写块”对话框。参考图 5.11 进行设置（其中，“基点”的拾取因实际情况不同，坐标值会存在差别，“文件名和路径”部分可根据实际情况进行调整）。

(5) 单击“写块”对话框上的“拾取点”按钮。回到绘图区，在如图 5.10 所示的“基点”位置上用鼠标拾取，拾取后自动返回“写块”对话框。

单击“选择对象”按钮，再次回到绘图区，用鼠标选择所绘制的“标高符号”图形。选择结束，按回车键，返回“写块”对话框。

选择“转换为块”选项。单击“确定”按钮。此时，将弹出“编辑属性”对话框，如图 5.12 所示，单击“确定”按钮，完成图块的定义。定义后的图块如图 5.13 所示。

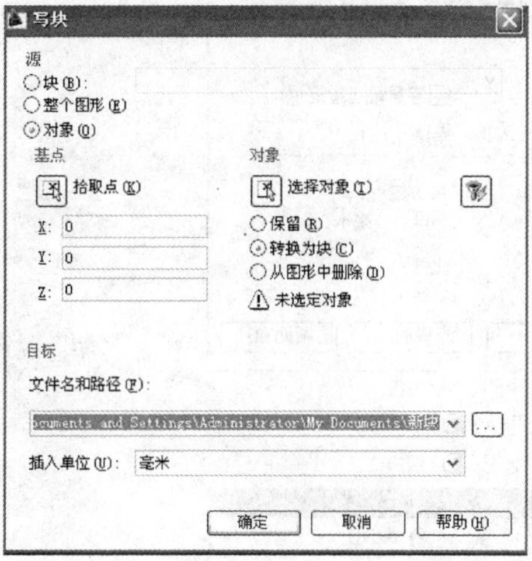

图 5.11 标高写块

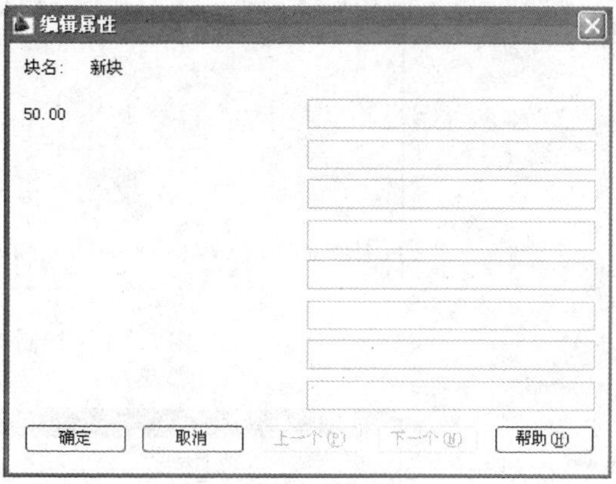

图 5.12 编辑标高属性

(6) 在命令行输入 Insert，回车。将弹出如图 5.14 所示的“插入”对话框。单击“浏览”按钮，弹出“选择图形文件”对话框，如图 5.15 所示，在存储图块“标高符号”的位置上选择该图块的图形文件后，单击“确定”按钮返回“插入”对话框。根据实际情况进行相应的选项参数的调整。这里直接单击“确定”按钮，关闭该对话框。此时，命令行提示：

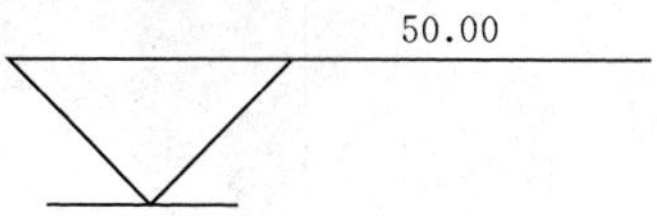

图 5.13 定义好的标高样式

命令：_ insert

指定插入点或 [比例 (S) /X/Y/Z/旋转 (R) /预览比例 (PS) /PX/PY/PZ/预览旋转 (PR)]：配合“对象捕捉”鼠标在标注位置单击左键，确定该图块插入的位置。

输入属性值 534 <0.000>：输入属性值 19.275，回车。

验证属性值 534 <19.275>：回车，完成一个图块的插入。

(7) 可连续使用 Insert 命令插入图块。也可以将插入的图块分解后复制到相应的位置上去，再编辑分解后的文本部分。

此外，在生成规律性分布的对象时，还可以使用 Minsert 命令进行多重插入操作。启动该命令后，命令行提示如下：

命令：_ insert

命令：MINSERT 输入块名或 [?] <标高符号>：

指定插入点或 [比例 (S) /X/Y/Z/旋转 (R) /预览比例 (PS) /PX/PY/PZ/预览旋转 (PR)]：

输入 X 比例因子，指定对角点，或 [角点 (C) /XYZ] <1>：

输入 Y 比例因子或 <使用 X 比例因子>：

指定旋转角度 <0>：

输入行数 (---) <1>：

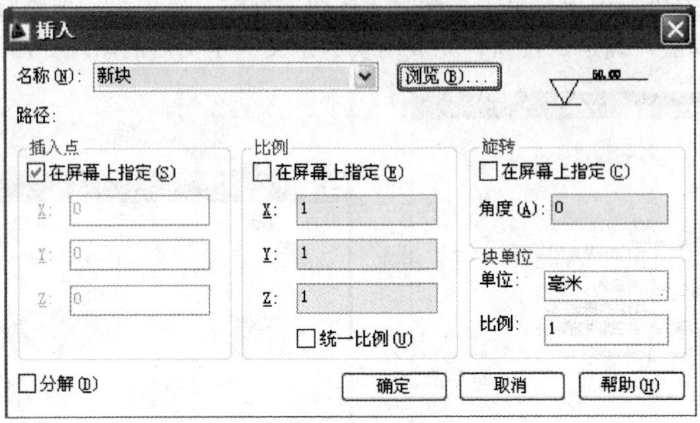

图 5.14　标高“插入”对话框

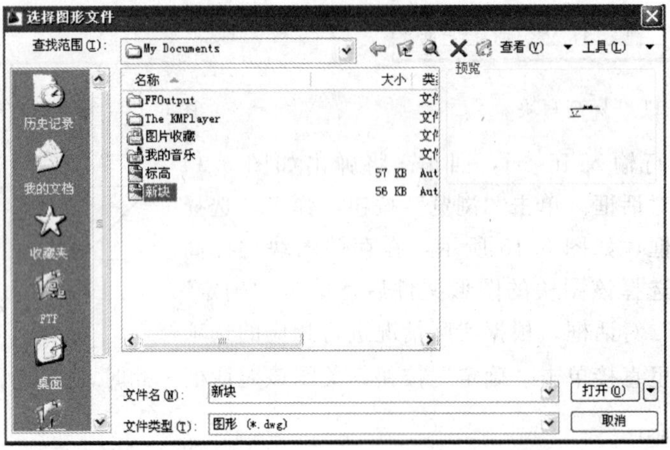

图 5.15　插入块“选择图形文件”对话框

输入列数（|||）<1>：

输入行间距或指定单位单元（---）：

指定列间距（|||）：

输入属性值

534 <0.000>：

验证属性值

534 <3>：

用户按上面的提示进行操作，可一次插入多个呈矩形分布的图块。

5.1.5　图块的编辑

插入到图形文件中的图块是被当作一个独立的、整体的对象对待的。插入后的图块可以使用复制、移动、镜像、旋转、比例缩放等命令进行编辑。也可以先将图块分解（EXPLODE），恢复图块中各个对象的独立状态后，再进行编辑修改。但是，如果插入图块时在X、Y、Z方向上指定了不同的比例因子，或使用镜像插入及多重插入的方法插入图块，则出入的图块不能被分解。

除了上面的方法外，还可以通过下面的方法编辑图块。

1. 用鼠标双击要进行编辑的图块

（1）如果图块未定义属性，则弹出如图 5.16 所示的“编辑块定义”对话框，可利用该对话框进行图块的编辑。

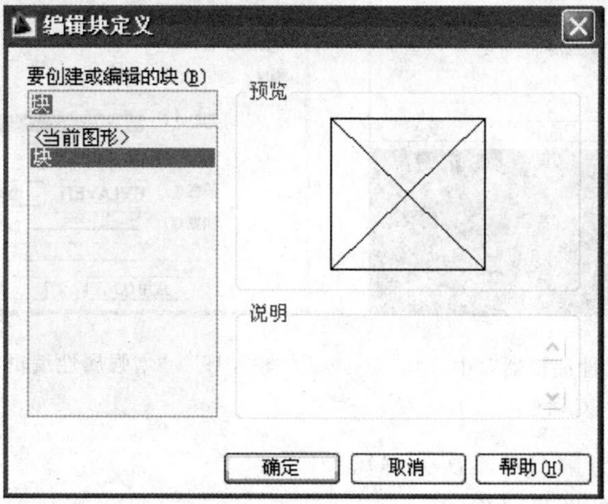

图 5.16 “编辑块定义”对话框

（2）如果图块定义了属性，则弹出如图 5.17 所示的“增强属性编辑器”对话框，可以利用该对话框中各个选项卡下的相应设置，如图 5.18、图 5.19 所示，对图块进行编辑。

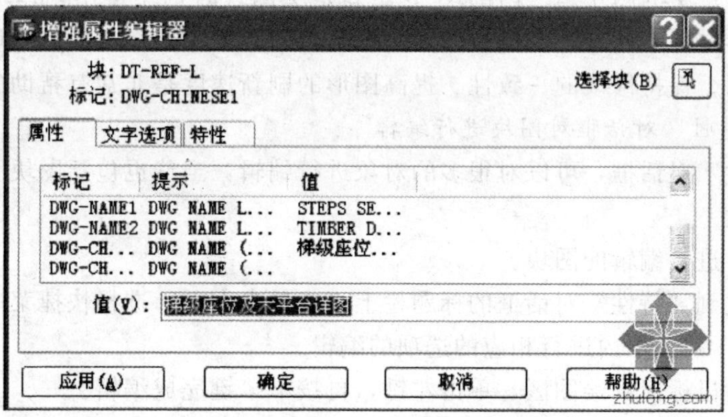

图 5.17 “增强属性编辑器”对话框

2. 利用重新定义块编辑已经定义的图块

重新定义图块，就是使用已经定义好的图块的名称重新定义一个新的图块。此时系统会提示用户该图块已定义，是否重定义。如果确定重定义，则原来图块包含的内容就会被重新定义时选择的对象所替代。该方法经常用于修改已经被插入到图形文件中的图块。

操作过程：

（1）插入需要修改的图块。

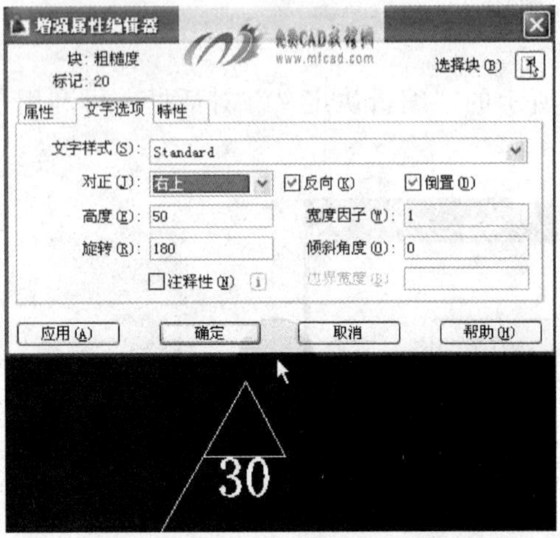

图 5.18　“增强属性编辑器”中“文字选项”对话框

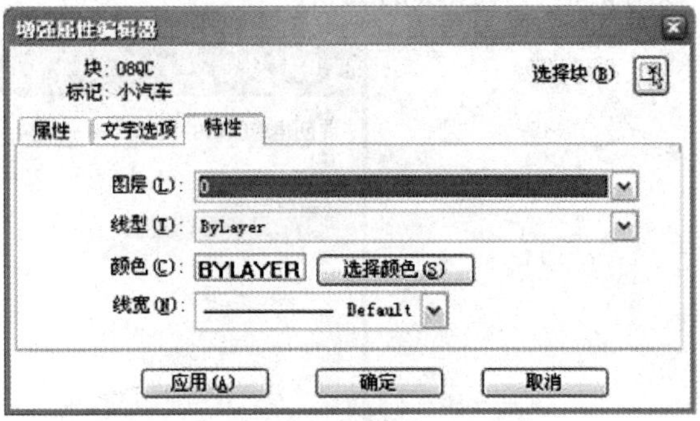

图 5.19　“增强属性编辑器”中“特性”对话框

（2）将图块进行分解（可多次分解）。

（3）编辑分解后的图形对象。

（4）用原图块的名称定义图块。

（5）系统询问该图块已定义，是否重定义，单击“确定”按钮，完成图块的重新定义。

如果被重新定义的图块是“内部块”，重新定义图块时仍然使用创建“内部块”的方法，那么，图形文件中所有已经插入的同名图块将同时被重新定义后的图块所替换。该方法对于简化作图、保持修改的一致性、提高图形的刷新速度是非常有帮助的。

3. 使用“特性”对话框对图块进行编辑

通过“特性”对话框，可以对很多的对象进行编辑，当然也包括图块。

操作过程：

（1）选择要进行编辑的图块。

（2）鼠标放到“特性”对话框的标题栏上（或单击右键，选择快捷菜单的“特性”命令），在“特性”对话框内进行相应的选项的编辑。

（3）编辑后鼠标回到绘图区，单击左键，再按 Esc 键完成编辑。

5.2　外部参照与设计中心

5.2.1　外部参照的基本操作

外部参照的命令是 Xattach，用户通过该命令可以将“外部块”或其他的图形文件引用到当前的图形文件中，即用户可以将整个图形作为“外部参照”附着到当前图形中。通过“外部参照”插入的图形文件若被更改，则更改也将反映到当前图形文件中。外部参照链接的图形，并不是真正插入到当前图形文件中。因此，使用外部参照可以生成图形而不会对图形文件的大小有显著的影响。

通过使用外部参照，用户可以在当前图形中参照其他用户的图形，从而可以协调彼此之间的工作，与其他用户所做的修改保持同步。用户也可以使用外部参照合成一个主图形，主图形将随工程的开发而被更新。

当打开使用外部参照的图形文件时，AutoCAD 将自动重新加载每个外部参照，从而使图形文件处于最新状态。

不能在当前图形文件中设置“参照图形”中已存在的图层名、标注样式、文字样式和其他命名元素。

当工程完成并准备归档时，应将附着的外部参照和用户的图形文件永久合并（绑定）到一起。

另外，外部参照在当前图形文件中是以单个对象的形式存在的。如果想将其分解，那么首先必须绑定外部参照，然后才能将其分解。

1. *启动外部参照的几种方法*

（1）键盘输入。在命令行命令提示符下，输入 Xattach，回车。

（2）插入菜单。单击插入下拉菜单“插入”→“外部参照”。

2. *操作方法*

（1）启动 Xattach 命令后，将弹出如图 5.20 所示的“选择参照文件”对话框，外部参照文件是通过该对话框进行选择的。

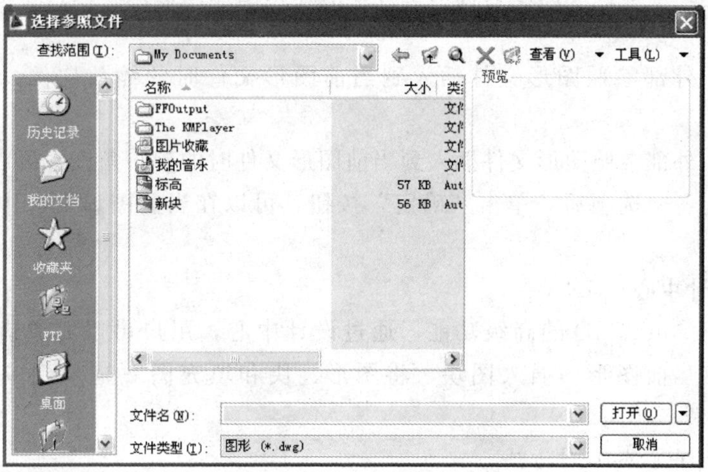

图 5.20 “选择参照文件”对话框

（2）选择外部参照文件后，单击“打开”命令按钮。弹出如图 5.21 所示的“外部参照”对话框。

3. 各选项功能

（1）名称：可从其后面的下拉列表中选择“外部参照”文件，也可以通过“浏览”按钮，返回“选择参照文件”对话框重新进行选择。

（2）参照类型：

“附加型”：如果选择的参照图形文件中已经包含了外部参照，将连同其参照一起被引用。

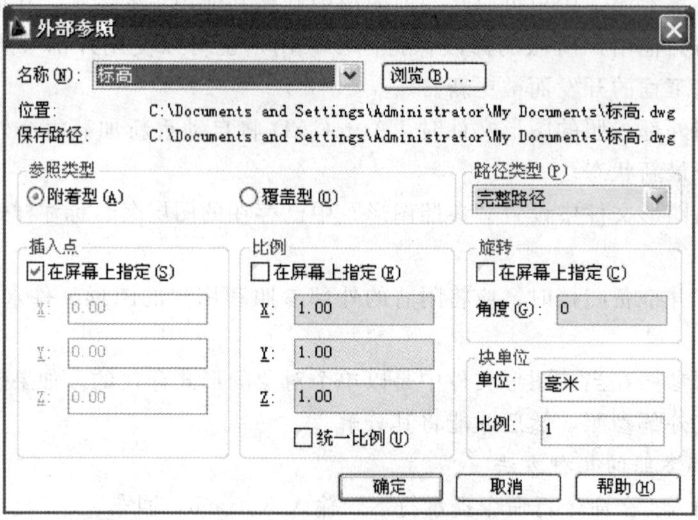

图 5.21　“外部参照”对话框

“覆盖型”：如果选择的参照图形文件中已经包含了外部参照，此外部参照文件为覆盖型时，引用后将被忽略不能显示。

(3) 插入点：外部参照图形文件的坐标原点被指定到当前图形文件中的位置。可以选择插入方式。

(4) 比例：外部参照图形文件插入到当前图形文件时的缩放比例。可以选择缩放方式。

(5) 旋转：外部参照图形文件插入到当前图形文件时的旋转角度。可以选旋转方式。

确定了以上各个选项后，单击“确定”按钮，可以在当前图形文件中引用外部参照文件。

5.2.2　应用设计中心

设计中心是 AutoCAD 的高级功能，通过设计中心，用户可以完成诸如打开图形文件、复制内容到当前图形、插入图块、将图形、块和填充图案拖动到工具选项板上等操作。

1. 调用设计中心的几种方法

(1) 工具栏。单击标准工具栏上的命令按钮。

(2) 键盘输入。在命令行命令提示符下，输入 ADCENTER，回车。

(3) 工具菜单。单击工具下拉菜单“工具”→“设计中心”。

启动设计中心后，调出的设计中心的界面如图 5.22 所示。

2. 设计中心的各部分功能

(1) 标题栏：可用于显示“设计中心”选项板的名称；单击“关闭”按钮可以关闭该选项板；单击“自动隐藏”按钮可收缩该选项板。

(2) 工具栏：各个按钮的功能如图 5.23 所示。

各个命令按钮的功能如下：

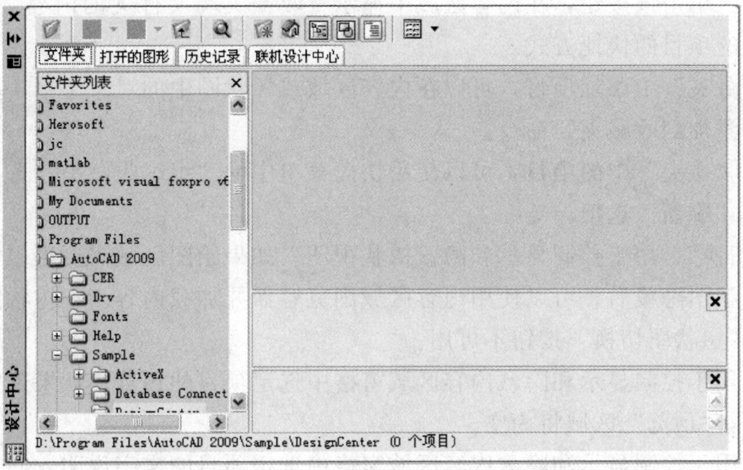

图 5.22 “设计中心”界面

图 5.23 “设计中心”的“标题栏”

“加载”：单击该按钮显示“加载”对话框。使用“加载”对话框可以将本地和网络驱动器或 Web 上的文件内容加载到内容区域。

“上一页”：返回到历史记录列表中最近一次的位置。

“下一页”：返回到历史记录列表中下一次的位置。

“上一级”：显示当前容器的上一级容器的内容。

“搜索”：单击该按钮可以调出如图 5.24 所示的“搜索”对话框，从中可以设定搜索条件，以便在图形中查找图形、块和非图形对象。搜索也显示保存在桌面上的自定义内容。

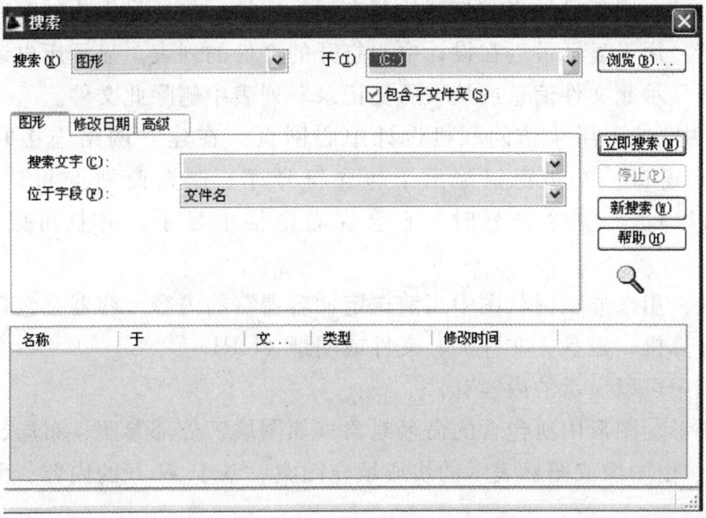

图 5.24 “搜索”对话框

"收藏夹"：单击该按钮，在内容区域中显示"收藏夹"文件夹的内容。"收藏夹"包含了经常访问的项目的快捷方式。

要在"收藏夹"中添加项目，可以在内容区域或树状图中的对象上单击右键，选择快捷菜单上的"添加到收藏夹"命令。

要删除"收藏夹"中的项目，可以使用快捷菜单中的"组织收藏夹"选项，然后使用快捷菜单中的"刷新"选项。

"树状图切换"：用于控制显示和隐藏树状视图。如果绘图区域需要更多的空间，可隐藏树状图。树状图隐藏后，可以使用内容区域浏览容器并加载内容。在树状图中使用"历史"列表时，"树状图切换"按钮不可用。

"预览"：用于控制显示和隐藏内容区域窗格中选定项目的预览。如果选定项目没有保存的预览图像，"预览"区域将为空。

"说明"：用于控制显示和隐藏内容区域窗格中选定项目的文字说明。如果同时显示预览图像，文字说明将位于预览图像下面。如果选定项目没有保存的说明，"说明"区域将为空。

"视图"：可以为加载到内容区域中的内容提供不同的显示格式。可以从"视图"列表中选择一种视图，也可以重复单击"视图"按钮在各种显示格式之间循环切换。默认状态下，视图显示格式是随内容区域中当前加载内容类型的不同而不同。

(3) 树状图。

树状图用于显示用户计算机和网络驱动器上的文件与文件夹的层次结构、打开图形的列表、自定义内容以及上次访问位置的历史记录。通过选择树状图中的项目，可以在内容区域中显示其内容。

通过点击设计中心顶部的选项按钮，可以切换访问树状图的选项。

"文件夹"：用于显示计算机或网络驱动器中文件和文件夹的层次结构。可以使用 ADCNAVIGATE 在设计中心的树状图中找到指定的文件名、目录位置或网络路径。

"打开的图形"：用于显示当前打开的所有图形文件，包括最小化的图形文件。

"历史记录"：用于显示最近在设计中心打开的文件的列表。显示历史记录后，在一个文件上单击右键显示此文件信息或从"历史记录"列表中删除此文件。

"联机设计中心"：用于访问联机设计中心网页。在建立网络连接时，"欢迎"页面中会显示两个窗口。左边窗口显示了包含符号库、制造商站点和其他内容库的文件夹，在该窗口中选定某个符号时，它会在右窗格中显示，并且可以下载到用户的图形中。

(4) 内容区：用来显示树状图中当前选定"容器"的内容。容器是包含设计中心可以访问的网络、计算机、磁盘、文件夹、文件或网址 (URL)。

在内容区域中可以显示的内容有：

文件夹、图形、图形中所包含的命名对象（如图块、外部参照、布局、图层、标注样式和文字样式）、由图像或图标表示的块或填充图案、基于 Web 的内容、由第三方开发的自定义内容。

在内容区域中可以进行的操作有：

通过拖动、双击或单击右键并选择“插入为块”、“附着为外部参照”或“复制”等方法，可以在当前的图形中插入块、填充图案或附着外部参照。

通过拖动或单击右键可以向图形中添加其他内容（例如图层、标注样式和布局）。

从设计中心可以将块和填充图案拖动到工具选项板中。

6 尺寸与文字标注

本章要点

本章内容主要学习制图中带有的文字说明和尺寸标注，要求掌握创建和修改文字样式和尺寸样式的方法，能熟练标注单行文字和多行文字，并能进行文字内容的编辑；掌握尺寸的标注、修改和使用技巧；能够创建出符合要求的、美观的图形文字和尺寸。本章主要介绍两个方面：

（1）尺寸标注与编辑。

（2）文字标注与编辑。

6.1 尺寸标注与编辑

6.1.1 尺寸的组成

尺寸标注是由尺寸线、尺寸界线、尺寸起止符号和尺寸数字等四部分组成，如图 6.1 所示。

（1）尺寸线。尺寸线是一条直线段或两条直线段。一般标注文本位于尺寸线的上方，当文本在尺寸线中间时，尺寸线为两条直线段。若是角度标注，则尺寸线为一段或两段圆弧，如图 6.2 所示。

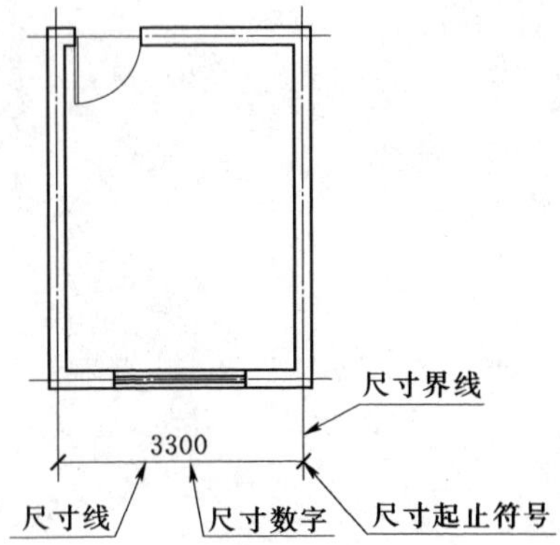

图 6.1 尺寸标注的组成

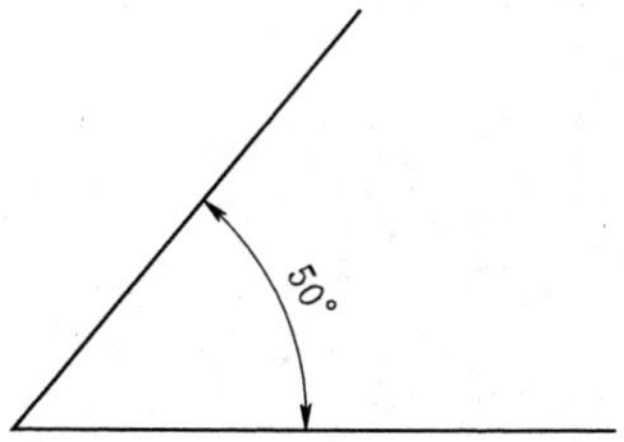

图 6.2 角度标注

（2）尺寸界线。尺寸界线位于欲标注图形的两端，是一条直线段，表明尺寸线的标注起点和终点。若尺寸线标注在图形内部时，尺寸界线与图形轮廓线重合，看不出尺寸界线，如图 6.3 所示。

(3) 箭头。尺寸箭头位于尺寸线的两端。在设置尺寸标注样式时可设置其类型或有无。

(4) 标注文本。标注文本表示图形的长度、角度和文本，是尺寸标注的主要内容，尺寸数值和图形本身的大小和精度无关。

除了上述尺寸标注的四个组成部分外，还有圆、圆弧、圆的符号和圆心线，以及引线标注、引出线，如图 6.4 所示。

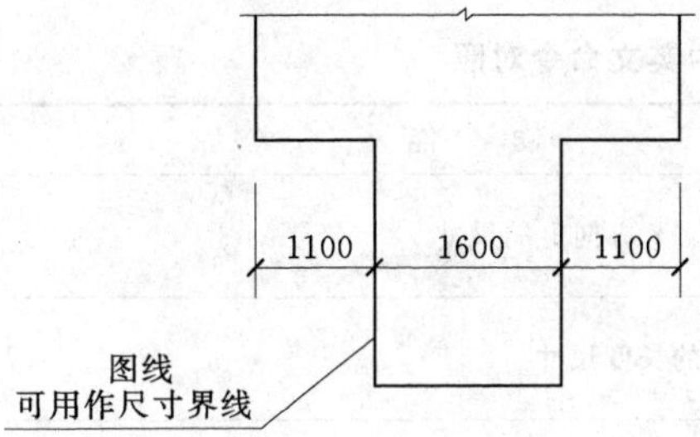

图 6.3 轮廓线代替“尺寸界线”

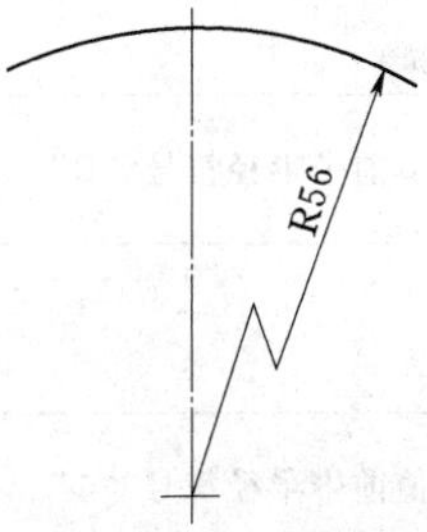

图 6.4 尺寸标注的其他形式

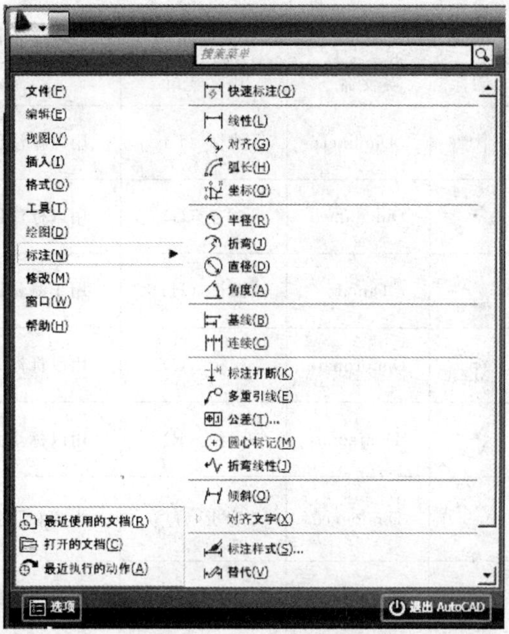

图 6.5 “标注”菜单项

6.1.2 尺寸标注类型

启动有关尺寸标注命令有两种方法：

(1) 标注菜单。单击菜单浏览器下拉菜单“标注”下的相应菜单项，如图 6.5 所示。

(2) 工具栏。单击标注工具栏上的相应图标按钮，如图 6.6 所示。

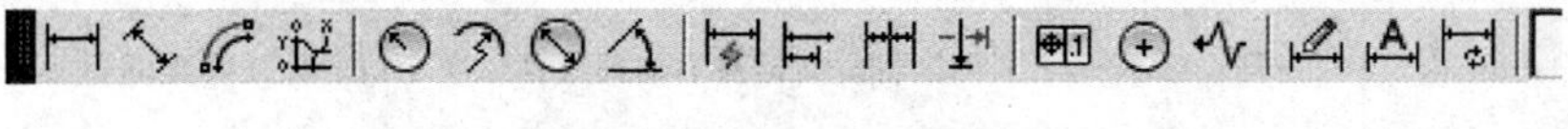

图 6.6 “标注”工具栏

如上可见，AutoCAD 尺寸标注的类型有多种，主要有线性标注、对齐标注、半径标注、直径标注、角度标注、基线标注、连续标注、引线标注、公差标注等。各种常规类型的尺寸标注示例如图 6.7 所示。

尺寸标注工具栏图标、标注下拉菜单和标注命令的对应关系及功能如表 6.1 所示。

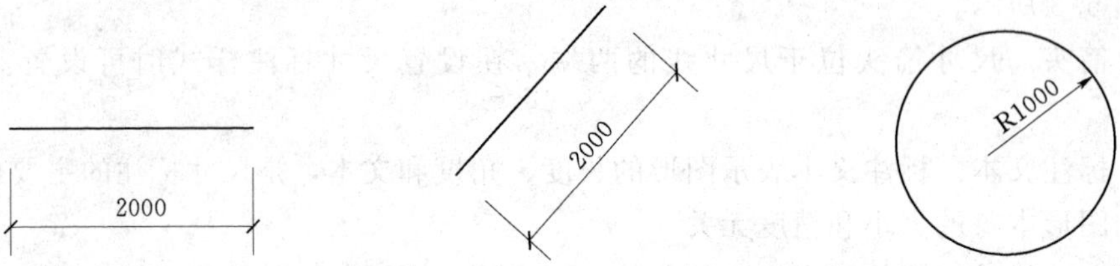

（a）线性标注　　　（b）对齐标注　　　（c）半径标注

图 6.7　尺寸标注类型示例

表 6.1　　尺寸标注工具栏各图标与中英文命令对照

图标	英文命令	中文菜单	功　能
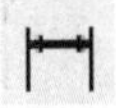	Dimlinet	线性（L）	用以标注图形在 X、Y 方向上的尺寸
	Dimaligned	对齐（G）	用以标注图形斜向的长度尺寸
	Dimarc	弧长（H）	用于测量圆弧或多段线弧线段上的距离
	Dimoronate	坐标（O）	用以标注某个点的坐标值
	Dimraoius	半径（R）	用以标注圆或圆弧的半径，数值前带半径符号“R”
	Dimjogged	弯折（J）	为圆和圆弧创建折弯标注
	Imddameter	直径（D）	用以标注圆或圆弧的直径，数值前带半径符号“Φ”
	Dimanglar	角度（A）	用以标注角度，数值右上角有角度符号“°”
	Qdim	快速标注（Q）	对多个对象能实现快速连续标注、基线标注、半径标注等
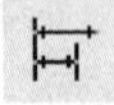	Dimbaseline	基线（B）	从一个基线出发标注多个正向线性尺寸，从里到外布置
	Dimcontinue	连续（C）	连续标注多个正向线性尺寸，布置在一条直线上
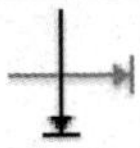	Dimbreak	折断（K）	可以将折断标注添加到线性标注、角度标注和坐标标注等
	Tolernce	公差（T）	点此图标弹出形位公差对话框，标注形位公差的符号和数值
	Dimcenter	圆心标记（M）	对圆或圆弧的圆心进行标记
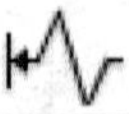	Dimjogline	折弯线性（J）	在线性或对齐标注添加或删除折弯线
	Dimedit	对齐文字（X）	动态显示、调整尺寸文本位置，也可以回答选择项

续表

图标	英文命令	中文菜单	功　能
	Dimedit	编辑标注	用多行文本编辑器修改尺寸文本、尺寸界线倾角、文本角度
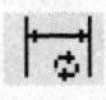	Dimension Update	更新（U）	用新的尺寸样式更新已标注的尺寸，只能用图标或菜单启动
	Dimstyle	样式（S）	点击该图标可以进入尺寸样式对话框，设置新样式或修改、替代原有样式
		标注样式控制	显示当前样式，可从下拉列表中选取设置好的尺寸标注样式

6.1.3　尺寸标注样式

尺寸标注样式的内容包括尺寸起止符号、尺寸线、尺寸界线，以及标注文本的大小和位置等。用户可根据实际绘图需要设置尺寸标注的各项内容，并指定一个尺寸标注样式名。实际标注时，直接在样式工具栏中选取相应的尺寸标注样式名，即确定了即将进行的尺寸标注样式的格式。

尺寸标注样式的设置一般通过“标注样式管理器”对话框进行。可以通过以下几种方法启动管理器：

（1）格式菜单。单击格式下拉菜单栏“格式”→“标注样式（D）”。

（2）工具栏。单击标注工具栏的命令按钮。

（3）标注菜单。单击标注下拉菜单栏“标注”→“样式（S）”。

（4）键盘输入。在命令行命令提示符下，输入 Dimstyle、Ddim 或 D，回车。

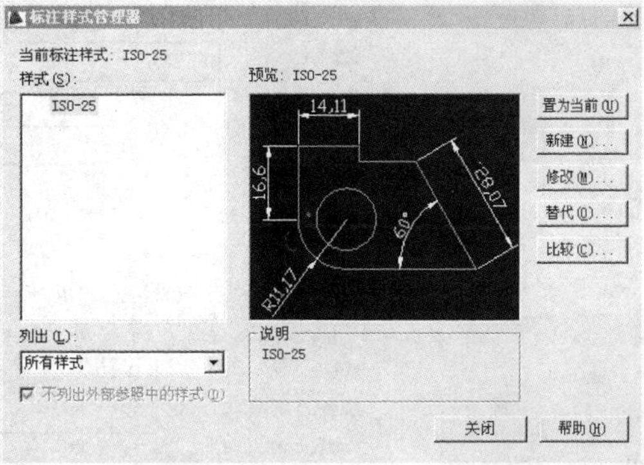

图 6.8　“标注样式管理器”对话框

用户用上述方法中任意一种均可启动“标注样式管理器”，如图 6.8 所示。

6.1.3.1　标注样式对话框各选项含义

（1）当前标注样式：列出当前尺寸标注样式名称。

（2）样式：显示已有尺寸标注样式。

（3）列出：列表显示。单击右边的箭头，显示列表内容的类型，可选择显示所有样式或正在使用的样式。

（4）预览：在样式预览窗口中预览选中的样式，为用户提供了可视化的操作反馈，用户可以看到尺寸样式更改的效果，减少了出错的可能。

（5）说明：显示选取的尺寸标注样式各项数据说明。

（6）置为当前：建立当前尺寸标注样式。

（7）新建：新建尺寸标注样式。单击该按钮，将出现图 6.9 所示的“创建新标注样式”对话框。在该对话框中输入“新样式名”后，单击“继续”按钮，开始新建标注样式的操作。

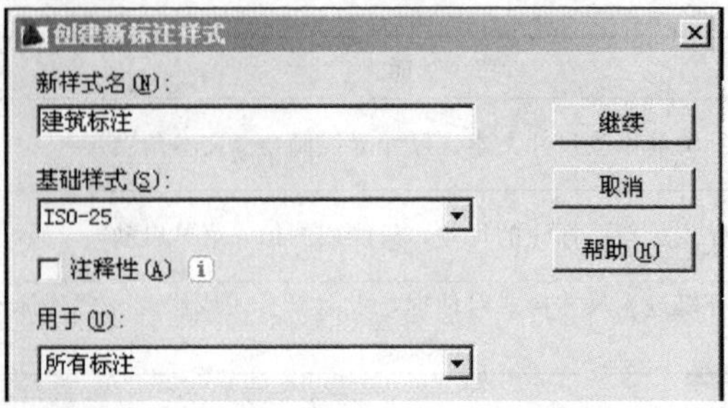

图 6.9 “创建新标注样式”对话框

(8) 修改：修改所要标注的尺寸样式。单击该按钮，将出现“修改标注样式”对话框。

(9) 替代：单击该按钮将出现“替代当前样式”对话框。

(10) 比较：单击该按钮将出现“比较尺寸标注样式”对话框。比较功能可以帮助用户快速的比较几个标注样式在参数上的区别。

“修改标注样式”、“新建标注样式”、“替代标注样式”三个对话框的内容是相同的，这是“标注样式管理器”中最重要的对话框，如图 6.10 所示。用户可以利用该对话框新建或修改标注样式。

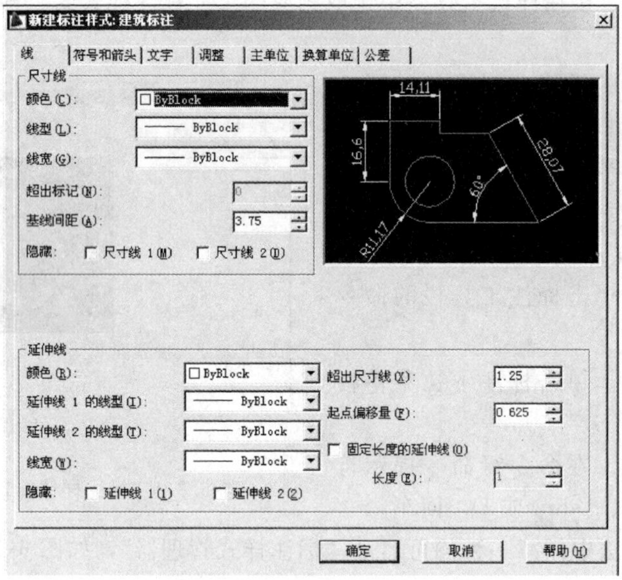

图 6.10 “新建（修改、替代）标注样式”对话框

6.1.3.2 设置直线和箭头

在“新建标注样式”或“修改标注样式”对话框中，单击“直线和箭头”可以进行“尺寸线”、“尺寸界线”、“箭头”和“圆心标记”的设置。设置界面如图 6.10 所示。

1. “尺寸线”选项区

该选项区提供了设置尺寸线参数特征的选项：

(1) 颜色和线宽。设置标注尺寸线的颜色和线宽。通过下拉列表选择，一般设置为 Bylayer（随层），以便能够使用图层对标注进行方便的控制。

(2) 超出标记。使用短斜线作为箭头的标记时，可以输入一个数值，以设置尺寸线超出尺寸界线的长度。一般情况下可以为 0。

(3) 基线间距。当用户使用基线标注时，该文本框中的数值用来控制基线标注各尺寸线之间的距离。一般可取文字高度的 1.5～2 倍。

(4) 隐藏。两个复选框分别控制是否隐藏第一条、第二条尺寸线以及相应的尺寸箭头。

2. “尺寸界线”选项区

该选项区提供了设置尺寸界线参数特征的选项：

(1) 颜色和线宽。设置尺寸界线的颜色和尺寸界线的宽度，与尺寸线的设置相同。

(2) 超出尺寸线和起点偏移量。分别用来控制尺寸界线超出尺寸线的长度和尺寸界线的起点与用户指定标注的定义点之间的距离。一般取文字高度的 1/2～3/4 左右。

(3) 与隐藏尺寸线的操作类似，控制是否隐藏第一条或第二条尺寸界线。

3. “箭头”选项区

该选项区提供了设置尺寸线箭头的形状和大小的选项。

(1) 第一个和第二个。设置两个尺寸箭头的形状。用户可以通过下拉列表给当前标注样式指定适当的箭头形式。

(2) 引线。设置引线的箭头形状。

(3) 箭头大小。设置尺寸箭头的大小。对于“实心闭合”一般设置为与文字高度相同或接近，对于“建筑标记”一般为文字高度的一半。

4. “圆心标记”选项区

该选项区用来标记圆心的形式。有“标记”、“直线”和“无”三种标记形式可供选择。

6.1.3.3 设置标注文字

用来设置尺寸标注文字的格式、位置、单位和标注公差等，设置界面如图 6.11 所示。

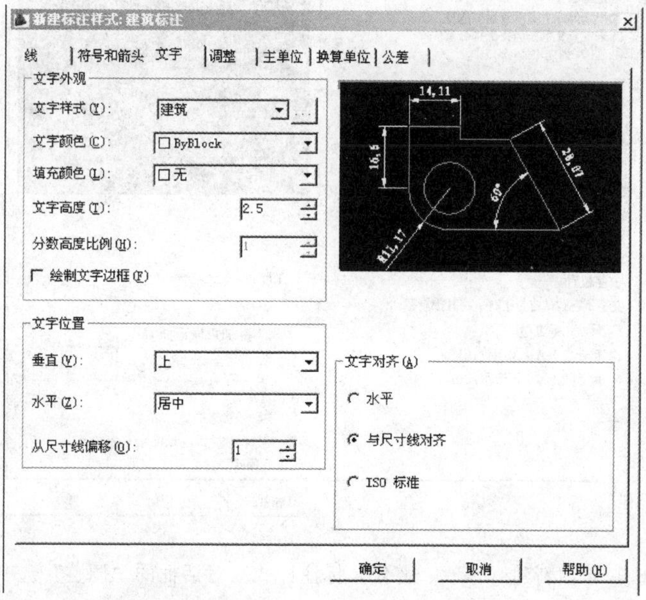

图 6.11 “新建（修改、替代）标注样式”对话框的“文字”选项卡

（1）文字样式。显示和设置尺寸文本的文字样式。从下拉列表中，可以选择一种已经定义的文字样式作为尺寸文本的字体样式。

（2）文字颜色。一般使用 ByBlock（随块）或 ByLayer（随层）选项。

（3）文字高度。设置尺寸标注文本的高度。如果在“文字样式”对话框中设置文字高度为非零，那么在“文字高度”中所设置的标注文本高度将不起作用，AutoCAD 会自动按照文字样式中定义的文字高度来标注尺寸文本。如果在文字样式中设置文字高度为零(自由字高)，那么在“文字高度”中设置的标注文本高度将会作为实际的标注文字高度。一般来说，“文字样式”对话框中的文字高度设置为标注尺寸文本的高度，在标注尺寸时可以省去许多不必要的设置。

（4）分数高度比例。设置分数尺寸文本的相对高度。该文本框只有采用分数制表示尺寸数字时才有效。

（5）绘制文字边框。在工程制图中，通常在基本参考尺寸外面加上边框以区别于定型尺寸。

（6）文字位置。用以设置尺寸标注文字的排列位置。

（7）从尺寸线偏移。用来设置尺寸文本与尺寸线之间的距离。

（8）文字对齐。用以设置位于尺寸界线内外的尺寸文本的标注方向。

6.1.3.4　设置尺寸标注的“调整”

用于设置标注文本和箭头的放置位置。单击“调整”选项卡，弹出的对话框如图 6.12 所示。

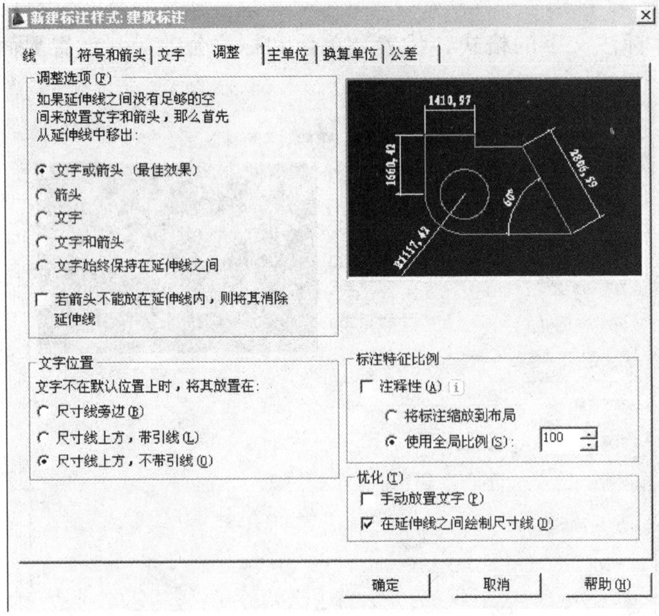

图 6.12　“新建（修改、替代）标注样式”对话框的“调整”选项卡

1. 调整选项

（1）文字或箭头，取最佳效果。两条尺寸界线间的空间容不下文字或箭头时，将文字

或箭头移到尺寸界线外或者都移出去，以达到最佳效果。

(2) 箭头。尺寸界线间的空间容不下文字或箭头时，首先考虑将箭头移到尺寸界线外，如果空间还不够，再将文字移出。

(3) 文字。尺寸界线间空间不够时，先移出文字，若仍不够，再移出箭头。

(4) 文字和箭头。尺寸界线间的空间容不下文字和箭头时，将文字和箭头都移到尺寸界线外。

(5) 文字始终保持在尺寸界线之间。文字总是在尺寸界线之间，无论尺寸界线之间的空间的大小如何。

(6) 若不能放在尺寸界线内，则消除箭头。尺寸界线间空间不够时，不显示箭头。

标注的效果如图 6.13 所示。

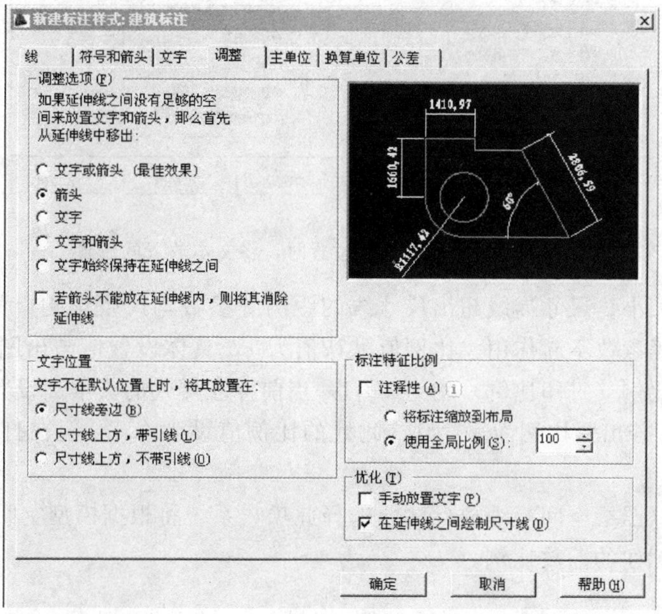

图 6.13 空间不够时文字和箭头的位置调整

2. 文字位置

这用于设置当文字不在默认位置时，将文本置于何处。

(1) 尺寸线旁边。因尺寸界线间空间不够需移出标注文本时，标注文本放置在尺寸线的旁边。

(2) 尺寸线上方，加引线。标注文本放置在尺寸线的上方，加引线。

(3) 尺寸线上方，不加引线。标注文本放置在尺寸线的上方，不加引线。

在“调整选项”中单选“文字或箭头，取最佳效果”后，相应的标注效果如图 6.14 所示。

3. 标注特征比例

这用于设置尺寸标注的缩放比例。

(1) 使用全局比例。用来控制所有尺寸标注的比例系数。这个比例系数能对尺寸箭

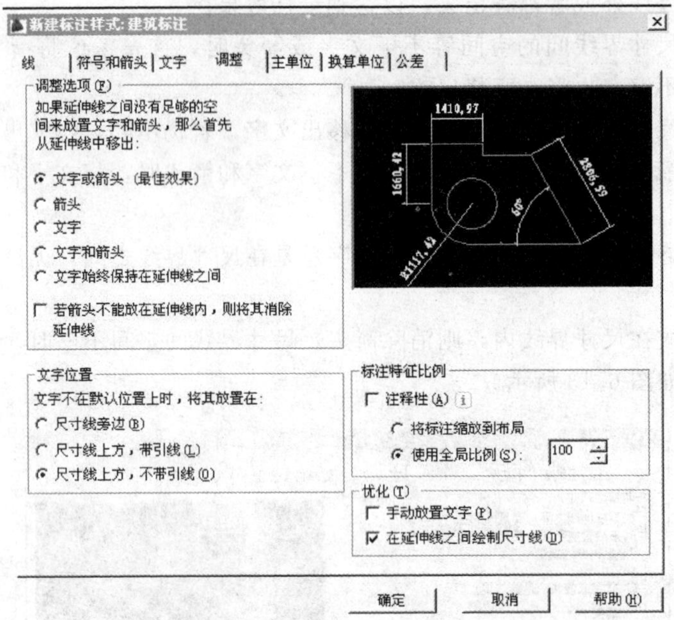

图 6.14　文字不在默认位置时，将文本放置的位置

头、尺寸文本的大小、尺寸界线超出尺寸线的距离等参数均产生影响，而对测量的长度、形位公差、角度等参数不起作用。比例值默认值为 1，具体设置值与出图的比例有关，若绘图比例、出图比例（打印比例）均为 1∶1，当前标注样式的文本高设置为 3，此处的比例值一般设为 1；若出图比例为 10∶1，此处的比例值设为 0.1，但在打印时输出的图纸文字高仍为 3。

（2）按布局（图纸空间）缩放标注。选择此项，系统将根据模型空间与图纸空间的尺寸关系决定尺寸标注的缩放比例。

4. 调整

（1）标注时手动放置文字。选择该选项，在标注尺寸时，可以通过移动光标来确定尺寸线的位置，也可以同时确定文本的位置。系统将忽略标注样式中水平方向上的标注位置。

（2）始终在尺寸界线之间绘制尺寸线。选择该选项，不论怎样，两条尺寸界线之间都有尺寸线。

6.1.3.5　设置“主单位”

这用于设置尺寸标注的主单位及其各种参数。主单位选项卡包括尺寸单位、角度单位、精度等级和比例系数等尺寸标注的基本单位格式。单击“主单位”选项卡，弹出的对话框如图 6.15 所示。

1. 线性标注

（1）单位格式。此显示或设置基本尺寸的单位格式。系统提供 6 个选项供选择：“科学”、“小数”、“工程”、“建筑”、“分数”和“Windows 桌面”。

（2）精度。控制除角度标注以外的尺寸精度。

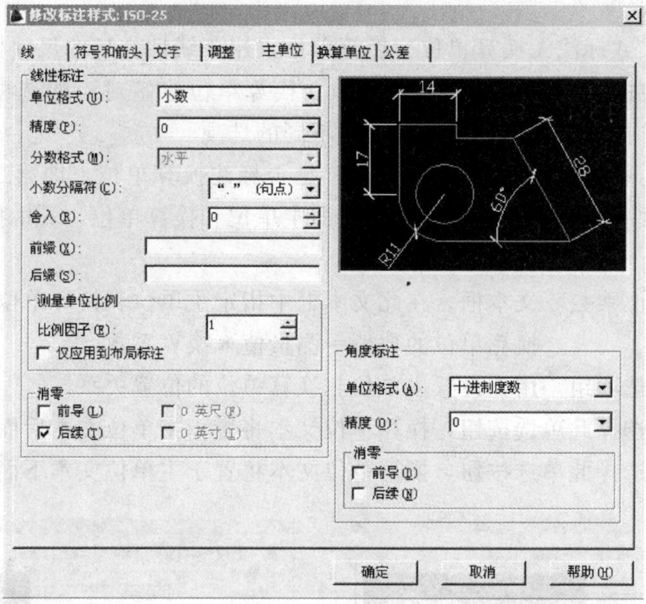

图 6.15 "新建(修改、替代)标注样式"对话框的"主单位"选项卡

(3) 分数格式。设置分数型尺寸文本的标志格式。提供三个选项:"水平"、"对角"和"不堆叠"。

(4) 小数分隔符。设置小数点的分隔符样式。提供三种形式的符号:句号、逗号和空格。

(5) 舍入。显示或设置尺寸文本(测量值)的舍入值。如在文本框中输入 0.5,测量值(实际值)10.6 入为 11,10.4 舍为 10。

(6) 前缀和后缀。文本框中可根据需要输入尺寸文本的前缀和后缀。

(7) 测量单位比例。

1) 比例因子。用以控制线性尺寸的比例系数。使用该选项之后,标注线性尺寸(线性、对齐、半径、直径、坐标、基线、连续)时,标注的数值是实际长度乘以标注的比例因子。

2) 仅应用到布局标注。复选框用来控制当前模型空间和图纸空间的比例系数。

(8) 消零。

1) 前导。选取此复选框,将不显示小数点前的"0"。

2) 后续。选取此复选框,将不显示小数点后的"0"。

3) 0 英尺。选取此复选框,小于 1 英尺的标注文本,消去小数点前的"0"。

4) 0 英寸。选取此复选框,将不显示英寸单位上没有用的"0"。

2. 角度标注

(1) 单位格式。设置角度型尺寸标注时所用的单位格式。系统提供了四个选项供用户选择:十进制度数、度/分/秒、百分度和弧度。

(2) 消零。用来控制尺寸标注时的零抑制问题。意义与线性标注的相同。

6.1.3.6 设置“换算单位”

角度类型的尺寸标注无换算单位。换算单位仅用于线性类型的尺寸标注。利用此标签可以设置换算单位的格式、精度等各种参数。换算单位标签对应的选项如图 6.16 所示，大部分选项与主单位标签相同，下面只介绍不同的选项。

（1）“显示换算单位”复选框。用于设置是否标注换算单位，即第二种单位。选择此复选框，则标注文本中显示两种测量单位。即主单位和换算单位，其中换算单位的数值用“[ ]”括起来。

（2）“换算单位乘数”文本框。在此文本框中指定主单位和换算单位的换算系数。

换算单位的数值＝测量值×换算系数

（3）“位置”选项组。用于设置主单位与换算单位的位置关系。

1）主值后：选择此单选按钮，换算单位文本将置于主单位文本后面。

2）主值下：选择此单选按钮，换算单位文本将置于主单位文本下面。

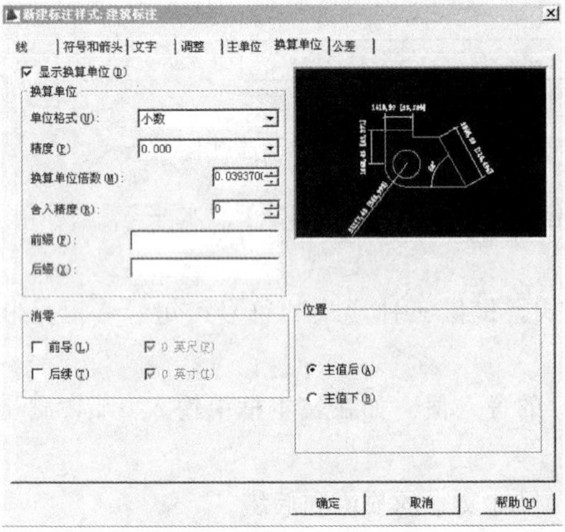

图 6.16 “新建（修改、替代）标注样式”对话框的“换算单位”选项卡

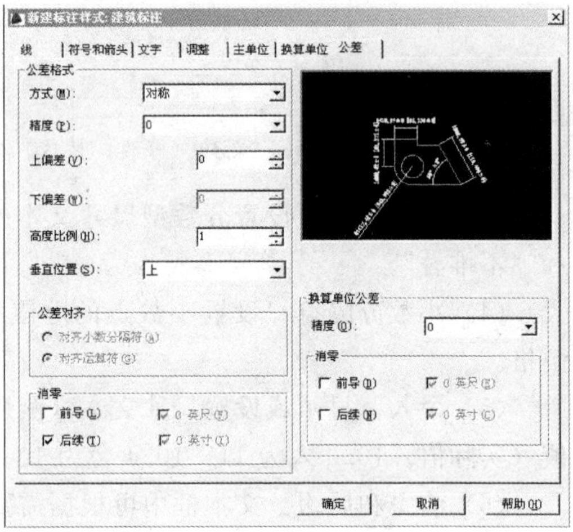

图 6.17 “新建（修改、替代）标注样式”对话框的“公差”选项卡

6.1.3.7 设置“公差”

用于标注公差时有关选项的设置，如图 6.17 所示。

1. 公差格式

用于设置公差格式，其中“消零”子选项组与前面讲述的意义相同。

（1）方式。用于设置选择不同的公差标注方式。下拉列表框中提供了“无”、“对称”、“极限偏差”、“极限尺寸”和“基本尺寸”等五种公差标注方式供选择。各自意义如下：

1）无。仅标注基本尺寸，无公差标注。

2）对称。基本尺寸后加上正负公差。在“上偏差”文本框中输入公差值。

3）极限偏差。基本尺寸后加上“上偏差值”、“下偏差值”，在“上偏差”文本框中输入上偏差值，在“下偏差”文本框中输入下偏差值。

4）极限尺寸。将标注两行并排数值，上面的为最大极限尺寸，下面为最小极限尺寸。

也就是在上偏差、下偏差文本框中分别输入最大极限偏差值和最小极限偏差值。

5）基本尺寸。在标注文本外加方框。

(2) 上偏差。用于输入上偏差或对称公差标注时的偏差值。输入对称偏差值时，默认值为正值。若上偏差要设为负值，数值前必须加“—”号。

(3) 下偏差。用于输入下偏差，默认值为负值。即在此框中输入正数，得到的下偏差为负值，若要使下偏差为正值，需要在输入的数值前加“－”号。

(4) 高度比例。用于设置公差数值相对于基本数值的高度。公差值高＝基本数值高×高度比例。

(5) 垂直位置。设置基本标注数值与公差数值的对齐方式。有以下三种方式供选择。

1）上。公差数值与基本标准数值的顶线对齐。

2）中。公差数值与基本标准数值的中线对齐。

3）下。公差数值与基本标准数值的底线对齐。

2. 换算单位公差

用于设置换算单位公差的精度和消零等，与前面“主单位”标签中的意义相同。

6.1.3.8 替代标注样式

当对少数尺寸标注的参数有特别要求时，应选择最接近的尺寸标注样式，单击“标注样式管理器”对话框中的“替代…”按钮，弹出“替代当前样式”对话框，该对话框与“新标注样式”或“修改标注样式”对话框中的选项相同。

在“替代当前样式”对话框中将有关选项进行修改后，单击“确定”返回到“尺寸标注样式管理器”对话框，被替代的标注样式下面有“＜样式替代＞”提示。

替代样式是临时的标注样式，当指定其他标注样式为当前样式后，替代样式将被删除。也可将替代样式转换为正式样式。一种方法是对替代样式重新命名，另一种方法是单击鼠标右键，在弹出的快捷菜单中选择“保存到当前样式”选项。

6.1.3.9 比较两个标注样式

在“尺寸标注样式管理器”对话框中，单击“比较…”按钮，弹出的“比较标注样式”对话框如图6.18所示。

(1) 比较。用户可在已有的标注样式中选择一个要比较的样式。

(2) 与。选择另一个标注样式。

(3) 样式“ISO—25”的所有特性。显示被选择的两个标注样式的区别。

(4) 复制。单击此按钮，将列表框中的内容复制到 Windows 剪贴板中。

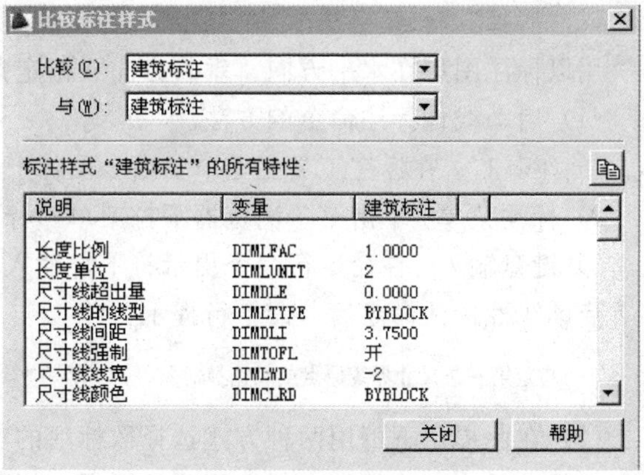

图6.18 “比较标注样式”对话框

若在“与”下拉列表框的选项中选择“无”或选择一个与“比较”下拉列表框相同的样式，列表框中将显示该样式的所有属性。对于标注样式也可进行删除、重命名等基本操作。这些操作比较直观简单，这里不做介绍了。

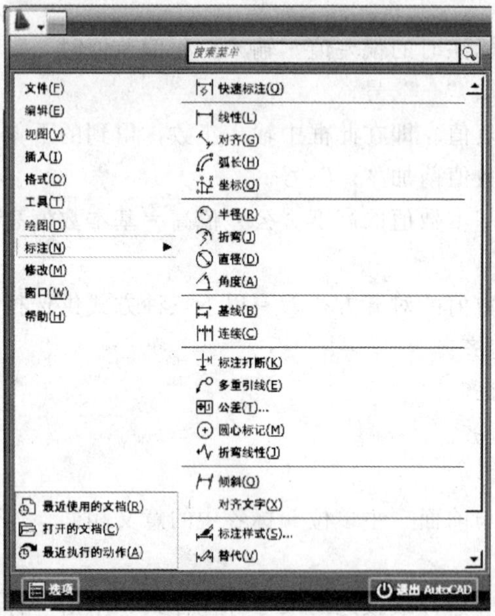

图 6.19　“标注”菜单项

6.1.4　尺寸标注方法

6.1.4.1　尺寸标注概述

启动尺寸标注有关命令的常用方法有两种：

（1）工具栏。单击标注工具栏的相应图标按钮，如图 6.19 所示。

（2）标注菜单。单击菜单浏览器下拉菜单“标注”下的相应菜单项，如图 6.20 所示。

标注尺寸之前，首先要选择好当前尺寸标注样式，并设置、启动对象捕捉模式，然后启动相应的尺寸标注命令，再根据命令行的提示进行操作。

标注尺寸时，常用测量值，若测量值不正确，也可指定实际数值。

在命令行出现“指定尺寸线位置或［多行文字（M）/文字（T）/角度（A）/水平（H）/垂直（V）/旋转（R）］：”提示时，输入“T”后按 Enter 键，在“输入标注文字，（当前值）：”提示下，输入尺寸数值或文本。

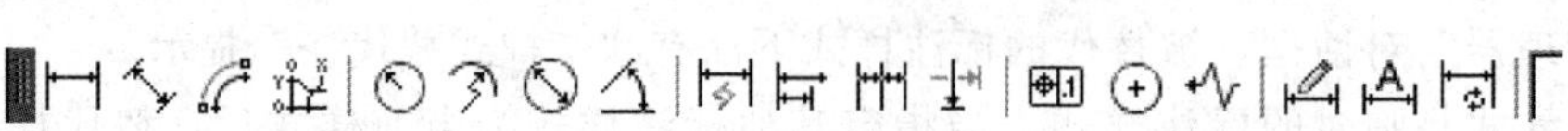

图 6.20　“标注”工具栏

6.1.4.2　线性类型尺寸标注

1. “线性”标注

用以标注图形在水平方向、垂直方向或指定角度方向上的尺寸。

（1）启动线性标注命令的方法。

1）工具栏。在标注工具栏上单击命令图标。

2）标注菜单。单击菜单浏览器下拉菜单“标注”→“线性”。

3）键盘输入。在命令行命令提示符下，输入 Dimlinear、Dimlin 或 DLI，回车。

启动线性标注命令后，命令行提示：

指定第一条尺寸界线原点或＜选择对象＞：

（2）在此提示下可用两种方式选择欲标注的实体对象。

选择欲标注直线的端点。使用对象捕捉功能捕捉标注图形的一个端点作为一根尺寸界线的原点，命令行提示及进行的操作如下：

指定第二条尺寸界线原点：（捕捉标注图形的另一个端点作为第二根尺寸界线的原点）

指定尺寸线位置或［多行文字（M）/文字（T）/角度（A）/水平（H）/垂直（V）/旋转（R）］：默认值为指定尺寸线位置。在屏幕上指定一点，则据此点与图形的相对位置，进行水平或垂直尺寸标注。

(3) 上面的命令行提示包含多哥选项，各选项意义如下：

1) 多行文字（M）。M选项是用“多行文字编辑器”输入标注文本，取代测量值，可以是说明文字、数字或文字和数字混合等。

2) 文字（T）。T选项是用输入的文本取代自动测量值，与M选项功能相同，仅实现形式有区别而已。

3) 角度（A）。A选项是用来设置标注的倾斜角度，选取此选项后，命令行继续提示“指定标注文字的角度：”，此时输入角度值并按回车键即可。

4) 水平（H）。H选项是用来标注沿水平方向上投影的尺寸。选取此选项，命令行提示“指定尺寸线位置或［多行文字（M）/文字（T）/角度（A）］：”，其中的选项设置方法与前面介绍的相同。

5) 垂直（V）。V选项是标注按任意角度方向投影的尺寸，选取此选项后，命令行提示“尺寸线的角度＜当前值＞：”，直接输入角度值或指定两个点。

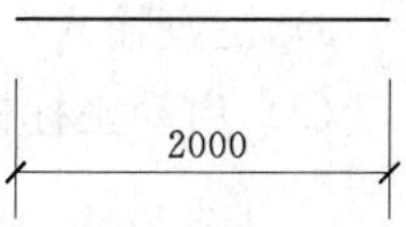

图6.21　线性标注效果

6) 旋转（R）。R选项用来指定标注测量的旋转角度。

线性标注效果如图6.21所示。

2. “对齐”标注

用来标注倾斜的图形实体，标注结果的尺寸线与图形实体相平行。

启动对齐标注命令的方法有三种：

(1) 键盘输入。在命令行中输入Dimligned或DAL命令，回车。

(2) 标注菜单。单击菜单浏览器下拉菜单上单击“标注｜对齐”命令。

(3) 工具栏。在标注工具栏上单击“对齐标注”图标。

对齐标注的过程及方法与线性标注相同，结果比较如图6.22所示。

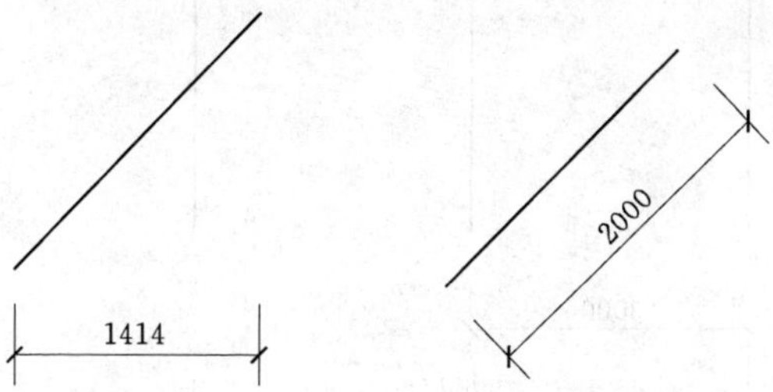

(a)“线性”尺寸标注　　(b)“对齐”尺寸标注

图6.22　“线性”标注与“对齐”标注的效果比较

3. “弧长”标注

弧长标注用于测量圆弧或多段线弧线段上的距离。弧长标注的延伸线可以正交或径向。在标注文字的上方或前面将显示圆弧符号。

(1) 启动对齐标注命令的方法。

1) 键盘输入。在命令行中输入Dimarc或DIM命令，回车。

2) 标注菜单。单击菜单浏览器下拉菜单上单击“标注｜弧长”命令。

3) 工具栏。在标注工具栏上单击“对齐标注”图标。

(2) 启动坐标标注命令后，命令行提示：

选择弧线段或多段线弧线段：(选择要标注的弧线段)

指定弧长标注位置或［多行文字（M）/文字（T）/角度（A）/部分（P）/引线（L）］：默认选项为指定弧长标注位置。

（3）命令提示栏中另有五个选项，其中 M、T、A 选项与前面讲述的相同，另两项说明如下：

1）部分（P）。选择此选项，则是标注该弧线段的某一部分选择。

2）引线（L）。选择此选项，则是把标注的内容用引线出来标注。

4．“坐标”标注

坐标尺寸标注用来标注在 UCS 或 WCS 坐标系中标注图形中某一点的 X 或 Y 坐标，无尺寸线和箭头，仅有一根尺寸界线，尺寸界线长短决定了标注文本的位置。

（1）启动坐标标注命令的方法有三种。

1）工具栏。在标注工具栏上单击命令图标。

2）标注菜单。单击菜单浏览器下拉菜单“标注”→“坐标”。

3）键盘输入。在命令行命令提示符下，输入 Dimordinate 或 Dimord，回车。

（2）启动坐标标注命令后，命令行提示：

指定点坐标：指定要标注的点，一般采用对象捕捉功能指定。

指定引线端点或［X 基准（X）/Y 基准（Y）/多行文字（M）/文字（T）/角度（A）］：默认选项为指定引线末端点。若末端点与指定点确定的尺寸界线是垂直的，则标注 X 坐标，否则，标注 Y 坐标，如图 6.23 所示。

（3）命令提示栏中另有五个选项，其中 M、T、A 选项与前面讲述的相同，另两项说明如下：

1）X 基线（X）。选取此选项，则标注 X 坐标。

2）Y 基线（Y）。选取此选项，则标注 Y 坐标。

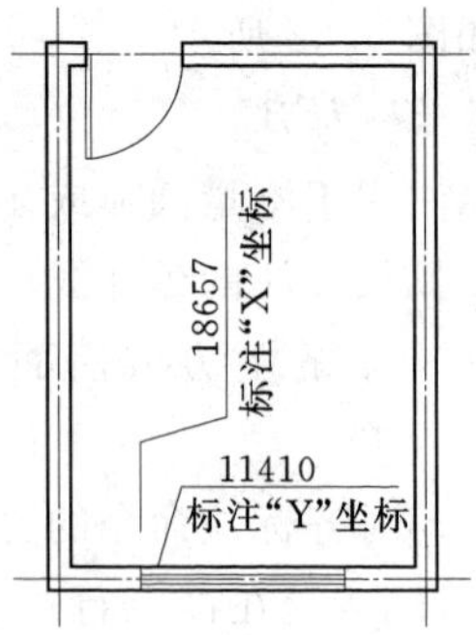

图 6.23　坐标标注中“垂直”选项的效果

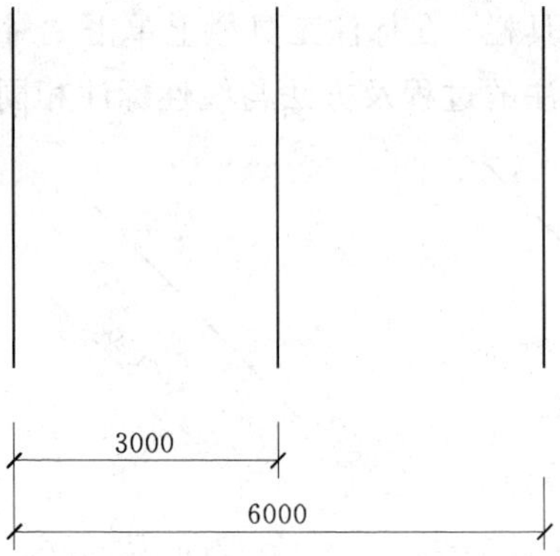

图 6.24　基线尺寸标注的效果

5．“基线”标注

基线标注命令用以标注具有同一基准线的多个平行尺寸，各尺寸线平行且间距相等，如图 6.24 所示。尺寸线间距可在标注样式管理器中设置。

（1）启动基线标注命令的方法。

1）工具栏。单击标注工具栏上的命令图标。

2）标注菜单。单击标注下拉菜单“标注”→“基线”。

3）键盘输入。在命令行命令提示符下，输入 Dimbase、Dimbaseline 或 DBA，回车。

（2）启动基线标注命令后，根据不同的情况，命令行出现不同的提示：

1）若最近操作为角度标注或线性标注，命令行提示：

指定第二条尺寸界线原点或［放弃（E）/选择（S）］<选择>

默认选项为指定第二条尺寸界线原点，第一条尺寸界线为最近完成的线性或角度标注的第一条尺寸界线。以第一条尺寸界线为基准，指定第二条尺寸界线原点后，完成一个尺寸标注。命令行重复出现上面的提示，每提示一个尺寸界线原点，产生具有同一基准的平行尺寸标准。最后按 Esc 键结束命令。

a. 放弃（E）。取消最近操作的基线尺寸标注。

b. 选择（S）。选择别的尺寸标注作为基准，尺寸标注上离选取点最近的尺寸界线为基准线。

c. 直接按 Enter 键。不将最近操作的尺寸标注作为基准标注，在命令行的“选择基准标注”提示下选择基准标注，与“选择（S）”选项的意义相同。

2）若最近操作的是坐标标注，命令行提示：

指定点坐标或［放弃（V）/选择（S）］<选择>：默认选项为指定欲标注的点，每指定一点，产生一个新的坐标标注，按 Esc 键结束命令。

“放弃（V）”、“选择（S）”选项与上面讲述的意义相同。

6. “连续”标注

连续标注是首尾相连的尺寸（第一个尺寸和最后一个尺寸除外）标注，连续标注的结果是所有尺寸线均在同一直线上。每次进行连续标注时，总是将第一个尺寸标注的第二条尺寸界线作为第二个尺寸标注的第一条尺寸界线，所以每次也只要给出第二条尺寸界线即可。

连续尺寸标注的操作方法与基线标注相似，并且在启动连续尺寸标注之前，也要先用线性或角度标注方法完成作为标注基准的线性或角度标注。

启动连续标注命令的方法：

（1）键盘输入。在命令行中输入 Dimcint、Dimcontinue 或 DCO 命令，回车。

（2）标注菜单。在下拉菜单上单击“标注｜连续”命令。

（3）工具栏。在标注工具栏上单击“连续标注”图标。

连续尺寸标注的效果如图 6.25 所示。

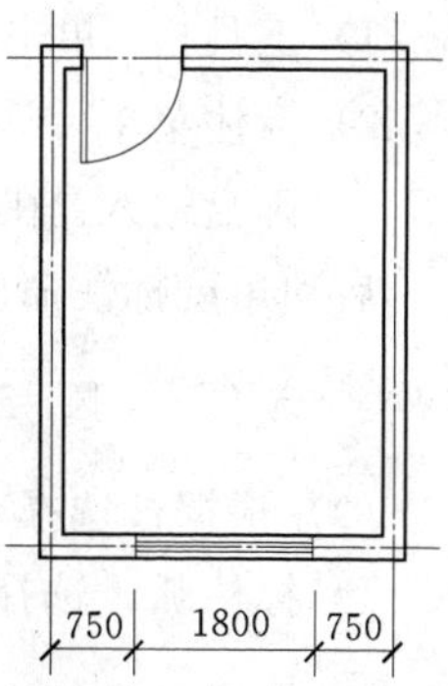

图 6.25 连续标注的效果

6.1.4.3 其他类型尺寸标注

1. 半径标注

半径标注命令用于标注圆或圆弧的半径尺寸，可以从以下几种方法启动命令：

（1）工具栏。单击标注工具栏上的命令图标。

（2）标注菜单。单击标注下拉菜单“标注”→“半径标注”。

(3) 键盘输入。在命令行命令提示符下，输入 Dimrad、Dimradiusd 或 DRI，回车。

启动命令后，命令行提示及进行的操作如下。

选择圆弧或圆：(选择圆或圆弧)

指定尺寸线位置或［多行文字 (M) /文字 (T) /角度 (A)］：指定尺寸线的位置或使用其他选项。

其他选项的意义前面已经作过说明，不再赘述。

2. 直径标注

标注方法与半径尺寸标注相同。

手工指定标注文本时，标注圆的直径符“ϕ”对应的输入符号为“%%C”。

启动直径标注命令的方法如下：

(1) 工具栏。单击标注工具栏上的命令图标。

(2) 标注菜单。单击标注下拉菜单“标注”→“直径标注”。

(3) 键盘输入。在命令行命令提示符下，输入 Dimdia、Dimdiameter 或 DDI，回车。

半径标注和直径标注的效果如图 6.26 所示。

(a) 半径标注的效果　　(b) 直径标注的效果

图 6.26　半径标注和直径标注的效果

3. 角度标注

角度标注用于标注圆、圆弧或两直线之间的角度。

(1) 启动角度标注命令的方法如下：

1) 工具栏。单击标注工具栏上的命令图标。

2) 标注菜单。单击标注下拉菜单“标注”→“角度标注”。

3) 键盘输入。在命令行命令提示符下，输入 Dimangular 或 DAN，回车。

启动角度标注命令后，命令行提示：

选择圆弧、圆、直线或<指定顶点>：

(2) 根据被选择对象的不同，命令行提示及进行的操作也不同。

1) 标注弧。选择弧后，命令行提示：

指定标注弧线位置或［多行文字 (M) /文字 (T) /角度 (A) /象限点 (Q)］：指定一点或选择命令选项进行有关标注文本设置。

即完成以弧中心为顶点，弧的两端点与中心点的连线为两条边的角度标注。

2) 标注圆上任意两点确定的弧。选择圆后，系统将选择点作为第一个尺寸界线起点，并出现命令行提示：

指定角的第二个端点：要求用户在该圆上选取第二个点作为第二个尺寸界线起点。

这样就完成以圆心为顶点，以先后选取的两点与圆心的连线为角的边的角度标注。

3）标注两直线的夹角。选择一条直线，该直线被作为第一条尺寸界线，命令行提示及进行的操作如下：

选取第二条直线：(选取第二条直线，系统将此直线作为第二条尺寸界线)

指定标注弧线位置或［多行文字（M）/文字（T）/角度（A）/象限点（Q)]：指定一点或选择命令选项进行标注文本设置。

4）指定三点标注角度。直接按 Enter 键，命令行提示及进行的操作如下：

指定角的顶点：捕捉角顶点。

指定角的第一个端点：选择第一条边的端点或其上的任意一点。

指定角的第二个端点：选择第二条边的端点或其上的任意一点。

指定标注弧线位置或［多行文字（M）/文字（T）/角度（A）/象限点（Q)]：指定一点或选择命令选项进行标注文本设置。

角度标注不同选项的标注效果如图 6.27 所示。

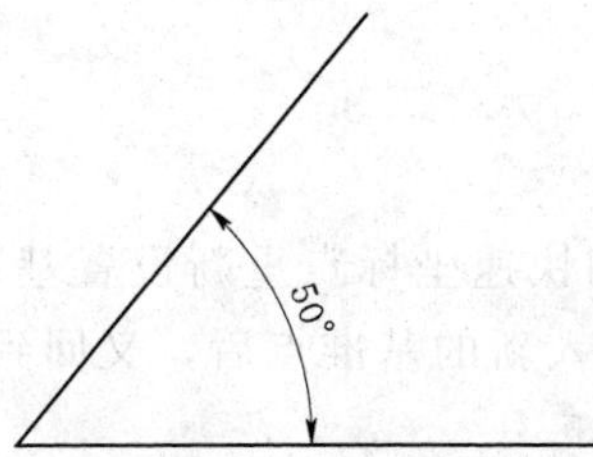

图 6.27 “角度”标注尺寸的效果

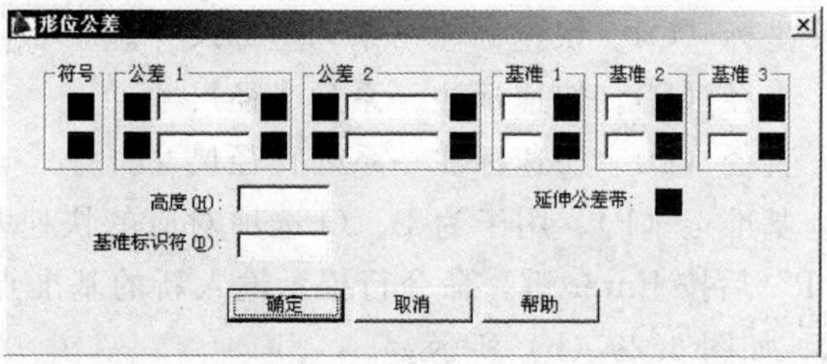

图 6.28 “形位公差”标注的一般样式

4. 形位公差标注

“形位公差”是机械制图中很重要的一种标注。标注式样一般由指引线、形位公差框格、形位公差符号、形位公差值以及基准代号组成。形位公差的一般样式如图 6.28 所示。

启动“形位公差标注”命令的方式如下：

(1) 工具栏。单击标注工具栏上的命令图标。

(2) 标注菜单。单击标注下拉菜单“标注”→“形位公差”。

(3) 键盘输入。在命令行命令提示符下，输入 Tolerance 或 DCO，回车。

启动形位公差标注命令后，系统弹出“形位公差”对话框。根据标注要求在对话框的“符号”框中单击，在弹出的对话框中选择公差符号填入，依次设置形位公差的有关参数和基准的有关参数，如单击公差值文本框前面的图样框，AutoCAD 将在形位公差值前面添加直径符“ϕ”，形位公差标值在中间的文本框中输入，单击公差值文本框后面的图样框，用户可从选取材料符号（包容条件）的图案填入。

5. 快速标注

快速标注是 AutoCAD2000 以后版本增加的功能。使用快速标注，标注一系列相邻或相近图形目标，可以大大提高标注的效率。

（1）启动快速标注命令的方式有以下三种：

1）工具栏。单击标注工具栏上的命令图标。

2）标注菜单。单击标注下拉菜单“标注”→“快速标注”。

3）键盘输入。在命令行命令提示符下，输入 Qdim，回车。

执行快速标注命令后，命令行提示及进行的操作如下：

选择要标注的几何图形：选择要进行快速标注的一系列图形实体，选好后，按 Enter 键。

指定尺寸线位置或［连续（C）/并列（S）/基线（B）/坐标（O）/半径（R）/直径（D）/基准点（P）/编辑（E）/设置（T）］< 连续（C）>：指定尺寸位置或选择某一命令选项。

（2）上述命令选项较多，以下分别介绍其意义。

1）连续（C）。默认选项，快速标注一系列连续尺寸，与采用“连续尺寸标注”命令标注的效果一致，但效率更高。

2）并列（S）。对称性标注，即标注一组由中间向左、右两边对称标注，且标注文本在最中间的尺寸线上居中，而在其他的尺寸线上依次左、右侧错开放置的尺寸，如图 6.29 所示。

3）基线（B）。快速标注一系列基线尺寸，如图 6.29（a）所示。

4）坐标（O）。快速标注一系列坐标尺寸。

5）半径（R）。快速标注一系列半径尺寸。

6）直径（D）。快速标注一系列直径尺寸。

7）基准点（P）。用于为 B、O 选项对应的快速基线和快速坐标点重新设置基准点。输入“P”后按 Enter 键，命令行提示输入新的基准点。输入新的基准点后，又回到前面的提示，如图 6.29（b）所示。

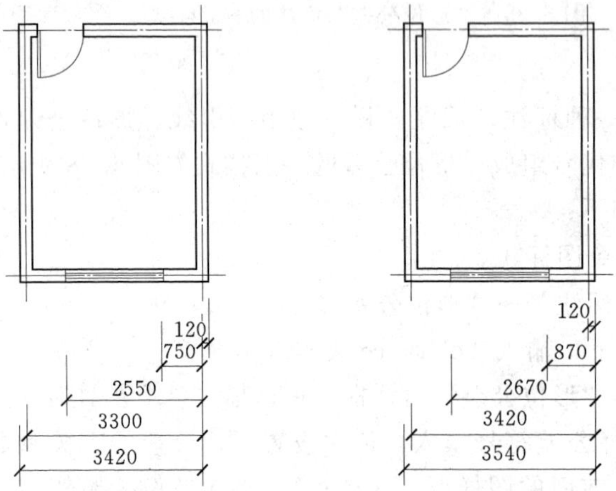

（a）“基线”选项　（b）“基准点”选项

图 6.29　快速标注的“基线”选项和“基准点”选项

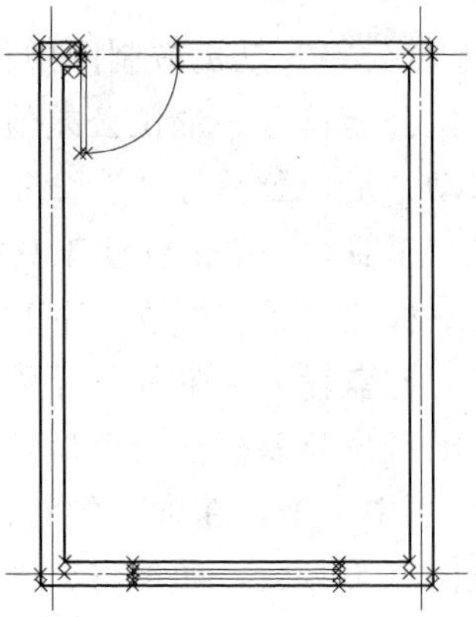

图 6.30　快速标注的“编辑”选项

8）编辑（E）。用于增加或减少尺寸标注点。选择好标注的系列图形后，尺寸标注点也随之确定。要改变尺寸标注点，输入“E”后按 Enter 键，所有的尺寸标注点处出现

“×”符号标记，如图 6.30 所示。并且命令行提示如下：

指定要删除的标注点或［添加（A）/退出（X）］＜退出＞：直接拾取要删除的点，或选取 A 选项，拾取要增加的标注点；若输入 X，则退出 E 选项，又回到前面的提示。

9）设置（T）。用于确定关联位置标注优先级。选择好标注的系列图形后，有些关联的位置关系确定。

指定关联的位置［端点（E）/交点（I）］＜退出＞：关联位置为端点选取 E；关联位置为交点选取 I。

6.1.5 尺寸标注编辑

尺寸标注的编辑是对已有的尺寸标注进行编辑和修改，但不能用于已分解的尺寸标注。对于已分解的标注，只能使用图形编辑方法进行。

6.1.5.1 更新尺寸标注

按“当前尺寸标注样式”更新已有的为其他尺寸样式的尺寸。

常使用下面两种方法启动更新命令：

（1）工具栏。单击标注工具栏上的命令图标。

（2）标注菜单。单击标注下拉菜单“标注”→“更新”。

启动命令后，命令行提示及进行的操作如下：

选择对象：选择一个需要更新为当前尺寸样式的尺寸标注。

选择对象：再选取一个尺寸标注或按 Enter 键退出。

选择对象：再选取一个尺寸标注或按 Enter 键退出。

按提示进行的操作即可将已标注的尺寸更新为当前尺寸标注的样式。

6.1.5.2 用图形编辑命令方法编辑尺寸标注

编辑尺寸标注也可利用图形编辑的有关命令如夹点编辑、复制、移动、拉伸、删除和旋转等基本编辑操作。这些操作方法在前面章节里已有详细介绍，这里不再赘述。

6.1.5.3 用“特性管理器”修改尺寸标注

使用“特性”命令修改尺寸标注与修改其他单个图形特性的操作完全一样。

1. 启动特性命令的方法

单击标准工具栏上的命令图标。

在键盘上同时按下 Ctrl+1 命令。

弹出的“特性”对话框如图 6.31 所示。利用特性进行的修改可以直接在特性表格上完成，操作简单方便。

2. 在“特性”对话框中经常进行以下操作

（1）基本特性的修改。

（2）选择其他标注样式。

（3）修改标注样式的有关参数。

（4）对标注文字的修改，如文字位置、高度、内容等，

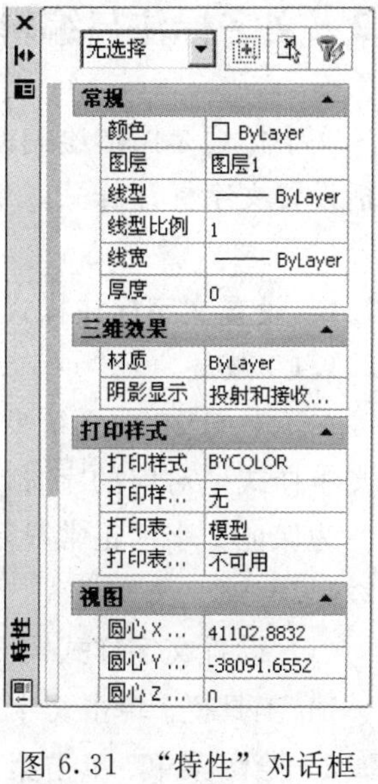

图 6.31 “特性”对话框

内容可在“文字替换”对应的右边栏上输入新的标注文本即可。

6.1.5.4　直接双击要修改的尺寸标注

直接双击要修改的尺寸标注，可以很快弹出“特性编辑器”对话框或“文本编辑器”对话框。编辑单个尺寸标注时，推荐使用该方法。

6.1.5.5　用“编辑标注”命令修改尺寸标注

（1）“编辑标注”命令用于编辑尺寸标注文本的内容、放置位置、旋转角度及尺寸界线的倾斜角度等，启动此命令的方法如下。

1）工具栏。单击标注工具栏上的命令图标。

2）修改菜单。单击修改下拉菜单“标注”→“编辑标注”。

3）键盘输入。在命令行命令提示符下，输入 Dimedit，回车。

（2）启动编辑标注图标后，命令行提示及进行的操作如下：

输入标注编辑类型［左对齐（L）/右对齐（R）/居中（C）/默认（H）/角度（A）］＜默认＞：输入选项代表字母，按 Enter 键后可以实现相应类型的修改。

1）默认（H）：用于将标注文本按标注样式指定位置和方向放置。

2）左对齐（L）：用于使得标注文字往左边对齐。

3）旋转（R）：用于旋转标注文字行。选取此选项后，命令行提示：

指定标注文字的角度：输入指定角度大小，按 Enter 键。

4）居中（C）：用于使得标注文字居中。

5）角度（A）：用于将尺寸界线倾斜为指定的角度，但标注文本和尺寸线的角度不变。选取此选项后，命令行提示：

输入倾斜角度（按 Enter 键表示无）：要求输入倾斜的角度大小。

6.2　文字标注与编辑

文字标注是图形绘制的一项主要内容，诸如技术要求、设计说明、标题栏等。本任务包括设置文字标注样式、单行文字标注、多行文字标注，以及标注文字编辑等四个方面内容。

6.2.1　设置文字标注样式

6.2.1.1　概述

AutoCAD2009 系统默认的文字样式是 Standard，也是 AutoCAD2009 提供的唯一一种文本样式，对应的字体文件是 txy.shx，在此样式下，标注的汉字全部显示为“?”符号。为保证文字的正常显示，在标注文字前，必须先进行文字标注样式的设置。

6.2.1.2　设置文字样式

（1）设置文字样式需要调出“文字样式”对话框，对话框的启动有以下三种：

1）工具栏。单击文字工具栏上的命令图标。

2）绘图菜单。单击菜单浏览器绘图下拉菜单“绘图”→“文字”。

3）键盘输入。在命令行命令提示符下，输入 Ddstyle 或 style，回车。

启动命令后，弹出的“文字样式”对话框如图 6.32 所示。

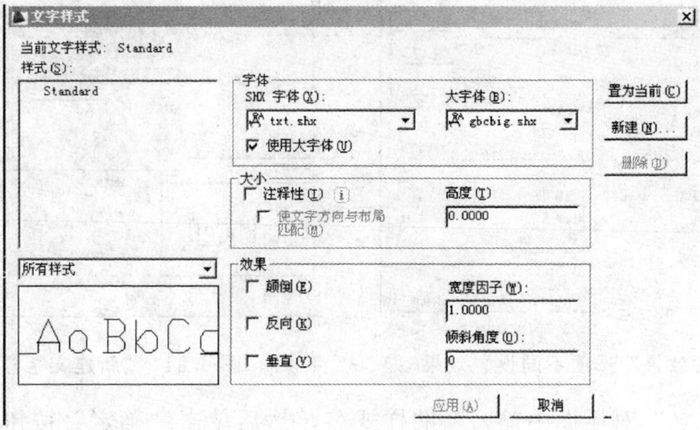

图 6.32 “文字样式”对话框

（2）对话框各选项意义说明如表 6.2 所示。

表 6.2　　文字样式对话框各选项意义

设　置	默　认	说　明
样式名	Standard	列表框中列出所有已设置的样式名可供选择
新建	—	用于新建文字样式
重命名	—	对下拉列表中显示的当前文字样式重新命名
删除	—	删除下拉列表中显示的当前文字样式名
字体名	txt. shx	表框中列出所有可供选择的所有字体文件
使用大体字	否	选择此复选框后，可在下拉列表中选择欲设置的字体样式
高度	0.0000	字符高度值。为 0.00 时，比指定的固定值在使用上更灵活些
颠倒	否	倒置写出文字
反向	否	反向写出文字
垂直	否	垂直或水平写出文字
宽度比例	1.0000	若设置值大于 1，则字体变宽，否则字体变窄
倾斜角度	0	字符的倾斜角度，设置值在－85～＋85 之间
预览	_ AaBbCcD	显示上述各参数设置后的字体效果

字体“效果”选项组设置后的文本效果如图 6.33 所示。

1）创建新的文字样式。单击“新建（N）…”按钮，弹出的“新建文字样式”对话框如图 6.34 所示。

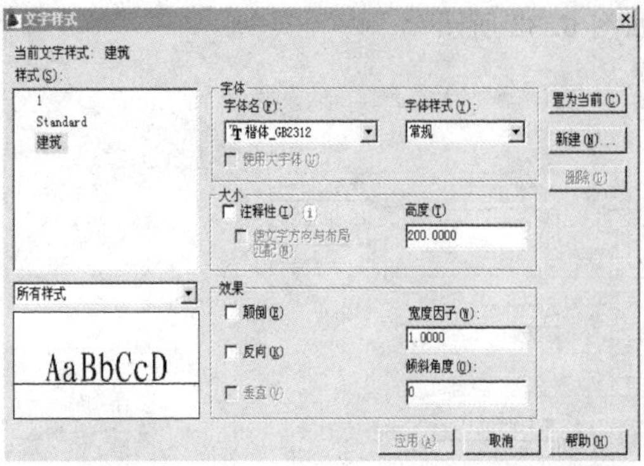

图 6.33　文本“效果”选项不同设置效果

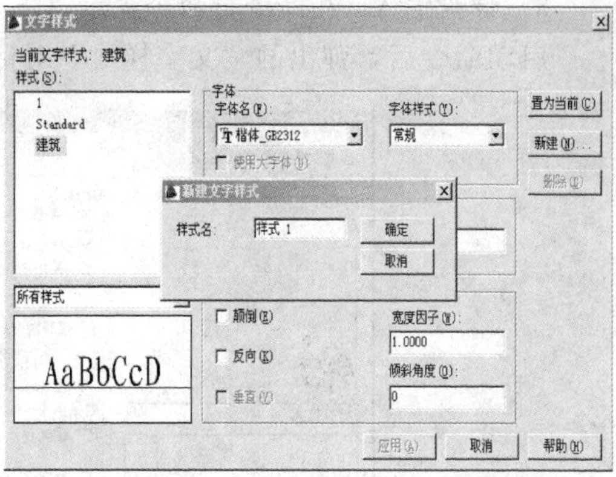

图 6.34　“新建文字样式”对话框

2）在“样式名”对话框中输入新的样式名，然后单击“确定”按钮，返回“文字样式”对话框。新建的样式名称显示在样式名列表中，并为当前样式名。

3）在“字体”、“效果”两个选项组中对新文字样式做必要的设置。

4）在“预览”选项组的文本框中新输入文字或使用原有文字，单击“预览”按钮，观察预览窗口的文字效果是否正常显示或达到预期效果。

5）单击“应用”按钮，单击“关闭”按钮退出“文字样式”对话框。

6.2.1.3　修改文字样式设置

在“样式名”下拉列表中，选择要修改的文字样式名称，则样式名列表中即显示该样式名，按需要输入该文字样式，预览满意后，单击“应用”按钮保存修改。单击“关闭”按钮退出。

6.2.1.4　选择文字样式

在“样式名”下拉列表中，选择已有的文字样式名称，使其显示在列表框中。

6.2.1.5　重命名或删除已有文字样式

在“样式名”下拉列表中，选择要重命名或要删除的文字样式名称，单击“重命名”或“删除”按钮，最后单击“关闭”按钮关闭“文字样式”对话框。

6.2.2　单行文字标注

单行文字标注的结果是一行文字，并形成一个整体。

1. 启动单行文字标注命令的三种方式

（1）工具栏。单击文字工具栏上的命令图标 A|。

（2）绘图菜单。单击菜单浏览器绘图下拉菜单“绘图”→“文字”→“单行文字”。

（3）键盘输入。在命令行命令提示符下，输入 Dtext 或 Text，回车。

2. 单行文字标注命令启动后，命令行提示及操作

当前文字样式：Standard 当前文字高度：2.5000

指定文字的起点或［对正（J）/样式（S）］：

以上提示要求输入指定文字的起始点或设置对齐方式、选择文字字样等，下面分别进行说明。

(1) 指定文字的起点：在默认形式下，可以用任意方式指定一点，作为该行文字的基线起点，也称为该行文字的插入点、基点等，接着命令行的提示及操作如下：

指定高度＜2.5000＞：指定文字高度。

指定文字的旋转角度＜0＞：指定文字的旋转角度。

输入文字：输入文字内容。

输入文字：指定另一起始点，输入第二行文字，或按 Enter 键退出。

每一个起始点开始的文字标注都是另起的一个单行文字，与前面标注的文字内容是不关联的，自成一个整体。

(2) 对正（J）：此选想用来设置文字的排列方式，输入字母“J”后，按 Enter 键，命令行提示及操作过程如下：

输入选项：［对齐（A）/布满（F）/中心（C）/中间（M）/右（R）/左上（TL）/中上（TC）/右上（TR）/左中（ML）/正中（MC）/右中（MR）/左下（BL）/中下（BC）/右下（BR）］：

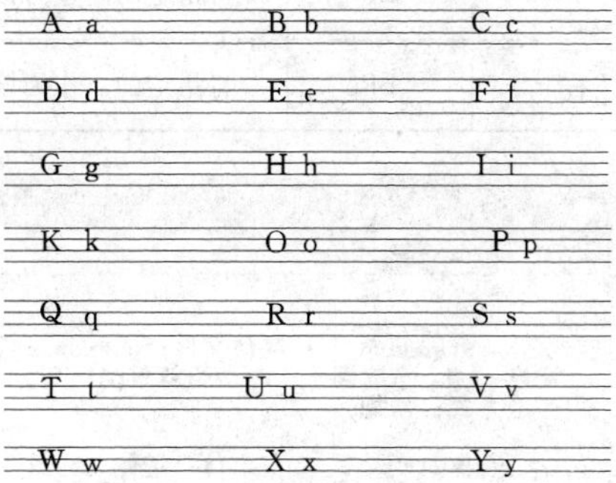

图 6.35 文本位置与位线的关系

在 AutoCAD2009 中，确定文字位置采用四条位线：顶线、中线、基线和底线，如图 6.35 所示。顶线是大写字母顶部对齐的线，中线是顶线和基线的正中间的线，基线是大写字母或汉字底部对齐的线，底线是部分小写字母对应的最底部，位于基线的下方。各选项的意义如表 6.3 所示。

表 6.3 对正（J）选项各种对正排列方式的名称、命令和意义

名 称	命 令	选 项 意 义
对齐	A	通过指定基线端点来指定文字的高度和方向，字符的大小根据其高度按比例调整。输入的字符串均匀分布在指定的两点之间，且文本行的倾斜角度由起点与终点之间的连线确定，字高、字宽由 AutoCAD 根据起点和终点间的距离、字符的多少以及文字的宽度系数自动确定。文字字符串越长，字符越矮
布满	F	调整定位方式。指定文字按照由两点定义的方向和一个高度值布满一个区域，只适用于水平方向的文字。高度以图形单位表示，是大写字母从基线开始的延伸距离。指定的文字高度是文字起点到用户指定的点之间的距离。文字字符串越长，字符越窄。字符高度保持不变
居中	C	中点定位方式。从基线的水平中心对齐文字，此基线是由用户给出的点指定的
中间	M	中线中点定位方式。文字在基线的水平中点和指定高度的垂直中点上对齐。中间对齐的文字不保持在基线上
右对齐	R	向右对齐定位方式。在由用户给出的点指定的基线上右对正文字
左上	TL	顶线左终点对齐方式。只适用于水平方向的文字
中上	TC	顶线中点对齐方式。只适用于水平方向的文字
右上	TR	顶线右终点对齐方式。只适用于水平方向的文字

续表

名　称	命　令	选　项　意　义
左中	ML	将指定的点作为该行文字中线的左端点对齐方式。只适用于水平方向的文字
正中	MC	将指定的点作为该行文字中线的中心点对齐方式。只适用于水平方向的文字
右中	MR	将指定的点作为该行文字中线的右端点对齐方式。只适用于水平方向的文字
左下	BL	将指定的点作为该行文字底线的左端点对齐方式。只适用于水平方向的文字
中下	BC	将指定的点作为该行文字底线的中心点对齐方式。只适用于水平方向的文字
右下	BR	将指定的点作为该行文字底线的右端点对齐方式。只适用于水平方向的文字

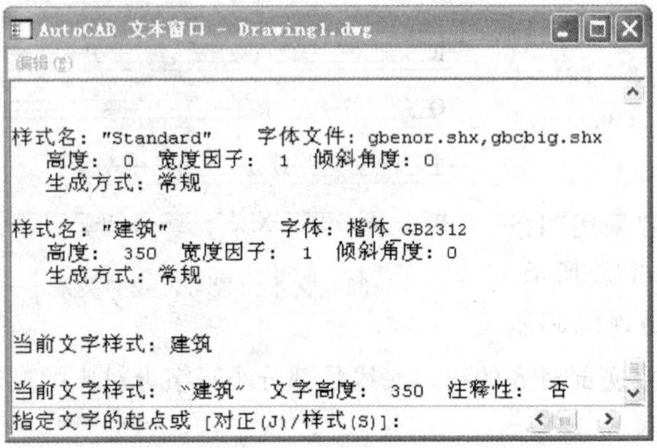

图 6.36　AutoCAD 文本窗口

（3）样式（S）：该选项确定标注文本时所用的文字样式，当使用样式不支持汉字显示时，所输入的文字在图形中显示为一串“?”。

执行该选项时，命令行提示及操作如下：

输入样式名或 [?] <Standard>：可直接输入样式名称，这里输入“?”后，按 Enter 键。

输入要列出的文字样式<*>：输入“*”后按 Enter 键。

弹出 AutoCAD 文本窗口，如图 6.36 所示。文本窗口显示已有的文字样式及当前文字的样式。

6.2.3　多行文字标注

多行文字输入命令用于创建或修改多行文字对象，还可以从其他文件中输入或粘贴文字。

1. *启动多行文字输入命令的方式*

（1）工具栏。单击文字工具栏上的命令图标 **A**。

（2）工具栏。单击绘图工具栏上的命令图标 **A**。

（3）绘图菜单。单击菜单浏览器绘图下拉菜单“绘图”→“文字”→“多行文字”。

（4）键盘输入。在命令行命令提示符下，输入 Mtext，回车。

用以上方法中的任一种启动命令后，命令行提示及操作如下：

命令：_mtext 当前文字样式：“Standard” 当前文字高度：2.5

指定第一角点：(输入一点)

指定对角点或 [高度（H）/对正（J）/行距（L）/旋转（R）/样式（S）/宽度（W）/栏（C）]：

在提示行下可以直接指定多行文字的对角点，也可以输入各选项执行相应的功能，各选项的意义如表 6.4 所示。

表 6.4　　多行文字各选项意义

名称	命令	选项意义
对角点	默认	用任意确定点的方法直接指定一个对角点。此点与第一点构成矩形区域，矩形区域的宽度就是每行文本的宽度。矩形区域上面的边为第一行文字的顶线，文字将全部填写于此区域中。确定矩形区域的同时，弹出“多行文字编辑器”对话框，如图 7.44 所示。在对话框的文本框中输入文字，利用对话框的各功能选择，可对输入的文字进行编辑，最后单击“确定”按钮，完成文字输入
高度	H	用于设置字符高度
对正	J	设置对齐方式，设置方法在上面已详细介绍
行距	L	设置多行文字的行距
旋转	R	用于设置多行文字的倾斜角度
样式	S	用于指定多行文字的文字样式
宽度	W	设置文字区域宽度。可以输入具体数值，也可以指定一点，相当于直接输入对角点
栏	C	设置文字区域宽度、高度、栏间距；也可将文字分栏编辑。可以输入具体数值，也可以指定一点，相当于直接输入对角点

在选择行距设置时，命令行会提示：

输入行距类型［至少（A）/精确（E）］<至少（A）>：输入行距类型 A 或 E，按 Enter 键。

说明：

“A”选项，根据一行中的最高字符的高度自动确定各行行距，但至少为设置行间距。

“E”选项，各行行距等于设置值。

输入行距比例或行距<1x>：输入行距离。

1x，表示一倍行距，一倍行距为字符高度的 1.66 倍。输入行距可以直接输入距离值，也可以输入数值后跟“x”，表示行距为单倍行距的倍数。

启动命令后的多行文字编辑器如图 6.37 所示。

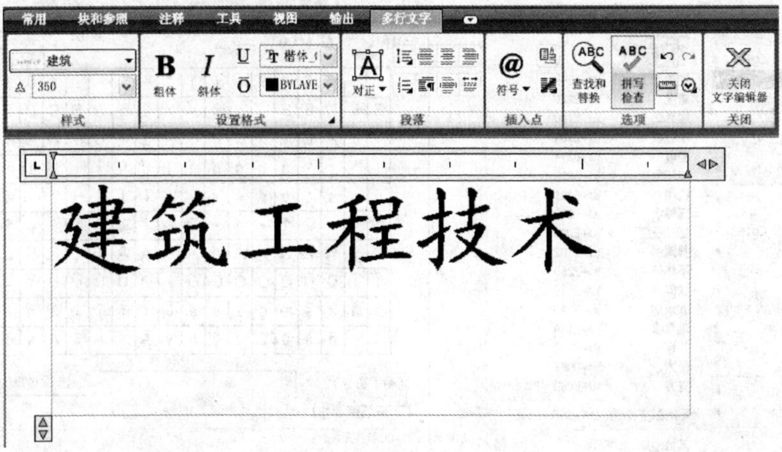

图 6.37　多行文字编辑器

2. 特别提示

(1) 矩形区域只限制了多行文字的行宽，行数不受矩形区域高度限制。

(2) 矩形框边界只对单词和文字起作用，对中间无间隔的字符串不起作用。

(3) 命令行中各命令选项主要用于文字对齐、特性等方面的设置，这些设置可以在“多行文字编辑器”中完成，并且更为方便。

6.2.4　特殊字符的输入

在实际工程绘图中，常常需要标注一些特殊符号如上划线、下划线、角度符号、正负符号等。而这些字符又不能从键盘上直接输入，为此 AutoCAD 提供了各种控制码用来满足用户这一要求。控制码一般由两个连续的百分比（%%）和一个字母组成。各种控制码的符号及意义如表 6.5 所示。

表 6.5　特殊字符和控制码的对应关系

控　制　码	特殊字符或功能	实　例
%%O	在文字上方画线开/关切换	$\overline{100}$
%%U	在文字下方画线开/关切换	$\underline{100}$
%%D	标注度符号	100°
%%P	标注正负符号（+/−）	±100
%%C	标注圆的直径符	ϕ100
%%%	在文本后面添加百分符号“%”	100%

另外，在多行文字编辑器中，如要输入一些特殊符号时，可以将光标置于文本编辑器中要添加符号的位置，然后点击鼠标右键，选择“符号（s）”，如图 6.38 所示；也可以在图 6.37 中点击“@符号”按钮，弹出字符输入快捷菜单，如图 6.38 右图所示。若要输入快捷菜单中和表 6.5 以外的特殊字符，可以点选“其他（O）…”，弹出“字符映射表”对话框，如图 6.39 所示。“字符映射表”对话框中所列字符一般能够满足用户绘图需要。

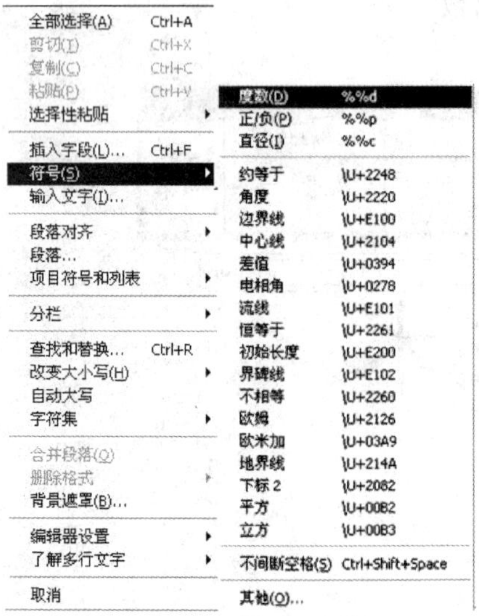

图 6.38　字符快捷菜单

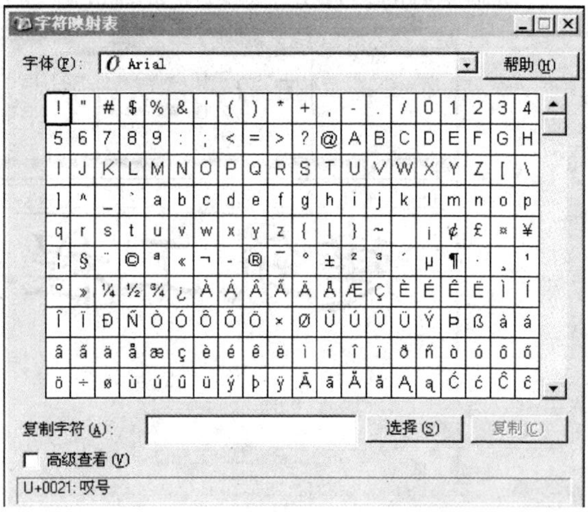

图 6.39　“字符映射表”对话框

6.2.5 标注文字编辑

AutoCAD2009 的文本编辑功能非常强大，且提供了多种编辑文本的命令，如“文字编辑”命令、“多行文字编辑器”对话框、“对象特性”选项板、快捷菜单和夹点功能等，可以修改单行文字、多行文字、带引线的文字、修改文字比例和对正方式等。

6.2.5.1 用“文字编辑”命令编辑文字

启动命令的方式如下：

(1) 工具栏。单击文字工具栏中的命令按钮。

(2) 修改菜单。单击修改下拉菜单“修改”→“对象”→“文字”→“编辑 (E)”。

(3) 键盘输入。在命令行命令提示符下，输入 Ddedit 或 ED，回车。

应用上述方式中的任一种启动命令后，命令行提示及操作过程如下：

选择注释对象或 [放弃 (U)]:

用户可按提示直接选取要编辑的文字对象。若文字标注是用单行文字标注的，则弹出“编辑文字”对话框，如图 6.40 所示；若文字标注是用多行文字标注的，则弹出“多行文字编辑”对话框，如图 6.41 所示。用户可在对话框中输入新的文本内容，单击“确定”按钮即可。

图 6.40 “编辑文字”对话框

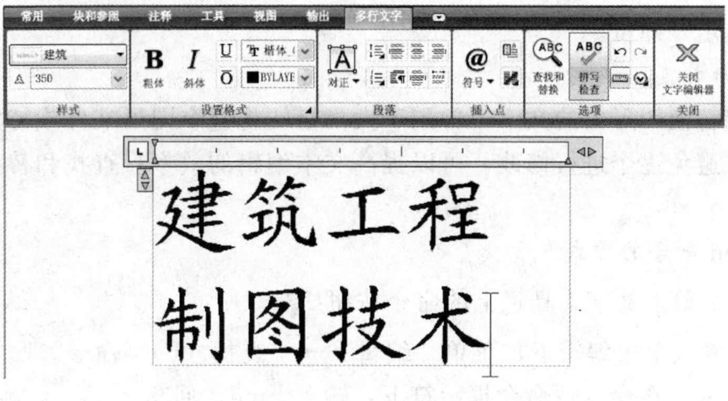

图 6.41 “多行文字编辑”对话框

6.2.5.2 用“特性”命令编辑文字

启动命令的方式有以下几种：

(1) 工具栏。单击标准工具栏上的命令按钮。

(2) 修改菜单。单击修改下拉菜单“修改”→“特性”命令。

(3) 键盘输入。在命令行命令提示符下，输入 Ddmodify，回车。

(4) 快捷键。在键盘上同时按下 Ctrl+1。

特性命令启动后，其对话框如图 6.42 所示。用户可以根据对话框的列表内容进行相应的修改，输入参数后，按 Enter 键会显示出修改的效果，相当于预览功能。

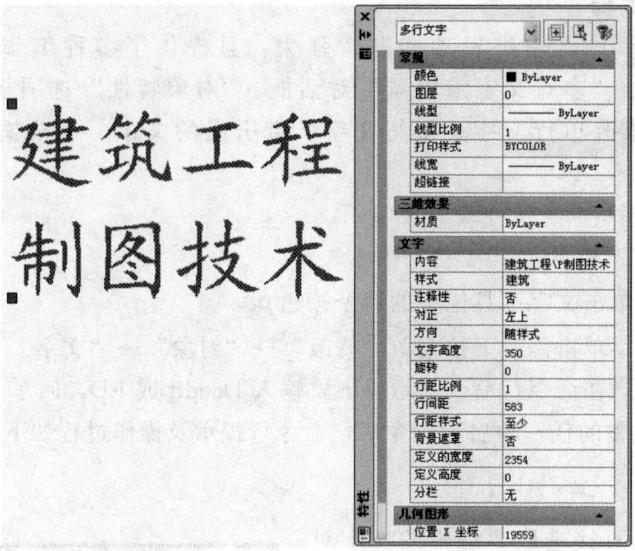

图 6.42　文字对应的“特性”对话框

6.2.5.3　直接双击要编辑的文本

在命令行为“命令：”状态下，用鼠标左键直接双击要编辑的文本，如果文本是应用单行文字标注的，则弹出“编辑文字”对话框，如图 6.40 所示；如果文本是应用多行文字标注的，则弹出“多行文字编辑器”对话框，如图 6.41 所示。用户可在对话框中修改内容，单击“确定”即可。

6.2.5.4　查找与替换

用于查找和替换图形中的文字，常用于大批量的将整个图形文件或特定区域内的文本同意进行替换，避免逐个进行修改，可以提高文本编辑的效率。查找和替换的基本命令是 Find。

1. *启动 Find 命令的方式*

(1) 工具栏。单击文字工具栏上的命令按钮。

(2) 编辑菜单。单击编辑下拉菜单“编辑”→“查找 (F)”命令。

(3) 键盘输入。在命令行命令提示符下，输入 Find，回车。

启动 Find 命令后，弹出的“查找与替换”对话框如图 6.43 所示。

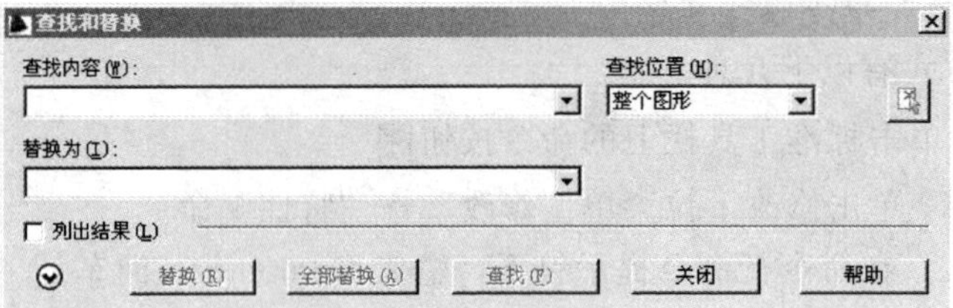

图 6.43　“查找与替换”对话框

2. 对话框中的各选项意义

(1)“查找内容（W）：”下拉列表框：输入或选择要查找或替换的文字。

(2)“替换为（I）：”下拉列表框：输入或选择要替换的文字。

(3)“查找位置（H）：”下拉列表框：指定查找文字所在的范围，可在下拉列表框中选择查找的范围。操作是：单击此下拉列表框右边的选择对象按钮，返回图形窗口，在图形窗口中选择图形实体，选取完毕按 Enter 键返回“查找与替换”对话框，创建或修改查找区域。“查找位置（H）：”下拉列表框在自动将“当前选择”设为当前选项。

(4)“更多选项”按钮：点击按钮打开设置查找的其他选项，弹出的“查找与替换选项”对话框如图 6.44 所示。对话框中个别选项意义如下：

1）区分大小写”复选框：决定查找的文字是否要区分大小写。

2）“全字匹配”复选框：决定是否对整个单词进行匹配。没有间隔的字符组成一个单词，单词之间有空格隔开。将复选框选取，将查找的文本作为一个单词，判断查找区域内的单词是否与此单词匹配，只有完全匹配的单词才能被替换。

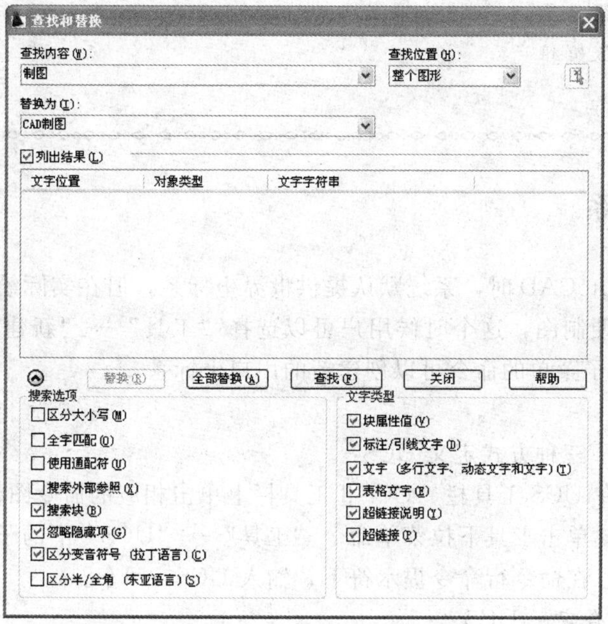

图 6.44 “查找与替换”搜索选项

(5)“查找”按钮：单击该按钮后，开始查找过程，搜索到的文本将显示在“上下文”文本框中。同时“查找”按钮自动变成“查找下一个”按钮，单击此按钮，可以查找下一个文本。

(6)“替换”按钮：替换文本按钮。将“查找”到的文本替换成“改为”下拉列表框中指定的文本。

(7)“全部替换”按钮：一次性将所有查找到的匹配文本全部替换。

7 三维建筑图形绘制

本章要点

AutoCAD 2009 具有很强的三维设计功能，提供了构造复杂三维模型的各种工具。通过本章的学习，读者可以掌握绘制三维图形的方法，本章重点内容是三维模型的创建方法，主要介绍了六个方面：

（1）用户坐标系。

（2）三维视点与视图设置。

（3）建立三维实体。

（4）编辑三维对象。

（5）三维实体编辑。

（6）渲染。

7.1 用户坐标系

在用户打开 AutoCAD 时，系统默认提供世界坐标系，但在实际绘图的时候用户需要调整坐标系，以方便制图，这个时候用户可以选择“工具”→“新建 UCS”命令，弹出 UCS 子菜单，通过子菜单的命令可以创建新的用户坐标系。

7.1.1 定义 UCS

用户可以用以下三种方式定义 UCS：

（1）工具栏。在 UCS 工具栏、UCSⅡ工具栏上单击相应的命令图标。

（2）工具菜单。单击工具下拉菜单命令“工具”→“UCS”下的子菜单项。

（3）键盘输入。在命令行命令提示符下，输入 UCS，回车。

1. 使用键盘命令定义 UCS

在命令提示行中输入 UCS 启动该命令后，AutoCAD 提示：

当前 UCS 名称：*世界*

输入选项“新建（N）/移动（M）/正交（G）/上一个（P）/恢复（R）/保存（S）/删除（D）/应用（A）/？/世界（W）”<世界>：

该提示行下有 10 个选项，各选项含义如下。

（1）新建（N）：创建新 UCS。执行该选项，AutoCAD 提示：

指定新 UCS 的原点或“Z 轴（ZA）/三点（3）/对象（OB）/面（F）/视图（V）/X/Y/Z”：

此提示要求用户确定 UCS 的创建方法，AutoCAD 所提供创建 UCS 的方法在三维作图中常常需要变换，各方法含义如下：

指定新UCS的原点：确定新UCS的原点，为默认项。执行该项，新UCS通过将原坐标系的原点移动到新位置，且移动后新UCS的X、Y、Z坐标轴方向不变。

Z轴（ZA）：在不改变原坐标系X轴和Y轴方向的前提下，通过确定新坐标系原点和Z轴正方向上的任一点创建新UCS。

三点（3）：通过定义3个点即原点、X轴正方向上一点和Y轴正方向上一点位置创建新UCS，这是较常用的方法之一。

对象（OB）：根据用户选择的对象创建新UCS。

创建新的UCS与所选对象具有同样的伸出方向（即正的Z轴），其原点和X轴正方向按表7.1所列的规则确定，Y轴方向符合右手规则。

表7.1　　根据对象定义UCS

对象类型	确定UCS的方法
点（POINT）	该点为新UCS的原点，X轴任意，但必须与算法一致
线段（LINE）	线上离拾取点近的端点为新UCS的原点，X轴的选择要满足使该线位于新UCS的XZ面上，线上的另一个端点在新UCS中的Y坐标为0
圆弧（ARC）	新UCS的原点为圆弧的圆心，X轴通过离拾取点近的圆弧端点
圆（CIRCLE）	新UCS的原点为圆的圆心，X轴通过拾取点
二维多段线（POLYLINE）	二维多段线上的起始点为新UCS的原点，X轴位于起点到下一个顶点的连线上
尺寸标注（DIMENSION）	尺寸标注文字的中点为新UCS的原点，X轴方向平行于标注该尺寸文字时UCS的X轴方向
三维面（3D FACE）	三维面上的第一点为新UCS的原点，初始两点确定新UCS的X轴第一点与第四点确定Y轴的正向
文字、块、外部参照、属性及属性定义	对象的插入点为新UCS的原点，X轴方向沿着原UCS的X轴方向

面（F）：根据三维实体上的平面创建新UCS。

被选择实体对象的面以高亮度显示，且新UCS附着于此面，它的X轴对齐所找到面的最近的边，同时AutoCAD提示：

输入选项“下一个（N）/X轴反向（X）/Y轴反向（Y）”＜接受＞：

缺省选项为接受，如果按回车键将接受由指定的实体平面所创建UCS位置，否则可选择其他选项，将重复出现提示直到接受新位置为止。输入N（下一个）将新UCS放到邻近面或选择边所在面的反面；输入X（X轴反向）将UCS绕X轴旋转180°；输入Y（Y轴反向）将UCS绕Y轴旋转180°。

视图（V）：新UCS的XY平面与当前视图面平行，原点为原UCS的原点。

X、Y、Z：X、Y、Z选项分别表示将原UCS绕X、Y、Z轴旋转指定的角度，得到新的UCS。

（2）移动（M）：通过改变当前UCS的原点位置或Z向深度重新定义UCS，新UCS的X、Y坐标的方向不变。

（3）正交（G）：将UCS设置成正交形式。

（4）上一个（P）：退回到前一个坐标系设置。

（5）恢复（R）：恢复命名保存的 UCS，使其成为当前 UCS。这种恢复并不重新建立保存原 UCS 时的有效视图方向，即“恢复（R）”选项仅恢复 UCS，而原视图方向不能恢复。

（6）保存（S）：将当前 UCS 设置命名保存。

（7）删除（D）：从命名保存的 UCS 中删去指定的 UCS。

（8）应用（A）：当其他视口中保存有不同的 UCS 时，确定是将当前 UCS 应用于指定视口，还是应用于所有视口。

（9）?：列出各命名保存的 UCS 相对于当前 UCS 的名称、原点坐标、坐标轴的方向矢量。

（10）世界（W）：将当前坐标系设置为世界坐标系（WCS），该选项为默认项。

2. 使用工具菜单中的 UCS 子菜单

单击“工具”→“新建 UCS”菜单，在显示的级联菜单上单击相应的子项。

单击“工具”→“正交 UCS”菜单，在显示的级联菜单上单击相应的子项。

单击“工具”→“移动 UCS”选项，可以实现快速建立 UCS 的功能。

各菜单上的子命令与 UCS 命令选项具有对应关系，比命令方式更直接更好用。

3. 使用工具栏

在 UCS 工具栏上单击相应图标，可以实现快速建立 UCS 的功能表 7.2 列出了 UCS 工具栏及 UCSⅡ工具按钮中的图标及其含义。

表 7.2　UCS 工具栏及 UCSⅡ工具栏的图标和含义

图标	含　义	图标	含　义
	新建 UCS 命令		确定新坐标系原点和 Z 轴正方向上的任一点创建新 UCS
	显示 UCS 对话框		通过定义 3 个点创建新 UCS
	返回上一个 UCS 坐标系设置		将原 UCS 绕 X 轴旋转指定的角度，得到新的 UCS
	将当前坐标系设置为世界坐标系		将原 UCS 绕 Y 轴旋转指定的角度，得到新的 UCS
	根据用户选择的对象创建新 UCS		将原 UCS 绕 Z 轴旋转指定的角度，得到新的 UCS
	根据三维实体上的平面创建新 UCS		确定是将当前 UCS 应用于指定视口，还是应用于所有视口
	新 UCS 的 XY 平面与当前视图面平行，原点为原 UCS 原点		移动 UCS 原点创建新 UCS 坐标系
	确定新 UCS 的原点，X、Y、Z 坐标轴方向不发生改变		

7.1.2 管理 UCS

（1）用户可以利用 AutoCAD 2005 提供的 UCS 对话框管理和设置 UCS。启动 UCS 对话框的方法有三种方式：

1）工具栏。单击 UCS 工具栏的命令按钮。

2）工具菜单。单击工具下拉菜单的“工具”→“命名 UCS”命令。

3）键盘输入。在命令行命令提示符下，输入 Ucsman，回车。

（2）执行显示 UCS 对话框命令后，AutoCAD 弹出“UCS”对话框。对话框中有“命名 UCS”、“正交 UCS”和“设置”3 个选项卡，它们的功能如下：

1）“命名 UCS”选项卡：此选项卡用于显示已有的 UCS、设置当前坐标系。

在该选项卡中，AutoCAD 显示出当前使用和已命名的 UCS。用户可以将世界坐标系、上一次使用的 UCS 或某一命名 UCS 置为当前坐标系，可以了解指定坐标系的详细信息。

2）“正交 UCS”选项卡：该选项卡用于将 UCS 设置成某一正交形式。

用户可通过对话框中的“相对于”下拉列表框确定用于定义正交形式 UCS 的基坐标系。默认基坐标系为 WCS。确定基坐标系后，可在“俯视”、“仰视”、“主视”、“后视”、“左视”或“右视”中选择一项，然后单击“置为当前”按钮，即可建立相应的正交 UCS。

3）“设置”选项卡：该选项卡用于设置 UCS 的图标显示形式和应用范围。

对话框中的“UCS 图标设置”复选框选项组中，“开”复选框确定是否在图形屏幕上显示 UCS 图标；“显示于 UCS 原点”复选框确定 UCS 图标是否显示在当前 UCS 的原点；“应用到所有活动视口”复选框则用于确定是否将 UCS 图标的设置应用于当前图形中的所有活动视口。

“UCS 设置”复选框选项组为当前视口设置 UCS。

7.2 三维视点与视图设置

一旦用 AutoCAD 2009 创建出三维模型，就可以从任意方向观察它。AutoCAD 通过视点来确定观察三维对象的方向，当用户指定视点后，AutoCAD 将该点与坐标原点的连线方向作为观察方向，并在屏幕上按该方向显示出图形的投影。

7.2.1 设置察看方向

在 AutoCAD 的三维空间中，用户可通过不同的方向来观察对象。用于设置察看方向的命令调用方式如下：

（1）视图菜单。单击视图下拉菜单“视图”→“三维视图”→“视点预设”。

（2）键盘输入。在命令行命令提示符下，输入 Ddvpoint 或 VP，回车。

执行 Ddvpoint 命令后，AutoCAD 弹出图 7.1 所示的“视点预设”对话框。

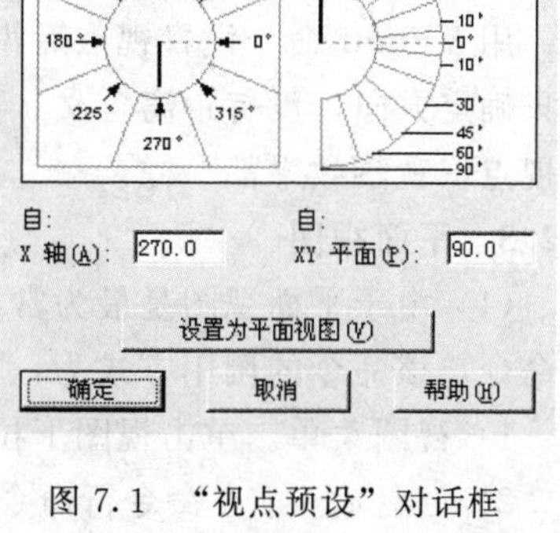

图 7.1 “视点预设”对话框

在该对话框中，“绝对于 WCS”和“相对于 UCS”两个单选按钮分别用来确定是相对于 WCS 还是 UCS 设置视点。在对话框的图像框中，左面类似于钟表的图像用于确定原点、视点之间的连线在 XY 平面的投影与 X 轴正方向的夹角，右面的半圆形图像用于确定该连线与投影线之间的夹角，用户在希望设置的角度位置处单击即可。此外，也可以在“自 X 轴（A）”和“自 XY 平面（P）”文本框内输入相应的角度实现视点设置。

7.2.2　设置图形的三维直观图的察看方向

（1）现在使用另一种更为直观的方法来设置察看方向，“VPoint”命令可以将观察者置于一个位置上观察图形，就好像从空间中的一个指定点向原点（0，0，0）方向观察。命令调用方式为：

1）视图菜单。单击视图下拉菜单“视图”→“三维视图”→“视点”。

2）键盘输入。在命令行命令提示符下，输入 VPoint 或 VP，回车。

调用该命令后，系统将显示当前视点位置，AutoCAD 会提示：

指定视点或旋转（R）＜显示坐标球和三轴架＞：

（2）提示中的各选项含义如下：

1）“指定视点”：指定一个点作为视点方向，为默认项。确定视点位置后，AutoCAD 将该点与坐标原点的连线方向作为观察方向，并按该方向显示图形的投影。

2）“旋转（R）”：使用两个角度指定新的观察方向。输入 R 选项，AutoCAD 提示：

输入 XY 平面中与 X 轴的夹角：（输入视点方向在 XY 平面内的投影与 X 轴正向的夹角）

输入与 XY 平面的夹角：（输入视点方向与其在 XY 面上投影之间的夹角）

3）“显示坐标球和三轴架”：根据显示出坐标球和三轴架确定视点。在“指定视点或旋转（R）＜显示坐标球和三轴架＞：”提示下直接按 Enter 键，即执行＜显示坐标球和三轴架＞选项。AutoCAD 显示出坐标球和三轴架。

用坐标球和三轴架可以确定视点。拖动鼠标使光标在坐标球范围内移动时，三轴架的 X、Y 轴也会绕着 Z 轴转动。三轴架转动的角度与光标在坐标球上的位置对应。光标位于坐标球的不同位置，相应的视点也不相同。坐标球实际上是球体的俯视投影图，它的中心点为北极（0，0，1），相当于视点位于 Z 轴正方向；内环为赤道（n，n，0）；整个外环为北极（0，0，－1）。当光标位于内环之内时，相当于视点在球体的上半球体；光标位于内环与外环之间，表示视点在球体的下半球体。随着光标的移动，三轴架也随着变化，即视点位置在发生变化。确定视点位置后按 Enter 键，AutoCAD 按该视点显示对象。

用 VPoint 命令设置视点后得到的投影图为轴测投影图，不是透视投影图。另外，视点只确定方向，没有距离含义。也就是说，在视点与原点连线及其延长线上任意选一点作为视点，观察效果都一样。

7.2.3　平面视图

（1）由于平面视图是最为常用的一种视图，因此 AutoCAD 提供了快速设置平面视图的命令，该命令的调用方式为：

1）视图菜单。单击视图下拉菜单平面“视图”→“三维视图”→“平面视图”。

2）键盘输入。在命令行命令提示符下，输入 Plan，回车。

（2）调用该命令后，AutoCAD 提示如下：

输入选项［当前 UCS（C）/UCS（U）/世界（W）］<当前 UCS>：

1）“当前 UCS（C）”选项：表示将在当前视口中重新生成相对于当前 UCS 的平面视图，以使图形范围布满当前 UCS 的当前视口。

2）“UCS（U）”选项：表示恢复命名存储的 UCS 平面视图并重生成显示。

3）“世界（W）”选项：则重新生成相对于 WCS 的平面视图，以使图形范围布满世界坐标系屏幕。

7.2.4 设置正交视图与等轴测视图

由于三维模型视图中正交视图和等轴测视图使用较为普遍，因此 AutoCAD 提供了如下几种设置方法。

（1）工具栏。单击视图工具栏上的相应命令。

（2）视图菜单。单击视图下拉菜单“视图”→“三维视图”→子菜单中位于第 2、3 栏中的各命令。

（3）键盘输入。在命令行命令提示符下，输入 View，回车。

在命令行调用“View”命令后，弹出“视图”对话框。在“正交和等轴测视图选项卡”的列表中显示了所有的正交视图和等轴测视图。如图 7.2 所示。

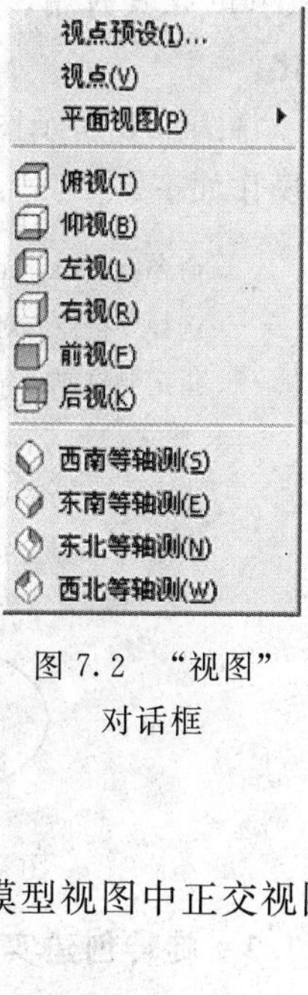

图 7.2 “视图”对话框

用户可在列表中选择一个视图，并单击“置为当前”按钮来恢复选定的正交视图或等轴测视图。

在“相对于”下拉列表中显示了 WCS 和当前图形中的所有已命名 UCS，用户可以指定某个坐标系来恢复正交视图或等轴测视图。缺省值为 WCS。

勾选“恢复正交 UCS 和视图”复选框，当用户构成当前视图时，将恢复关联的 UCS。

使用“视图”菜单的“三维视图”子菜单，可以直观地设置三维模型视图中正交视图和等轴测视图。

7.3 建立三维实体

AutoCAD 2009 支持三种类型的三维建模：线框模型、曲面模型和实体模型。每种模型都有自己的创建方法和编辑技术。在各种三维建模方式中，实体模型的信息最完整，歧义最少，实体对象表示整个对象的体积。复杂实体比线框和网格更容易构造和编辑。可以根据基本实体来创建实体，或通过沿路径拉伸二维对象、绕轴旋转二维对象来创建实体。创建实体之后，可以组合这些实体来创建更复杂的实体。可以合并这些实体，或获得它们的差集或交集部分。

7.3.1 拉伸创建实体

在 AutoCAD 2009 中，利用拉伸命令可以通过将二维封闭对象按指定的高度或路径绘制三维实体。启动拉伸命令可用以下三种方式：

(1) 工具栏。单击实体工具栏上的命令按钮。

(2) 绘图菜单。单击绘图下拉菜单“绘图”→“建模”→“拉伸”。

(3) 键盘输入。在命令行命令提示符下，输入 Extrude，回车。

启动 Extrude 命令后，AutoCAD 将提示：

选择对象：(选择拉伸对象)
选择对象：(按回车键也可以继续选择对象)

当以这种方式绘实体时，用于拉伸的二维对象可以是圆、椭圆、封闭二维多段线、封闭样条曲线等对象不能拉伸三维对象、包括在块中的对象、有交叉或横断部分的多段线，或非闭合多段线；如果对象包含圆角、倒角和其他不用轮廓很难重新制作的细部图，那么 Extrude 尤其有用。拉伸过程中不但可以指定高度，而且还可以使对象截面沿着拉伸方向变化。

将图 7.3 所示图形拉伸成图 7.4 所示按高指定度拉伸对象。启动命令后，命令行提示及操作如下：

命令：_ Extrude
选择要拉伸的对象：拾取封闭图形如图 7.6 所示，然后按回车键，完成拾取。
指定要拉伸的高度或“方向 (D) /路径 (P) /倾斜角 (T)” <100.0000>：150//输入拉伸高度。

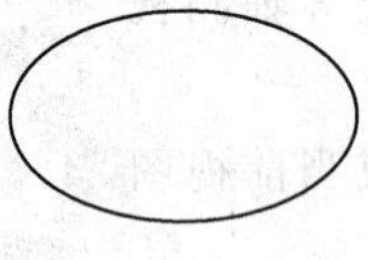

图 7.3　圆柱底圆

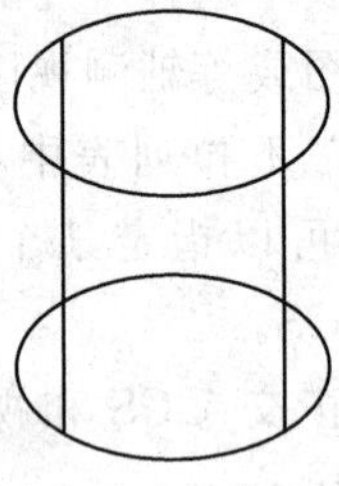

图 7.4　按指定高度拉伸对象

7.3.2 旋转创建实体

在 AutoCAD 2009 中，使用旋转命令可通过绕旋转轴旋转封闭二维对象的方法绘出三维实体，也可以围绕直线、多段线或两个指定的点旋转对象。启动旋转命令可用以下三种方式：

(1) 工具栏。单击实体工具栏上的命令按钮。

(2) 绘图菜单。单击绘图下拉菜单“绘图”→“建模”→“旋转”。

(3) 键盘输入。在命令行命令提示符下，输入 Revolve，回车。

启动 Revolve 命令后，AutoCAD 将提示：

选择对象：选择旋转对象。
选择对象：按回车键也可以继续选择对象。

用于旋转的二维对象可以是圆、椭圆、圆弧、封闭二维多段线、封闭样条曲线、面域等对象，但不能对三维对象、包含在块中的对象、有交叉或横断部分的多段线，或非闭合多段线等对象使用该命令。如果对象包含圆角或其他使用普通轮廓很难制作的细部图，那么可以使用旋转命令。如果用与多段线相交的直线或圆弧创建轮廓，可用 PEDIT 的“合并”选项将它们转换为单个多段线对象，然后使用旋转命令。

如图 7.5 将多段线绕直线旋转，形成如图 7.6 所示的旋转实体，命令行提示及操作如下：

命令：_ Revolve

选择要旋转的对象：找到 1 个//拾取旋转的对象 1。

选择要旋转的对象：//按回车键，完成拾取。

指定轴起点或根据以下选项之一定义轴“对象（O）/X/Y/Z”<对象>：O//输入 O，以对象为轴。

选择对象：//拾取直线 2 为旋转轴

指定旋转角度或“起点角度（ST）”<360>：//按回车键，默认旋转角度为 360°。

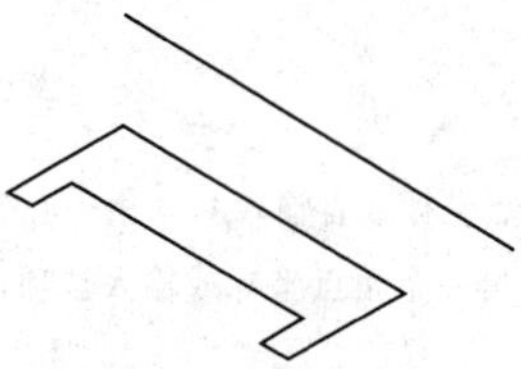

图 7.5　旋转对象

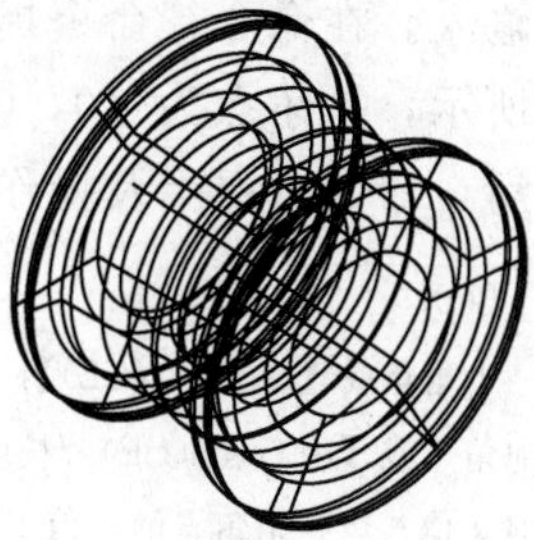

图 7.6　旋转体

7.3.3　扫掠

选择“绘图”→“建模”→“扫掠”命令，可以执行 Sweep 命令，可以通过沿开放或闭合的二维或三维路径扫掠开放或闭合平面曲线来创建新实体或曲面。

Sweep 命令用于沿指定的路径以指定轮廓的形状（扫掠对象）绘制实体或曲面，可以扫掠多个对象，但是这些对象必须位于同一平面中。如果沿着一条路径扫掠闭合的曲线，则生成实体；如果沿着一条路径扫掠开放的曲线，则生成曲面。

如图 7.7 所示，将圆对象沿直线扫掠，形成图 7.8 所示的实体，命令行提示及操作如下：

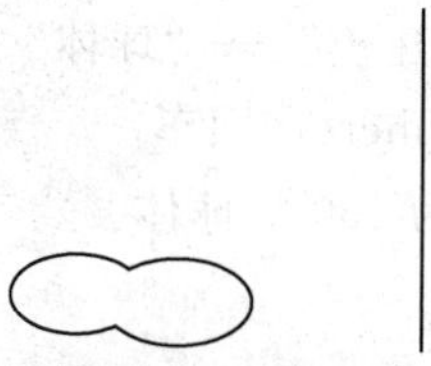

图 7.7　扫掠对象

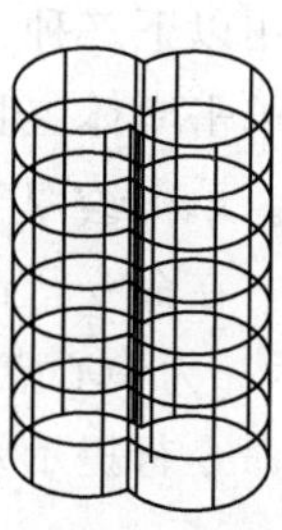

图 7.8　扫掠实体

命令：_ Sweep

当前线框密度：ISOLINES=4

选择要扫掠的对象：找到一个//拾取面域对象。

选择要扫掠的对象：//按回车键，完成扫掠对象拾取。

选择要扫掠路径或【对齐（A）/基点（B）/比例（S）/扭曲（T）】：//按回车键，完成扫掠对象拾取。

7.3.4　创建基本实体对象

利用 AutoCAD 2009，用户可以绘制各种形式的基本实体，如长方体、楔体、球体、圆柱体、圆环体、圆锥体等。

7.3.4.1　绘制长方体

AutoCAD 绘制长方体的底面总与当前 UCS 的 XY 平面平行。绘长方体可以采用以下三种方式：

（1）工具栏。单击实体工具栏上的命令按钮。

（2）绘图菜单。单击绘图下拉菜单“绘图”→“建模”→“旋转”。

（3）键盘输入。在命令行命令提示符下，输入 BOX，回车。

如图 7.9 所示，是角点为（0，0，0）、（100，100，0），高度为 50 的长方体。

启动命令后，命令行提示及操作如下：

命令：_BOX

指定第一个角点或【中心点（CE）】：//输入长方体的一个角点坐标或者输入 C 采用中心线绘制长方体。

指定其他角点或【中心点（CE）/长度（L）】：指定长方体的另一个角点坐标或输入选项，如果长方体的另一角点指定的 Z 值与第一个角点的 Z 值不同，将不显示高度提示。

指定的高度或【两点（2P）】：//指定高度或输入 2P 以选择两点的选项。

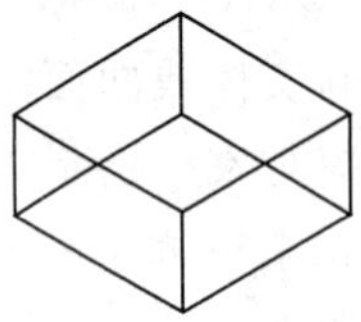

图 7.9　长方体

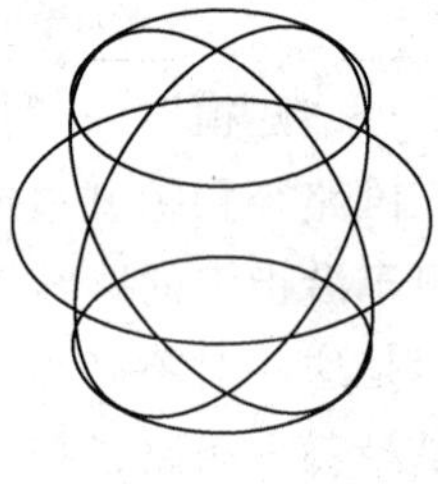

图 7.10　球体

7.3.4.2　绘制球体

绘制球体可采用以下三种方式：

（1）工具栏。单击实体工具栏上的命令按钮。

（2）绘图菜单。单击绘图下拉菜单“绘图”→“建模”→“球体”。

（3）键盘输入。在命令行命令提示符下，输入 Sphere，回车。

如图 7.10 所示，为中心点为（0，0，0），半径为 150 的球体。

启动命令后，命令行提示及操作如下：

命令：_Sphere

指定中心点或“三点（3P）/两点（2P）/相切、相切、半径（T）”：//指定球体的中心点或者使用类似于绘制圆的其他方式绘制球体。

指定半径或“直径（D）”：//指定球体的半径或直径。

7.3.4.3 绘制圆柱体

AutoCAD 绘制圆柱体的方式有以下三种方式：

(1) 工具栏。单击实体工具栏上的命令按钮。

(2) 绘图菜单。单击绘图下拉菜单“绘图”→“建模”→“圆柱体”。

(3) 键盘输入。在命令行命令提示符下，输入 Cylinder，回车。

如图 7.11 所示，底面中心点为（0，0，0），半径为 60，高度为 150 的球体。

选择“绘图”→“建模”→“圆柱体”命令，可以执行 Cylinder 命令。启动命令后，命令行提示及操作如下：

命令：_ Cylinder

指定底面的中心点或“三点（3P）/两点（2P）/相切、相切、半径（T）/椭圆（E）”：//指定圆柱体底面中心的坐标或者输入其他选项绘制底面圆或者椭圆。

指定底面半径或“直径（D）”：//指定底面圆的半径或直径。

指定高度或“两点（2P）/轴端点（A）”：//指定圆柱体的高度。

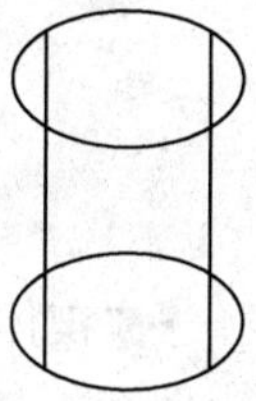

图 7.11 圆柱体

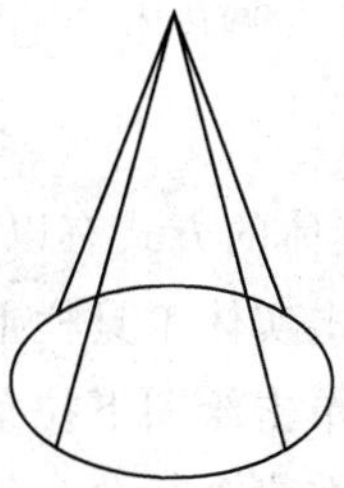

图 7.12 圆锥体

7.3.4.4 绘制圆锥体

AutoCAD 绘制圆锥体的方式有以下三种方式：

(1) 工具栏。单击实体工具栏上的命令按钮。

(2) 绘图菜单。单击绘图下拉菜单“绘图”→“建模”→“圆锥体”。

(3) 键盘输入。在命令行命令提示符下，输入 Cone，回车。

如图 7.12 所示为底面中心为（0，0，0），半径为 60，高度为 150，顶面半径为 30 的圆锥体。

选择“绘图”→“建模”→“圆锥体”命令，可以执行 Cone 命令。启动命令后，命令行提示及操作如下：

命令：_ Cone

指定底面中心或“三点（3P）/两点（2P）/相切、相切、半径（T）/椭圆（E）”：

指定底面半径或“直径（D）”：

指定高度或“两点（2P）/轴端点（A）/顶面半径（T）”：

7.3.4.5 绘制圆环体

AutoCAD 绘制圆环体的方式有以下三种方式：

(1) 工具栏。单击实体工具栏上的命令按钮。

(2) 绘图菜单。单击绘图下拉菜单“绘图”→“建模”→“圆环体”。

(3) 键盘输入。在命令行命令提示符下，输入 Torus，回车。

如图 7.13 所示为底面中心为（0，0，0），圆环半径为 100，圆管半径为 30 圆环体。

启动命令后，命令行提示及操作如下：

命令：_ Torus

指定中心点或“三点（3P）/两点（2P）/相切、相切、半径（T）”：

指定半径或“直径（D）”：//指定圆环的半径或直径。

指定圆管半径或“两点（2P）/直径（D）”：指定圆管半径或直径。

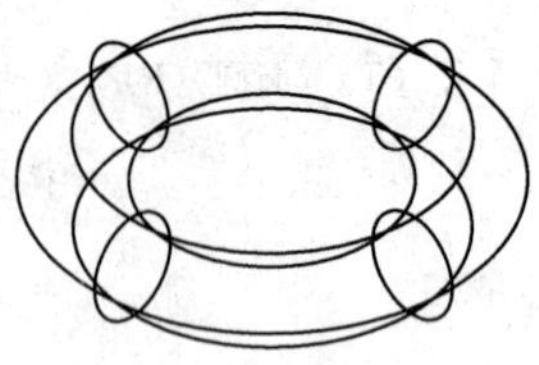

图 7.13　圆环体

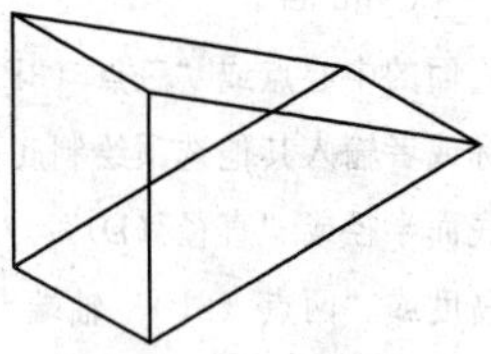

图 7.14　楔体

7.3.4.6　绘制楔体

AutoCAD 绘制楔体的方式有以下三种方式：

(1) 工具栏。单击实体工具栏上的命令按钮。

(2) 绘图菜单。单击绘图下拉菜单“绘图”→“建模”→“楔体”。

(3) 键盘输入。在命令行命令提示符下，输入 Wedge，回车。

如图 7.14 所示为角点为（0，0，0）、（100，200，0），高度为 50 的楔体。

启动命令后，命令行提示及操作如下：

命令：_ Wedge

指定第一个角点或“中心（C）”：

指定其他角点或“立方体（C）/长度（L）”：

指定高度或“两点（2P）”：

7.3.5　创建复合实体对象

利用 AutoCAD 2009，用户可以对三维实体进行并、差、交这样的布尔运算，从而能够通过基本的三维实体得到复杂实体，这种基本的三维对象编辑方法在三维造型中是极为常用的。

7.3.5.1　并集操作

并集操作指将多个实体组合成一个实体，或者是对面域的合并。

AutoCAD 实现并集操作有以下三种方式：

(1) 工具栏。单击实体编辑工具栏上的命令按钮。

(2) 修改菜单。单击修改下拉菜单“修改”→“实体编辑”→“并集”。

(3) 键盘输入。在命令行命令提示符下，输入 Union，回车。

启动命令后，命令行提示及操作如下：

命令：_ Union

选择对象：找到 1 个//拾取第一个合并对象。

选择对象：找到 1 个，总计 2 个//拾取第二个合并对象，//按 Enter 键。

选择集可包含位于任意多个不同平面中的面域或实体，AutoCAD 把这些选择集分成单独连接的子集。得到的组合实体包括所有选定实体所封闭的空间，得到的组合面域包括子集中所有面域所封闭的面积。

如果在“选择对象：”提示下选择各实体对象，而这些实体彼此不接触或不重叠，执行 Union 命令后，AutoCAD 仍对这些实体进行并运算，并将它们生成一个组合体。

结果对比如图 7.15 所示球体和圆锥体的并集。

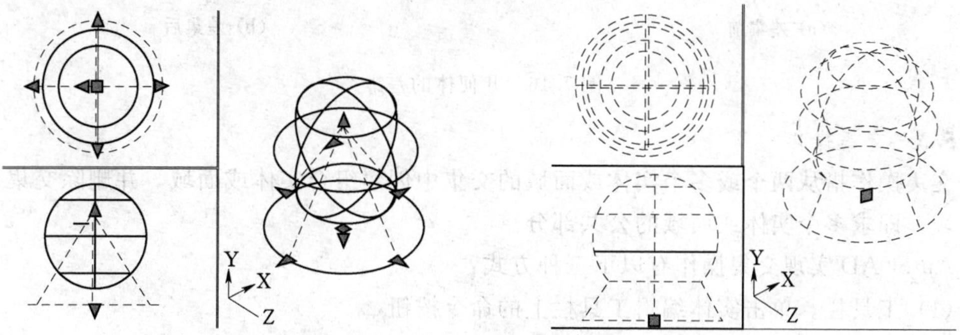

(a) 并集前　　(b) 并集后

图 7.15　几何体的并集

7.3.5.2　差集操作

差集操作指从一些实体中去掉另一些实体，从而得到一个新实体，或从一些面域中减去另一些面域，而得到新的面域，通过减操作合并选定的面域或实体。

AutoCAD 实现差集操作有以下三种的方式：

(1) 工具栏。单击实体编辑工具栏上的命令按钮。

(2) 修改菜单。单击修改下拉菜单“修改”→“实体编辑”→“差集”。

(3) 键盘输入。在命令行命令提示符下，输入 Subtract，回车。

启动命令后，命令行提示及操作如下：

命令：_ Subtract 选择要从中减去的实体或面域…

选择对象：找到 1 个//拾取要从中减去的实体。

选择对象：//按 Enter 键。

选择要减去的实体或面域…

选择对象：找到 1 个//拾取要被减去的实体。

选择对象：//按 Enter 键。

执行减操作的两个面域必须位于同一平面上。但是，通过在不同的平面上选择面域集，可同时执行多个 Subtract 操作。AutoCAD 会在每个平面上分别生成减去的面域。如果面域所在的平面上没有其他选定的共面面域，则 AutoCAD 不接受该命令。

结果对比如图 7.16 所示球体和圆锥体的差集。

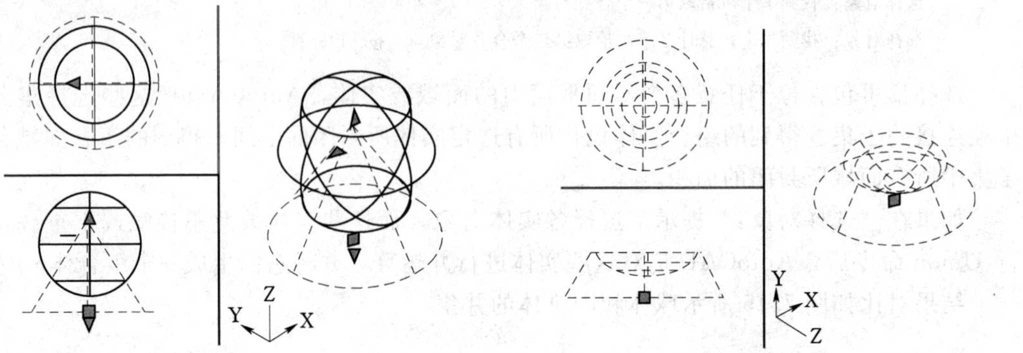

(a) 差集前　　(b) 差集后

图 7.16　几何体的差集

7.3.5.3　交集操作

交集操作指从两个或多个实体或面域的交集中创建组合实体或面域，并删除交集外面的区域，即求多个实体或面域的公共部分。

AutoCAD 实现交集操作有以下三种方式：

(1) 工具栏。单击实体编辑工具栏上的命令按钮。

(2) 修改菜单。单击修改下拉菜单“修改”→“实体编辑”→“交集”。

(3) 键盘输入。在命令行命令提示符下，输入 Intersect，回车。

启动命令后，命令行提示及操作如下：

命令：_ Intersect

选择对象：找到 1 个//拾取第一个对象。

选择对象：找到 1 个，总计 2 个//拾取第二个对象//按 Enter 键。

结果对比如图 7.17 所示球体和圆锥体的交集。

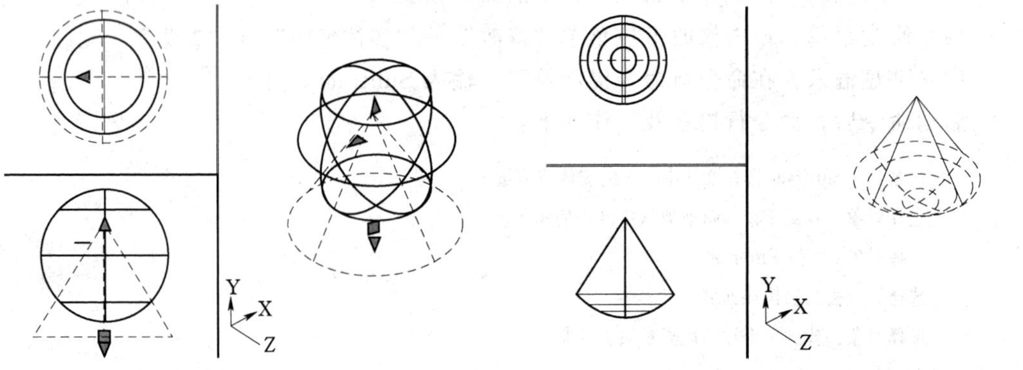

(a) 交集前　　(b) 交集后

图 7.17　几何体的交集

7.4 编辑三维对象

对于三维实体，用户也可以进行移动、阵列、镜像、旋转、剖切、圆角和倒角等操作，与二维对象不同的是，这些操作将在三维空间进行，这些操作都在“修改”→“三维操作”子菜单下。

7.4.1 三维移动

选择“修改”→“三维操作”→“三维移动”命令，可以执行 3dmove 命令，将三维对象移动。

启动命令后，命令行提示及操作如下：

命令：_ 3dmove

选择对象：找到 1 个//拾取要移动的三维实体。

选择对象：//按 Enter 键，完成对象选择。

指定基点或“位移（D)”：//拾取要移动的基点。

指定第二点或<使用第一点作为位移>：正在重生成模型。//拾取第二点，三维实体沿基点和第二点的连线移动。

如图 7.18 所示，是将球体在三维空间中移动的情形。

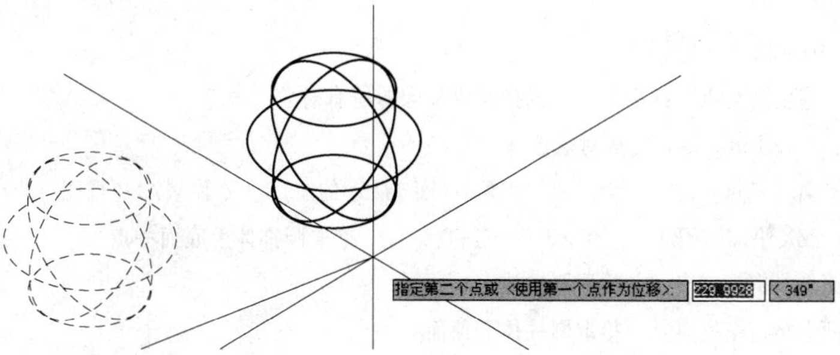

图 7.18 球体移动情形

7.4.2 三维阵列

选择“修改”→“三维操作”→“三维阵列”命令，可以执行 3darray 命令，可以在三维中创建对象的矩形阵列或环形阵列。

启动命令后，命令行提示及操作如下：

命令：_ 3darray

选择对象：找到 1 个//拾取需要阵列的圆柱对象。

选择对象：//按 Enter 键，完成对象选择。

输入阵列类型“环形（R）/环形（P)”：输入 R，执行矩形阵列。

输入行数：2//指定行数

输入列数：5//指定列数

输入层数：2//指定层数

图 7.19 阵列对象

指定列间距：200//指定列之间的间距。将图 7.19 球体采用阵列命令时，可得到图 7.20 所示的效果图。

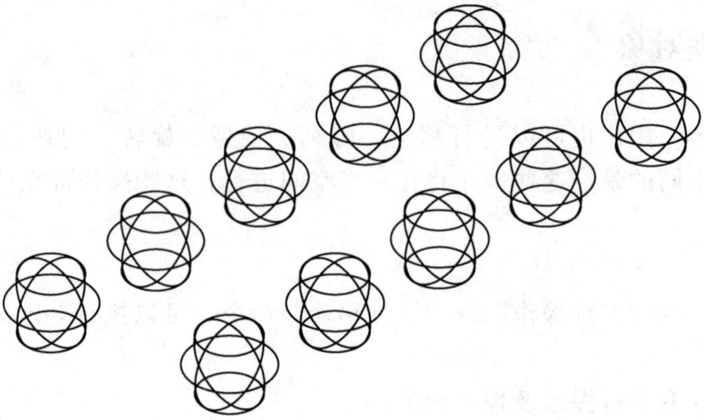

图 7.20　阵列效果图

7.4.3　三维镜像

选择"修改"→"三维操作"→"三维镜像"命令，可以执行 mirror3d 命令，可以通过指定镜像平面来镜像三维对象。镜像平面可以是平面对象所在平面、通过指定点且当前 UCS 的 XY、YZ 或 XZ 平面平行的平面、由三个指定点定义的平面。

将图 7.21 所示的圆锥效果镜像。

启动命令后，命令行提示及操作如下：

命令：_mirror3d

选择对象：指定对角点：找到 1 个//选择需要镜像的所有对象。

选择对象：//按 Enter 键，完成对象选择。

指定镜像平面（三点）的第一个点或"对象（O）/最近的（L）/Z 轴（Z）/视图（V）/XY 平面（XY）/YZ 平面（YZ）/ZX 平面（ZX）/三点（3）"<三点>：//拾取圆锥体上底面一点。

在镜像平面上指定第二点：//拾取圆锥体上底面圆心。

在镜像平面上指定第三点：//拾取圆柱体上顶面另一点。

是否要删除源对象？"是（Y）/否（N）"<否>：//按回车键，不删除源对象，效果图如图 7.22 所示。

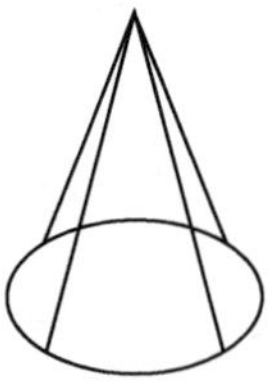

图 7.21　所示的镜像对象

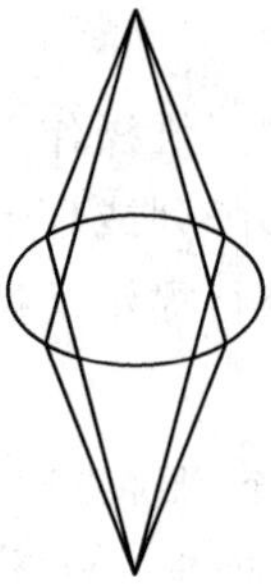

图 7.22　镜像效果

7.4.4　三维圆角

使用圆角命令可以对三维实体的边进行圆角，但必须分别选择这些边。执行"圆角"命令，命令行提示及操作如下：

命令：_ Fillet

当前设置：模式=修剪，半径=0

选择第一个对象或“放弃（U）/多段线（P）/半径（R）/修剪（T）/多个（M）”：//选择需要圆角的对象

输入圆角半径：8//输入圆角半径

选择边或“链（C）/半径（R）”：//选择需要圆角的边

已选定 1 个边用于圆角

图示 7.23 显示了对长方体 4 条边进行圆角操作，圆角半径为 8 的圆角效果。

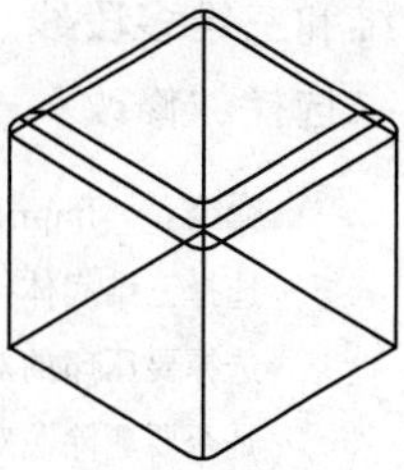

图 7.23 三维圆角效果

7.4.5 三维倒角

使用倒角命令，可以对基准面上的边进行倒角操作。执行倒角命令，命令提示符如下：

命令：_ Chamfer

（“修剪”模式）当前倒角距离 1=0，距离 2=0

选择第一条直线或“放弃（U）/多段线（P）/距离（D）/角度（A）/修剪（T）/方式（E）/多个（M）”：//选择需要倒角的对象

基面选择…

输入曲面选择项“下一个（N）/当前（OK）”＜当前（OK）＞：//输入曲面的选项

指定基面的倒角距离：10//输入倒角距离

指定其他曲面的倒角距离＜3＞：//输入倒角距离

选择边或“环（L）”：//选择需要倒角的边

图 7.24 显示了对正方体得基准面的 4 条边进行倒角的效果。

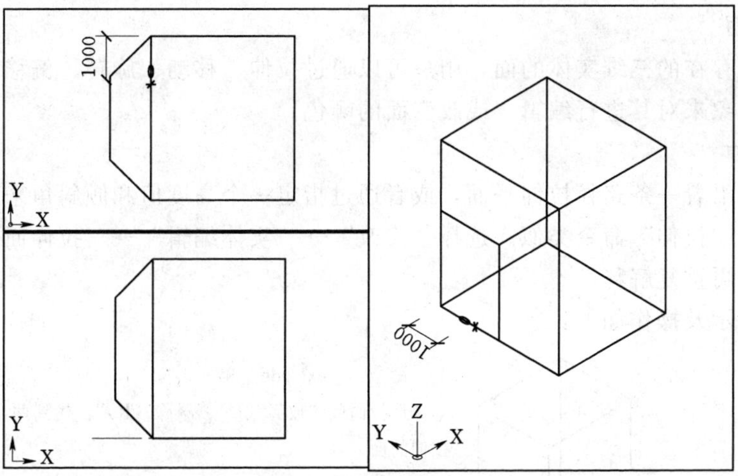

图 7.24 三维倒角效果

7.5 三维实体编辑

对已经绘制完成的三维实体，用户可以对三维实体的边、面及实体本身进行各种编辑操作。

7.5.1 编辑边

AutoCAD 提供了压印边、复印边和着色边三种编辑边的方法。

7.5.1.1 压印边

压印边命令可以将对象压印到选定的实体上，为了使压印操作成功，被压印的对象必须与选定对象的一个或多个面相交。“压印”选项仅限于以下对象执行：圆弧、圆、直线、二维和三维多段线、椭圆、样条曲线、面域、体和三维实体。

选择“修改”→“实体编辑”→“压印边”命令。命令行提示及操作如下：

命令：_ Imprint

选择三维实体：//选择需要进行压印边操作的三维实体。

选择要压印的对象：//选择需要压印对象。

是否要删除源对象？“是（Y）/否（N）”<否>：//输入 n，删除源对象，输入 y，保留源对象

选择要压印的对象：//按回车键。

7.5.1.2 复制

用户可以将三维实体的边复制为独立的直线、圆弧、椭圆或样条曲线等对象。如果指定两个点，AutoCAD 将使用第一个点作为基点，并相对于基点放置一个副本。如果只指定一个点，然后按 Enter 键，AutoCAD 将使用原始选择点作为基点，下一点作为位移点。

用户可以通过选择“修改”→“实体编辑”→“复制边”命令。

7.5.1.3 着色

可以为三维实体对象的独立边指定颜色。用户可以通过选择“修改”→“实体编辑”→“着色边”命令。

7.5.2 编辑面

对于已经存在的三维实体的面，用户可以通过拉伸、移动、旋转、偏移、倾斜、删除或复制实体对象来对其进行编辑，或改变面的颜色。

7.5.2.1 拉伸

用户可以沿着一条路径拉伸平面，或者通过指定一个高度值和倾斜角来对平面进行拉伸，该命令与“拉伸”命令类似。选择“修改”→“实体编辑”→“拉伸面”命令，各种参数的含义不再重复解释。

命令行提示及操作如下：

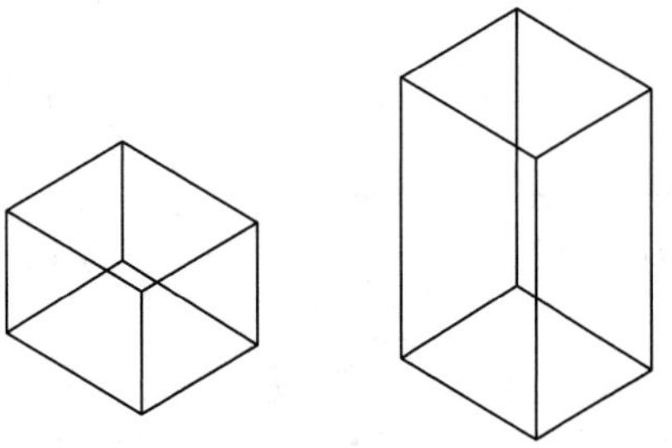

(a) 顶面拉伸前　　(b) 顶面拉伸后

图 7.25　长方体的拉伸

命令：_ extrude

选择面或“放弃（U）/删除（R）”：找到两个面。//选择需要拉伸的面。

选择面或“放弃（U）/删除（R）/全部（ALL）”：//按回车键，完成面选择。

指定拉伸高度或“路径（P）”：20//输入拉伸高度。

指定拉伸的倾斜角度<0>：20//输入拉伸角度。

图 7.25 为将左图示的长方体顶面使用拉伸面拉高长方体的右图效果。

7.5.2.2　移动

用户可以通过移动面来编辑三维实体对象，AutoCAD 只移动选定面而不改变其方向。选择“修改”→“实体编辑”→“移动面”命令。

命令行提示及操作如下：

命令：_ move

选择面或“放弃（U）/删除（R）”找到一个面。//选择需要移动的面。

选择面或“放弃（U）/删除（R）/全部（ALL）”：//按回车键，完成面选择。

指定基点或位移：//拾取或者输入基点坐标。

指定位移第二点：//输入位移的第二点，按回车键，完成面移动。

已开始实体校验

已完成实体校验

7.5.2.3　旋转

通过选择一个基点和相对（或绝对）旋转角度，可以旋转选定实体上的面或特征集合，所有三维面都可以绕指定的轴旋转，当前的 UCS 和 ANGDIR 系统变量的设置决定了旋转的方向。

用户可以通过指定两点，一个对象、X 轴、Y 轴、Z 轴或相对于当前视图视线的 Z 轴方向来确定旋转轴。

用户可以通过选择“修改”→“实体编辑”→“旋转面”命令。图示 7.26 为将左图示一个长方体的左侧面绕图示旋转轴旋转 45°后得出的右图效果。

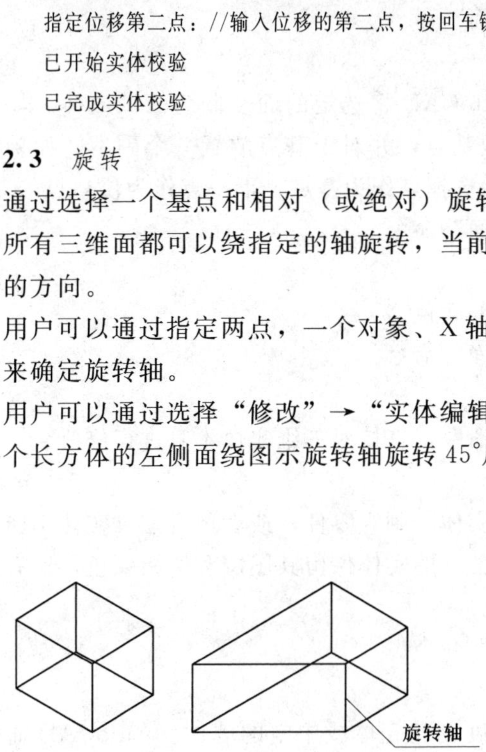

图 7.26　长方体旋转效果

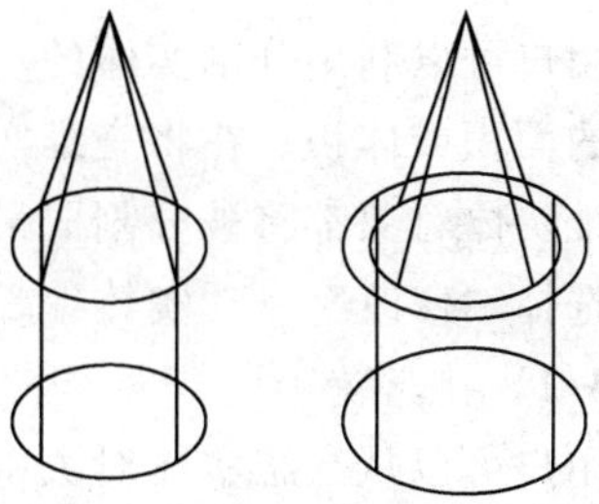

图 7.27　圆锥体的偏移效果

7.5.2.4　偏移

在一个三维实体上，可以指定的距离均匀地偏移面。通过将现有的面从原始位置内向或向外偏移指定的距离可以创建新的面（在面的法线方向上偏移，或向曲面或面的正向偏移）。可以偏移实体对象上较大的孔或较小的孔，输入正值将增大实体的尺寸或体积，指定负值将减少实体的尺寸或体积。

选择“修改”→“实体编辑”→“旋转面”命令，图 7.27 为将左图示组合体底下的圆柱体体面向外偏移得出的右图效果。

7.5.2.5　倾斜面

用户可以沿矢量方向以绘图角度倾斜面，以正角倾斜选定面将向内倾斜面，以负角度倾斜选定的面将向外倾斜面。

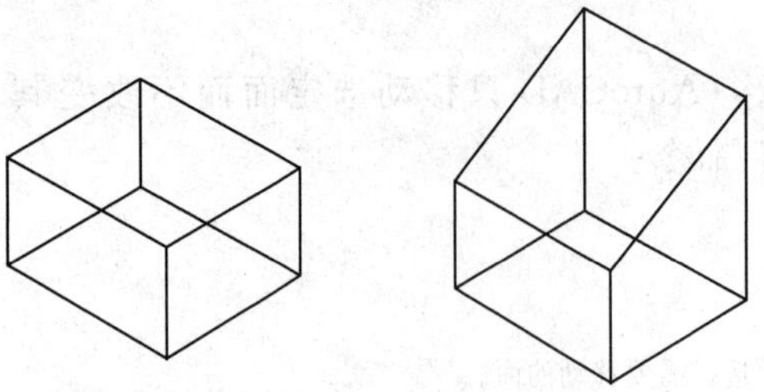

图 7.28　长方体倾斜结果

选择“修改”→“实体编辑”→“倾斜面”命令，图 7.28 为将左图示的长方体顶面倾斜 30°厚的右图效果。

7.5.2.6　删除

在 AutoCAD 三维操作中，用户可以从三维实体对象上删除面、倾角、倒角或圆角。只有当选所有面删除后不影响实体的存在时，才能删除所选的面。

选择“修改”→“实体编辑”→“删除面”命令。

7.5.2.7　复制

用户可以复制三维实体对象上的面，AutoCAD 将选定的面复制为面域或体。如果指定了两个点，AutoCAD 使用将第一个点用做基点，并对于基点放置一个副本。如果指定一点，然后按回车键，AutoCAD 将使用原始选择点作为基点，下一点作为位移点。

选择“修改”→“实体编辑”→“复制面”命令。

7.5.2.8　着色

着色面命令可以修改选中的三维实体面的颜色。

选择“修改”→“实体编辑”→“着色面”命令。

7.5.3　编辑体

用户可以使用分割、抽壳、清除和检查命令，直接对三维实体本身进行修改。

7.5.3.1　分割

用户可以利用分割实体的功能，将组合实体分割为零件，或者组合三维实体不能共享公共的面积或体积。在将三维实体分割后，独立的实体保留其图层和原始颜色，所有嵌套的三维实体对象都将被分割成最简单的结构。

选择“修改”→“实体编辑”→“分割”命令。

7.5.3.2　抽壳

用户可以从三维实体对象中以指定的厚度创建壳体或中空的墙体。AutoCAD 通过将现有的面向原位置的内部或外部偏移来创建新的面。偏移时，AutoCAD 将连续相切的面看作单一的面。

选择“修改”→“实体编辑”→“抽壳”命令。

7.5.3.3　清除

如果三维实体的边两侧或顶点共享相同的曲面或顶点，那么可以删除这些边或顶点。AutoCAD 将检查实体对象的体、面或边，并且合并共享相同曲面的相邻面，三维实体对象所有多余的、压印的，以及未使用的边都将被删除。

选择“修改”→“实体编辑”→“清除”命令。

7.5.3.4　检查

检查实体的功能可以检查实体对象是否为有效的三维实体对象。对于有效的三维实体，对其进行修改不会导致 ACIS 失败错误信息。如果三维实体无效，则不能编辑对象。

选择“修改”→“实体编辑”→“检查”命令，来执行该命令。

7.6 渲染

在绘制效果图的时候，经常需要将已绘制的三维模型染色，或者给三维模型设置场景，或是给模型增加关照效果，使三维模型更加逼真。选择“视图”→“渲染”命令，弹出“渲染”对话框，一般在光源、材质、贴图以及渲染参数设定的情况下，对对象进行快速渲染。如图 7.29 所示为渲染的一个灯饰。

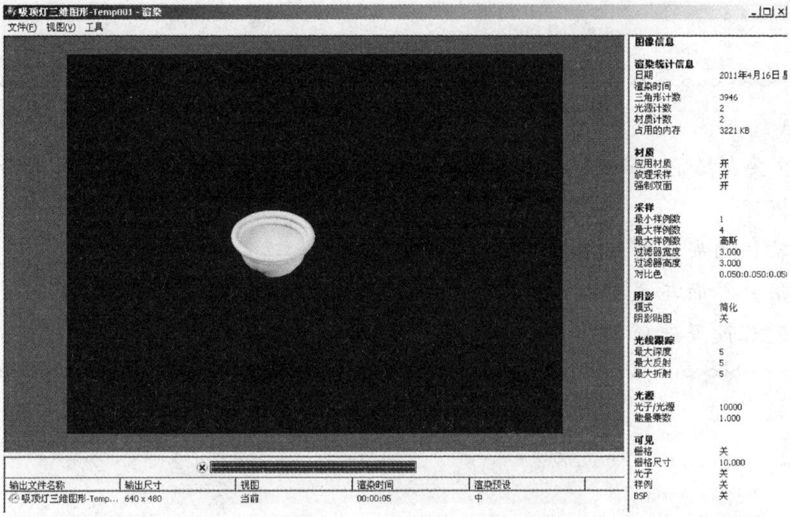

图 7.29 渲染对话框

第二篇　天正建筑 8.0 绘图技术

8　天正建筑 8.0 的用户设置

本章要点

本章主要介绍了天正建筑 8.0 的安装与用户设置，主要介绍了以下四个方面的内容：

（1）概述。

（2）软件的安装与配置。

（3）用户界面与主要操作。

（4）天正设置选项。

8.1　概述

AutoCAD 软件的普及为计算机制图的推广起了根本的作用，且随着版本的不断升级，其制图功能也更加强大。但是在应用中如进行建筑设计时，虽然功能很强大，其制图效率也还是受到很大影响，比如平面门窗、立面门窗、家具设备、尺寸标注等，在制图时，所花时间相当多。天正建筑设计软件是北京天正工程软件有限公司开发的一种专业制图软件，充分考虑了国家建筑制图的标准，将设计中涉及的构配件、文字、尺寸、设备等制成了模块，在设计中可以利用直接插入或替换的方式完成设计内容，制图效率得到大幅度提高。目前天正建筑软件已发展到 8.0 版本，较之前的版本其操作界面更加直观，功能更加强大，智能化程度更高。

天正建筑软件目前在各建筑设计院得到了广泛的应用，是因为其对建筑制图中涉及的反复出现、必然出现、必须符合建筑制图规范等的要求，软件开发者均制成了建筑模块，应用上方便快捷，学习上也简单易懂。

8.2　软件的安装与配置

天正建筑软件 TArch 8.0 是基于 AutoCAD 2005～2009 版本开发的，对软硬件环境要求取决于 AutoCAD 平台。本篇针对的平台是 AutoCAD 2009，也就是前面第二篇介绍的版本。硬件配置是：电脑 CPU Pentium Ⅲ及以上、256M 以上内存、3 键＋滚轮鼠标、简体中文 Windows 2000/XP 系统。

在安装 TArch 8.0 软件之前，要求先安装好 AutoCAD 2009，并能正常使用的情况下。市面上卖的 TArch 8.0 光碟，在安装时可能会提示安装的是试用版，试用时间是 100 小时，因此为保证长期正常使用，建议还是要使用正版软件，或者正确进行注册。软件安装的最后，需要注册，请运行光碟里提供的注册机，把打开天正建筑软件时出现的注册提示上的 ID 号，复制后粘贴到注册机上，运算得出注册码，把注册码复制后粘贴回天正建筑软件的提示面板上即可。

天正建筑 8.0 安装结束后，在电脑桌面上显示的快捷图标是 TArch 8.0，用户只要双击该图标即可打开软件。

8.3　用户界面与主要操作

AutoCAD 2009 是天正建筑 TArch 8.0 的最高平台，用户如果电脑系统里安装了其他版本的 CAD，在打开天正建筑 8.0 时，会出现一个平台选择窗，用户可以根据个人习惯进行选择 AutoCAD 平台，如图 8.1 所示。

因此打开 TArch 8.0 软件后，界面内容主要还是 AutoCAD 2009 为主，而 TArch 8.0 则只显示出一个屏幕菜单，一般出现在界面的最左侧。菜单中凡是左侧带▶者均表示为主菜单项下有隐藏选项，用户只要单击主菜单主选项即可看到其隐藏的子选项，如图 8.2 所示。

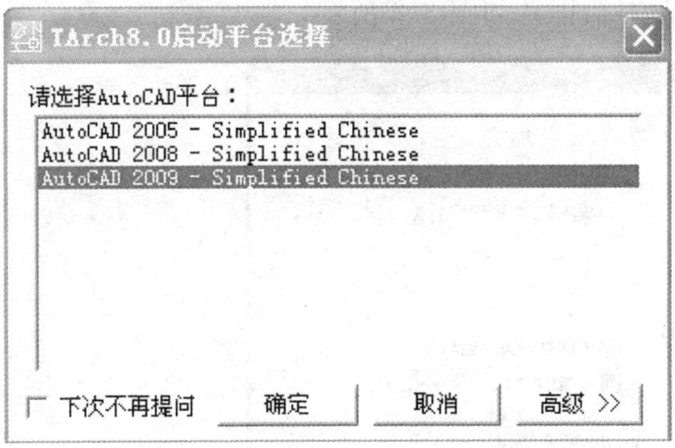

图 8.1　TArch 8.0 启动平台选择

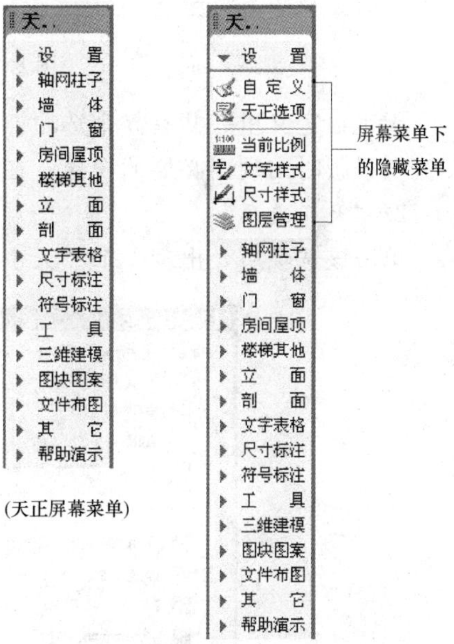

图 8.2　屏幕菜单及其隐藏菜单

要学好 TArch 8.0 软件，除了要熟悉菜单选项及其功能，还有关键的一条是每调出一个命令，要注意 AutoCAD 命令行也就是命令提示栏的文本提示，按提示要求一步一步地往下操作，这是必不可少的一个步骤。任何人就算对该软件的应用很熟悉，也少不了要看命令行提示，因为有些操作过程虽然不是很复杂，但选项繁多，操作各异，一般较难记住。

8.4　天正设置选项

主菜单“设置”选项下，有六个内容。

1. “自定义”

单击该选项后，出现一个“天正自定义”对话框，如图 8.3 所示。

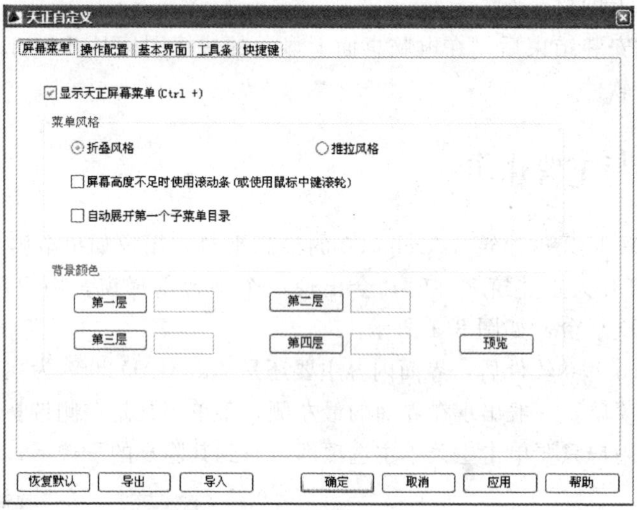

图 8.3　“天正自定义”选项

天正自定义里一共有 5 个选项，这些选项一般情况下不需要另外设置，以免今后与人交流电子版时出现不必要的误导，在此就不再叙述。

2. “天正选项”

单击该选项后，出现一个“天正选项”对话框，如图 8.4 所示。

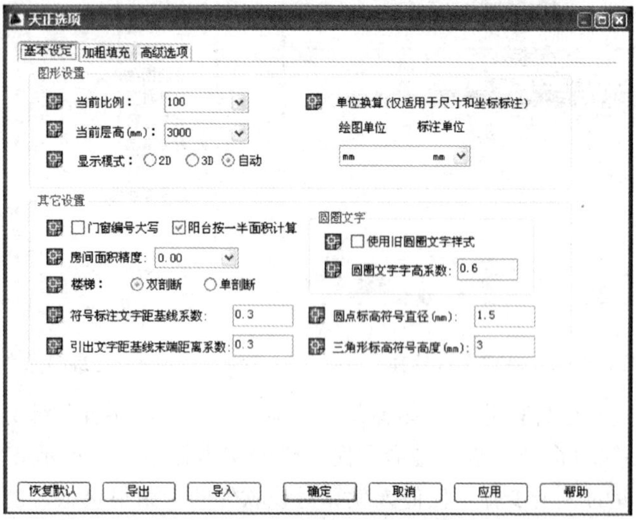

图 8.4　“天正选项”对话框

天正选项里一共有 3 个选项，分别是基本设定、加粗填充和高级选项。一般情况下，基本设定和高级选项也不需要再做设置，而对于墙线和柱子断面，如果我们在绘图时需要加粗或填充，则需要进行该项的设置，方法是直接勾选其中的“对墙柱进行向内加粗”和“对柱子进行图案填充”，如图 8.5 所示。

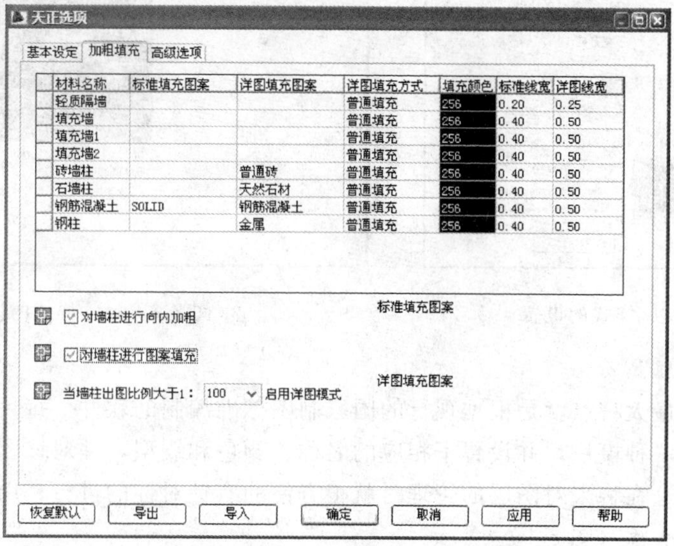

图 8.5　墙柱的加粗和填充设置

说明：如果在绘制墙柱时忘了设置，也就是墙线没加粗、柱断面没填充，则可以采取这样的方法：此时设置，完了之后，把所绘制的图形全部删除，然后再还原回来，就达到全部加粗和填充的结果。

3. “当前比例”

单击该选项时，会在命令提示栏里出现如图 8.6 的提示。该项比例的选择，首先要明白一点的是，将来的打印比例是多少，如果是 1∶100 打印的，则取默认值<100>，而绘制图形时，比如 1m 的距离，则按 1000 进行绘制，而绘图比例也就是 1∶100；如是 1∶50 打印的，要将“当前比例”值设为 50，绘制图形时，比如 1m 的距离，则按 2000 进行绘制，而绘图比例就是 1∶50；如此类推。

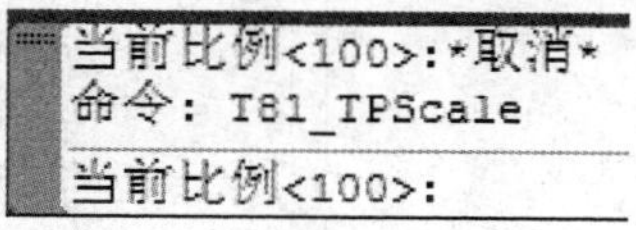

图 8.6　当前比例的设置

4. “文字样式”

单击该选项时，会出现如图 8.7 所示的对话框。该选项经常要设置，主要看设计者对图形文字的字体标准要求而定，一般而言，为符合国家制图标准的中文字体是长仿宋字的要求，“文字样式”里的“中文参数”不再进行设置，而中西文的比例不太符合标准（中文的矮、西文的高），需要将“西文参数”下的“字宽方向”设为 0.9，“字高方向”也设为 0.9，则改后的中西文字高才一致（改后可以单击“预览”按钮看效果）。

5. “尺寸样式”

天正软件的尺寸样式是根据我国现行建筑制图标准设计的，因此在应用天正尺寸进行标注时，用户可以不需样式的设置（图 8.8）。

图 8.7　文字样式的设置

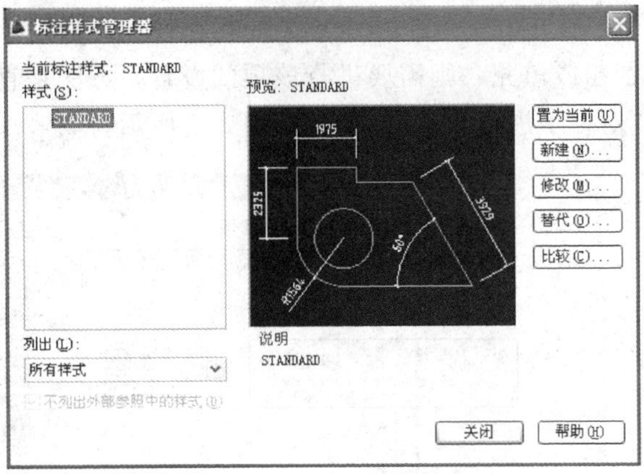

图 8.8　尺寸样式的设置

6. “图层管理”

天正软件的最大特点就是根据现行的国家制图标准编制的软件，每一个命令所完成的也就是要完成的一种模块，并设置了相应的名称、颜色和线型，并对该图块的使用对象进行了文字说明，这在将来对图层的管理时就很方便的有针对性的进行，用户也不必在为图层的烦琐设置而头疼（图 8.9）。

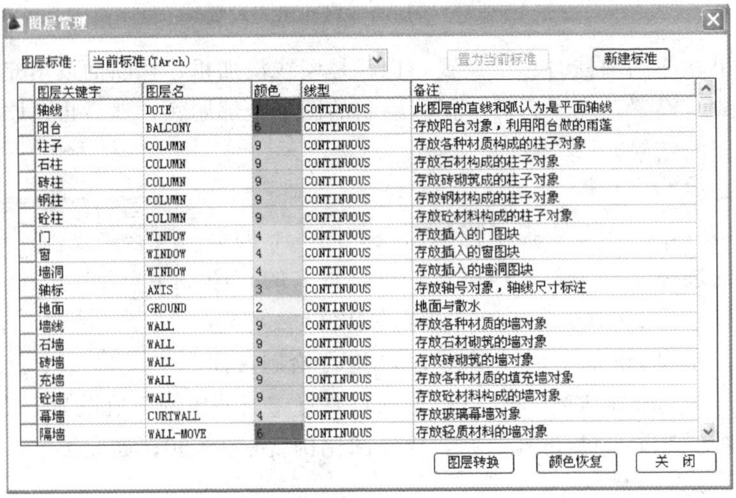

图 8.9　图层的设置

综上所述，天正建筑软件的每一个命令已经根据现行的国家制图标准编制的，用户在使用时，只要保证打印比例为 1 ∶ 100，就可以得到国家规定的制图标准图纸，这样的制图效率当然比 AutoCAD 绘制的要高得多。

9 绘制建筑平面图

本章要点

建筑平面图的绘制在建筑施工图里，要表现的内容是最多的，在设计上必须合理安排并符合国家的制图标准，因此希望读者在入门学习时，最好按照我们的编写步骤进行练习，并熟记要完成的内容。本章内容主要包括以下四个方面：

（1）绘制首层平面图。

（2）绘制标准层平面图。

（3）绘制顶层平面图。

（4）绘制屋顶层平面图。

建筑平面图的绘制程序，可根据软件工具的前后布局方式完成，参见图 9.1 所示，也就是按这样的绘制程序完成平面图：轴网柱子→墙体→门窗→房间屋顶→楼梯其他。

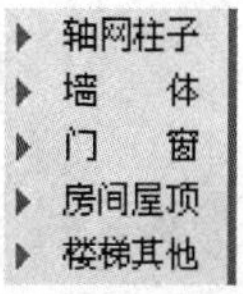

图 9.1 平面图绘制工具

而楼层平面图的绘制则分为两种情况：一是通常情况下，都是先绘制完成首层平面图，之后再绘制二层、三层以上，按楼层从低到高的顺序绘制；二是如果每层楼的房间平面布置都一样，为减少操作过程中不必要的操作过程，可先绘制标准层平面图，再绘制首层平面图和其他平面图。本篇所提供的案例虽然楼层平面布局是一样的，但为考虑多数情况下的设计程序问题，我们还是选择了先绘制首层再绘制其他楼层平面图的方法。标准层平面图绘制结果如图 9.2 所示。

9.1 绘制首层平面图

9.1.1 创建轴网柱子

平面图的绘制，首先要创建平面轴网，然后标注轴网尺寸，最后创建平面柱子。

9.1.1.1 创建平面轴网

菜单位置：“轴网柱子” → “绘制轴网”。

选择菜单命令后，弹出“绘制直线轴网”对话框，如图 9.3 所示。

在创建平面轴网前，首先要清楚天正建筑对轴网尺寸的规定：

上开间（对话框中的“上开”）：平面图上方轴线间距离。

下开间（对话框中的“下开”）：平面图下方轴线间距离。

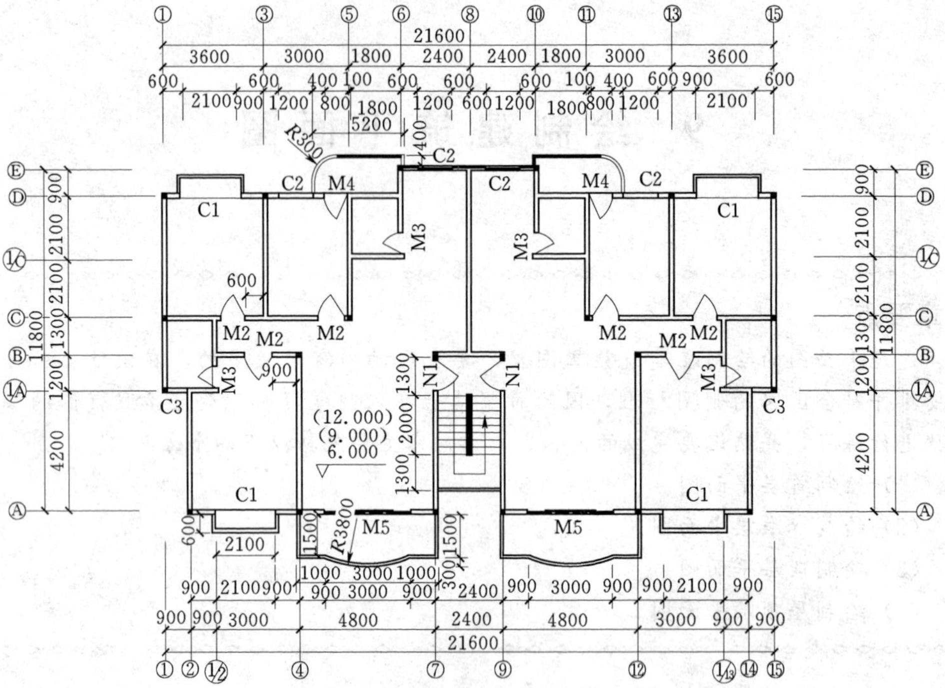

3~5 层平面图 1∶100

图 9.2　标准层平面图

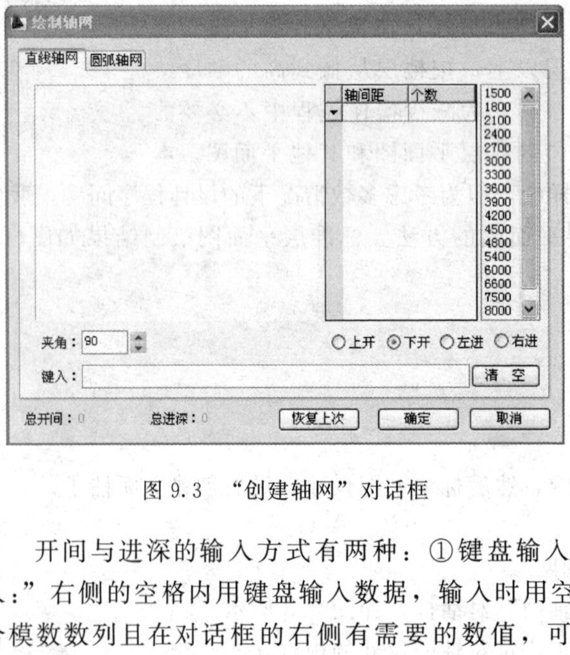

图 9.3　“创建轴网”对话框

左进深（对话框中的“左进”）：平面图左侧轴线间距离。

右进深（对话框中的“右进”）：平面图右侧轴线间距离。

在对话框中输入开间与进深各项参数时，注意开间是从左到右输入，进深是从下到上输入。输入参数的方式可以是“添加”也可以利用“键入”的方式。

“直线轴网”是指由横竖双向轴线构成的平面网格，“圆弧轴网”是指平面图带有弧形墙或其他弧形造型的建筑结构而设置的轴线。

开间与进深的输入方式有两种：①键盘输入法：用户可在对话框下面的提示“键入：”右侧的空格内用键盘输入数据，输入时用空格分开数据；②所输入的数值如果符合模数数列且在对话框的右侧有需要的数值，可用光标直接双击鼠标选用，如有连续相同的数值，用户可在这个数列的左侧框内相应数值的右侧，输入连续出现相同数值的个数。

图 9.2 的上开间键盘输入法如图 9.4 所示。

下开间键盘输入法如图 9.5 所示。

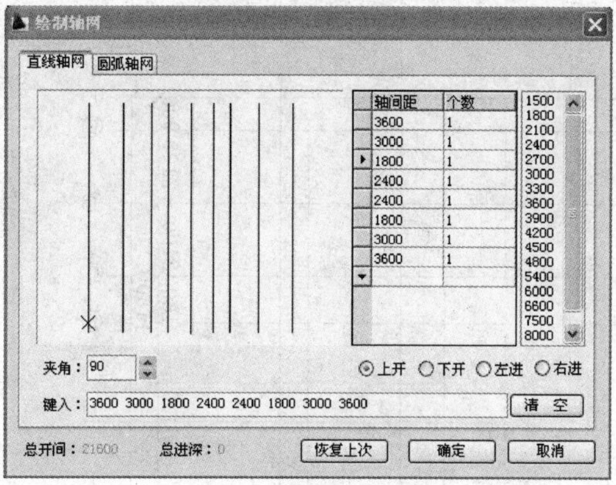

图 9.4　上开间键盘输入法

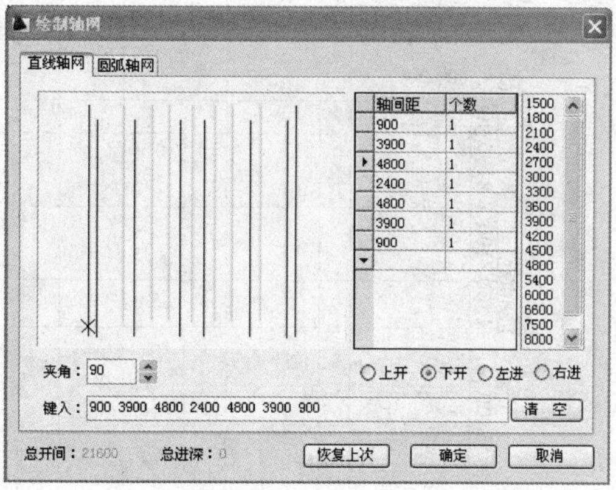

图 9.5　下开间键盘输入法

进深键盘输入法如图 9.6 所示。

进深键盘输入法：由于左右进深尺寸是一样的，只需要输入一边的尺寸即可。

开间和进深输入完成后，点击“确定”，在 AutoCAD 绘图区内找好图形所在位置，然后点击鼠标左键（说明：鼠标左键点击的位置即对话框中轴网示意图左下角的“×”的位置），即可得到如图 9.7 所示的轴网平面图。

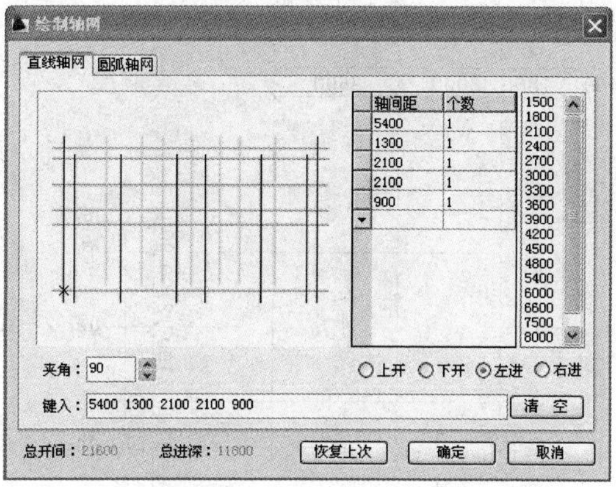

图 9.6　进深键盘输入法

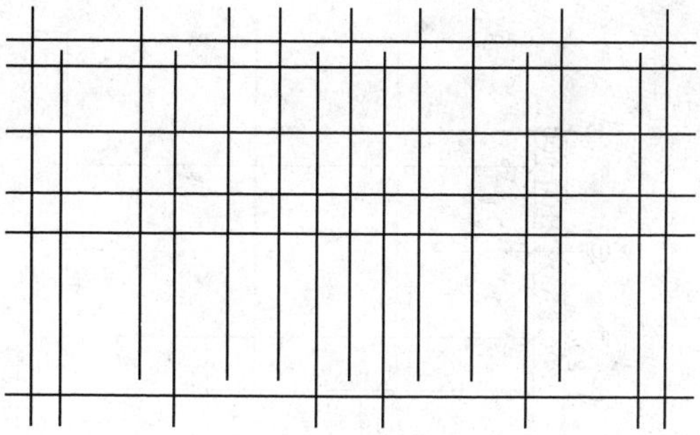

图 9.7　轴网平面图

9.1.1.2 标注轴网尺寸

菜单位置：“轴网柱子”→“两点轴标”。

选择菜单后，如要标注开间方向的轴网，则先点取最左边的轴线，再点取最右边的轴线；如要标注进深方向的轴网，则先点取最下面的轴线，再点取最上面的轴线。轴网标注结果如图 9.8 所示。

平面轴网是为确定墙或柱位置而定的，因此，用户如在打印结果需要显示轴线但又达到画面简洁效果时，可利用 CAD 的打断命令（BR）进行修改，但在修改时必须保证轴线

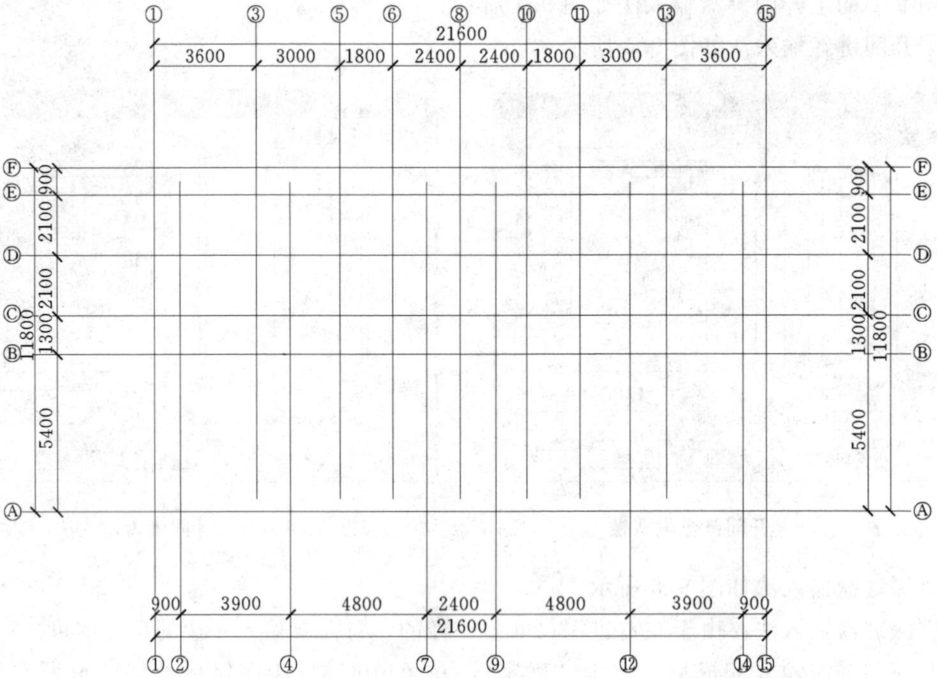

图 9.8　标注轴网尺寸

碰头处要满足轴线交叉的结果，如图 9.9 所示。

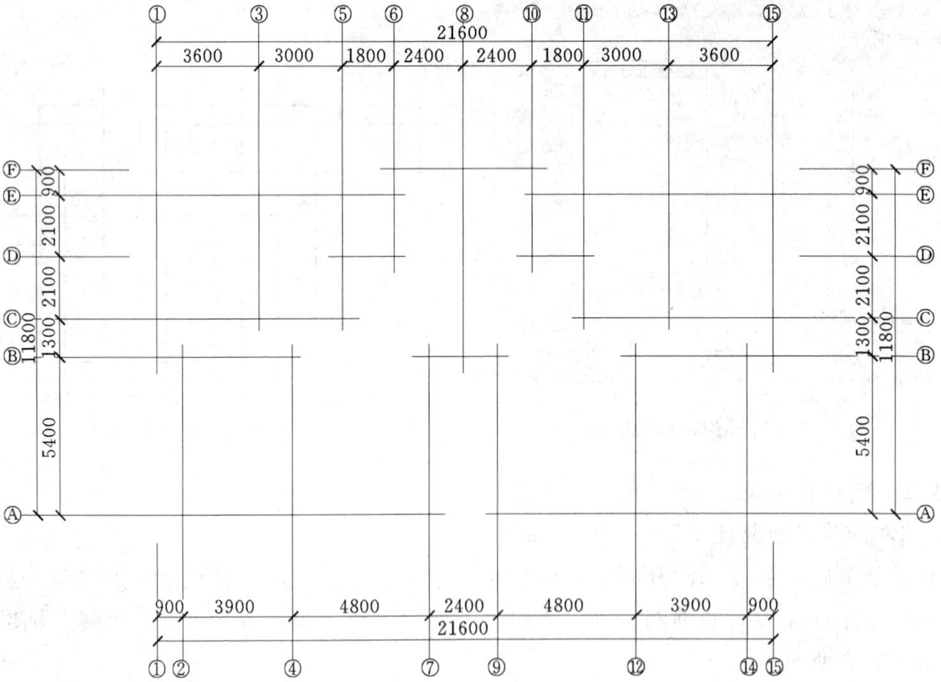

图 9.9　轴网修改

9.1.1.3 附加轴线的绘制

菜单位置：“轴网柱子”→“添加轴线”。

相对于主墙结构较短的短墙，如卫生间、厨房等部位的墙，可利用“添加轴线”菜单完成附加轴线的创建，方法是：

以图 9.9 为例，选择菜单后，提示语言及操作过程如下：

选择参考轴线＜退出＞：(此时用光标选择所添加轴线的附近主轴线②)

新增轴线是否为附加轴线？[是 (Y) /否 (N)] ＜N＞：(键盘输入 Y，回车)

偏移方向＜退出＞：(光标在②轴右侧点击一下)

距参考轴线的距离＜退出＞：(输入新增轴线和参考轴线的距离 900，回车，即可完成创建 1/2 轴)

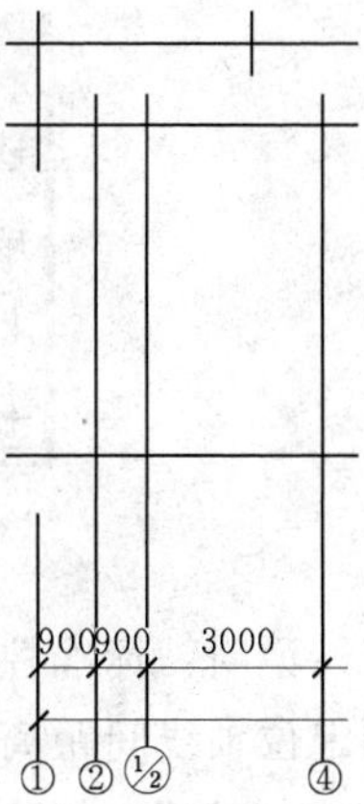

图 9.10 附加轴线的创建

结果如图 9.10 所示。

所有附加轴线创建完毕后，还要保证轴线的交叉要求，个别轴线可用拉伸方式拉长轴线，结果如图 9.11 所示。

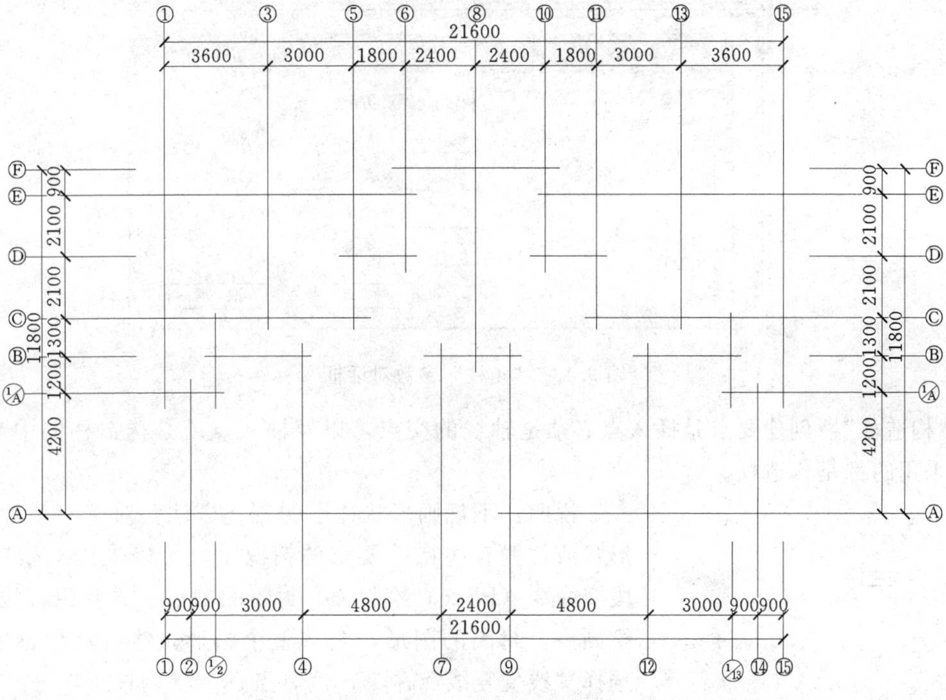

图 9.11 添加附加轴线后的平面轴网

9.1.1.4 创建平面柱子

菜单位置：“轴网柱子”→“标准柱”“角柱”“构造柱”“柱齐墙边”。

说明：“标准柱”菜单一般是用来创建框架柱或独立柱的，“角柱”菜单是用来创建剪力墙转角处的角柱的，“构造柱”菜单是用来创建构造柱的，“柱齐墙边”是用来调整标准柱的位置使柱边和墙边齐平的。

创建“标准柱”时弹出的对话框如图 9.12 所示。

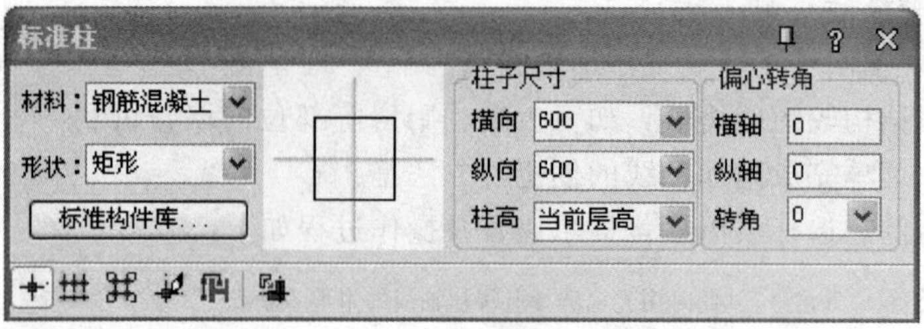

图 9.12　“标准柱”参数对话框

说明：标准柱为达到高效率创建，要注意插入前的“偏心”距离设置（也就是柱中心和定位轴线间距离的设置），以及选择对话框左下角的插入方式。

“角柱”：创建的前提是必须先创建好墙体，当提示语言为“请选取墙角或［参考点(R)］＜退出＞：”时，光标选取墙的阳角点，此时弹出一个对话框，用户可按照框内参数操作设置即可，如图 9.13 所示。

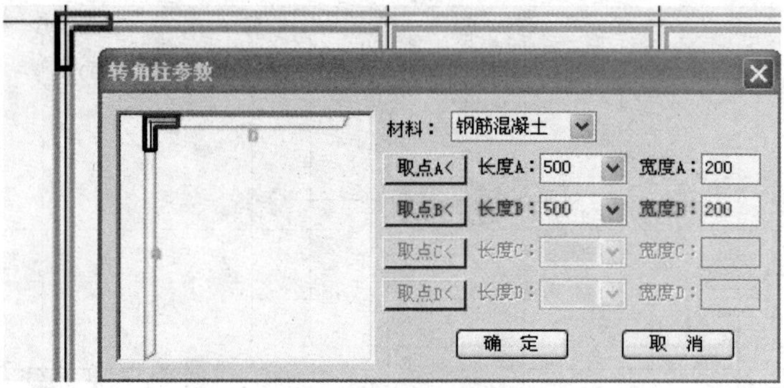

图 9.13　“角柱”参数对话框

“构造柱”：创建要点是插入点必须是轴线的交点，以及插入点就是构造柱的中心点。本案采用的都是构造柱。

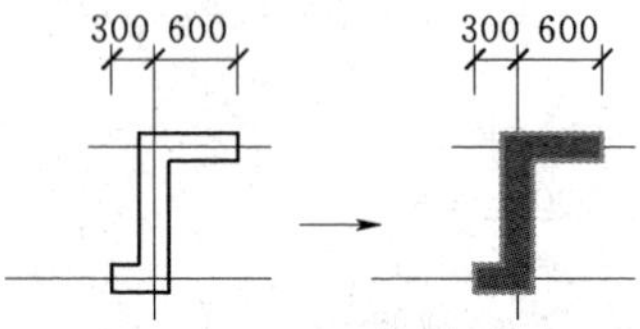

图 9.14　异形柱的创建

说明：不规则形状柱子的创建方法：对于一些柱子的形状或位置有些特殊要求的情况下，可以先用 CAD 的多段线命令（Pline）绘制一个封闭的图形，或者用直线命令绘制一个封闭的图形，全选整个图形，然后点鼠标右键，选择“线变复线”命令；然后点选“轴网柱子”→“标准柱”下的符号（指选择 Pline 线创建异形柱），此时出现提示语言“请选择作为柱子的封闭多段线:”，光标点取刚刚完成的封闭图形，回车，即转换成柱子。本案在ⒹⒺ间做异形柱，如图 9.14 的转换结果。

9.1.2　创建平面墙体

菜单位置：“墙体”→“绘制墙体”或“单线变墙”。

墙体的创建是以轴网为参照的，每一墙段均是以轴线交点来决定，因此，创建墙体时要注意使用对象捕捉。

9.1.2.1　绘制墙体

选取该菜单时，弹出“绘制墙体”对话框，如图 9.15 所示。绘制时需要利用对象捕捉的方式精确绘制墙线。用户可根据设计要求修改其中的参数，如墙厚改为 200（设为左宽 100，右宽 100）。

参数设定完成后，提示语言及操作如下：

起点或［参考点（R）］<退出>：(用户用光标点取轴网交点，即可开始绘制墙线)

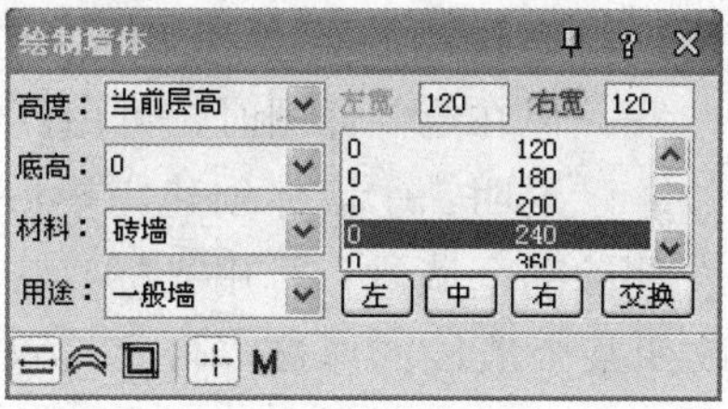

图 9.15　“绘制墙体”对话框

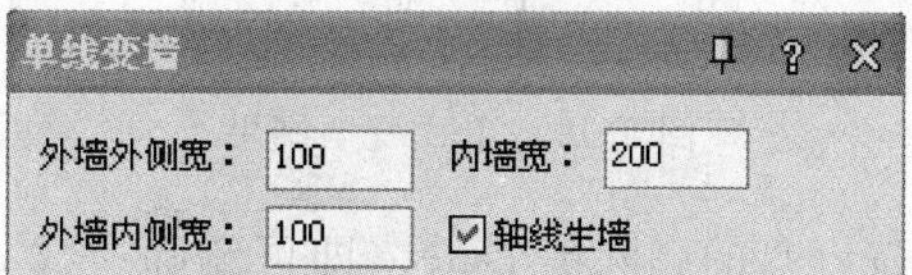

图 9.16　“单线变墙”对话框

9.1.2.2　单线变墙

说明：该菜单命令可将直线变成墙体，也可按轴网交点之间的轴段变成墙体，操作上比单纯的“绘制墙体”命令要快捷得多。

选取该菜单时，会弹出一个对话框，如图 9.16 所示。提示语言及操作如下：

选择要变成墙体的直线、圆弧、圆或多段线：(此时用光标将整个轴网框选，回车即可完成)

说明：图 9.16 对话框的应用仅对轴线有效，对提示中的直线、圆弧、圆或多段线等均无效。

创建的平面墙体如图 9.17 所示。

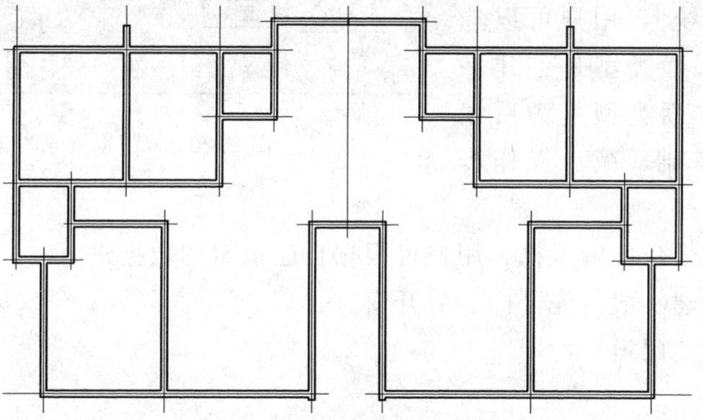

图 9.17　绘制墙体结果

对提示中的直线、圆弧、圆或多段线等均有效的操作：将图 9.16 中“轴线生墙”前的勾选取消，变成图 9.18 所示的对话框。

图 9.18　“单线变墙”对话框

按图 9.18 的对话框，将所有轴线框选，结果如

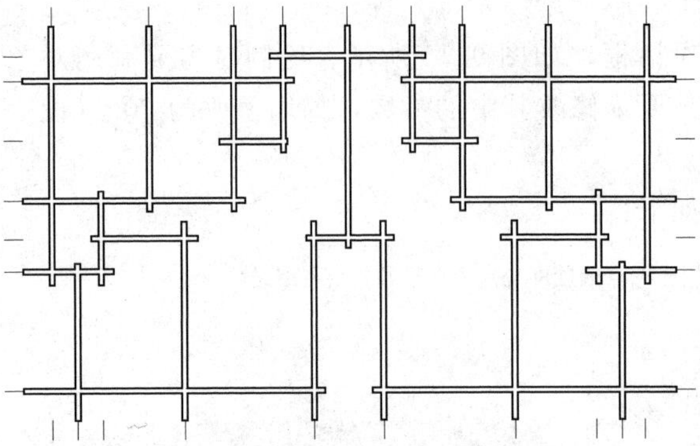

图9.19　单线变墙结果

图9.19所示。

从图9.19可见，所有轴线（包括直线、圆弧、圆和多段线等）全部变成了墙钱，而且墙线范围内的轴线也全部都没了，但用户此时还需要一个操作，就是把所有伸出的多余的墙线删除，这个操作过程就多余了。因此，建议用户不要采用这个操作过程，但在绘制详图时，可用。

说明：①墙体创建完毕后，如要删除某个墙段，可用光标直接点选该墙线，按键盘的删除键Delete即可删除；②如要改变某个墙段的厚度，可直接双击该墙线，会弹出一个“墙体编辑”对话框，用户可根据要求进行修改，按“确定”退出即可完成；③创建完墙体后，用户这时可以创建柱子，也可在创建完所有门窗后再创建。

9.1.3　创建平面门窗

菜单位置：“门窗”→“门窗”。

选取菜单后，弹出“门窗参数”对话框，如图9.20所示。

使用说明：(1) 对话框下面有一排小图标，中间有一个双“｜｜”线隔开它们，双“｜｜”线左边的图标，表示门窗的插入方式，右边表示门窗类型，一般先选择好门窗类型后，再选择门窗插入方式。

(2) 左右各有一个门窗示意图，分别表示平面和立面类型；示意图也是个按钮，点击它，可以进入“天正图库管理系统”，用户可以选择需要的类型；平面类型是创建平面门窗样式的，立面类型是为后续立面的创建做好基础，减少操作步骤而设的。

图9.20　“门窗参数”对话框

(3) 中间有四个数值输入框，用户可根据自己拟定的数据键入。

(4) 门窗的创建一般是先开门、后开窗。

下面给本案创建门窗。

9.1.3.1　创建门

1. 创建带垛平开门

在图9.20的对话框里，选择门插入方式“垛宽定距插入”，在“编号”项键入M1，“门宽”项键入1000，“距离”项键入100，其他不变；提示语言及操作步骤如下：

点取门窗大致的位置和开向（shift－左右开）＜退出＞：(注意插入原则：靠着墙角点墙线，外开门点外墙线，内开门点内墙线，改变门扇位置点shift键)

按照上面的方式插入 M2、M3、M4 等。

2. 创建墙段中心推拉门

推拉门 M5 的插入说明：选择门插入方式“在点取的墙段上等分插入”，在“编号”项键入 M5，“门宽”项键入 3600，“门高”项键入 2600，然后点击平面类型示意图，进入“天正图库管理系统”，点击打开 DorLid2D 前的十号，在门类型列表里选择“推拉门”，之后再点取“四扇推拉门”，点取“OK”按钮（或直接双击“四扇推拉门”的图形）完成平面门类型的设置，如图 9.21 所示；立面门的类型选择方法同平面门的设置方法，如图 9.22 所示。用光标点取要插入门的墙线，回车即可完成插入门的插入。

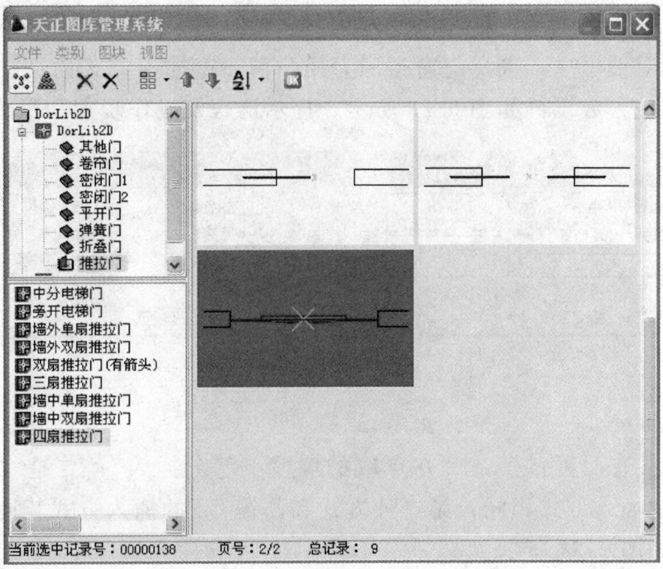

图 9.21 “天正图库管理系统”的平面门设置

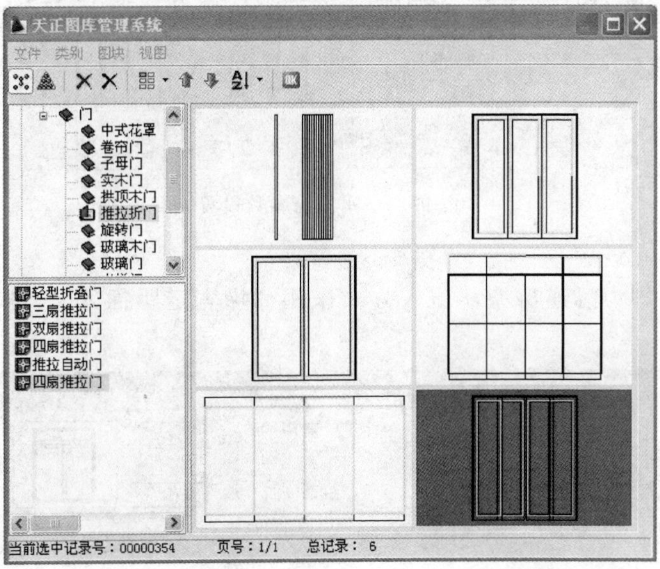

图 9.22 “天正图库管理系统”的立面门设置

3. 门口线的创建

对于有高差的地面，通常在门口处设分界线，即门口线，如阳台、卫生间门处，位置是平墙线、靠阳台或卫生间的一侧。

菜单位置："门窗"→"门窗工具"→"门口线"。

选取菜单命令后，提示语言及操作过程如下：

选择要加减门口线的门窗：(用光标点取门 M5，门口线在同一侧向的门可以同时选取，回车)

请点取门口线所在的一侧<退出>：(光标放在阳台一边，点击鼠标左键，即完成创建)

9.1.3.2 创建窗

1. 凸窗的创建

在图 9.20 的对话框里，选择门窗类型为插凸窗，窗插入方式为"在点取的墙段上等分插入"，窗的其他参数设置如图 9.23 所示；提示语言及操作步骤和门的插入方式相同。

图 9.23　"凸窗"参数设置

2. 平直窗的插入

C2 的插入方式有两种：一是"在点取的墙段上等分插入"；二是"垛宽定距插入"，第一种方式和门的插入方式相同；第二种方式和凸窗 C2 的插入方式相同，这里就不再叙述了，参数设置如图 9.24 所示。

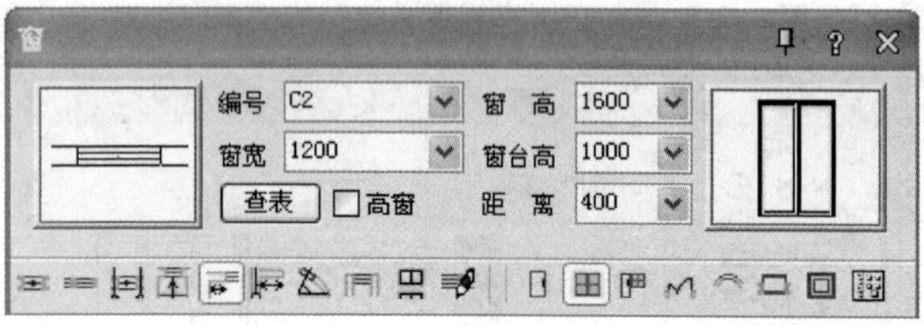

图 9.24　平直窗参数设置

3. 门连窗的插入

本案的 MC1 即为门连窗型，插入方式采用"垛宽定距插入"，各项参数设置如图 9.25 所示。

图 9.25　"门连窗"参数设置

说明：左边的示意图为门立面类型，右边的示意图是窗立面类型，“距离”是门垛宽度。

4. 高窗的插入

高窗是指窗台高 1800mm 以上的窗，在窗参数对话框里，需要在“高窗”前打“√”选，在平面图上显示为虚线型的窗线，本案的 C3 为“墙段中心插入”，C4 为“充满整个墙段插入”。窗参数对话框如图 9.26 所示。

图 9.26 高窗参数对话框

说明：(1) 当操作过程结束，发现某个门窗样式或编号或尺寸需要修改时，可以直接双击门窗线，会弹出一个门窗编辑对话框，用户可对框内的任何可修改的数据进行修改，然后点击“确定”即可，对于同一编号多个门窗的修改，提示语言会提示你：

是否其他 2 个相同编号的门窗也同时参与修改? [是 (Y) /否 (N)] <Y>: (直接回车默认即可)

(2) 当门的开启方向、门扇位置。

(3) 当不需要该门窗时，可直接点取该门窗，按键盘的删除键 Delete 键即可。

门窗插入完毕后的平面图如图 9.27 所示。

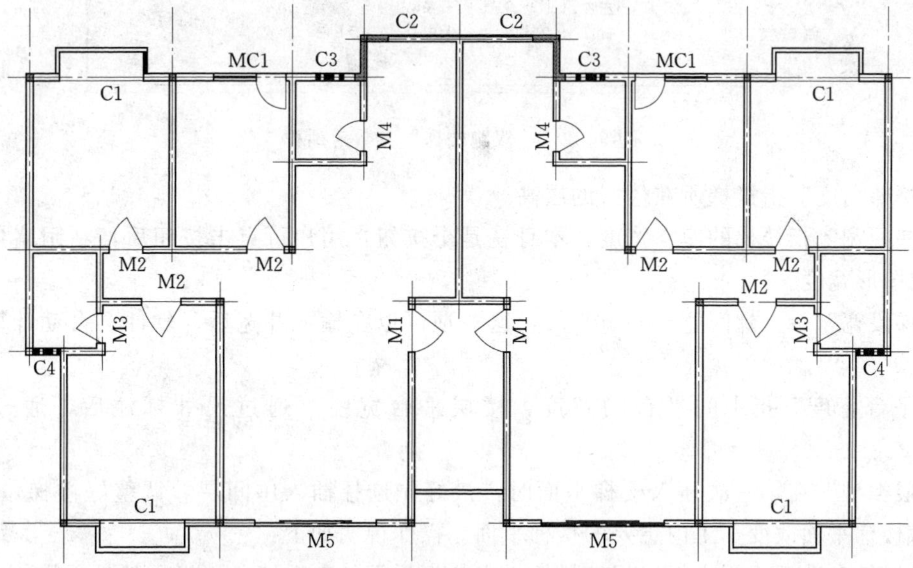

图 9.27 门窗插入完毕后的平面图

9.1.4　创建平面楼梯

菜单位置：“楼梯其他”→“直段楼梯”，“双跑楼梯”。

9.1.4.1　创建直段楼梯

直段楼梯常见于底层是架空层的情况，或为了楼梯底过人时增加净空高度而设置的。选取“直段楼梯”菜单后，弹出的楼梯对话框如图 9.28 所示。设置好参数后，用光标捕捉楼梯插入点（一般是墙角），点鼠标左键即可。

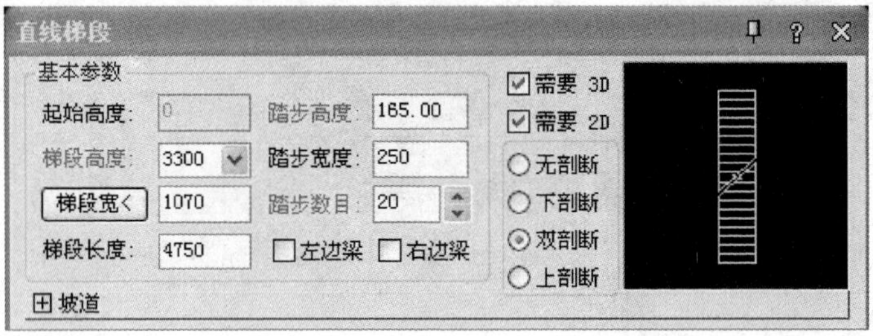

图 9.28　“直段楼梯”参数对话框

9.1.4.2　创建双跑楼梯

选取“双跑楼梯”菜单后，弹出的楼梯对话框如图 9.29 所示。主要参数说明如下：

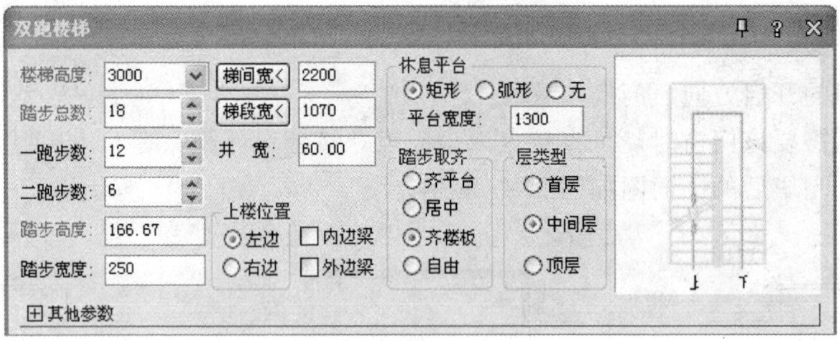

图 9.29　“双跑楼梯”参数对话框

“楼梯高度”指楼梯所在楼层的层高。

“梯间宽”指楼梯的净空宽度，本身就是个按钮，用户可点击按钮后，利用墙角用光标量取图形宽度。

“梯段宽”＝（梯间宽－井宽）/2，这一项可以在输入井宽后，软件会自动计算，不必输入。

“平台宽度”指中间平台的宽度，楼层平台宽度可通过尺寸标注后，通过移动调整。

“层类型”在第一次插入楼梯平面时，最好先选择插入中间层，调整好楼梯位置后，再将该楼梯平面改变车工内想要的楼梯平面。操作说明如下：

设置好参数后，用光标捕捉楼梯插入点为楼梯间的左上墙角（光标就是楼梯的左上角点），创建的平面图如图 9.30 所示。

插入的楼梯中间平台和上下楼梯的方向反了，用户可利用 CAD 的镜像命令（MI）倒转过来，结果应如图 9.31 所示。

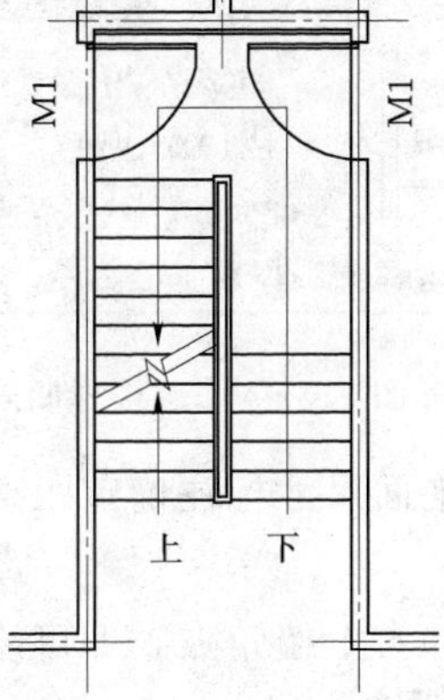

图 9.30 双跑楼梯插入结果

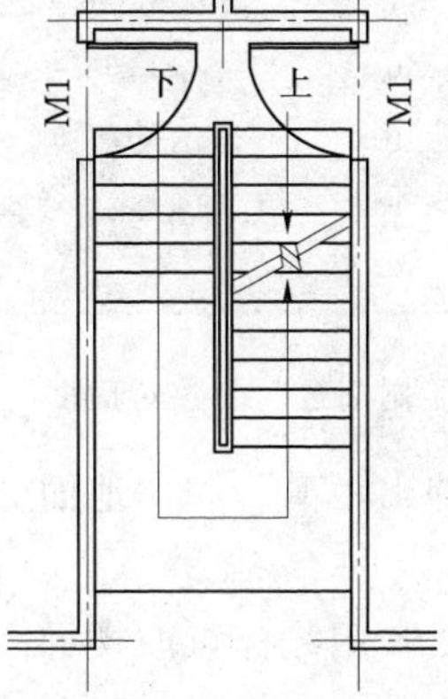

图 9.31 反转后的双跑楼梯

应用天正的“逐点标注”命令标注楼层平台的宽度（墙角到踏步线的距离），应用移动命令（M）移至需要的宽度。图 9.31 是二层楼梯平面图，通过移动，中间平台外缘刚好移平外墙线，如图 9.32 所示。

最后，在图 9.32 的基础上，直接双击楼梯图形，就回到了图 9.29 的参数框，用户只要把层类型的“中间层”改为“首层”，点取“确定”即可，结果如图 9.33 所示。

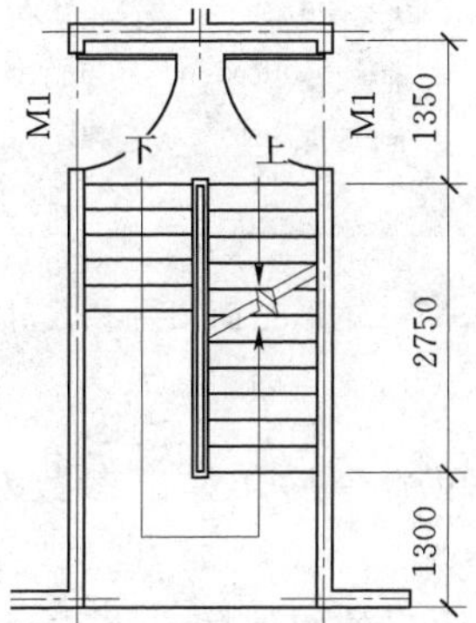

图 9.32 双跑楼梯的最后结果

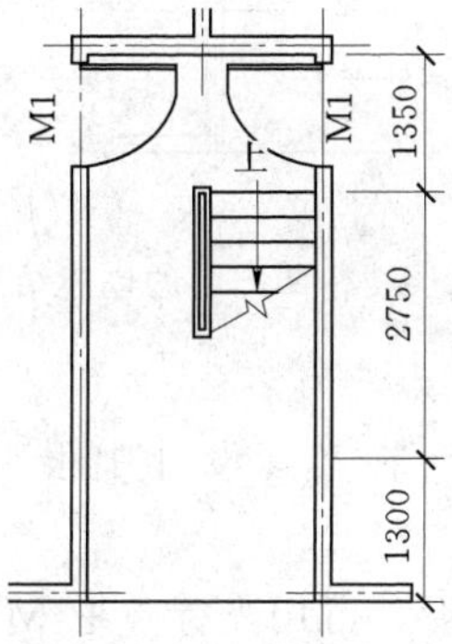

图 9.33 双跑楼梯的首层平面

9.1.5 创建阳台

菜单位置：“楼梯其他”→“阳台”。

点取菜单命令后，弹出绘制阳台参数对话框，如图 9.34 所示。

对话框说明如下：左边图是阳台示意图；右边的六个数值表是阳台结构参数表；左下一排为阳台创建类型，依次为凹阳台、矩形三面阳台、阴角阳台、沿墙偏移绘制、任意绘制、选择已有路径生成。

下面介绍其中的三种阳台类型创建方式。

9.1.5.1 创建凹阳台

本案的二层及以上楼层平面楼梯的栏板可用此类阳台创建。参数设置如图 9.35 所示。

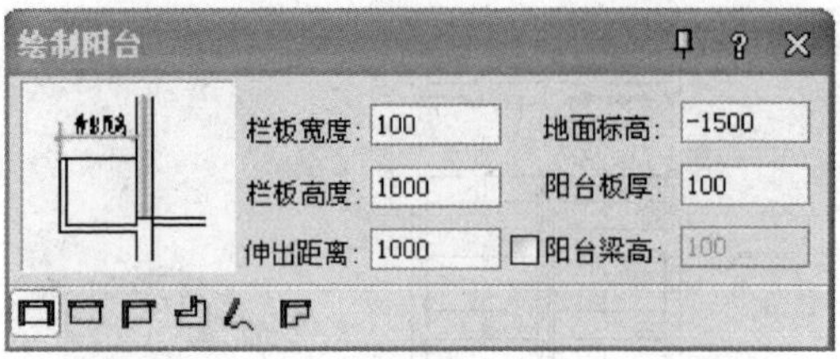

图 9.34　“绘制阳台”参数对话框

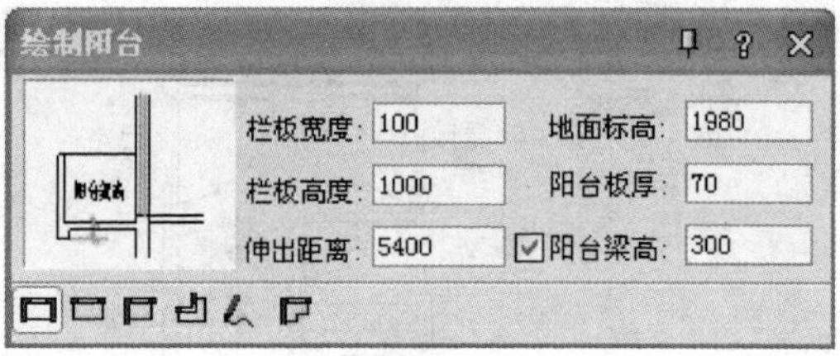

图 9.35　二层楼梯凹阳台参数设置

参数里的“伸出距离”和“地面标高”要通过平面尺寸标注确定距离或高度计算确定标高值。

确定完参数后，用光标点取楼梯间的左上墙角和右上墙角点，即可绘出楼梯栏板，如图 9.36 所示。

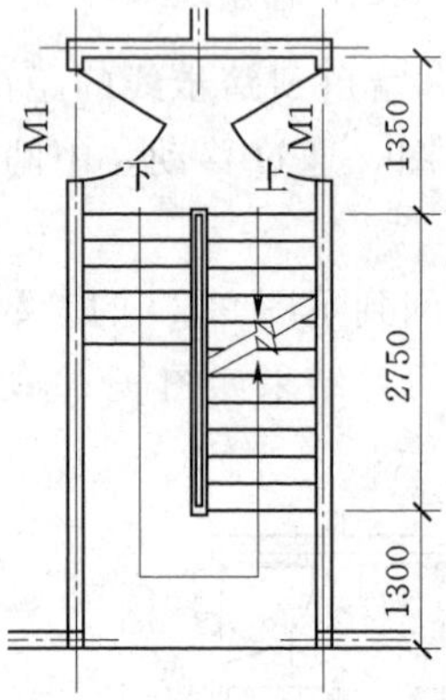

图 9.36　二层楼梯凹阳台的创建结果

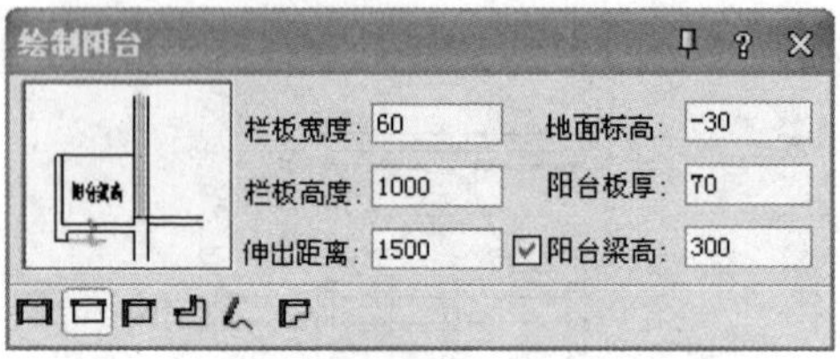

图 9.37　矩形三面阳台参数对话框

9.1.5.2　创建矩形三面阳台

矩形三面阳台在实际设计中很常用。点取菜单命令后，弹出参数对话框如图 9.37 所示。

参数设定之后，可用光标点取 M5 门两侧的轴线与外墙线的交点或墙角点，即可绘出阳台基本图形，如图 9.38 所示。

上图的阳台左侧边缘应与内墙线平齐，可直接用阳台的控制点（靠近光标的那个控制点）向左移动 100 的距离，即可完成创建，操作图如图 9.39 所示。

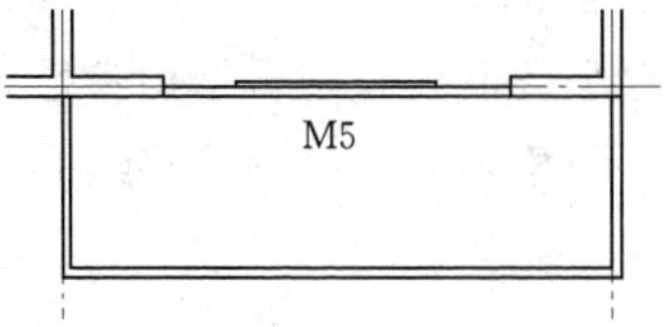

图 9.38　矩形三面阳台基本图形

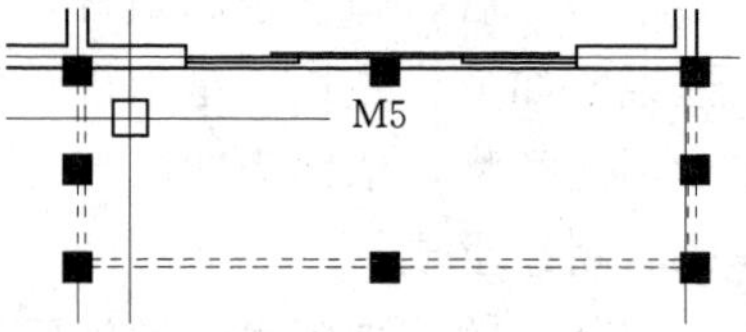

图 9.39　矩形三面阳台控制点

9.1.5.3 创建异形阳台

异形阳台在设计中也很常见，绘制关键是先用 CAD 绘制出阳台的外轮廓线。绘制方法如下：

先用 CAD 的绘制图形命令绘出以下阳台的外轮廓线，然后把所有轮廓线变成被全部选取的状态，之后点取鼠标右键，在弹出的菜单列表中，选择“线变复线”，则绘制的多条轮廓线即变成了复线（复线也就是多段线）（图 9.40）。

最后点取阳台创建类型里的“选择已有路径生成”，提示语言及操作过程如下：

选择一曲线（LINE \ ARC \ PLINE）<退出>：（用光标点取轮廓线）
请选择临界的墙（或门窗）和柱：（用光标框选 M5 两侧的墙线，回车）
请点取接墙的边：（用光标点取阳台两头所接的墙线，回车，即完成异形阳台创建）

异形阳台创建结果如图 9.41 所示。

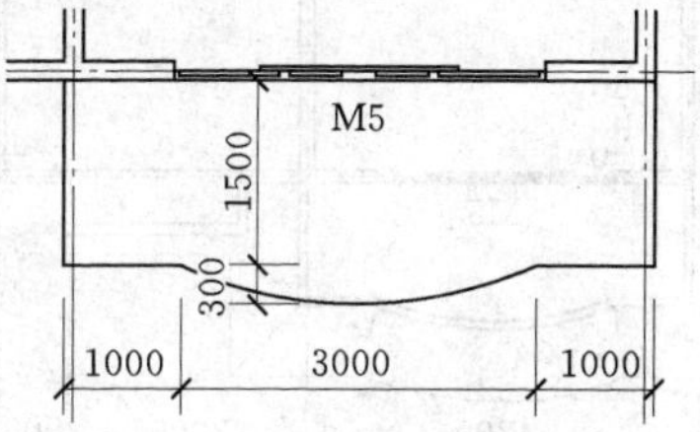

图 9.40 异形阳台外轮廓线

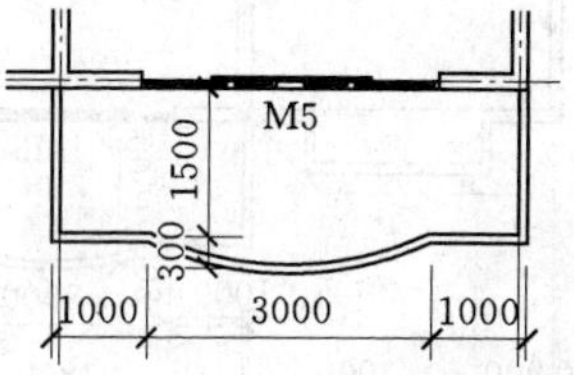

图 9.41 异形阳台创建结果

9.1.6 创建散水

菜单位置：“楼梯其他”→“散水”。

二维散水是针对首层建筑设置的一种保护墙角防止雨水侵蚀的地面构造，有一定的斜坡。

点取菜单命令后，弹出散水参数对话框，如图 9.42 所示，设置好参数后，按提示语言操作过程如下：

请选择构成一完整建筑物的所有墙体（或门窗、阳台）：（框选整个建筑平面图后，回车）。

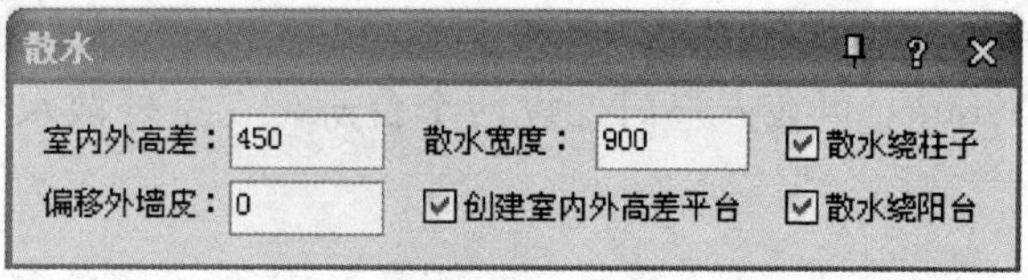

图 9.42 “散水”参数对话框

依此创建的二维散水如图 9.43 所示。

图 9.43 所示的散水，需要做以下这些内容的编辑：

（1）楼梯间的散水线。

（2）阳台的散水线。

（3）楼梯间的台阶或护坡。

（4）调整、标注相关尺寸。

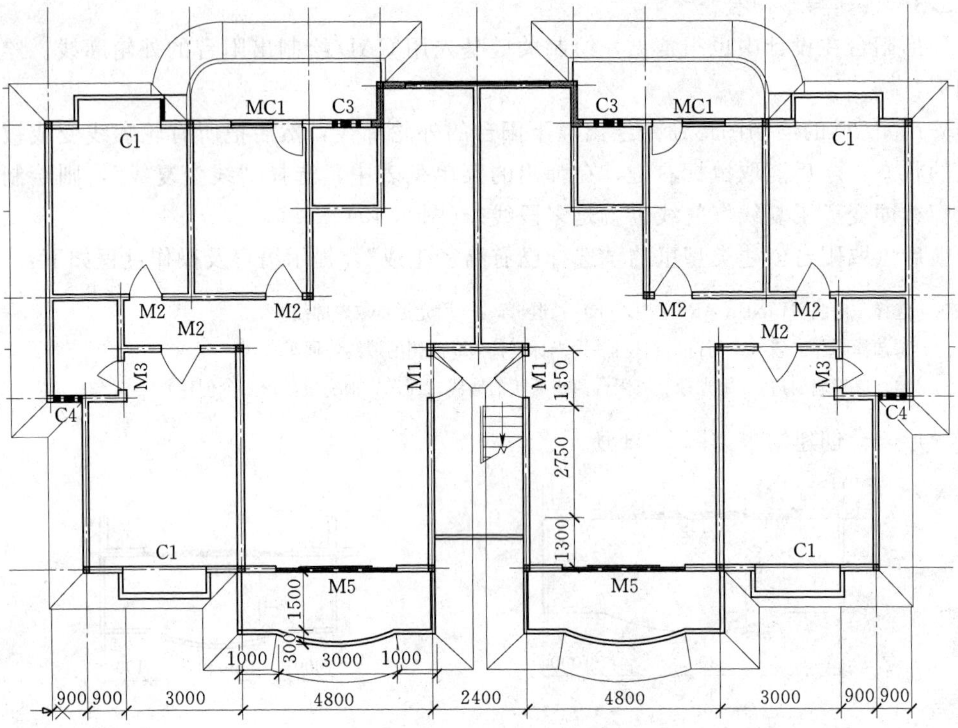

图 9.43　散水初始创建结果

9.1.6.1　楼梯间的散水线编辑

主要操作是删除楼梯间内的散水线，方法是将创建的散水线进行分解，然后删除即可。

9.1.6.2　阳台的散水线

如果 E、F 轴处的阳台散水要做成直线形的散水，可以用 CAD 的绘图和编辑工具直接绘制即可，并保证散水外皮和阳台外皮间距离为 300 即可；A 轴处的阳台散水处理方法相同。

9.1.6.3　楼梯间的台阶和护坡

室内外高差共 450mm，可在入户门处设两个台阶，在室外散水处设坡道与散水外皮齐平。

9.1.6.4　调整、标注相关尺寸

主要标注散水的各段宽度、将与图形形成交叉的尺寸线外移。

经过散水修改后的首层平面图如图 9.44 所示。

9.1.7　平面图的完善

平面图形绘制完毕后，尚有相关的辅助内容需要完善，比如尺寸、文字、标高、室内设施布置、图名名称以及图框布局等，现分述如下。

9.1.7.1　门窗尺寸标注

菜单位置："尺寸标注" → "门窗标注"。

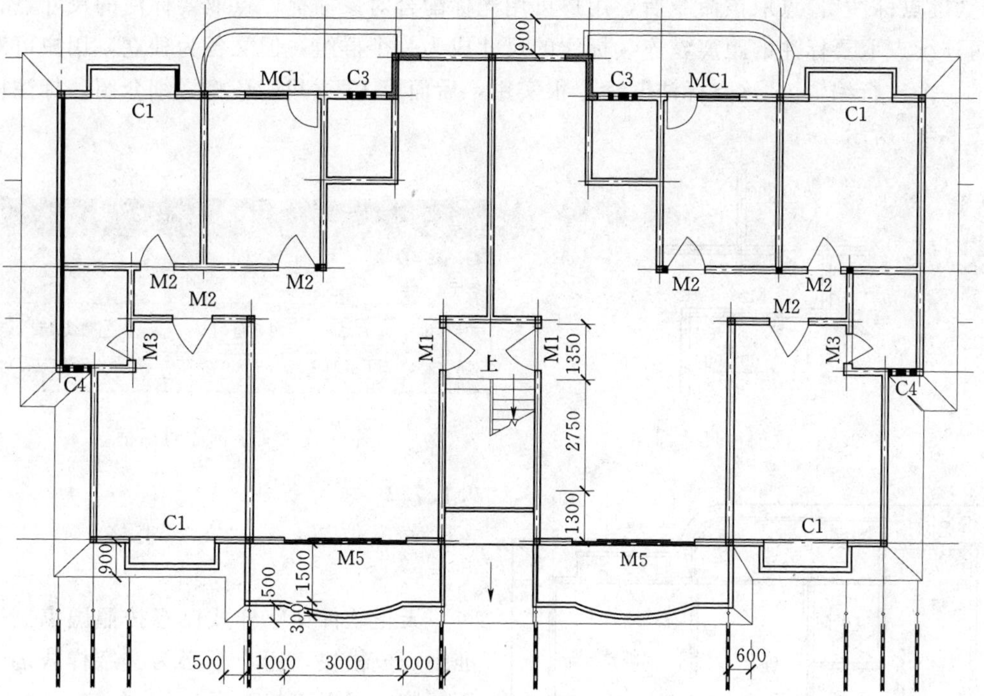

图 9.44　经过修正散水后的首层平面图

门窗尺寸标注包括外墙门窗标注和内墙门窗标注两种情况，外墙门窗标注有专门的标注命令完成，即“门窗标注”，内墙门窗标注用“尺寸标注”菜单下的“逐点标注”即可。

“门窗标注”：点取菜单命令后，提示语言及操作过程如下：

请用线选第一、二道尺寸线及墙体。

起点<退出>：(用光标在其中的一个门 MC1 或窗 C3 所在房间内点击一下鼠标)

终点<退出>：(把光标移至与第二道尺寸线的距离基本符合尺寸标注要求的距离，点击一下鼠标。注意移动光标时拉出的线要与门或窗形成交叉)

选择其他墙体：(用光标框选与该门或窗同在一边的外墙上是所有门窗，回车)

以上操作结果如图 9.45 所示。

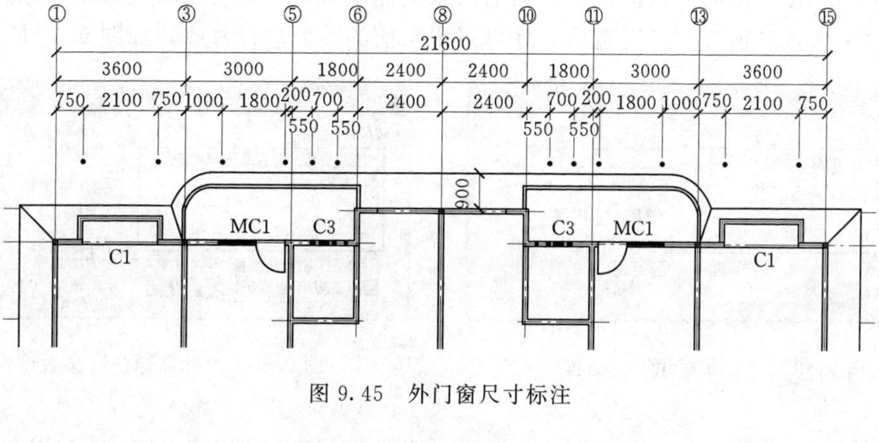

图 9.45　外门窗尺寸标注

“逐点标注”：点取该命令后，用户可用光标配合对象捕捉，点取要标注的尺寸点，并且可连续点取要标注的距离，连续标注的尺寸成为一个群组，但又各为独立，用户可对其中的一个进行编辑。“逐点标注”命令很实用，后面第 13 章我们还将详细介绍。标注样式如图 9.46 所示。

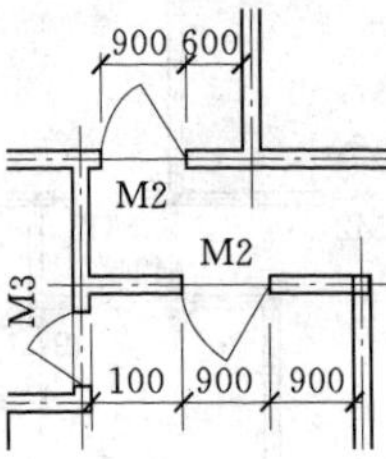

图 9.46　内门窗尺寸标注

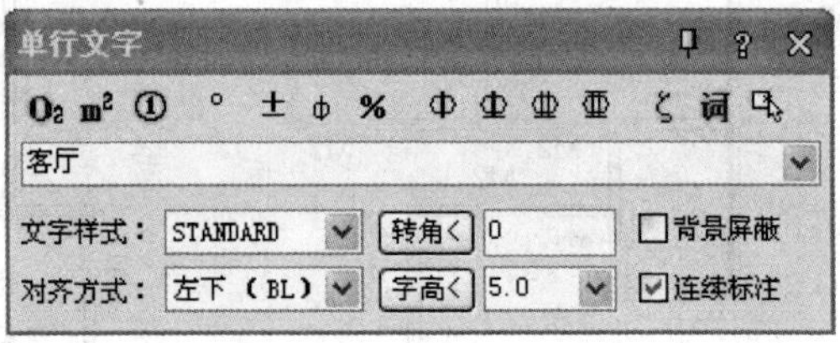

图 9.47　文字标注对话框

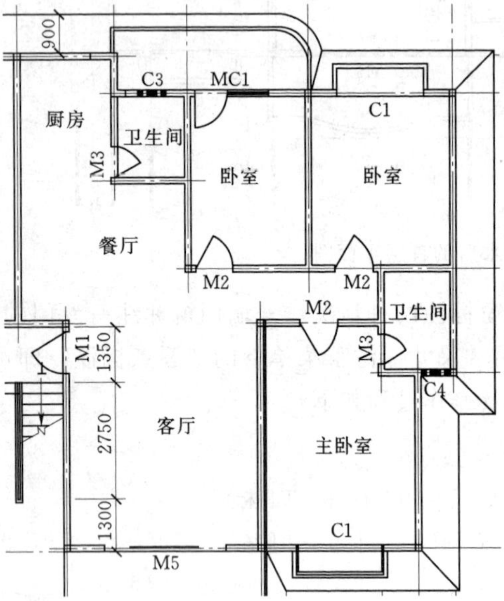

图 9.48　文字标注结果

9.1.7.2　文字标注

菜单位置：　“文字表格”→“单行文字”。

天正软件文字样式已经按照国家制图标准制定成模块，用户不必为文字样式的修改而烦恼，可以直接套用。

点取命令后，弹出文字标注对话框如图 9.47 所示。

设定好参数后，用光标找准文字标注的位置，点击下鼠标即可完成文字标注。效果如图 9.48 所示。

9.1.7.3　标高标注

菜单位置：　“符号标注”→“标高标注”。

点取菜单命令后，弹出标高标注对话框，如图 9.49 所示。

其中的“楼层标高”数值是默认当前的系统标高值，用户若想输入拟定的标高值，必须在“手工输入”前打“√”选后，才可点击当前的数值进行修改，如图 9.50 所示。

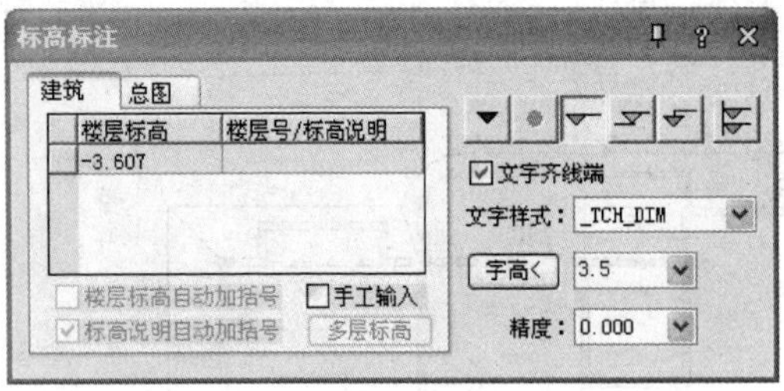

图 9.49　“标高标注”对话框

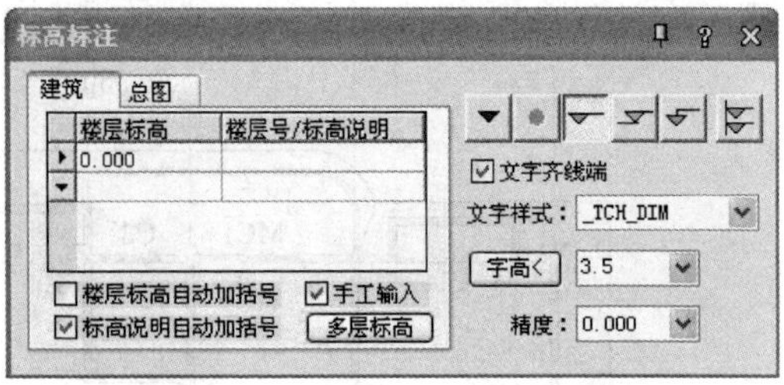

图 9.50　“标高标注”参数设定

参数设定好后，直接用光标找准标志位置，点击鼠标左键，并通过拖动光标确定标注方向，再点击下鼠标即可，回车退出标注状态，如图 9.51 标注结果。

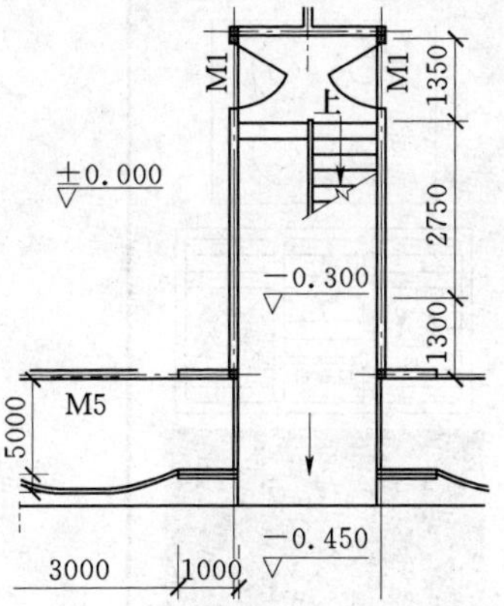

图 9.51　标高标注结果

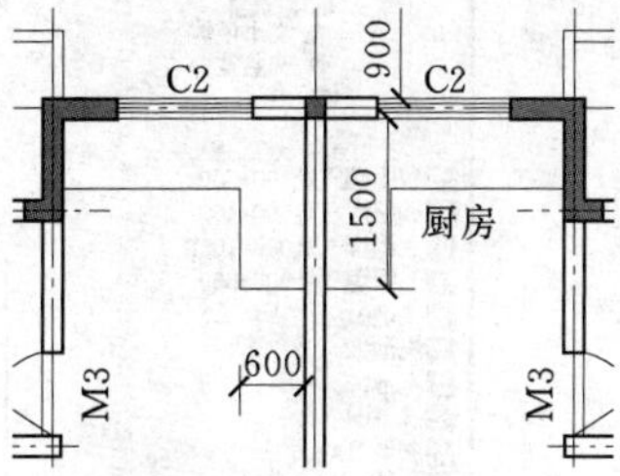

图 9.52　厨房案台绘制

9.1.7.4　室内设施布置

室内设施布置包括厨卫设备、室内家具等。

厨房、卫生间里的案台需要用 CAD 的直线或多段线命令进行绘制，如图 9.52 所示，最好绘制完毕把它们变成复线。

其他设备如洗菜池、炉灶、大便器、浴缸、家具、家电等，均可从天正软件本身自带的图库里调用，方法是：

菜单位置："图块图库" → "通用图库"。

点取"通用图库"菜单，弹出天正图库管理系统，如图 9.53 所示。

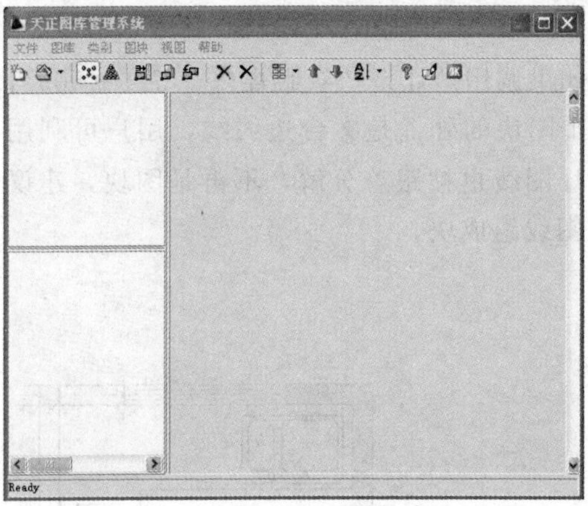

图 9.53　天正图库管理系统

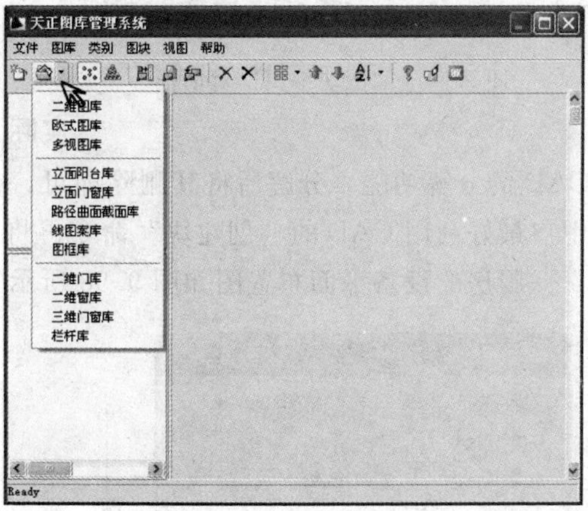

图 9.54　调出天正图库图块的位置

图库里的图形都是图块，比如调出洗菜池的平面图形，则点击如图 9.54 所示的光标所在位置的文件夹，再点选弹出的菜单列项的"二维图库"，继续点击打开列项"plan"前的"+"号，最后找到洗菜池的位置如图 9.55 所示。

用户可以在选用的图块上直接双击鼠标，弹出图块编辑对话框，如图 9.56 所示。

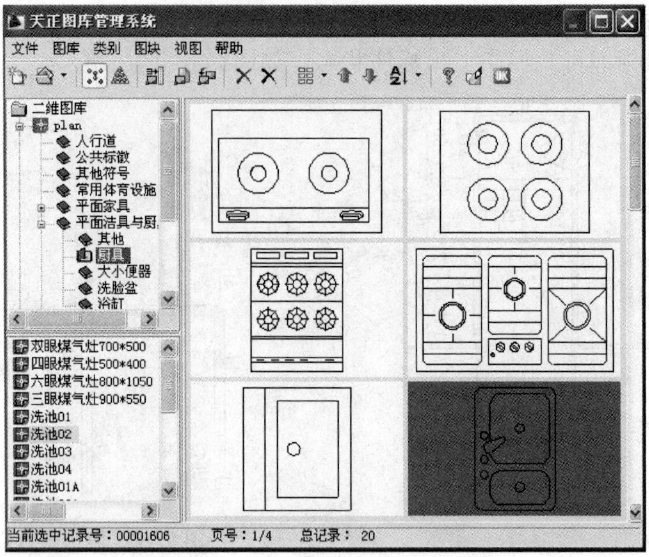

图 9.55　调出洗菜池的位置

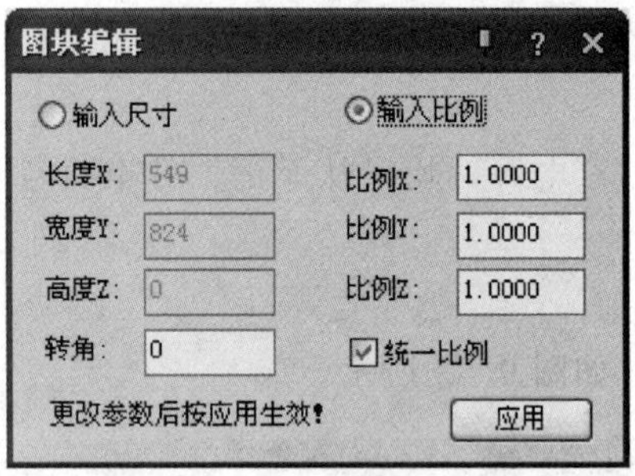

图 9.56　“图块编辑”对话框

对话框中的尺寸数字就是实际大小，灰度显示是表示不能修改的，用户如果需要对大小进行修改，可以点选“输入尺寸”前的圆圈，亮显后，可以输入自己拟定的数据；如果需要对图块的插入角度进行修改，可以在“转角”右边的输入框内输入数据；要修改的数据都输入完毕后，还需要用光标点选“应用”按钮，才可插入建筑平面图中，如图 9.57 所示。

用户如果调用炉灶是“双眼煤气灶 700 * 500”，实际上这个图块的外框是案台边缘线，用户可利用 CAD 的分解功能，分解后将其删除即可，但炉灶图线也被跟着分解，不再是图块，建议用户最好利用 CAD 的“创建块”命令再将炉灶图线组成块。

厨房的设备平面布置图如图 9.58 所示。

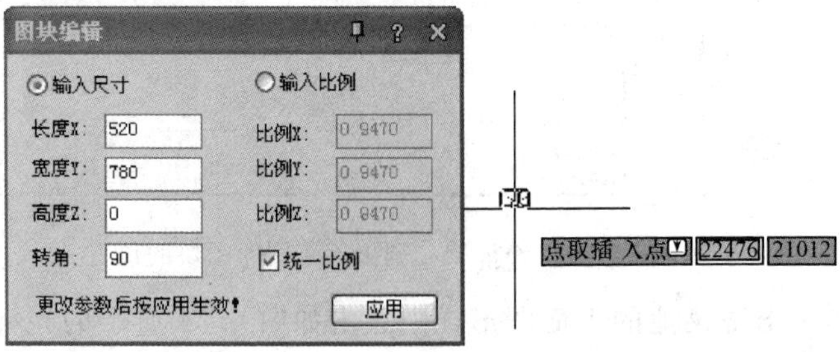

图 9.57　图块编辑数据

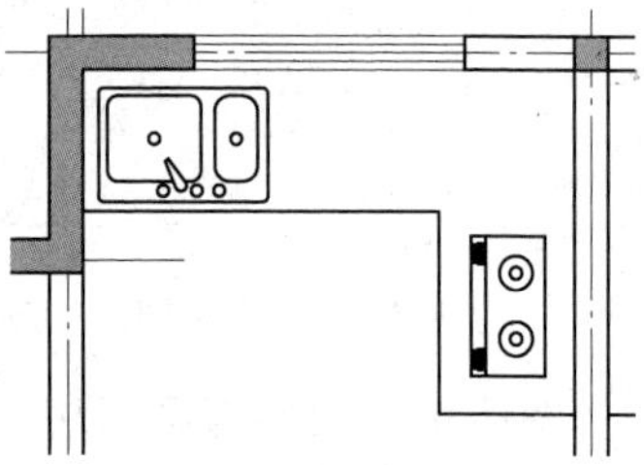

图 9.58　厨房平面布置图

用户可以参考完成如图 9.59 所示的设备平面布置图。

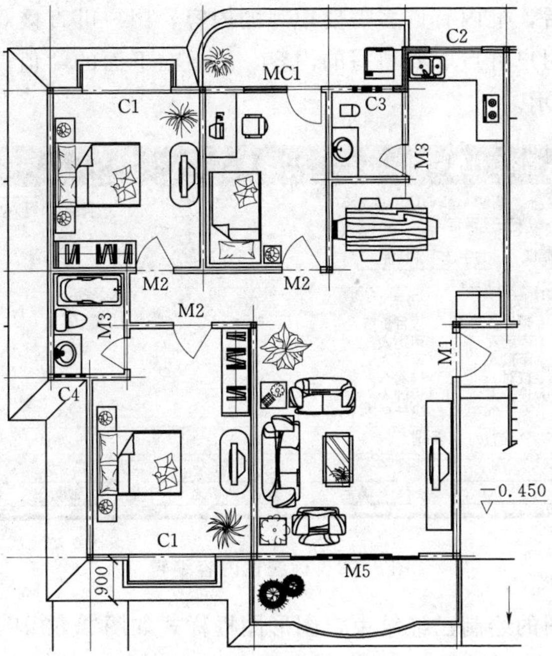

图 9.59　设备平面布置图

9.1.7.5　图名名称

菜单位置：“符号标注”→“图名标注”。

每个施工图绘制完毕，都需要注明图名名称，点取菜单位置，即弹出如图 9.60 所示的对话框，用户可参照对话框所填内容填写，然后用光标确定名称插入位置即可。

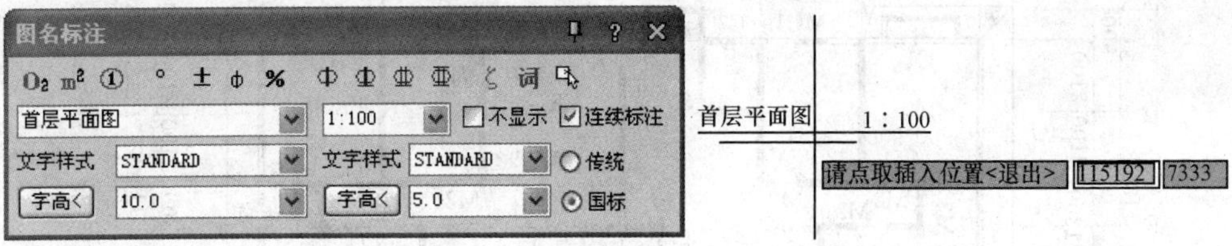

图 9.60　“图名标注”对话框

9.1.7.6　图框布局

菜单位置：“文件布图”→“插入图框”。

当所有施工图绘制结束，在打印出图之前，必须要给施工图套用图框，并填写相应内容，才可出图。用户可根据最大文件图形的尺寸，决定套用图纸的大小，然后再选择图框大小。

对于本案图形，采用 A3 图框即可，为满足图形布图最合适化，不考虑设计单位的特定的标题栏格式，采用了“通长标题栏”的布图样式，如图 9.61 所示。

×××市建筑设计研究院	审　定		校　对		工程名称		图纸名称	首层平面图	工程编号		阶段	施工图
	审　核		设计负责人								日期	04.08.20
	项目负责人		设 计 人		项目名称				图　号	建施－01	比例	1∶100

图 9.61　通长标题栏样式

说明：图框插入后，框内有许多需要填写的内容，用户可直接双击标题栏框线，即弹出一个编辑对话框，用户可点取要填写的内容，然后在下面的“值（V）:”的右边栏里填写即可，如图 9.62 所示。

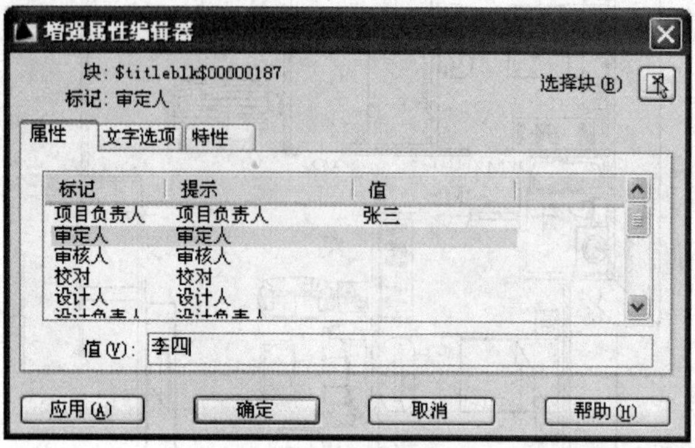

图 9.62　标题栏内容编辑

至此，首层平面图的绘制已经结束，图形图框样式如图 9.63 所示。

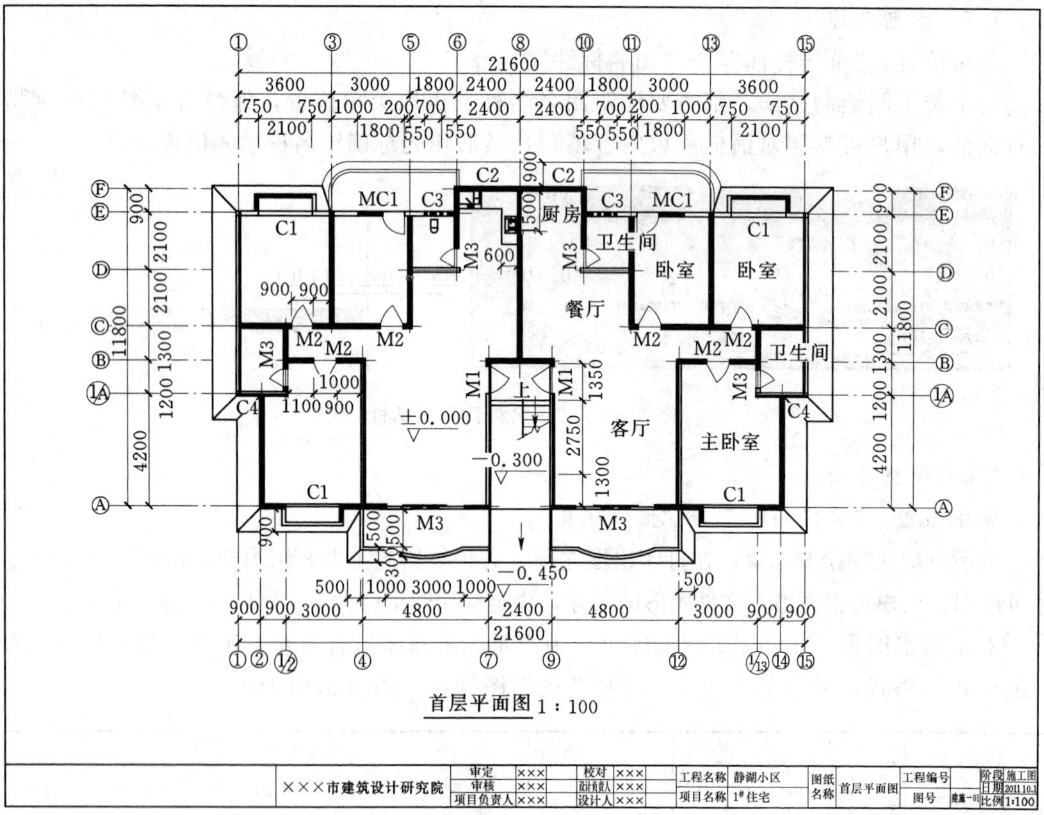

图 9.63　首层平面图绘制结果

9.2 绘制标准层平面图

首层平面图绘制完毕后，其他楼层平面图都在此基础上进行修改而得。

对于本案来说，标准层平面图与首层平面图不同的地方主要在于：没有散水和台阶、楼梯平面图不同、地面标高不同等，下面介绍修改方法。

9.2.1 创建二层平面图

9.2.1.1 删除散水和台阶

直接用 CAD 的删除命令删除散水线和台阶线、坡地线以及与它们关联的尺寸线等。

9.2.1.2 修改楼梯平面

直接双击首层楼梯平面图，弹出楼梯编辑对话框，如图 9.64 所示，将“层类型”的“首层”改为“中间层”，并按“创建阳台”方法创建楼梯中间平台栏板，即可完成二层楼梯平面的创建，如图 9.65 所示。

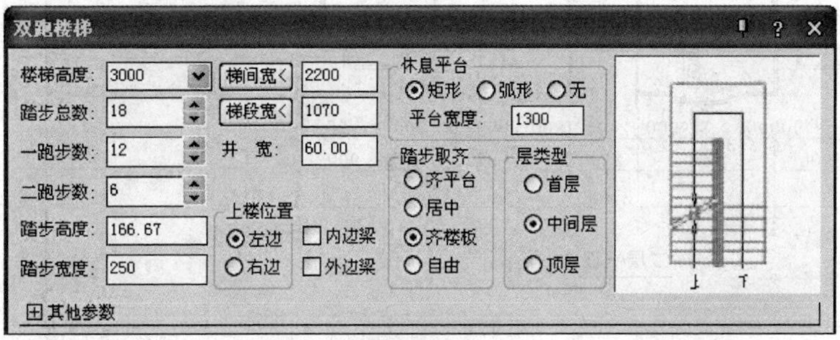

图 9.64 楼梯平面编辑对话框

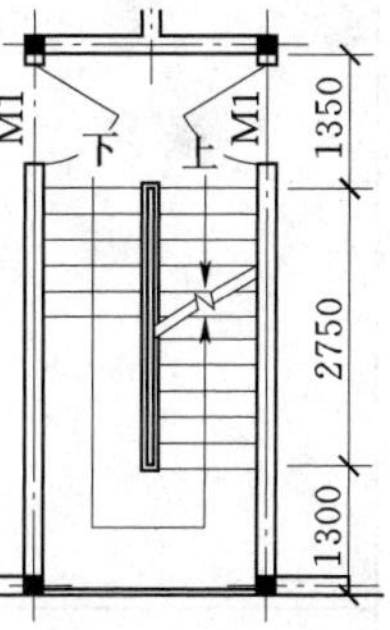

图 9.65 二层楼梯平面图

9.2.1.3 修改楼层标高和图名名称

将首层的室外标高和楼梯地面标高删除，然后直接双击室内地面标高±0.000 的图线符号  ，弹出标高编辑对话框，如图 9.66 所示，将楼层标高的 0.000 改为 3.000 即可。

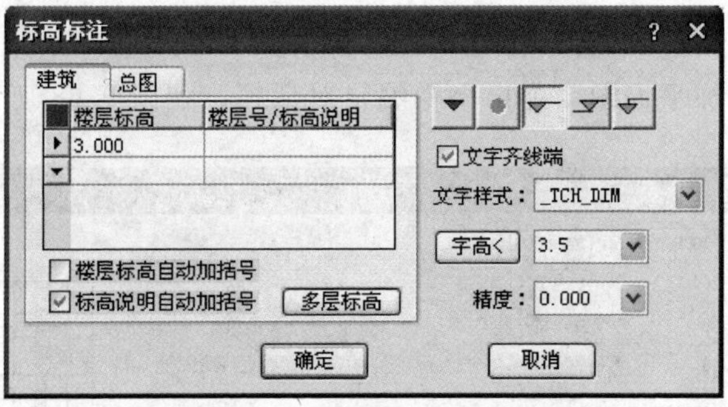

图 9.66 二层地面标高编辑对话框

图名名称的修改也简单，直接双击名称文字，在弹出的编辑对话框内将文字改成“二层平面图”即可。

9.2.1.4 修改标题栏内容

直接双击要修改的内容文字，在弹出的编辑框内，把“值（V）”右边的内容修改好即可。最后的二层平面图结果如图 9.67 所示。

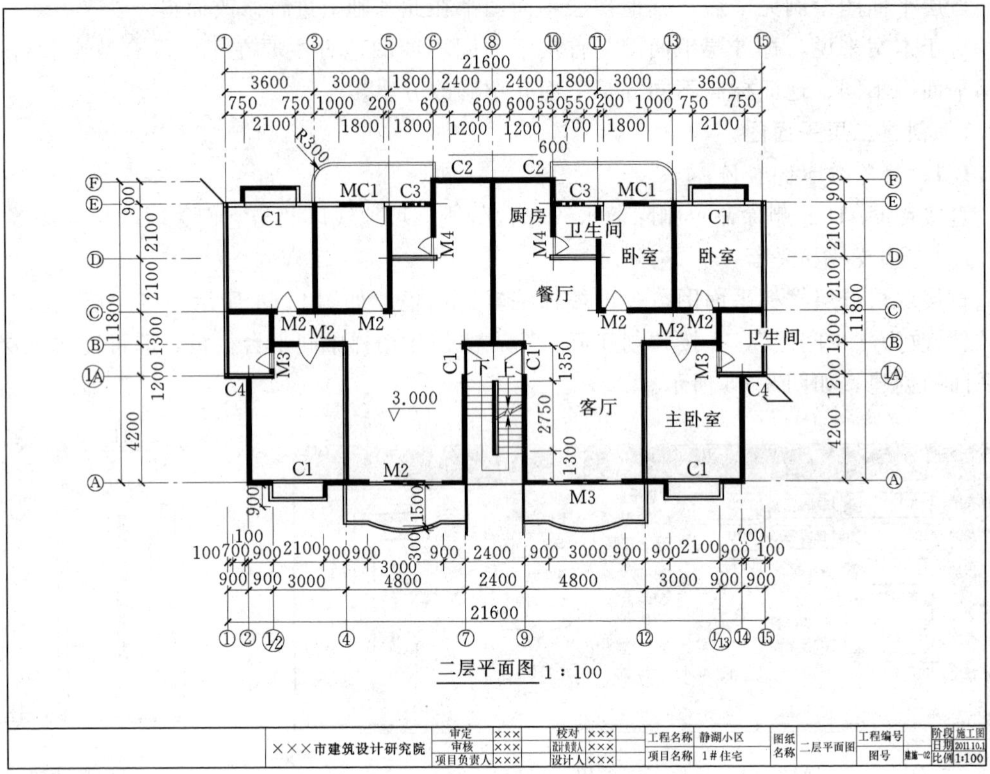

图 9.67　二层平面图

9.2.2 创建标准层平面图

本案的标准层平面图和二层平面图不同之处，主要在于楼梯平面、地面标高、图名名称和标题栏内容。

9.2.2.1 修改楼梯平面

直接双击二层楼梯平面图，弹出楼梯编辑对话框，如图 9.68 所示，将“一破步数”

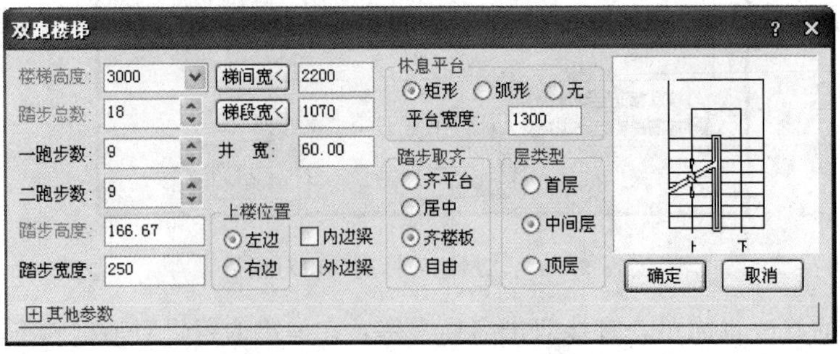

图 9.68　楼梯平面编辑对话框

和“二破步数”都改为“9”，并按“创建阳台”方法创建楼梯中间平台栏板，即可完成标准层楼梯平面的创建，如图9.69所示。

图9.69的楼梯平面楼层平台宽度过大，可按“创建双跑楼梯”的方法用移动命令移动楼梯平面，使满足楼层平台宽度为1350；最后移动中间平台的楼梯栏板，使与楼梯外边线对齐。如图9.70所示结果。

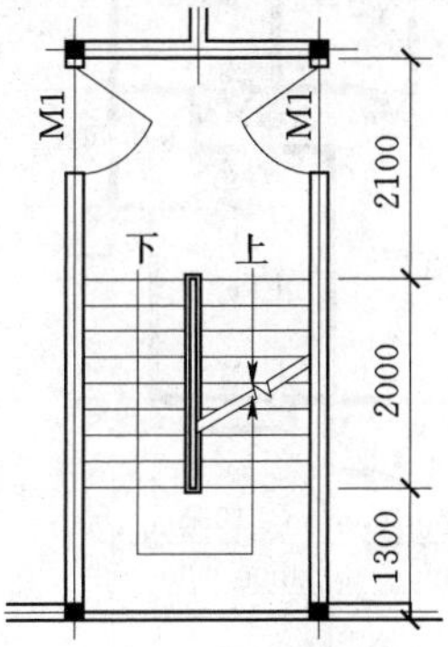

图9.69　首次编辑完成的标准层楼梯平面图

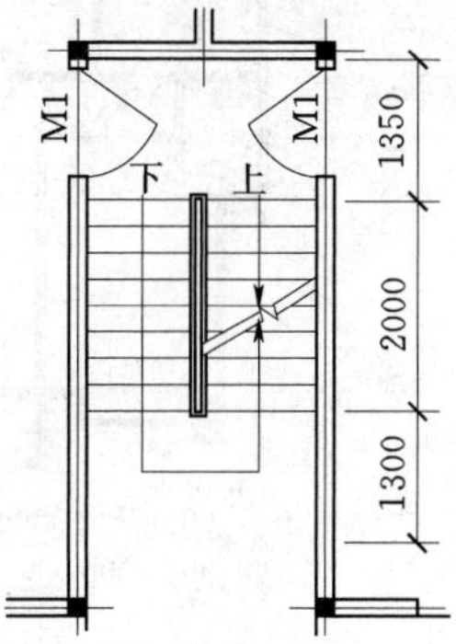

图9.70　标准层楼梯平面图

9.2.2.2　修改楼层标高、图名名称和标题栏内容

直接双击室内地面标高3.000的图线符号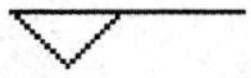，弹出标高编辑对话框，如图9.71所示，将楼层标高的3.000改为6.000，回车后，接着键入9.000，回车，…，直至最高层的标准层，最后的标高标注结果如图9.72所示。

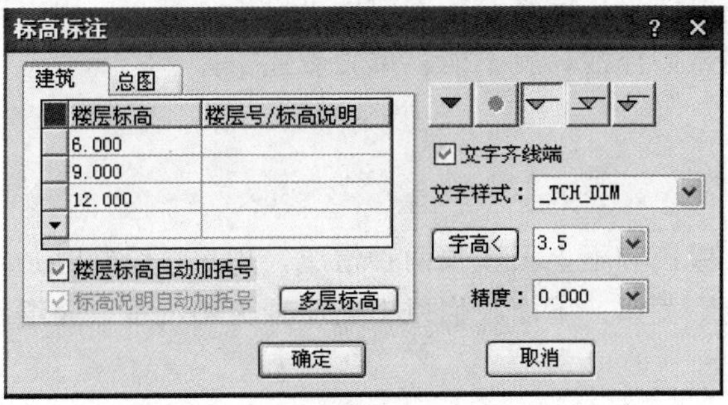

图9.71　多层地面标高编辑对话框

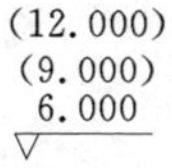

图9.72　多层地面标高标注样式

图名名称和标题栏内容的修改和二层的名称改法相同，都是直接双击要修改的文字内容，在弹出的编辑对话框内将内容改成需要的文字即可。

最后的标准层平面图结果如图9.73所示。

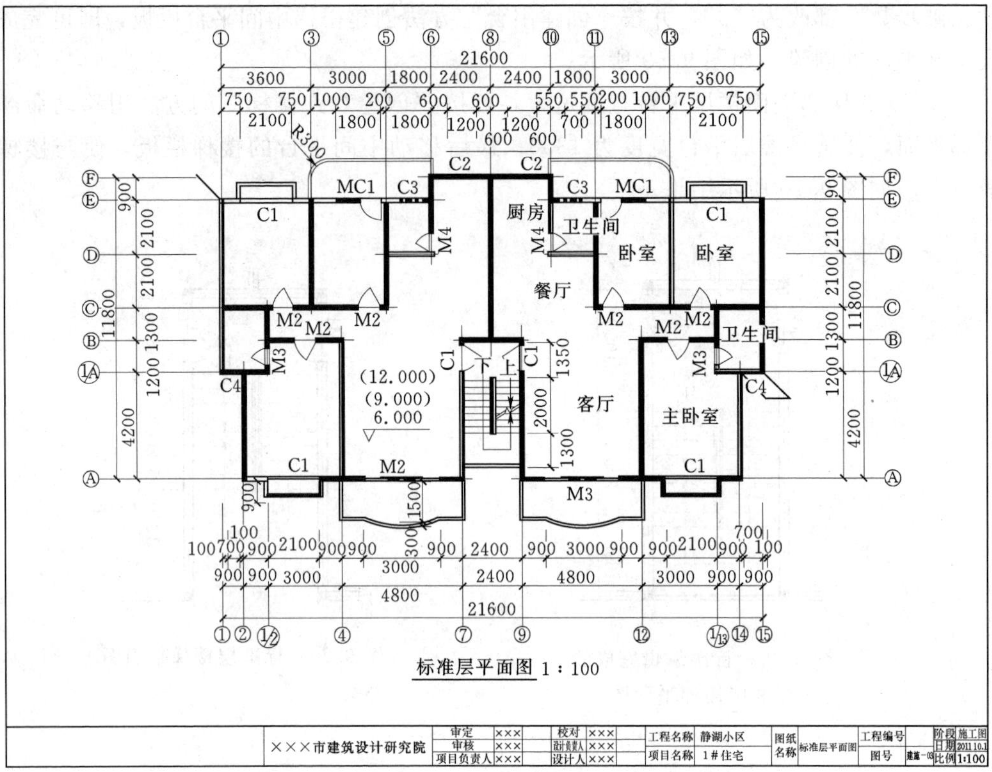

图 9.73　标准层平面图

9.3　绘制顶层平面图

顶层平面图的绘制，也是通过修改标准层而来的，修改内容和方法大体和标准层的绘制相同，用户主要看建筑设计方案是怎样再决定修改的参数就可以了。本案由于楼梯上到了屋顶层，所以顶层平面图和标准层是一样的，就不能再单独叙述了。

9.4　绘制屋顶层平面图

屋顶层平面图的绘制，分为上人屋顶和不上人屋顶两种情况，用户在绘制时必须考虑好与立面和剖面的协调统一，兼顾投影关系。下面我们以上人屋顶为例，重点介绍斜屋檐的绘制方法。

菜单位置：“房间屋顶”。

屋顶层平面图的绘制，是建立在顶层平面图基础上直接绘制和修改而成的，因此首先要调出顶层平面图。本案的顶层平面图和标准层平面图相同，如图 9.73 所示。绘制的屋顶平面图要和图×××相符，我们把下面的绘图主要步骤按图 9.74 所示的边角编号进行分解，读者可以参照着绘制。

9.4.1　绘制屋檐线

菜单位置：“房间屋顶”→“搜屋顶线”。

点取菜单命令后，提示语言及操作过程如下：

请选择构成一完整建筑物的所有墙体（或门窗）：（用光标框选整个平面图，回车）。

偏移外皮距离<600>：（按照设计方案输入，本案为600，回车）。

按照上面的操作后，得到如图9.75所示，得到的屋檐线为一条封闭的白线，对应图9.74所示的边角线是1，图层名称为2D _ ROOF。

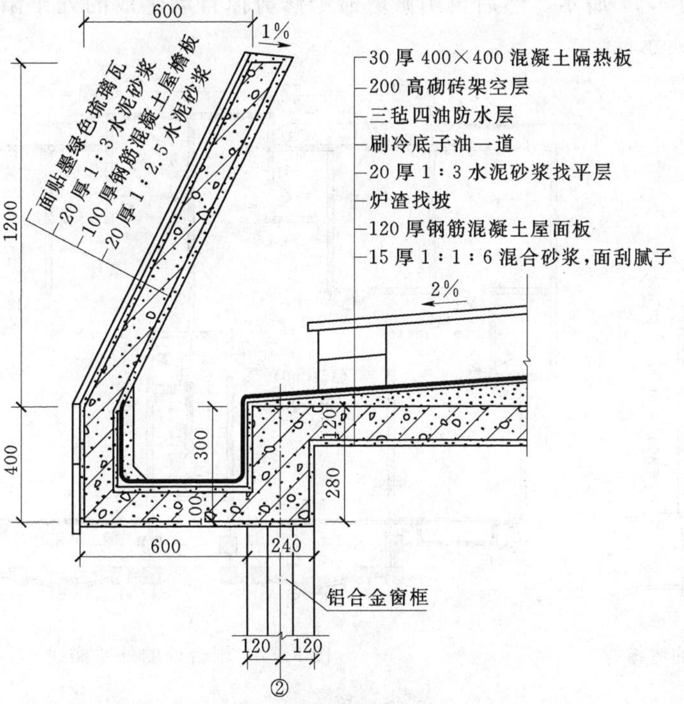

图9.74 屋檐边角线编号

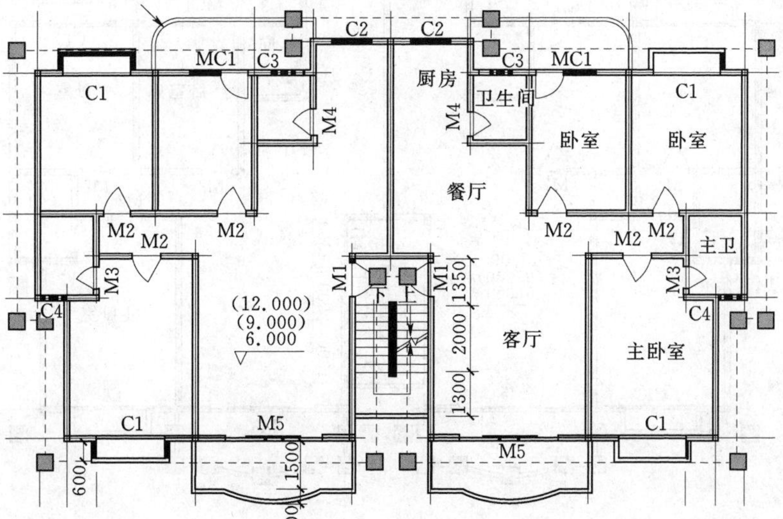

图9.75 外屋檐线的生成

外屋檐线生成后，用户就在此基础上利用 CAD 的常用工具绘制其他图线，见下面的步骤。

9.4.1.1　修改外屋檐线形状

首先是楼梯处的屋檐。因为楼梯是出屋面的，因此此处的屋檐线应拉平。方法是利用屋檐线的控制点（夹点）把位于楼层平台处的控制点拉到外面的控制点处即可。如图 9.76 所示。

其次是阳台处的屋檐线。用户可以利用多段线（PL）直接绘制与阳台外边缘完全一致的图形，如图 9.77 所示。然后再用修剪命令修剪掉自动生成的处于阳台范围内的屋檐线，如图 9.78 所示。

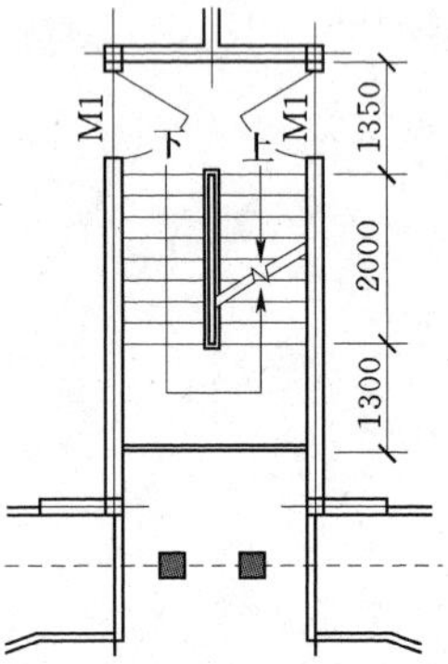

图 9.76　楼梯处的屋檐线

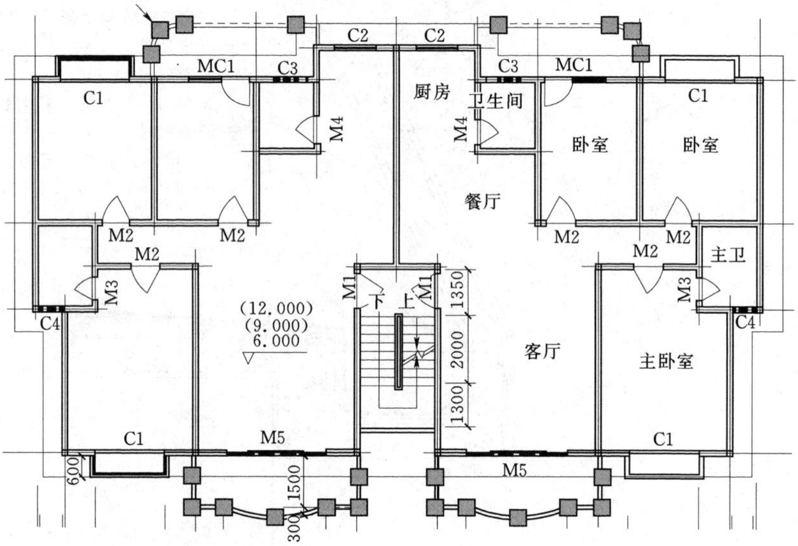

图 9.77　阳台处的外屋檐线

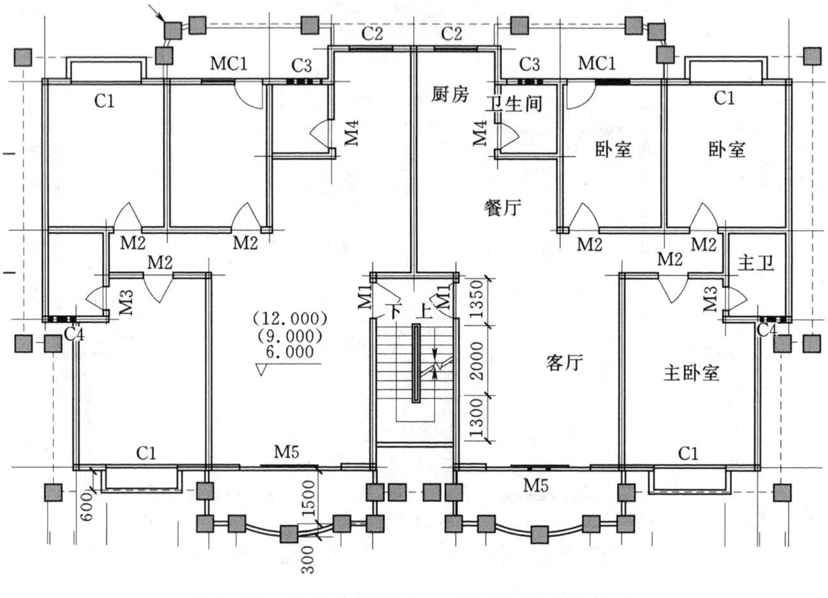

图 9.78　经过修剪阳台处的屋檐线后的结果

最后，在如图 9.78 所示的外屋檐线全选的状态下，输入快捷键 X（分解命令），回车，然后再将分解的屋檐线再全部选择，改成屋檐线图层（2D _ ROOF），最后点鼠标右键，选择“线变复线”，即可完成外屋檐线的创建和修改。

9.4.1.2 创建斜屋檐其他投影线

外屋檐线即表示整个屋檐的最外边缘的形成，我们可以此为参照，利用偏移命令，绘制其他水平投影线。

方法：选择外屋檐线（对应边角线 1），然后调出偏移命令（O），输入偏移距离 600（斜板水平投影距离），向内偏移得到斜板顶端的外边线（对应边角线 2）；以斜板顶端的外边线作为参照，继续向内偏移 100 得到斜板顶端的内边线（对应边角线 3）；绘制檐沟时，则以外屋檐线为参照，分别向内偏移 100 和 600，得出对应边角线 4 和 5 的投影线，此时最好先把檐沟线改成其他有区别的颜色线。其结果如图 9.79 所示。

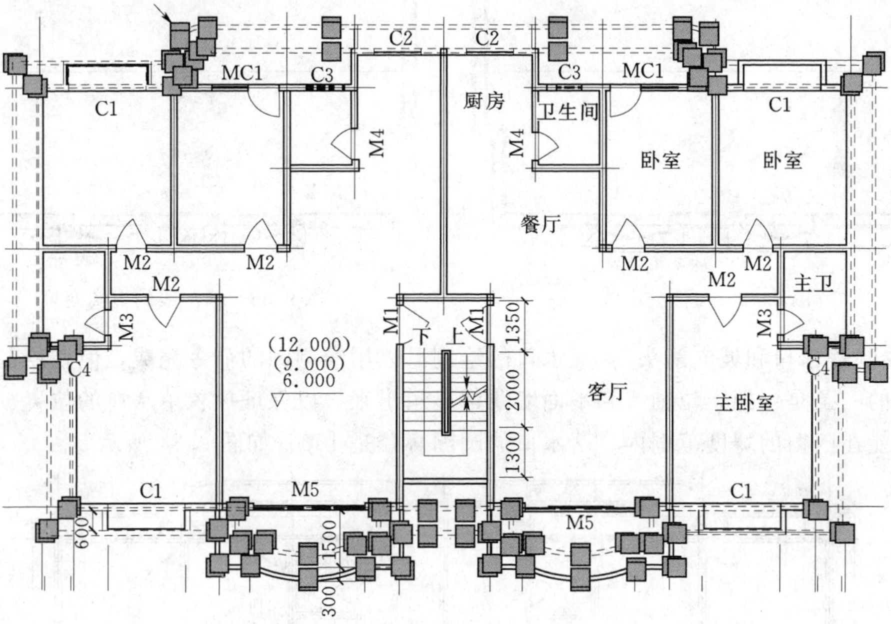

图 9.79 利用外屋檐线偏移复制的结果

注意图 9.79 所示的檐沟线，出现需要改变的走样图形，用户可以新建一个图层，把檐沟线归入，隐藏掉其他图线后，经过分解、补绘直线、线变复线后，得到如图 9.80 所示的檐沟线。

“绘制斜屋檐各转角处的交接线”：用直线命令直接绘制即可，如图 9.81 所示的斜线。

“绘制屋面的分水线”：考虑以 C 轴为分水线位置，直接用直线命令绘制即可，如图 9.82 所示。

“修正檐沟线的可见部分”：被斜屋檐面板遮挡的部分用虚线表示，否则用实线表示。方法是：选用天正菜单下的“工具” → “曲线” → “交点打断”，然后用光标框选要打断的范围，即完成打断，最后选择被遮挡的檐沟线部分，点击鼠标右键，选择“虚实变换”即可完成虚线转换，如图 9.83 所示。

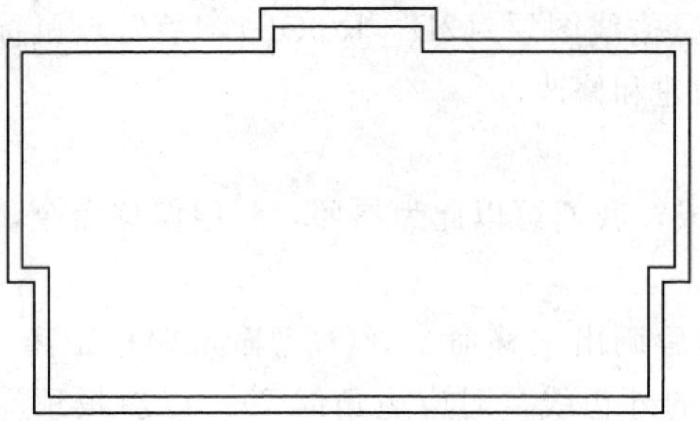

图 9.80　修正后的檐沟线

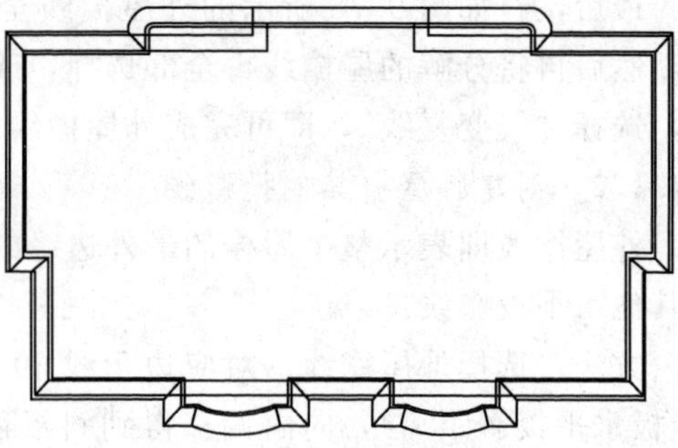

图 9.81　绘制斜屋檐转角线

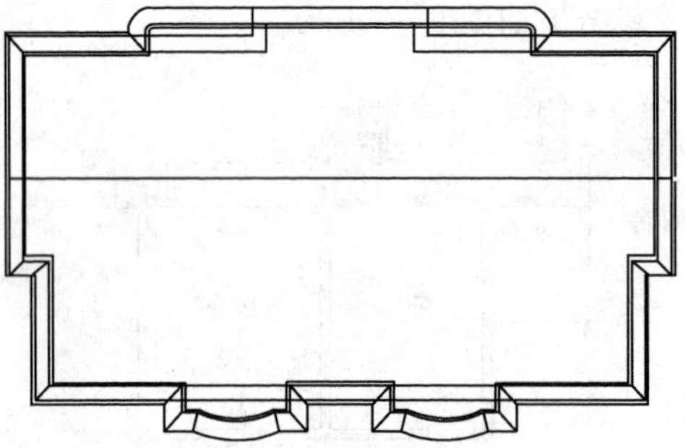

图 9.82　屋面分水线

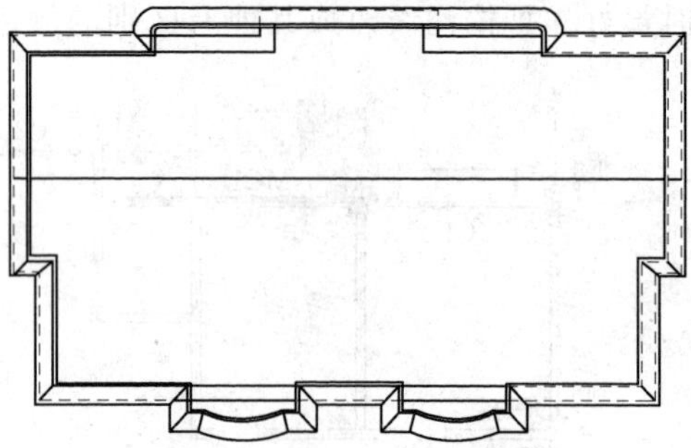

图 9.83　檐沟线的虚实变换

“绘制落水口和坡向箭头”：落水口的绘制可以用绘制圆的命令完成，但在绘制时必须要注意的一条是：把定位轴线和平面墙线都显示出来，以保证放置落水口的位置一般靠墙角、不能在门窗的宽度范围内。落水口的圆圈直径是 150，如图 9.84 所示。

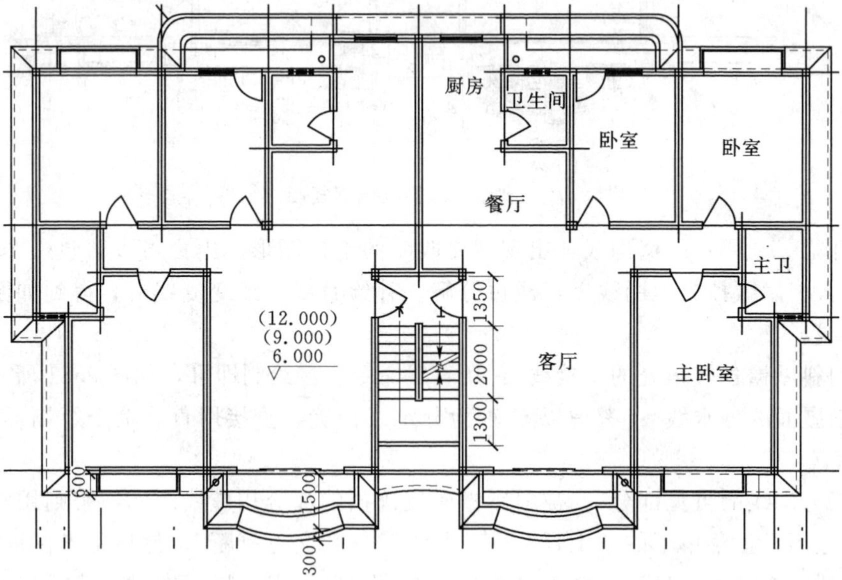

图 9.84　绘制落水口位置

坡向箭头表示屋面的水流方向，用户可以根据落水口的位置决定坡向箭头的方向，利用天正菜单：“符号标注”→“箭头引注”如图 9.85 所示。

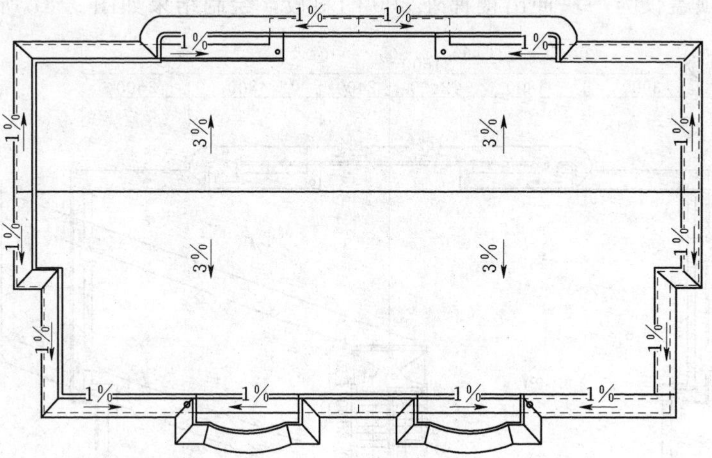

图 9.85　绘制坡向箭头

“整理屋顶层平面图”：由于屋面是上人屋面，楼梯是上到屋面上的，因此楼梯平面图是顶层楼梯画法，除了显示出该楼梯画法外（双击楼梯图线，将楼梯层类型改为顶层），其余的墙线和尺寸都全部删除；山墙处拟设计为女儿墙形式，构造详见第 12 章详图构造的墙身节点画法；将地面标高改为屋顶层地面标高值（15.000），利用尺寸线的控制点（靠图线的夹点）移动尺寸界线以减少轴线和尺寸标注的数量。其整理结果如图 9.86 所示。

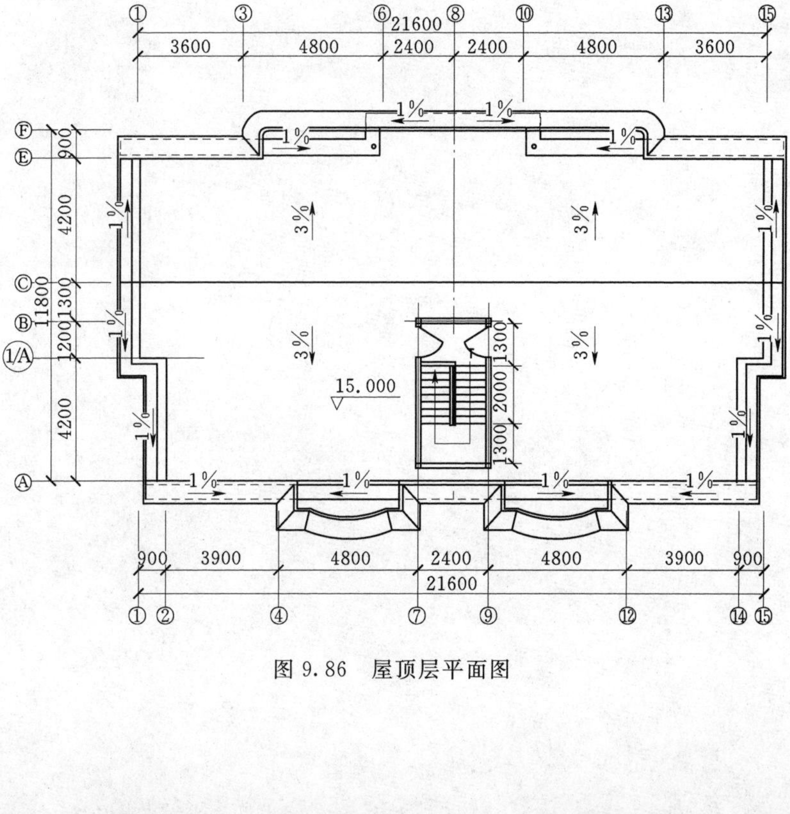

图 9.86　屋顶层平面图

“绘制屋顶楼梯顶盖”：为了节约图面，一般可以将楼梯屋顶放在屋顶层平面图的一侧，用引线对应屋顶层平面图的外墙角点引出，这样的画法更能有助于读者的理解，比如本案例的楼梯顶盖仅为一块伸出楼梯外 300 的斜板，绘制结果如图 9.87 所示。

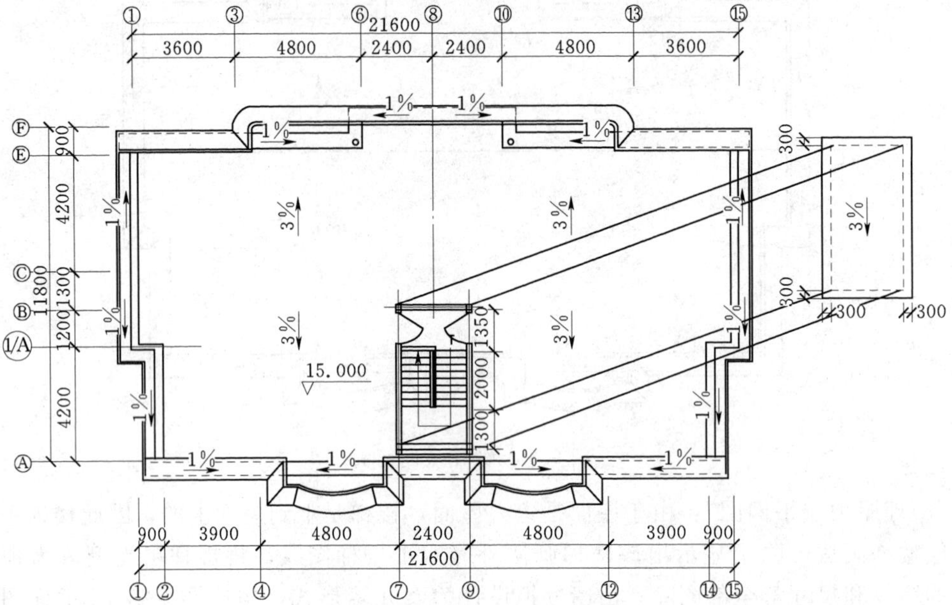

图 9.87　楼梯顶盖平面图

10　绘制建筑立面图

本章要点

建筑立面图的绘制是在建筑平面图完成之后，才能进行的，因此要求用户必须把所有平面图都设计完成后，结合建筑美观设计方案要求，按照我们的编写步骤逐步进行操作，熟练要完成的内容和方法。本章内容主要包括以下七个方面：

（1）基本建筑立面的创建。

（2）立面门窗的修改。

（3）立面阳台的修改。

（4）立面屋顶的创建与修改。

（5）立面楼梯的修改。

（6）立面轮廓的创建。

（7）立面图的完善。

建筑立面绘制菜单见图 10.1 所示。

图 10.1　立面绘制菜单

建筑立面图的绘制程序，基本都是先完成基本立面的绘制，剩下的就是按照立面设计的方案要求进行的修改结果。下面就以正立面完整图 10.2 为例详细说明绘制过程，并以此展开介绍侧立面和背立面的绘制。

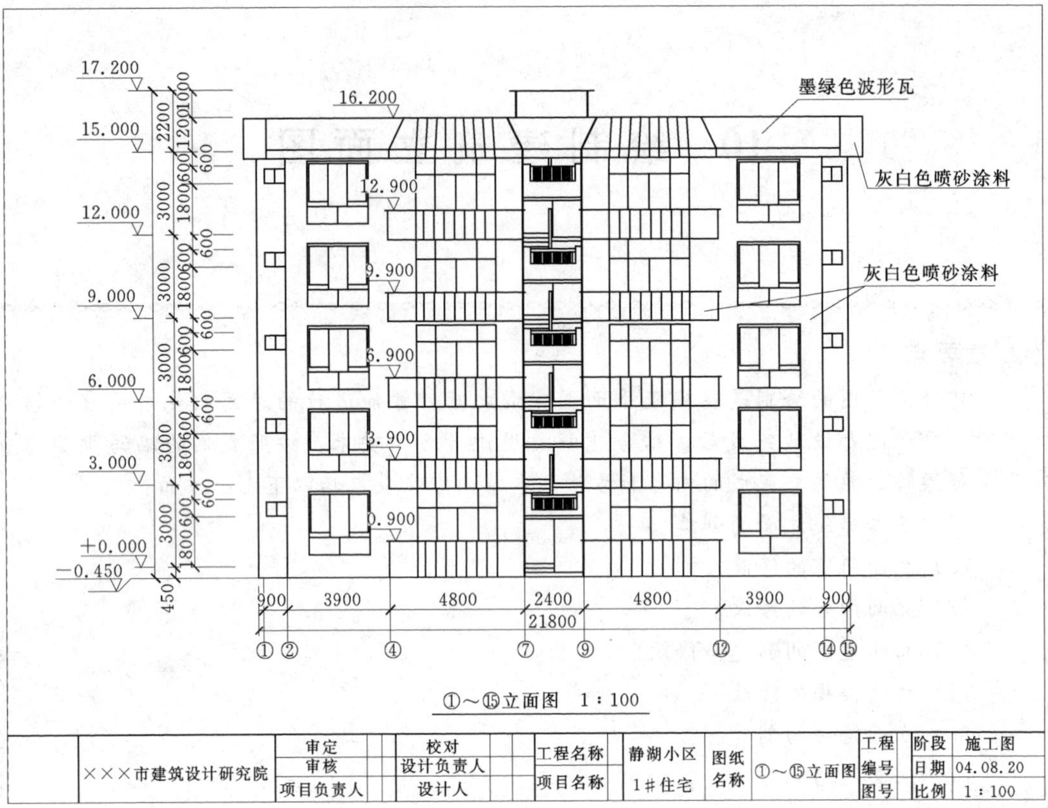

图 10.2　正立面图

10.1　基本建筑立面的创建

10.1.1　调出首层平面图

立面图的绘制，首先要调出首层平面图，原因主要是在创建立面图时会提示是否要显示轴线问题。

10.1.2　填写工程管理数据

菜单位置："文件布图"→"工程管理"。

或者利用快捷键"GCGL"也可调出。

选择菜单命令后，弹出"工程管理"对话框，如图 10.3 所示。

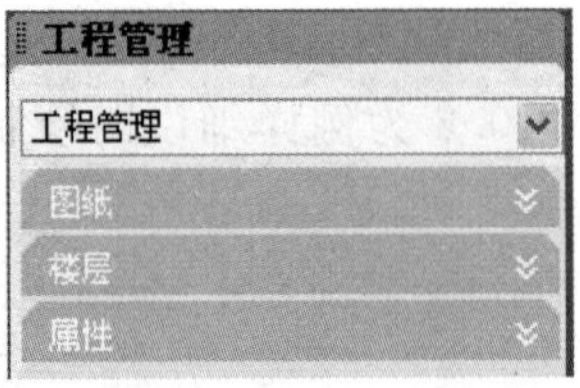

图 10.3　工程管理对话框

图 10.4　工程管理菜单列项

10.1.2.1 新建工程管理

点击“工程管理”右侧的箭头符号，出现工程管理菜单列项，如图 10.4 所示。

点选“新建工程...”，弹出新建工程保存对话框，如图 10.5 所示。用户要选好保存的位置、保存的文件名、最后点击“保存”即可。

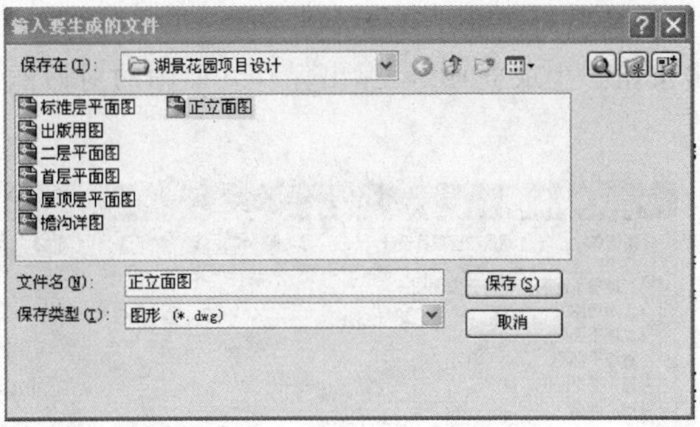

图 10.5 新建工程管理

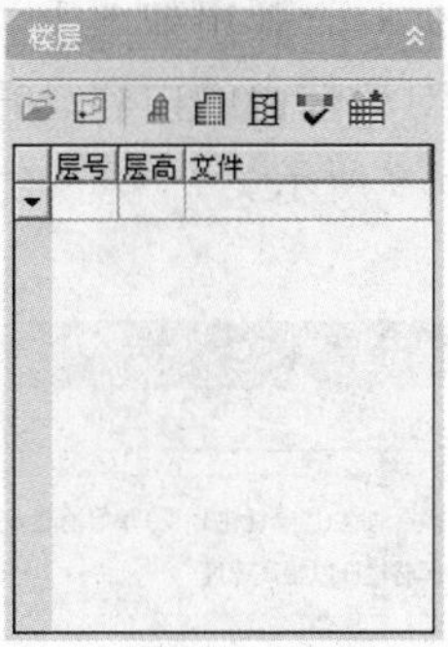

图 10.6 “楼层”列表

10.1.2.2 填写楼层列表

点选打开图 10.3 所示的“楼层”列表单，如图 10.6 所示。

填写说明：[层号] 按 1、2、3…从上往下逐项填写；[层高] 可不填，直接利用平面图绘制时设定的墙高（即层高）即可，在调出 [文件] 图形时会自动弹出层高；[文件] 内容，可用光标在表格内点击一下，会在表格右侧出现一个小方框，把光标移到小方框上面，停顿一下，会出现提示“选楼层文件”，此时用户可点击这个小方框，之后就可以去找到创建立面图需要的楼层平面图文件，参见图 10.7 左图的填写样式，右图是填写结果。

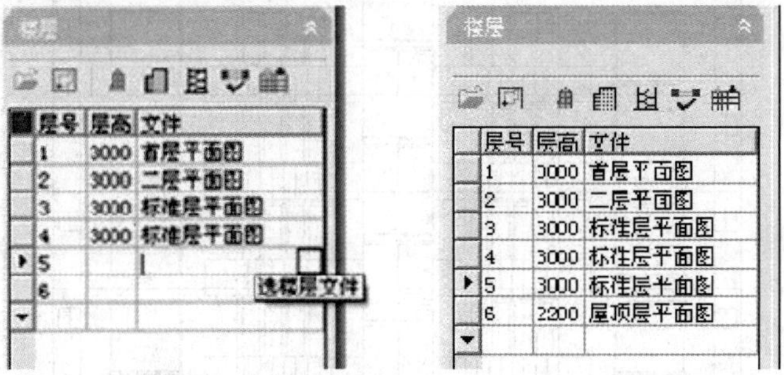

图 10.7 “楼层”列表填写

说明：如果楼层数很多，标准层楼数也很多，用户可以利用复制原理，将第一个标准层平面图文件名复制后，粘贴到其他楼层的文件位置，层高也是一样处理，这样可以提高填表效率。

10.1.2.3 创建立面图

菜单位置：“立面”→“建筑立面”。

或者点取图 10.7 中的图标（建筑立面），即可开始创建立面图，点取命令后，操作过程如下：

请输入立面方向或［正立面（F）/背立面（B）/左立面（L）/右立面（R）］<退出>：键入 F

请选择要出现在立面图上的轴线：用光标选择正立面特殊结构位置相关联的轴线如①②④⑦⑨等轴线，回车或点鼠标右键。

此时，弹出如图 10.8 所示的“立面生成”对话框。

对话框内的内容设置完毕后，点击按钮“生成立面”，弹出保存立面图的对话框，如图 10.9 所示。

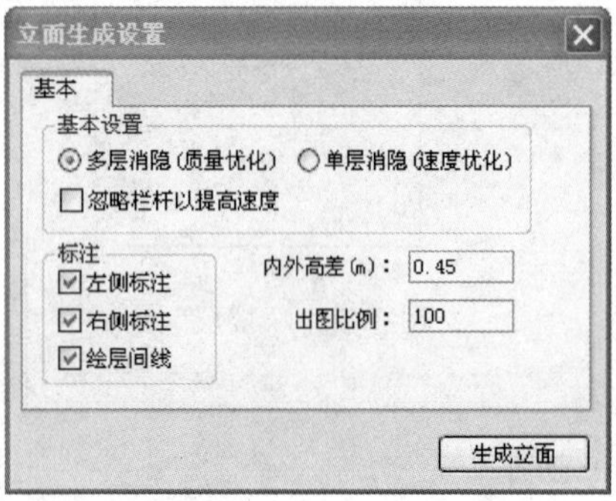

图 10.8　“立面生成”对话框

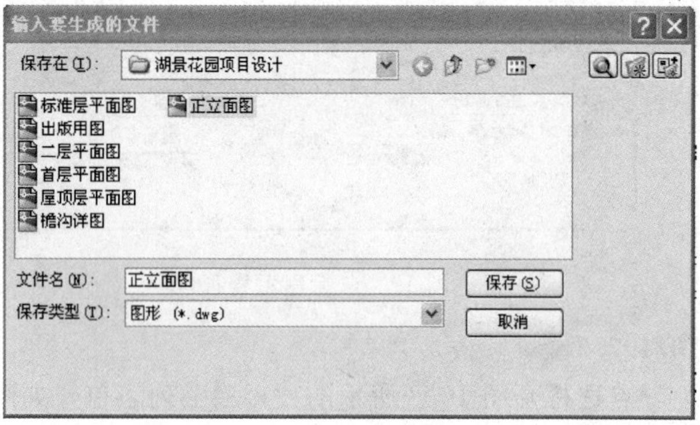

图 10.9　“保存立面生成”对话框

输入立面名称后，点击按钮“保存”，此时软件经过短暂的数据处理后，即生成初始建筑立面图，如图 10.10 所示。

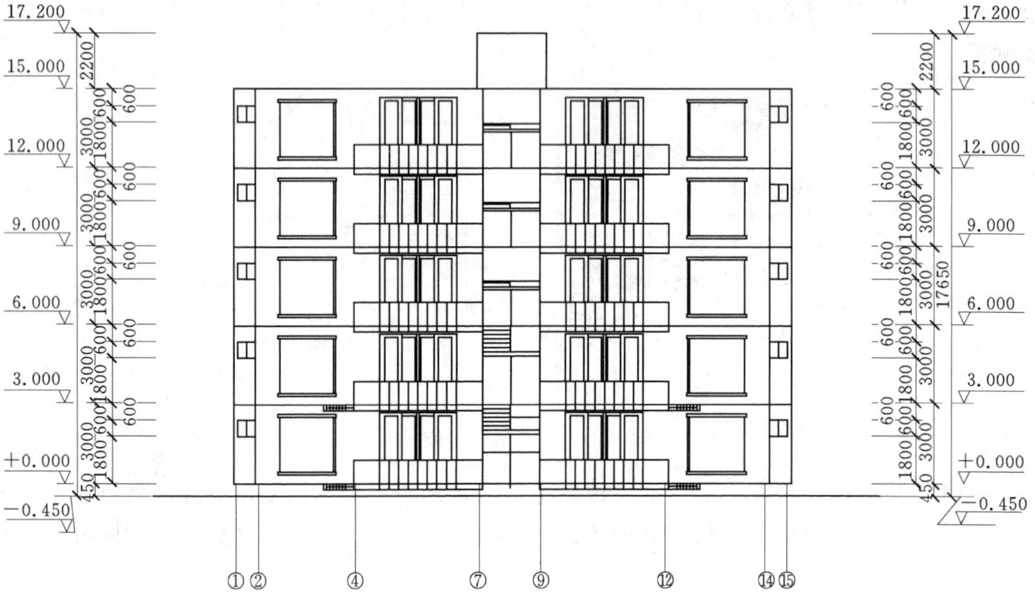

图 10.10　初始建筑立面图

对于图 10.10 来说，结果离设计要求的标准还有很多距离，下面就来详细叙述。

10.2 立面门窗的修改

立面门窗的修改有三个命令“立面门窗”、“门窗参数”、“立面窗套”。

10.2.1 “立面门窗”

这个命令主要用于更改门窗立面的样式，点取后，出现如图 10.11 所示的对话框。

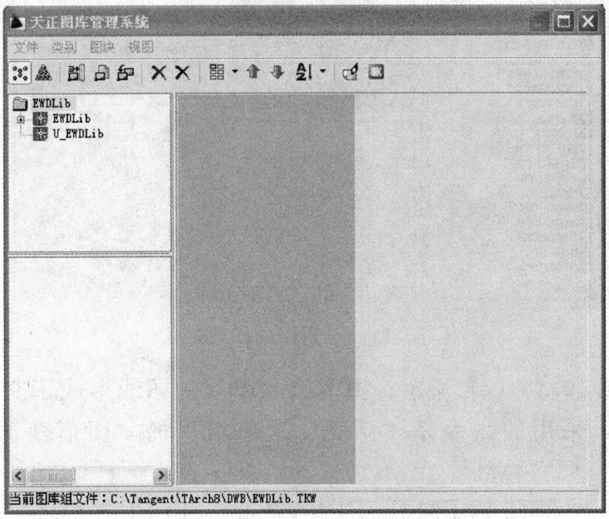

图 10.11 天正图库管理系统

点取菜单选项 EWDLib 前的+号，打开二级菜单，出现图 10.12 所示的菜单。

用户可以根据立面造型的需要，有选择的选用命令并改变门窗的立面造型，本案的窗立面因为在创建平面图时已经定好立面造型，所以这里仅介绍门立面造型的修改方法。

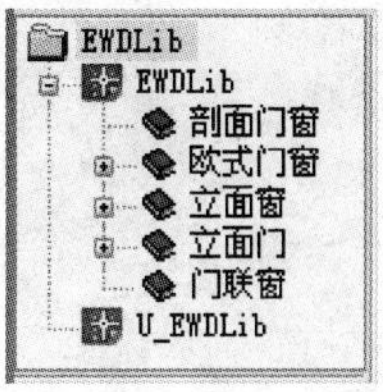

图 10.12 立面门窗二级菜单

点取打开“立面门”前面的+号，从中选取“四扇门”，并选取右侧的图样，如图 10.13 所示。

点取天正图库管理系统上方的图标，即“替换”的意思，然后用光标逐个点取要替换的门立面，回车，即可完成门立面的更改。

注意：只可用光标点选或框选门部分，不可选中其他构造如窗、阳台等，否则立面样式也会变成门的样式。

10.2.2 “门窗参数”

门立面替换之后，门的高度和底标高都改变了，需要用门窗参数来修正。

点取命令后，命令行提示及操作过程如下：

选择立面门窗：用光标点取首层立面门，回车。

底标高<970>：输入 0，回车。

高度<1630>：输入 2700，回车。

宽度<3000>：默认，回车即可。

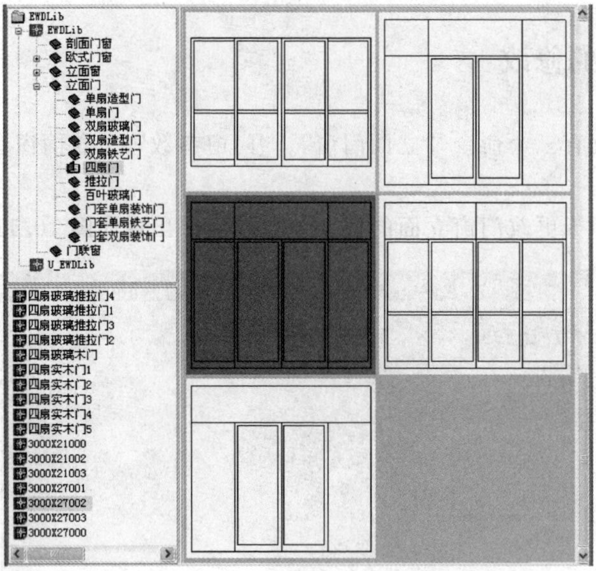

图 10.13　立面门的样式选用

操作结果，如图 10.14（a）所示。图中门和阳台的图线形成了交叉，需要把被遮挡的门图线进行裁剪，采用的命令是“立面”菜单组里的“图形裁剪”，裁剪结果如图 10.14（b）所示。

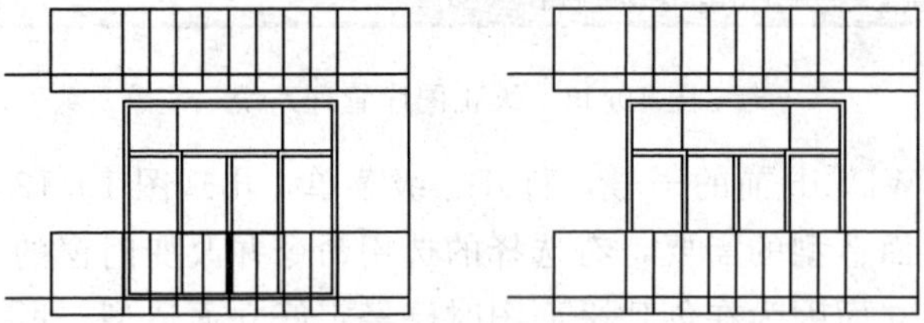

(a)　　　　　　　　　　　　(b)

图 10.14　立面门修改结果

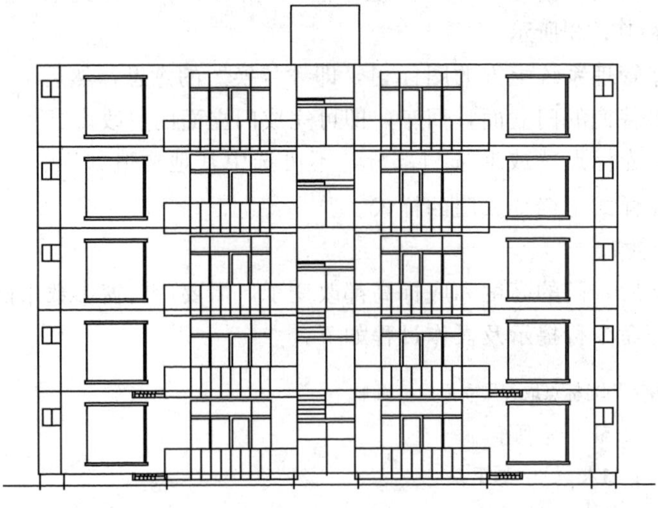

图 10.15　立面门修改最后结果

注意：其他楼层的门参数修改法与首层的相同，但每次操作不可同时选不同的楼层门，因为其中涉及到底标高的问题，会造成不同楼层最后重叠在一起。

整个立面所有门修改后的结果如图 10.15 所示。

10.2.3　立面窗修改

窗立面因为有分格，所以需要修改。方法同立面门的修改，在点取窗立面样式后（如图 10.16 所示），点取天正图库管理系统上方的“替换”图标，在光标变成方块状时，用光标点取要改变立面样式的窗图线，回车，即可完成立面窗的修改，结果如图 10.17 所示。

说明：本案因为窗台高较矮，仅为 500mm，因此窗亮子放在下面。

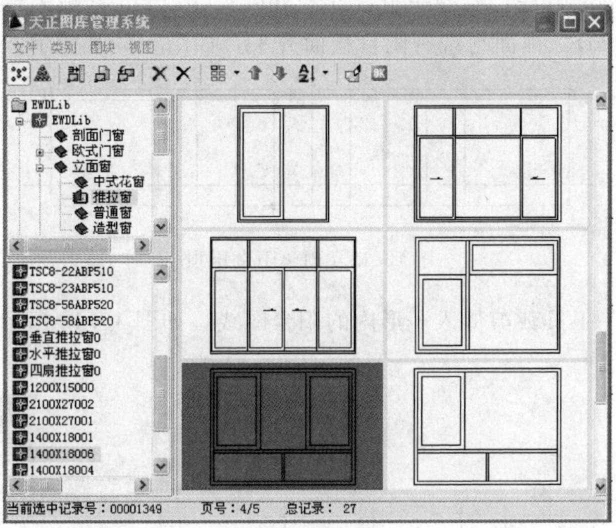

图 10.16　立面窗样式选取

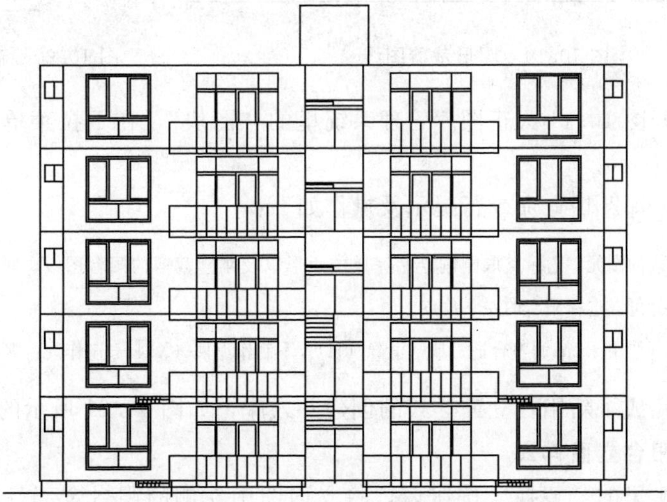

图 10.17　立面窗的修改结果

10.3　立面阳台的修改

当前的立面阳台是栏板的样式，用户如需要修改为其他样式，则可以应用“立面”菜单组里的“立面阳台”来修改。但需要说明的一点是，应用天正图库里的阳台立面修改后，建筑立面的阳台体现不出异型阳台（弧型）的立面特征，也体现不出阳台异形的特殊位置点。对于本案，我们仅来介绍给阳台添加压顶但又不会影响阳台异形的特殊位置点的方法。

10.3.1　创建阳台样式图库

首先用绘制矩形的方法，绘制一个长 5200mm 高 100mm 紧贴阳台隔墙的压顶（左边挑出阳台栏板 100mm），顶面与现有阳台顶面齐平，如图 10.18 所示。

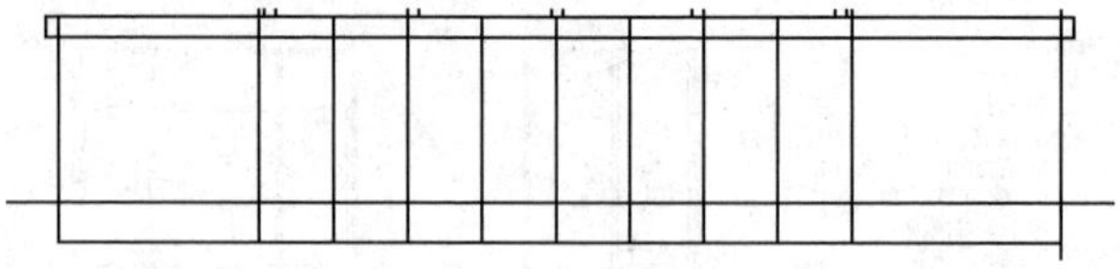

图 10.18　创建阳台压顶

用“图形裁剪”工具裁剪伸入矩形内的阳台图线，如图 10.19 所示。

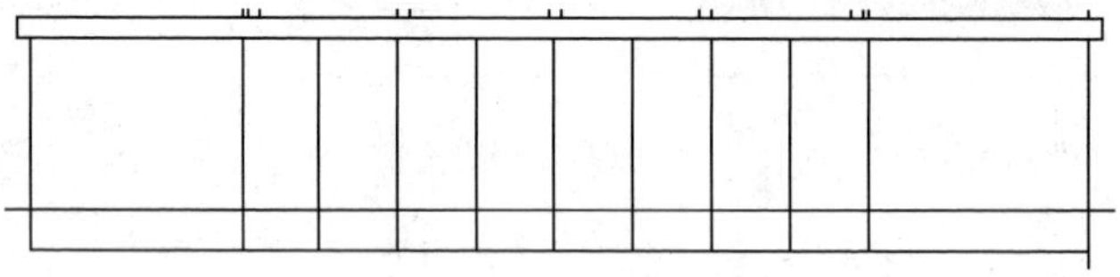

图 10.19　图形裁剪图线

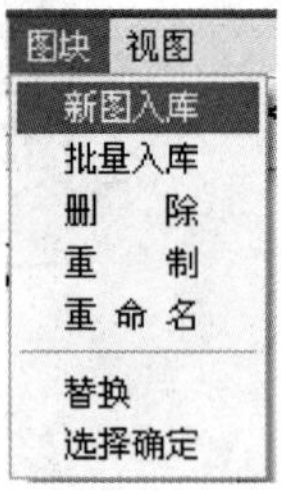

图 10.20　新图入库菜单

然后点击打开图 10.11 天正图库管理系统里的“图块”，在下拉菜单里点取“新图入库”，如图 10.20 所示。

点取“新图入库”后，命令行提示及操作如下：

选择构成图块的图元：光标点取刚刚绘制完成的矩形以及刚刚裁剪的阳台图线，回车图元基点＜17841，15320，0＞：光标可以选择阳台的左下角点。

制作幻灯片（请用 zoom 调整合适）或［消隐（H）/不制作返回（X）］＜制作＞：默认即可，回车。

以上操作即完成了新阳台立面样式的创建并入库，如图 10.21 所示的新图库。

10.3.2　替换新阳台立面样式

点取图 10.21 里的“替换”按钮，将立面图中左侧的阳台全部替换成新的立面样式；最后的立面结果如图 10.22 所示。

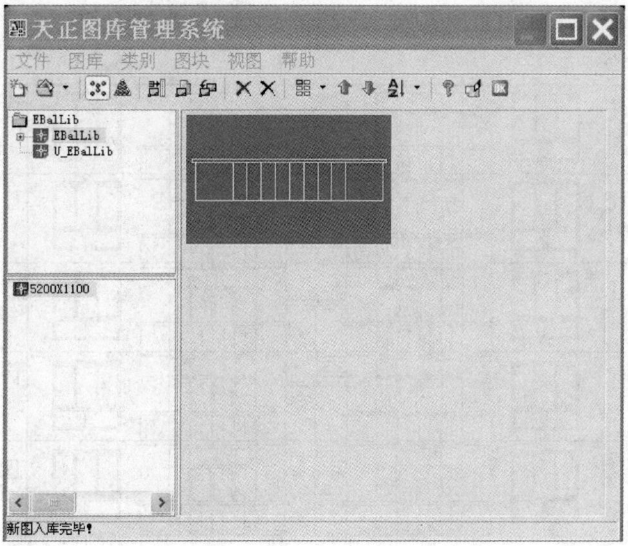

图 10.21 新阳台立面样式入库

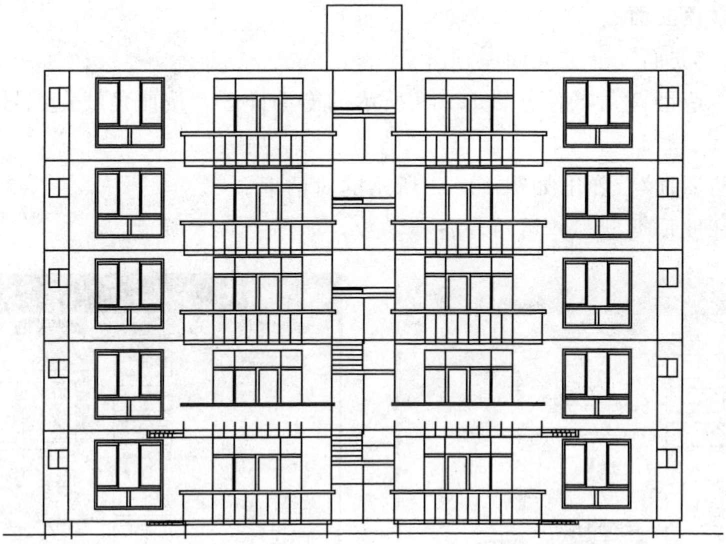

图 10.22 替换所有阳台立面后的立面图

10.4 立面屋顶的创建与修改

对于立面屋顶，首要问题是要与屋顶平面、剖面、檐沟详图等相一致，用户须统一兼顾对应绘制。

10.4.1 检查地面线

图中对应于标高 0.000 以及 3.000 的整数倍的横线，均为室内地面线，画立面图时是看不见的，因此都需要删除掉。其结果如图 10.23 所示。

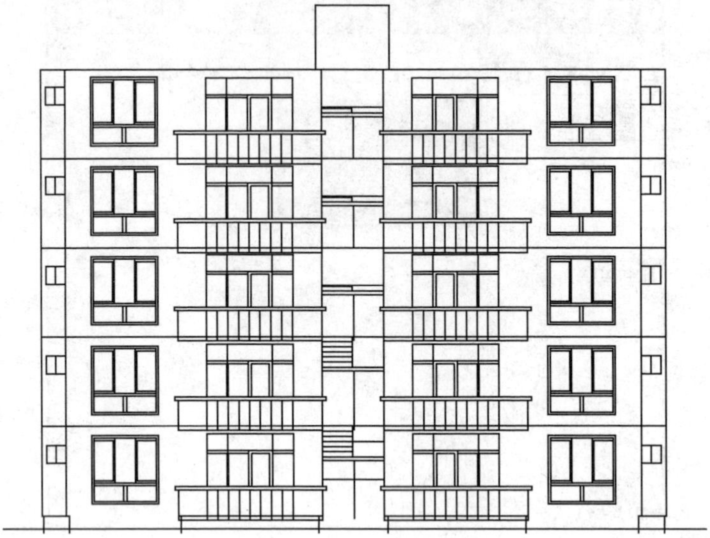

图 10.23　删除地面线结果

10.4.2　绘制屋顶立面

菜单位置："立面" → "立面屋顶"。

立面屋顶的造型首先要对应图 12.19 所示的檐沟详图，按照角线点编号绘制相应立面图线。

点取"立面屋顶"，弹出如图 10.24 所示的对话框。

首先选择好坡顶类型，才可填写各项参数，如图 10.25 所示。

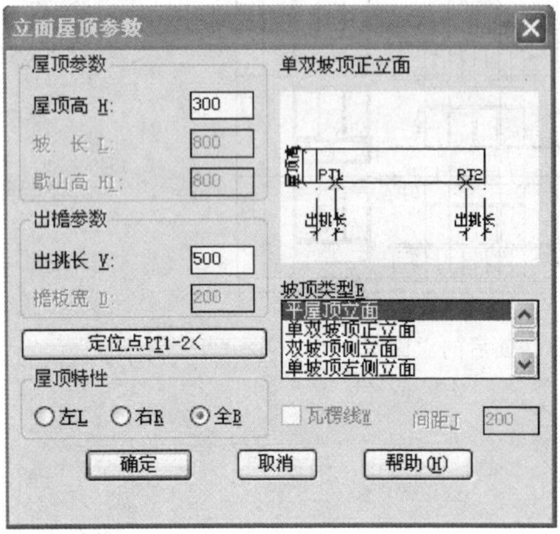

图 10.24　立面屋顶对话框

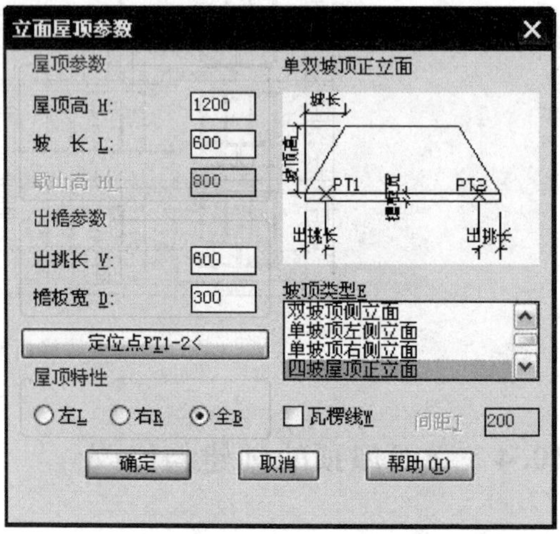

图 10.25　立面屋顶参数输入

对话框中的"定位点 PT1－2＜"是个长按钮，是立面屋顶的插入定位点，对应于立面图中标高为 15.000 的左右两个墙线顶点。光标点取长按钮后，用光标分别点取图 10.25 的左右两个墙线顶点，即可得出图 10.26 所示屋顶立面。

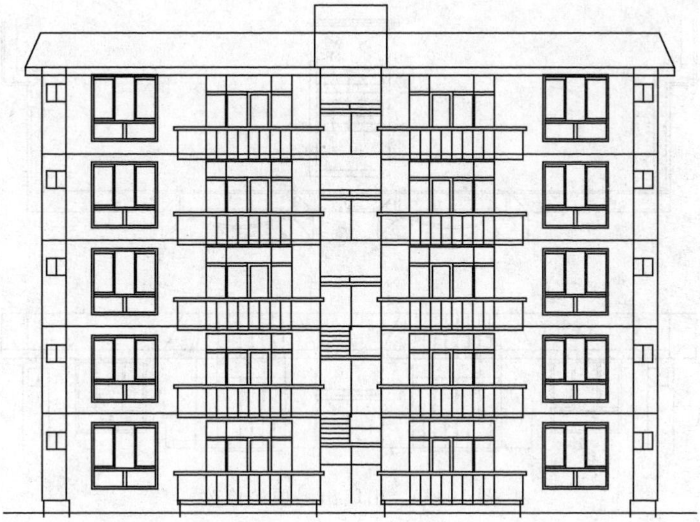

图 10.26 插入立面屋顶结果

修改说明：

(1) 阳台处的屋顶立面：由于阳台为异型阳台，屋檐需要覆盖住，为解决屋檐造型问题，拟将屋顶层平面复制到图 10.26 中，并与之对齐，如图 10.27 所示。

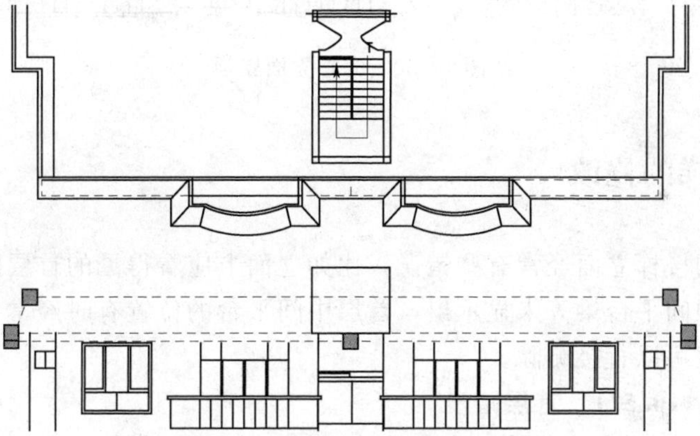

图 10.27 将屋顶层平面与立面屋顶对齐

根据投影原理，创建异型屋檐结果如图 10.28 所示。

(2) 山墙处的屋顶立面：山墙处的屋顶构造为直立型的栏板，因此需要修正屋顶立面形式。其结果如图 10.29 所示。

(3) 楼梯顶盖：本案所做的楼梯顶盖仅为一盖板，用户只要按照绘制矩形的方法，根据投影规律完成绘制即可。其结果如图 10.30 所示。

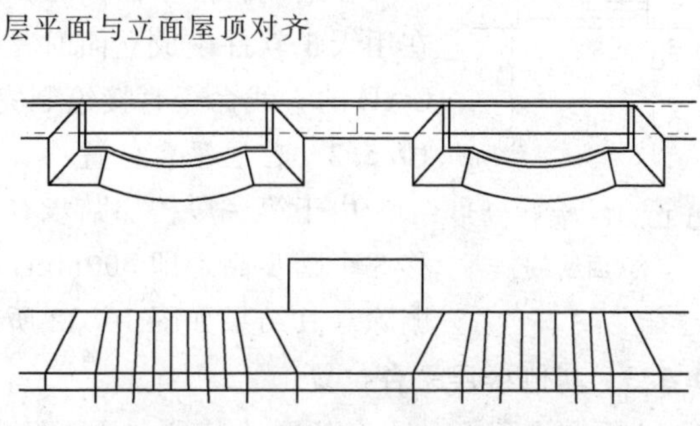

图 10.28 异型屋檐的修正结果

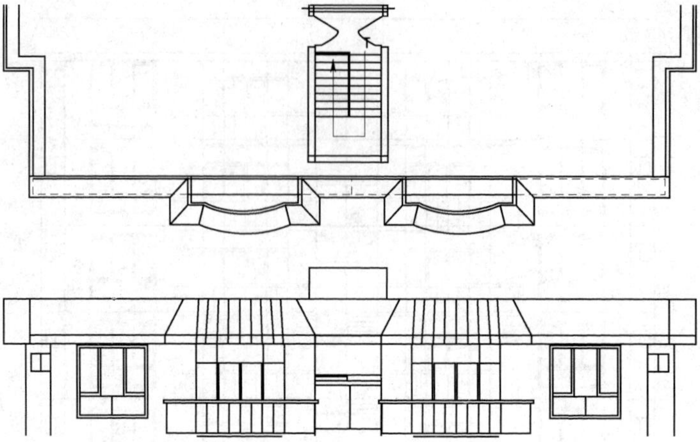

图 10.29　山墙出屋顶的修改

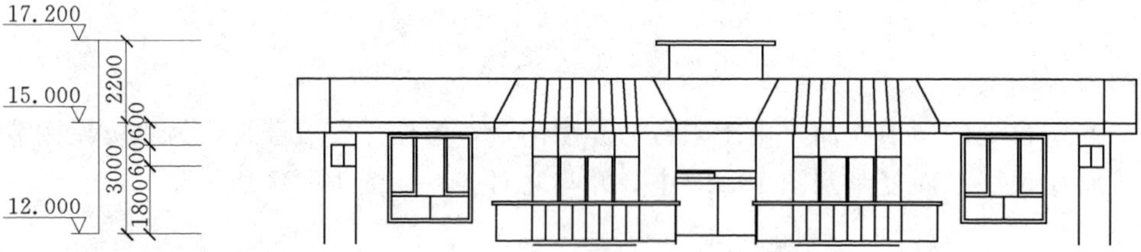

图 10.30　完整立面屋顶

10.5　立面楼梯的修改

初始立面图的楼梯立面经常有些错误，比如立面上应看得见的首层踏步、楼梯梁、楼梯段栏杆扶手、中间平台梁等未显示出，首层中间平台的位置有时经常错误，对于一些出现错误显示的图线可以直接删除。

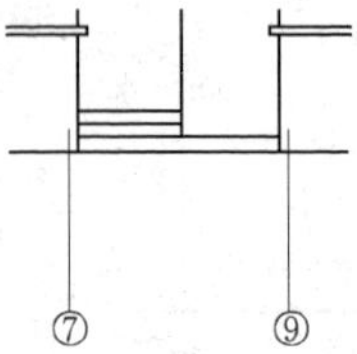

图 10.31　首层踏步立面绘制

10.5.1　首层踏步

在绘制首层平面图时，有时首层踏步是用 CAD 直接绘制而成的，在用天正软件生成立面时是不会显示踏步立面的，此时用户也可以用 CAD 的直线命令直接绘制完成，结果如图 10.31 所示。

10.5.2　首层平台位置

由于第一段楼梯踏步有 12 级，因此需要将中间平台有中间位置上移 3 个踏步高，即 500mm，移动后需要将栏板立面内的其他图线相应删除。其结果如图 10.32 所示。

10.5.3　其他楼层平台位置

立面图上显示的平台位置，其平台顶面经常与楼地面相平，需要移动一定的高度。如图 10.33 所示。本案需要向下移动 1500mm，结果如图 10.34 所示。图中的横粗线只是用来检查中间平台的位置而已。

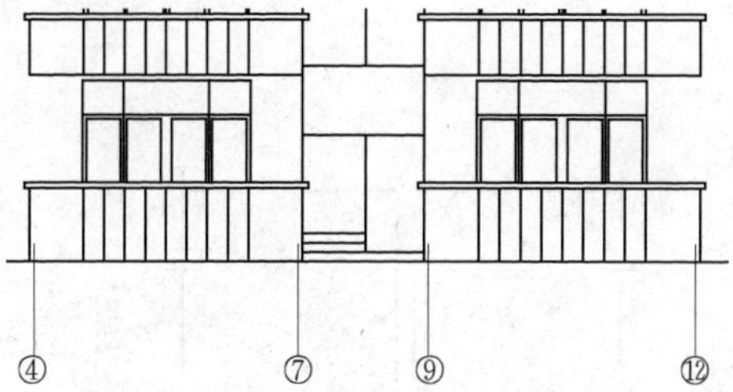

图 10.32 首层楼梯中间平台的修正

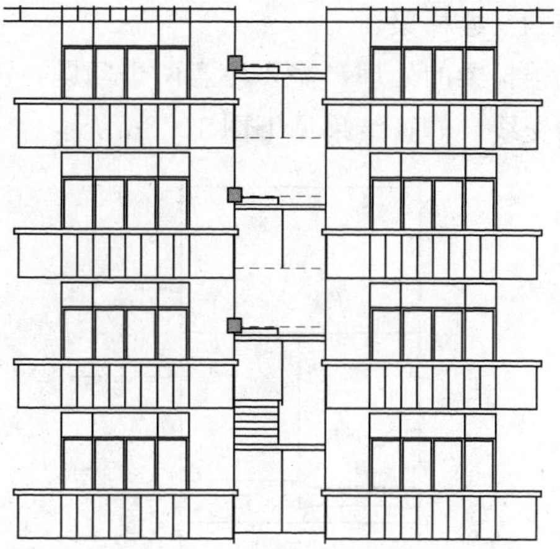

图 10.33 其他楼层平台位置

图 10.34 其他楼层平台位置的修正

平台栏杆栏板范围内的图线要全部删除，如图 10.35 所示。

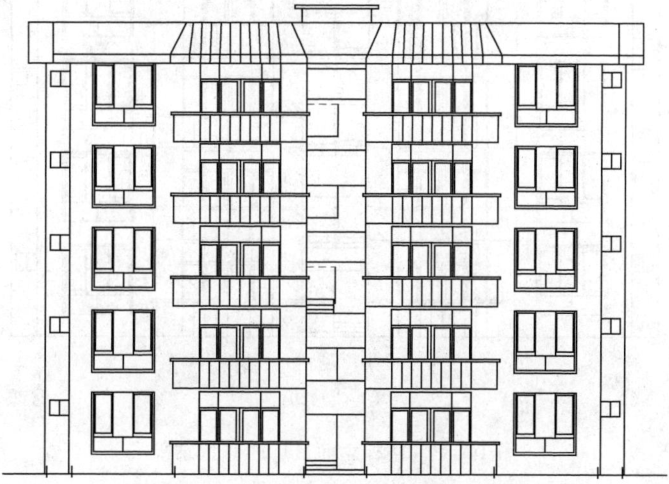

图 10.35 平台栏杆栏板内图线的修正

10.5.4　楼梯梁

楼梯梁的处理，需要注意两个问题：一是高度，顶面和楼面齐平；二是梯板底和楼梯梁的交线。修正结果见下图 10.36 所示。

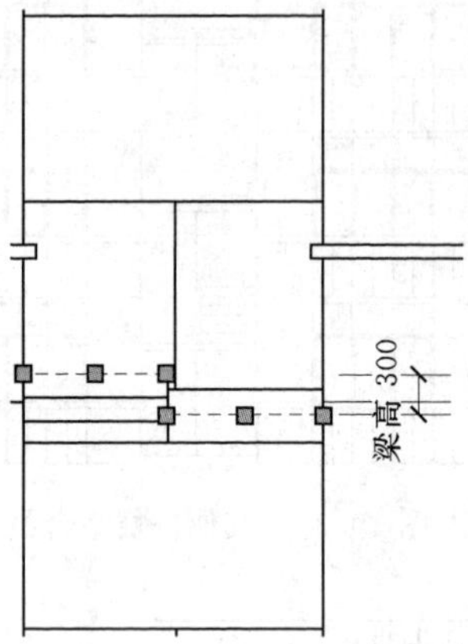

图 10.36　楼梯梁的修正

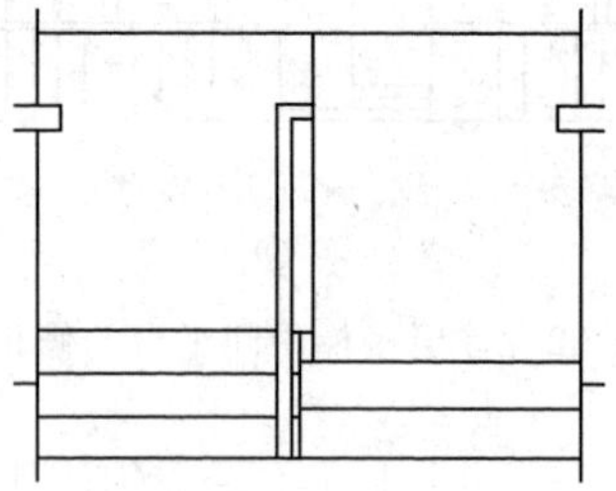

图 10.37　楼梯栏杆扶手的修正

10.5.5　楼梯段栏杆扶手

楼梯段的栏杆扶手在立面图上没有显示，用户也可以应用 CAD 的绘图命令直接完成，在绘制时注意两点：一是扶手离地的高度（如 900），二是扶手双线表示的宽度（如 60），三是扶手要挡住踏步线且为拐弯形的。修正结果参照图 10.37 所示。

对于其他楼层的立面，用户可以采取阵列的方式完成，这样可以减少修正需要的时间。最后的立面结果如图 10.38 所示。

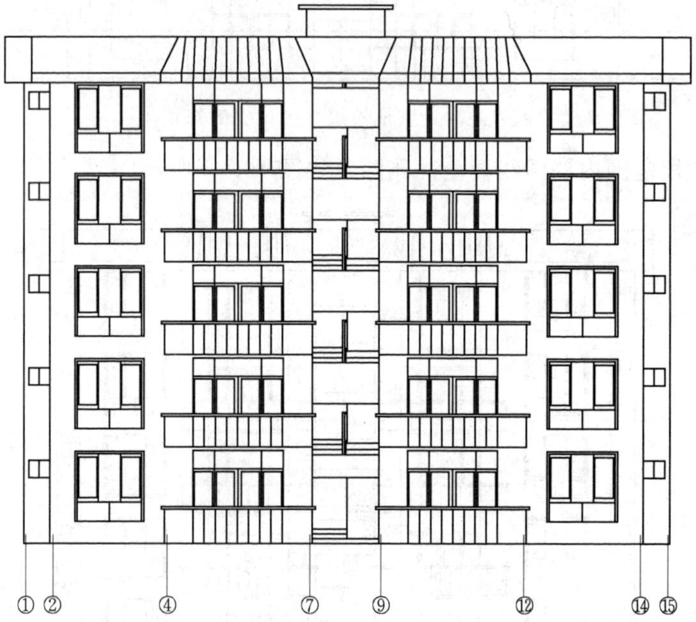

图 10.38　楼梯立面最后的修正结果

10.5.6 楼梯中间平台栏杆扶手的修正

当前楼梯中间平台立面显示的是栏板形式，如为栏杆栏板，用户可以通过调用“立面”→“立面阳台”进行修正，方法在前面已经叙述过，其结果如图 10.39 所示。

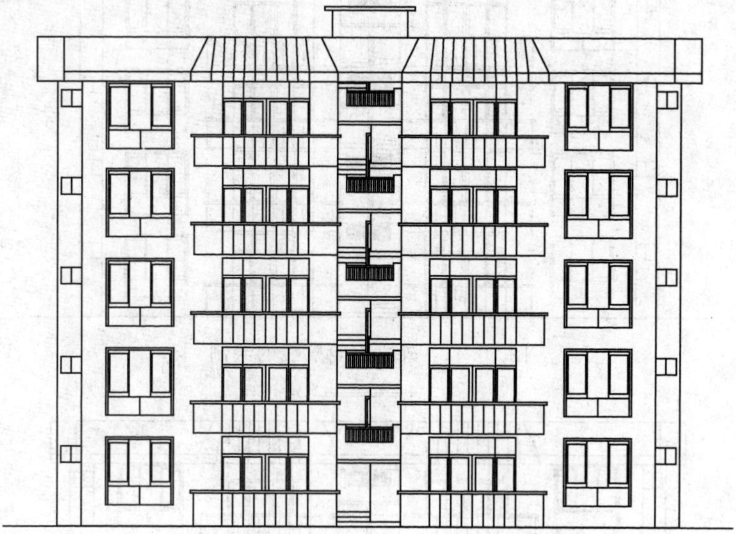

图 10.39 楼梯中间平台栏杆扶手的修正结果

10.6 立面轮廓的创建

立面轮廓是指整个建筑立面的外轮廓，用粗实线表示；对于有较大转折或突出的部位轮廓，也可以用粗实线表示。

在创建外轮廓线之前，需要先检查整个建筑立面是否完整，否则在调用命令时会出现错误结果。本案的室外地面以上部分存在悬空的墙线，用户可以直接利用延伸命令将悬空的墙线延伸到室外地面线，而阳台如果是从室外地面做起的，可以先分解再延伸的方法进行修正，其结果如图 10.40 所示。

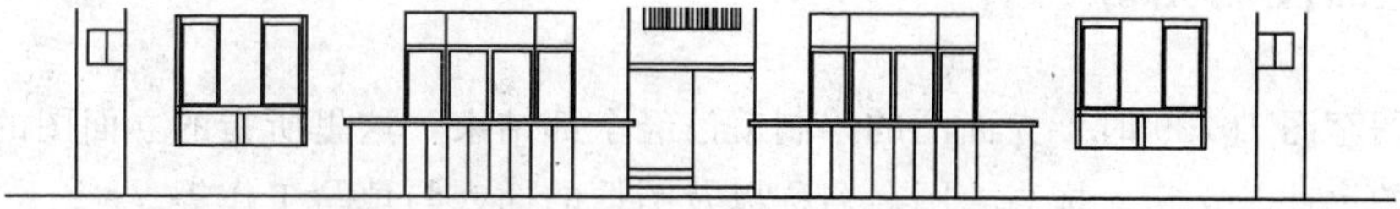

图 10.40 地面以上墙线修正结果

对于外轮廓，可以直接调用菜单命令：“立面”→“立面轮廓”来完成，如图 10.41 所示。

对于有较大转折或突出的部位，比如阳台和屋檐，可以直接用多段线（PL）绘制，线宽与外轮廓相同，如下图 10.42 所示。

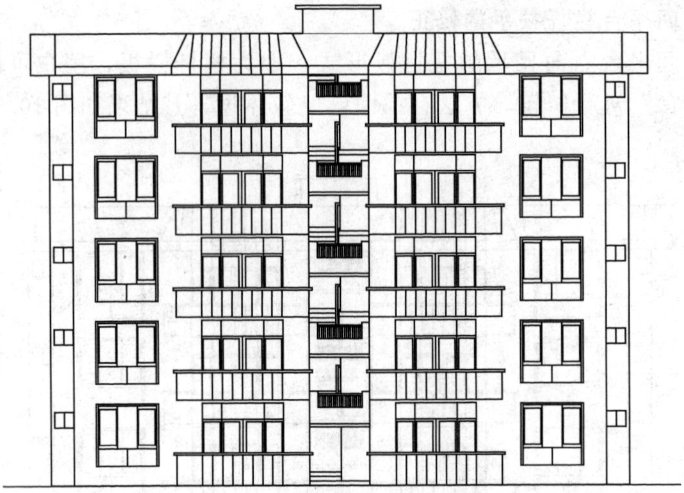

图 10.41　外立面轮廓线的绘制

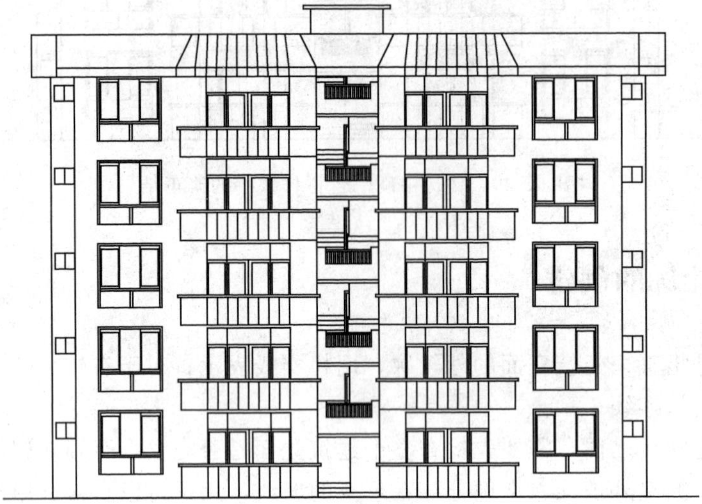

图 10.42　内轮廓线的绘制

10.7　立面图的完善

当绘图至图 10.29 时，立面图的绘制就已经全部结束，这里所指的立面图的完善，主要是相关的尺寸、文字、标高、图名名称以及图框的插入与填写工作等。

10.7.1　尺寸的完善

涉及三个问题：

(1) 立面图左右尺寸是对称时，可以删除掉一边的尺寸。

(2) 当尺寸离图形太远时，可以利用移动命令移近些。

(3) 轴号的定位线一般离图都稍远，可以移近些，并标上尺寸。

修改后，结果如图 10.43 所示。

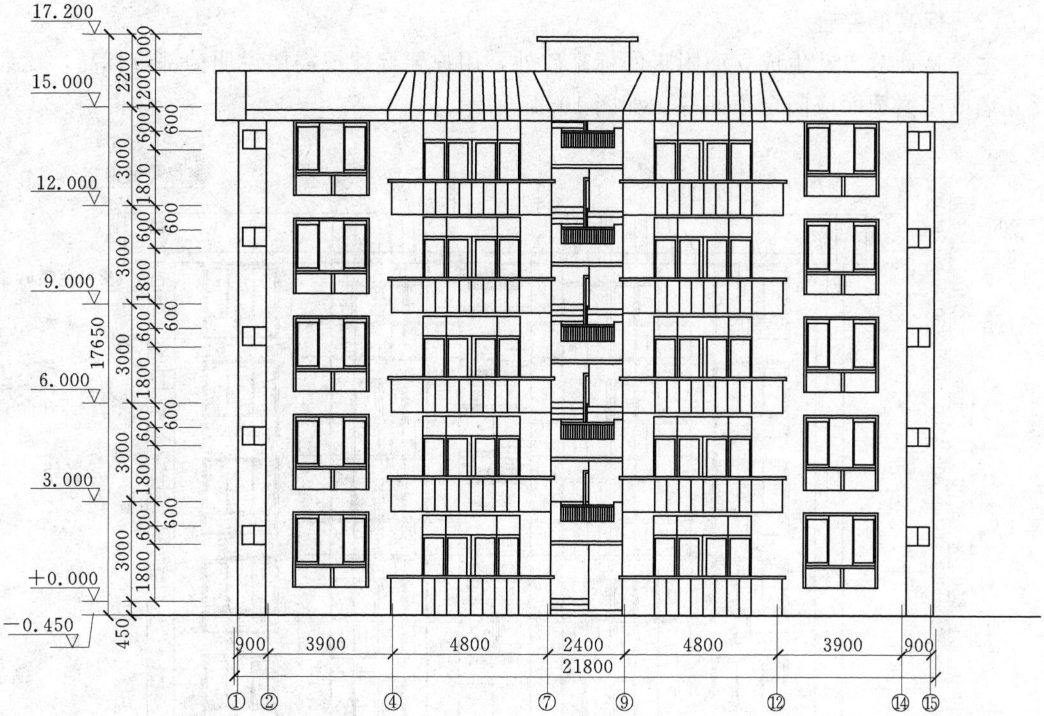

图 10.43 尺寸的完善

10.7.2 文字的完善

主要是指必要的文字说明，比如外墙装饰材料的说明等。可用菜单命令："符号标注"→"引出标注"来完成，结果如图 10.44 所示。

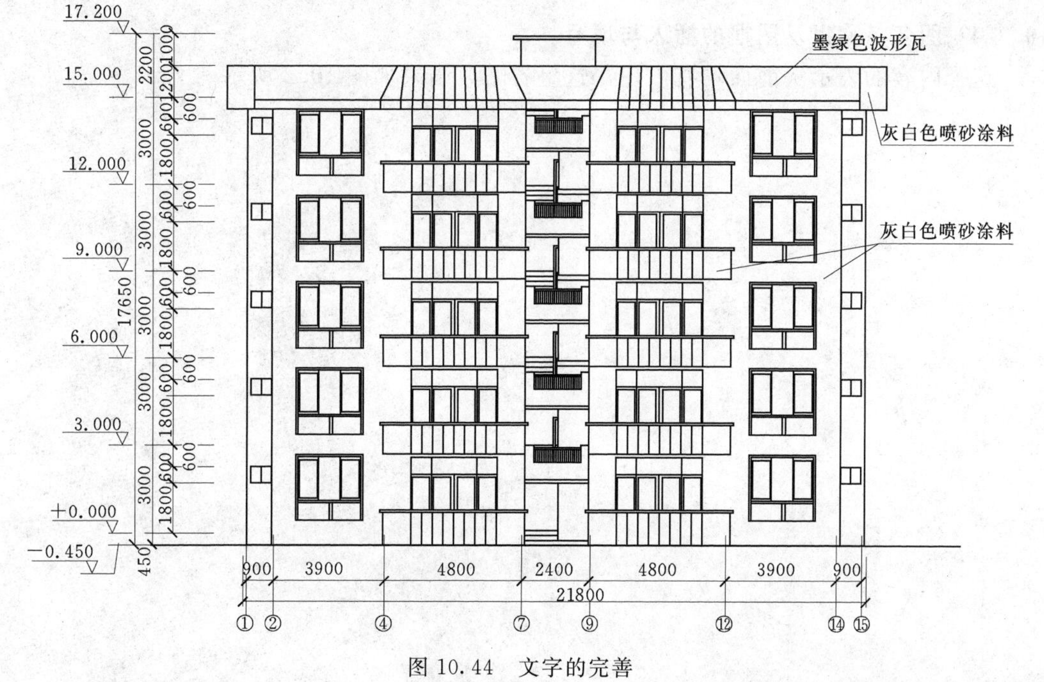

图 10.44 文字的完善

10.7.3　标高的完善

主要是针对自动生成立面附带的标高以外，用户要标注或需要说明的部位标高，比如女儿墙或屋檐顶面或阳台顶面等，如图 10.45 所示。

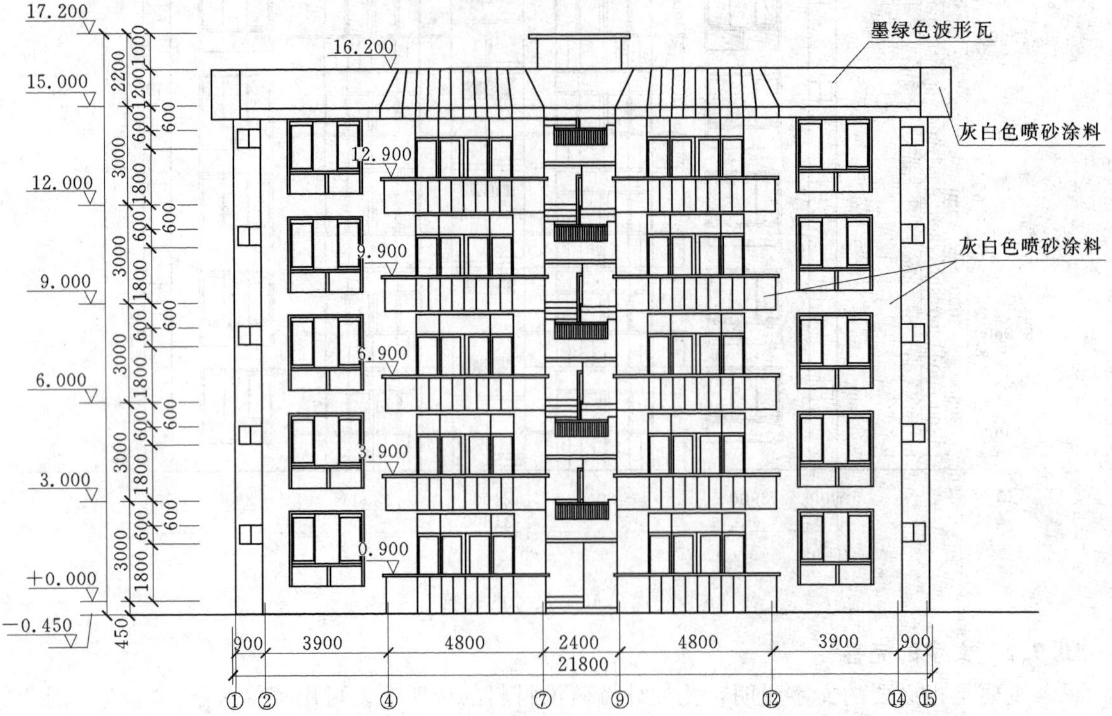

图 10.45　标高的完善

10.7.4　图名名称以及图框的插入与填写

这个内容的表示法前面均有叙述，这里省略，结果如图 10.2 所示。

11　绘制建筑剖面图

本章要点

建筑剖面图用来表达建筑物内部竖向关系的剖面设计，是根据平面图而生成的，与立面图的情况相似，表现的是建筑三维模型的一个剖切与投影视图，受三维模型细节和视线方向建筑物遮挡的影响。本章内容主要包括以下九个内容：

（1）绘制剖面剖切符号。

（2）基本建筑剖面的创建。

（3）剖面墙的绘制。

（4）剖面楼板的绘制。

（5）剖面梁的绘制。

（6）剖面楼梯的绘制。

（7）楼梯栏杆扶手的绘制。

（8）剖面门窗和檐口的绘制。

（9）剖面图的完善。

建筑剖面图的绘制程序为：检查楼层表→生成剖面图→修正与深化剖面图→标注剖面→添加图名及图框。

与立面图类似，自动生成的剖面图，一方面有少量错误，需要修正；另一方面内容也不尽完善，需要深化。完整的剖面图结果如下图 11.1 所示。

11.1　绘制剖面剖切符号

剖面图的剖切位置依赖于剖切符号，所以事先必须在首层建立合适的剖切符号，其余各层应已确定内外墙。当需要多个剖面图时，各剖面图就按照剖切符号的名称和方向生成。

菜单位置："符号标注"→"剖面剖切"。

选择菜单后，提示语言及操作过程如下：

请输入剖切编号＜1＞：（输入剖切编号或回车认可编号为 1）

点取第一个剖切点＜退出＞：（单击 A 点）

点取第二个剖切点＜退出＞：（拖动光标到转折处单击 B 点）

点取下一个剖切点＜结束＞：（拖动光标到转折处单击 C 点）

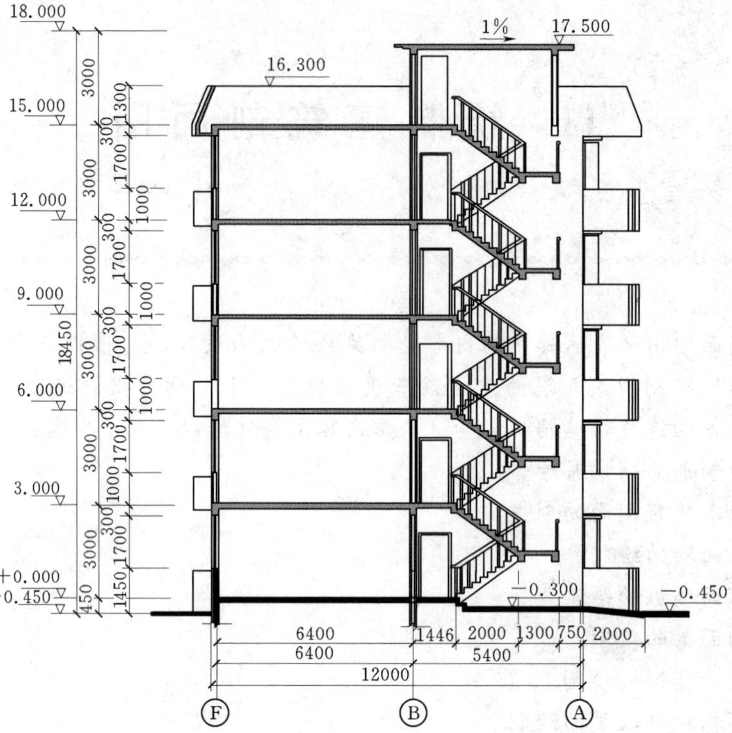

图 11.1　剖面图

点取下一个剖切点<结束>:(拖动光标单击 D 点)

点取下一个剖切点<结束>:(回车结束定点操作)

点取剖视方向<当前>:(向上(下)拖动光标，剖线自动反向，确定方向单击结束)

结果如图 11.2 所示（右侧图为绘制点顺序）。

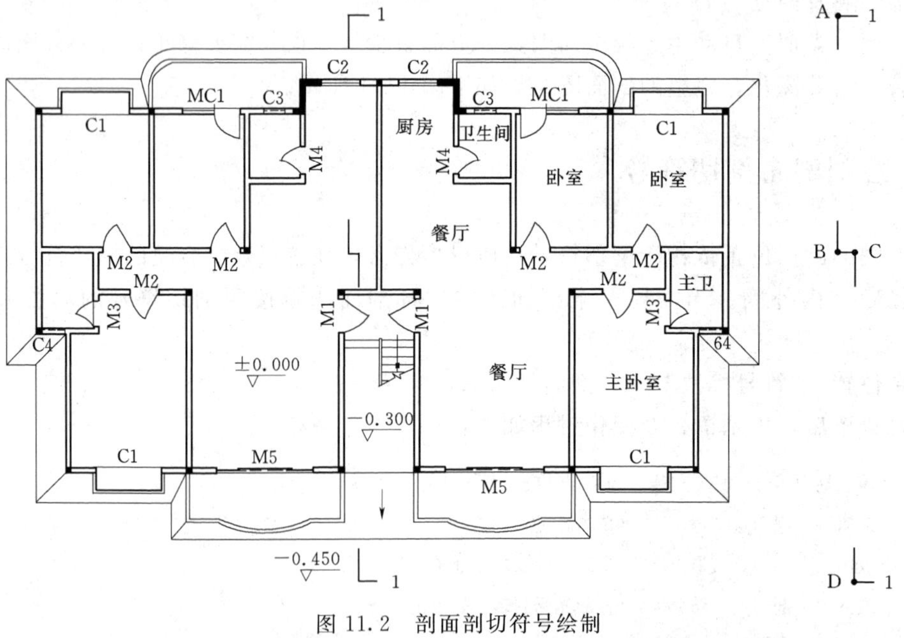

图 11.2　剖面剖切符号绘制

说明：剖切符号一般选择楼梯间或建筑物较复杂的地方进行剖切，剖视方向要分析好，否则就可能会出现只有一侧楼梯的情况。一般而言，投影方向为左上楼梯向右投射，右上楼梯向左投射，这样剖切到的楼梯就是连续的“之”字拐梯段了。另外也可以直接双击编号，键入拟修改的剖面编号即可。

11.2 基本建筑剖面的创建

建筑剖面是多层建筑的生成方法，所以要求事先定义好楼层组合表。

11.2.1.1 检查楼层表

前面绘制立面图时已经建立了楼层表，这里就只需要检查一下是否正确就行了。另外，为了便于指定剖切位置，应打开首层平面图。

打开首层平面图后，从“文件布图”菜单进入“工程管理”界面，内容创建方法同 10.2.1.1，结果如图 11.3 所示。

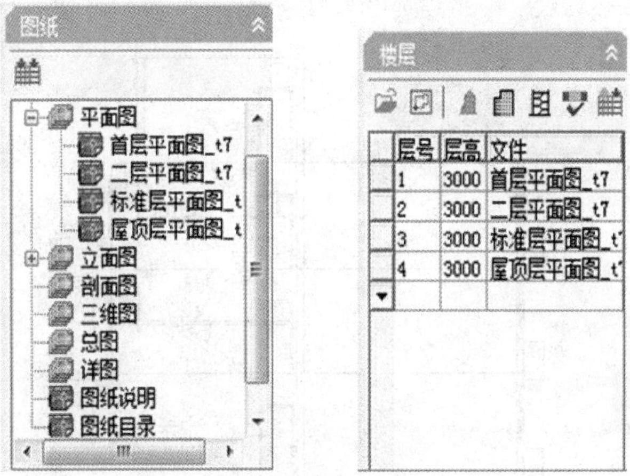

图 11.3 创建工程管理表

11.2.1.2 生成建筑剖面

菜单位置：“剖面”→“建筑剖面”。

选择菜单后，提示语言及操作过程如下：

> 请选择一剖切线：(点取首层需生成剖面图的剖切线)
> 请选择要出现在剖面图上的轴线：(点取首轴线)
> 请选择要出现在剖面图上的轴线：(点取末轴线)
> 请选择要出现在剖面图上的轴线：(回车)
> 接下来弹出如图 11.4 所示对话框，用来设置相关参数。

说明：“忽略栏杆以提高速度”选项可以选中，因为忽略对栏杆的计算，可以明显缩短生成时间。但是，剖面图中也不会生成栏杆、扶手，所以在后续完善中需添加。

“多层消隐”和“单层消隐”前者考虑到两个相邻楼层的消隐，速度较慢，但可考虑楼梯扶手等伸入上层的情况，消隐精度较好。

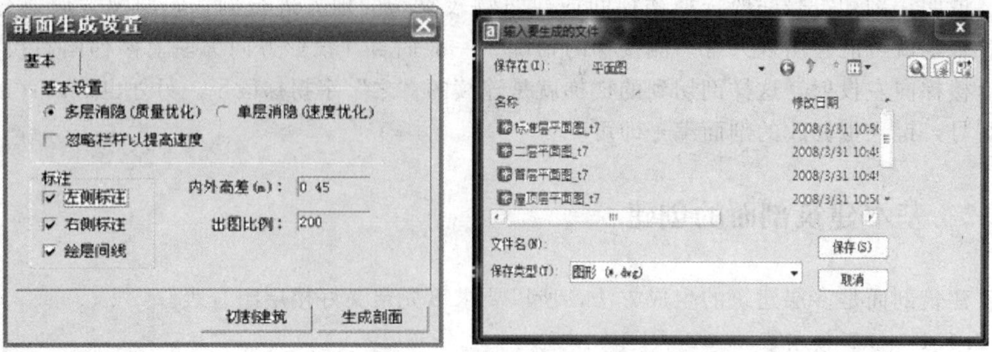

图 11.4　“剖面生成设置”与“输入要生成的文件”对话框

完成设置后，单击“生成剖面”按钮，出现“输入要生成的文件”对话框，在此对话框中输入要生成的剖面图文件的名称和位置，单击“保存”按钮，经过短暂的程序计算后，即可在指定位置生成初始剖面图，如图 11.5 所示。

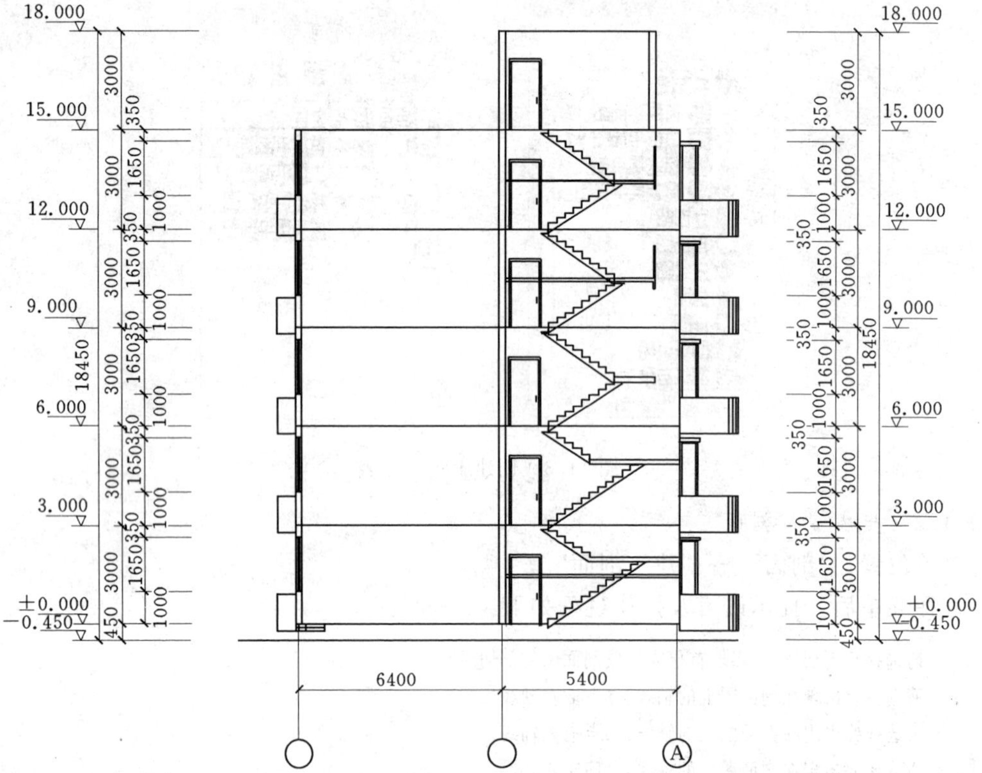

图 11.5　初始剖面图

由于建筑平面图中不表示楼板，而在剖面图中要表示楼板，天正建筑可以自动添加层间线，用户自己用偏移（Offset）命令创建楼板厚度，如果已用平板或者房间命令创建了楼板，本命令会按楼板厚度生成楼板线。

在剖面图中创建的墙、柱、梁、楼板不再是专业对象，所以在剖面图中可使用通用AutoCAD编辑命令进行修改，或者使用剖面菜单下的命令加粗或图案填充。

剖面图中的轴线编号只有空圆圈的，是因为在点击生成剖面过程中，按要求点取要显示的轴线选择时，我们点取的是经过打断的轴线中间段，所以结果只会显示一个空的圆圈而已 。用户可以直接双击圆圈，键入大写的字母编号即可。

另外，在工程管理界面中，点取也一样生成建筑剖面模型。

11.3　剖面墙的绘制

菜单位置：“剖面”→“画剖面墙”。

选择菜单后，提示语言及操作过程如下：

请点取墙的起点（圆弧墙宜逆时针绘制）[取参照点（F）单段（D）]＜退出＞：点取剖面墙起点位置或键入选项。

墙厚当前值：左墙120，右墙120。

请点取直墙的下一点［弧墙（A）/墙厚（W）/取参照点（F）/回退（U）］＜结束＞：确定墙体宽度W。

请输入左墙厚＜120＞：输入左墙厚度120。

请输入右墙厚＜120＞：输入右墙厚度120。

墙厚当前值：左墙120，右墙120。

请点取直墙的下一点［弧墙（A）/墙厚（W）/取参照点（F）/回退（U）］＜结束＞：点取剖面墙下一点位置。

墙厚当前值：左墙120，右墙120。

请点取直墙的下一点［弧墙（A）/墙厚（W）/取参照点（F）/回退（U）］＜结束＞：回车结束剖面墙。

11.4　剖面楼板的绘制

如果在绘制平面图时没有生成楼板模型，那么生成的剖面图中就没有楼板，可以使用“双线楼板”命令添加。

说明：当前结构设计中，不再常用预制楼板，因此我们仅介绍实心楼板的绘制。

菜单位置：“剖面”→“双线楼板”。

选择菜单后，提示语言及操作过程如下：

请输入楼板的起始点＜退出＞：(点取楼板的起始点)

结束点＜退出＞：(点取楼板的结束点)

楼板顶面标高＜23790＞：(输入从坐标y=0起算的标高或回车)

楼板的厚度（向上加厚输负值）＜200＞：(键入新值或回车接受默认值)

结束命令后，按指定位置绘出双线楼板。

结果如图11.6所示。

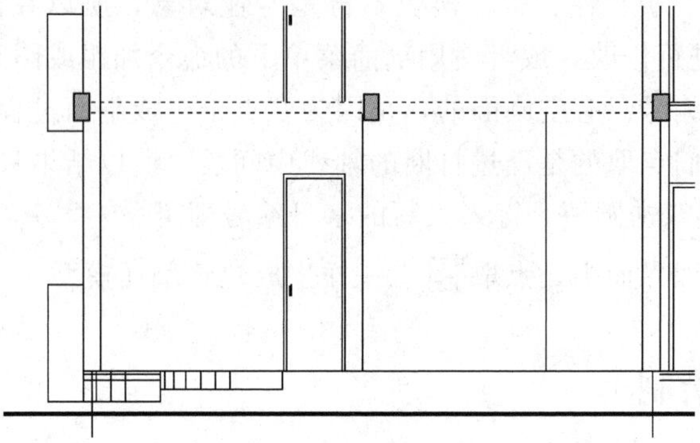

图 11.6　双线楼板绘制

11.5　剖面梁的绘制

在绘制平面图中一般不生成梁的模型，所以，在剖面图中也就没有梁剖面，可以使用“加剖断梁”命令绘制通用的矩形截面梁。

11.5.1　加剖断梁

菜单位置：“剖面”→“加剖断梁”。

选择菜单后，提示语言及操作过程如下：

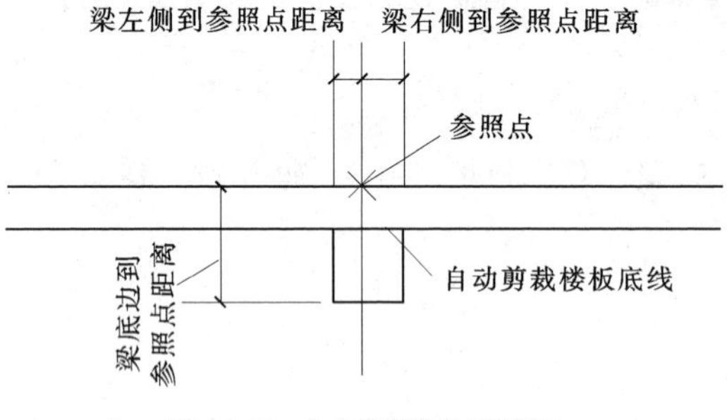

图 11.7　加剖断梁实例图解

请输入剖面梁的参照点＜退出＞：(选择剖面梁顶定位点)

梁左侧到参照点的距离＜100＞：(参照点到梁左侧的距离)

梁右侧到参照点的距离＜150＞：(参照点到梁右侧的距离)

梁底边到参照点的距离＜300＞：(参照点到梁底部的距离，然后绘制剖断梁，剪裁楼板底线，如图 11.7 所示)

本案例加剖断梁后的结果如图 11.8 所示。

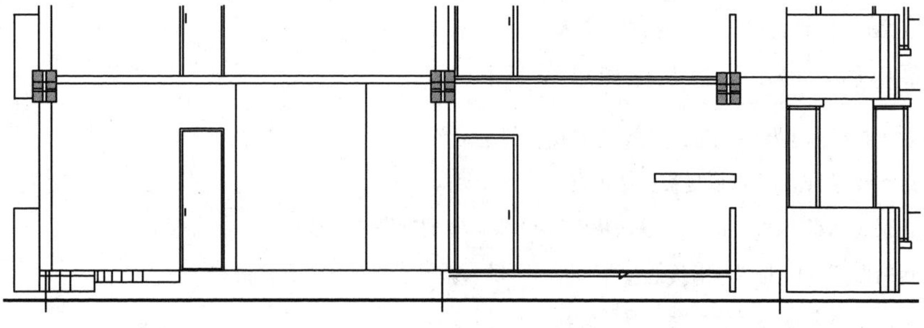

图 11.8　加剖断梁

说明：如果是添加雨篷梁，由于实际施工中雨篷与梁是整体现浇的，即雨篷与梁是合在一起的，注意绘制时需去掉两者之间的界线。

11.5.2 门窗过梁

如果要绘制门窗上面的过梁，可使用“门窗过梁”命令。本命令可在剖面门窗上方画出给定梁高的矩形过梁剖面，带有灰度填充。

菜单位置：“剖面”→“门窗过梁”。

选择菜单后，提示语言及操作过程如下：

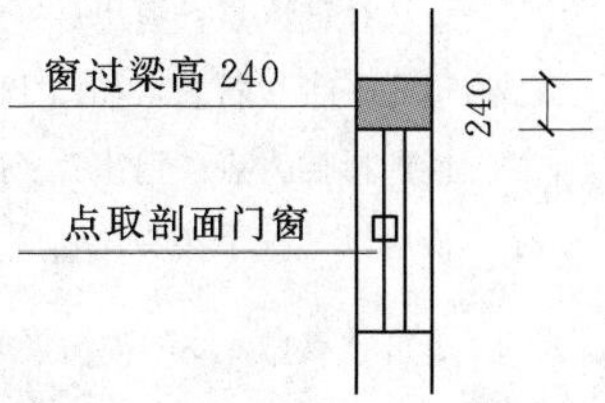

图 11.9 门窗过梁实例图解

选择需加过梁的剖面门窗：(点取要添加过梁的剖面门窗图块，可多选)

……

选择需加过梁的剖面门窗：(回车退出选择)

输入梁高<120>：(键入门窗过梁高，回车结束命令，如图 11.9 所示)

11.6 剖面楼梯的绘制

剖面楼梯命令包括一种板式楼梯和三种梁式楼梯，并可从平面楼梯获取梯段参数，本命令一次可以绘制超过一跑的双跑 U 形楼梯，条件是各跑步数相同，而且之间对齐（没有错步），此时参数中的梯段高是其中的分段高度而非总高度。

菜单位置：“剖面”→“参数楼梯”。

选择菜单后，提示语言及操作过程如下：

单击菜单命令后，显示如图 11.10 所示：

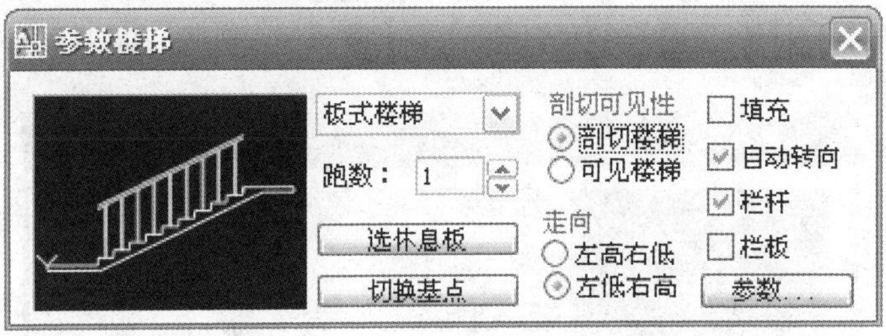

图 11.10 “参数楼梯”对话框

在此对话框下可按设置好的参数逐跑绘制每跑参数不同的多层剖面楼梯，以下为逐跑绘制的实例图 11.11。

以自动转向功能绘制 4 段带栏杆的剖面楼梯，可以设置每一梯段的高度和踏步数各不相同：

点取“参数楼梯”命令进入对话框，单击“参数”按钮展开对话框设置参数，再单击“参数”按钮返回，设置当前为“自动转向”、“左低右高”、绘制“栏杆”，第一梯段两端都有休息板，如图 11.11 所示，此时拖动光标到绘图区，命令提示及操作如下。

请选择插入点<退出>：此时在楼梯间的一端 0 标高处取点，楼梯自动换向，同时切换为可见梯段，此时单击“选休息板”按钮选择右边无平台板，如图 11.11 的步骤 2。

请选择插入点＜退出＞：此时在休息平台右侧顶面处取点，楼梯自动换向，同时切换为剖切梯段以及左边无楼板（平台板）状态，如图 11.11 的步骤 3。

请选择插入点＜退出＞：此时在楼板（平台板）左侧顶面处取点，楼梯自动换向，同时切换为可见梯段以及右边无平台板状态，如图 11.11 的步骤 4。

请选择插入点＜退出＞：此时在休息平台右侧顶面处取点，回车结束 4 段楼梯的绘制，结果如图 11.11 所示，最后以“扶手接头”命令连接扶手。

单击“**参数...**”按钮展开设置参数，对话框展开为图 11.12 所示，再次单击“**参数...**”按钮收缩对话框。

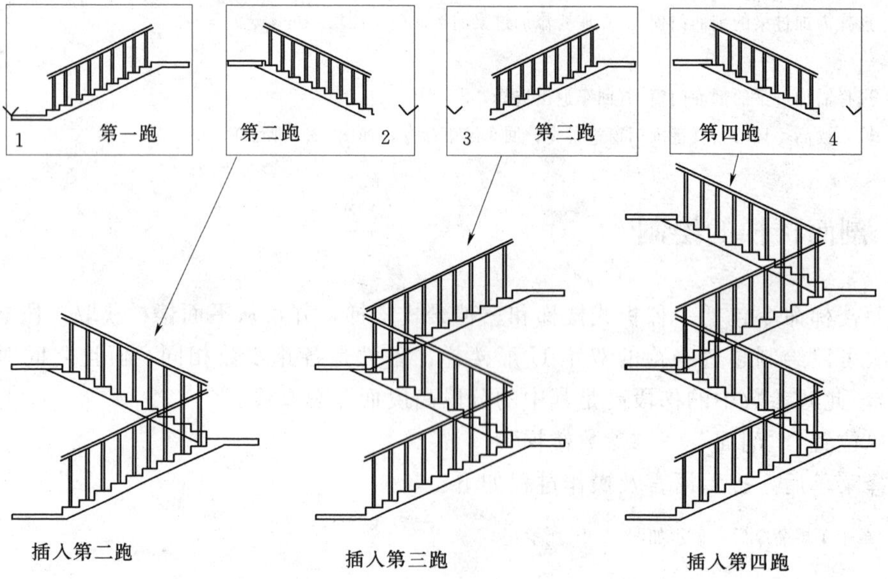

图 11.11　逐跑绘制参数楼梯实例

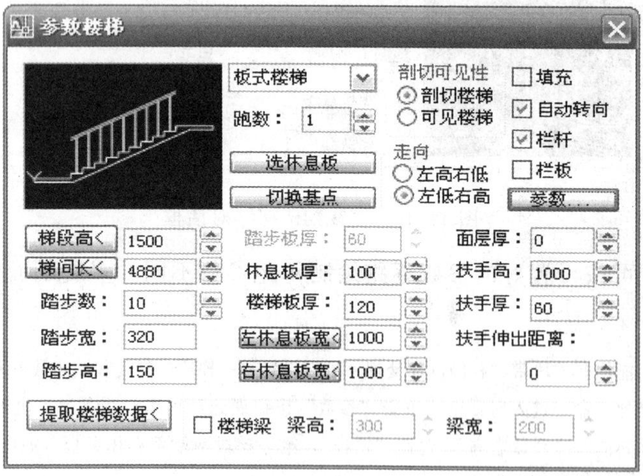

图 11.12　“参数楼梯”对话框展开后

说明："参数楼梯"命令一次可以绘制超过一跑的双跑 U 形楼梯，条件是各跑步数相同，而且之间对齐（没有错步），此时参数中的梯段高是其中的分段高度而非总高度（图 11.13）。

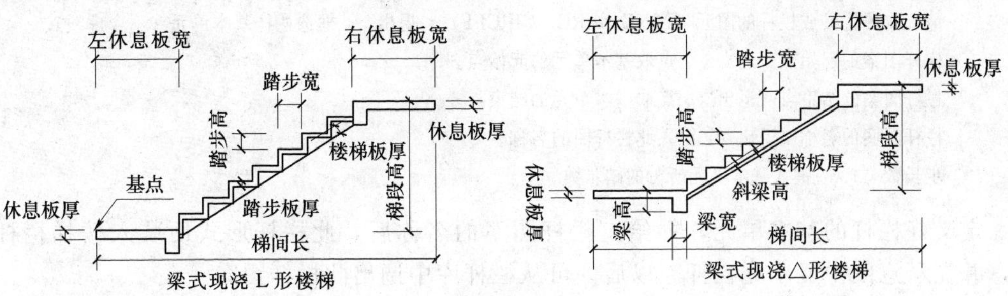

图 11.13　参数楼梯名称图解

11.7　楼梯栏杆扶手的绘制

11.7.1　参数栏杆

本命令可生成用户自制的栏杆样式。

菜单位置："剖面" → "参数栏杆"。

单击菜单命令后，显示如图 11.14 所示。

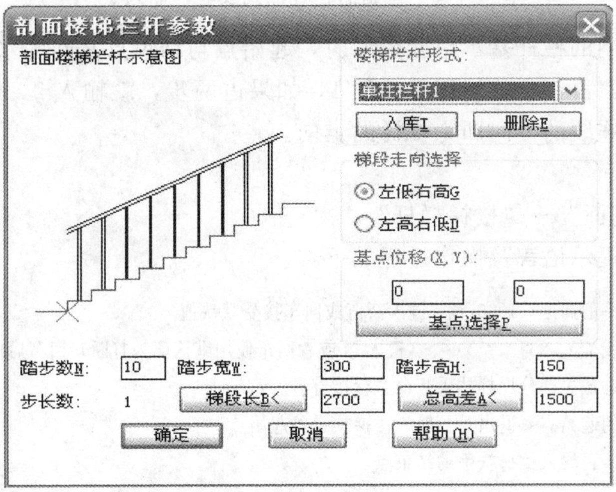

图 11.14　"剖面楼梯栏杆参数"对话框

在对话框中输入合适的参数，单击"确定"按钮，命令行提示：

请给出剖面楼梯栏杆的插入点 <退出>：（点取插入点后，插入剖面楼梯栏杆）

用户自制的栏杆实例：

（1）如图 11.15 绘制一段楼梯，以此楼梯为参照物，绘制栏杆基本单元，从而确定了基本单元与楼梯的相对位置关系。注意栏杆高度由用户给定，一般取 900mm，一经确定，就不会随后续踏步参数的变化而变化。

（2）点取“参数栏杆”命令进入对话框，再点取“入库 I”按钮，命令行提示：

请选取要定义成栏杆的图元（LINE，ARC，CIRCLE）<退出>：框选栏杆基本单元（不含虚线）。

栏杆图案的起始点<退出>：点取基本单元的起始点。

栏杆图案的结束点<退出>：点取基本单元的结束点。

栏杆图案的名称<退出>：键入此栏杆图的名称。

步长数<1>：键入基本单元所占的踏步数。

定义好栏杆的基本单元，并给定栏杆图案的名称后，此栏杆形式便装入楼梯栏杆库中，并在示意图中显示此栏杆。以后即可从栏杆库中调出此栏杆图案。

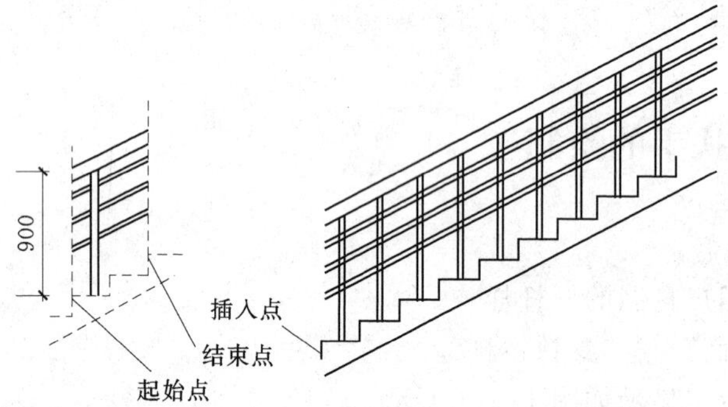

图 11.15　自制的栏杆样式及栏杆插入点

说明：在将自制的栏杆基本单元入库时，起始点与结束点之间的水平距离为基本单元的长度，也即步长，占一步就使用默认的 1，如果占两步，就输入 2，占三步，就输入 3，依次类推；而两点连线的方向即为楼梯的走向。

11.7.2　楼梯栏杆

菜单位置：“剖面”→“楼梯栏杆”。

选择菜单后，提示语言及操作过程如下：

请输入楼梯扶手的高度<1000>：（键入新值或回车接受默认值）

是否打断遮挡线<Y/N>？<Yes>（键入 N 或者回车使用默认值为打断）回车后由系统处理可见梯段被剖面梯段的遮挡，自动截去部分栏杆扶手；命令行接着显示：

输入楼梯扶手的起始点<退出>：输入楼梯扶手的起始点。

结束点<退出>：输入楼梯扶手的结束点。

……

重复要求输入各梯段扶手的起始点与结束点，分段画出楼梯栏杆扶手，键入<回车>退出。

11.7.3　楼梯栏板

菜单位置：“剖面”→“楼梯栏板”。

本命令操作与“楼梯栏杆”命令相同。如图 11.16 所示，可见的梯段以虚线表示，剖面梯段以实线表示。

说明：“楼梯栏杆”与“参数栏杆”都可以在剖面图中生成栏杆，但前者只能生成简

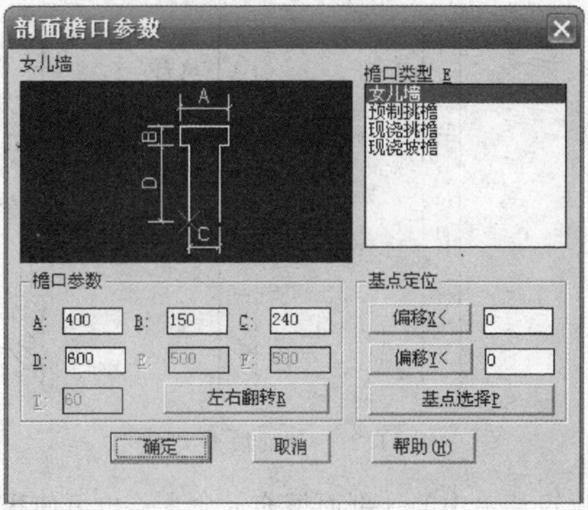

图 11.21 “剖面檐口参数”对话框

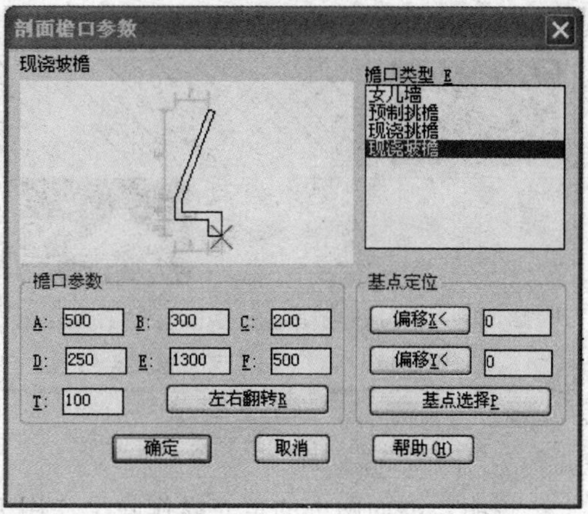

图 11.22 本案“剖面檐口参数”对话框

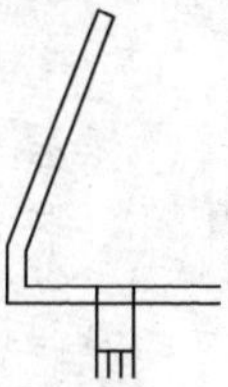

图 11.23 插入剖面檐口后的结果

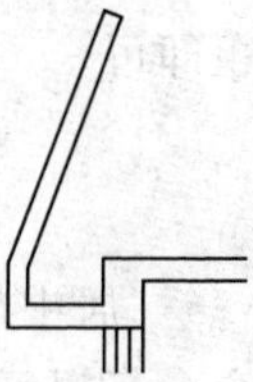

图 11.24 剖面檐沟最终结果

11.9 剖面图的完善

11.9.1 首层地面线的处理

初始剖面图结果显示的地面线，为室外地面线、室内地面线，但剖面图上只能有一条地面线，也反应不出楼梯间的台阶情况，因此用户需要利用 CAD 命令里的常用工具进行手工修正，以符合建筑制图原理，结果如图 11.25 所示。

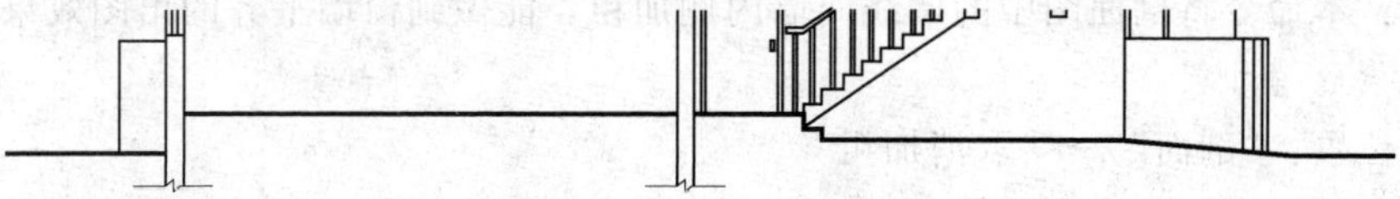

图 11.25 首层地面线的处理

11.9.2 剖面填充

菜单位置：“剖面”→“剖面填充”。

点取菜单命令后，命令行提示：

请选取要填充的剖面墙线梁板楼梯＜全选＞：选择要填充材料图例的成对墙线

回车后显示对话框如图 11.26 所示，从中选择填充图案与比例，单击“确定”后执行填充。

以下是不同材料图例的墙剖面填充效果（没有加粗，如图 11.27 所示）。

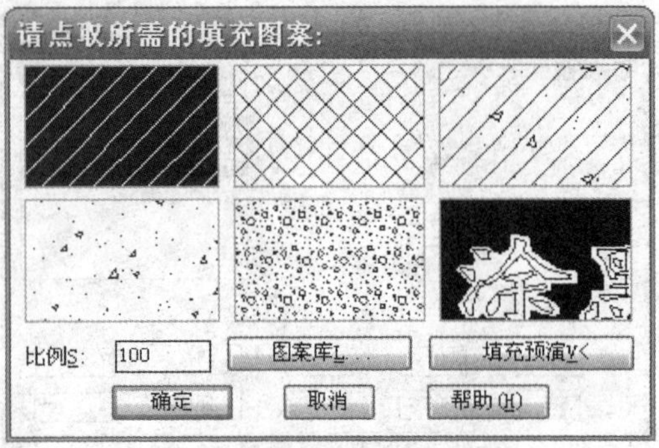

图 11.26　剖面填充对话框

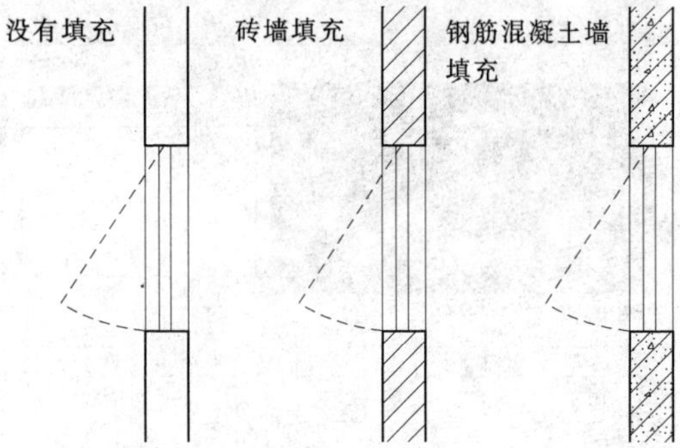

图 11.27　剖面填充实例

说明：剖面图中的填充操作除了使用天正建筑菜单中的［剖面填充］命令，也可使用 AutoCAD 的［Bhatch］即填充命令。不同的是，前者不要求墙端封闭即可填充图案，而后者需要。另外，打印出图时如果出图比例为 1∶100 以下，一般情况下不必对剖面墙图进行填充，仅对墙线加粗即可。

11.9.3　墙线加粗

11.9.3.1　居中加粗

菜单位置："剖面"→"居中加粗"。

点取菜单命令后，命令行提示：

请选取要变粗的剖面墙线梁板楼梯线（向两侧加粗）＜全选＞：以任意选择方式选取需要加粗的墙线或楼梯、梁板线。

选择对象：上次选择的部分亮显，继续选择或者回车结束选择，误选按 ESC 键放弃命令。

完成命令后，选中的部分加粗，这些加粗的墙线是绘制在 PUB_WALL 图层的多段线，如果需要对加粗后的墙线进行编辑，应该先执行"取消加粗"命令。

11.9.3.2　向内加粗

菜单位置："剖面"→"向内加粗"。

本命令操作与"居中加粗"命令相同。

说明：本命令将剖面图中的墙线向墙内侧加粗，能做到窗墙平齐的出图效果。

11.9.3.3　取消加粗

菜单位置："剖面"→"取消加粗"。

点取菜单命令后，命令行提示：

请选取要恢复细线的剖切线 ＜全选＞：选取已经加粗的墙线或回车恢复本图所有的加粗墙线

选择对象：继续选择或者回车结束选择。

说明：根据建筑制图的要求，被剖切到的对象，其轮廓线应以较粗的实线表示，这可以用"居中加粗"和"内向加粗"命令快速实现。这两者的区别是，前者在原线两侧加粗，后者在原线内侧加粗。而"取消加粗"则是将已加粗的剖面墙线恢复原状，但不会影响该墙线已有的剖面填充，如图 11.28 所示。实际设计中，一般采用"内向加粗"。

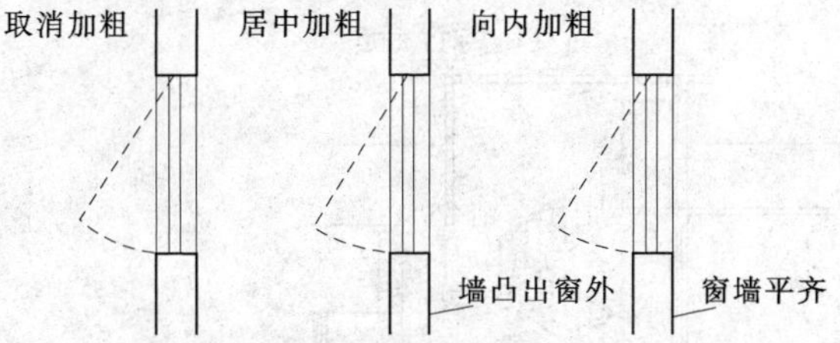

图 11.28 墙线加粗的不同形式

11.9.4 屋顶线处理

初始剖面图涉及到几个天正软件未能处理好的问题，一是剖面檐口和可视檐口，二是楼梯屋顶没有绘出，三是屋面的坡度和做法也未能体现出来（此处由于出图比例较小，用户可以不用绘出），因此，这些都需要用户根据设计需要，利用 CAD 的制图命令进行补充和修正。

11.9.4.1 剖面檐口和可视檐口的处理

剖面檐口的绘制已经在 11.8 章节里叙述了，可视檐口主要是指除了剖切到的部位外，建筑远端的山墙处的檐口顶面线未表现有，用户可自行绘制一条水平线即可；另外还有顶层阳台对应的屋顶盖的檐口也是可视的，也应补充绘制上，结果如图 11.29 所示。

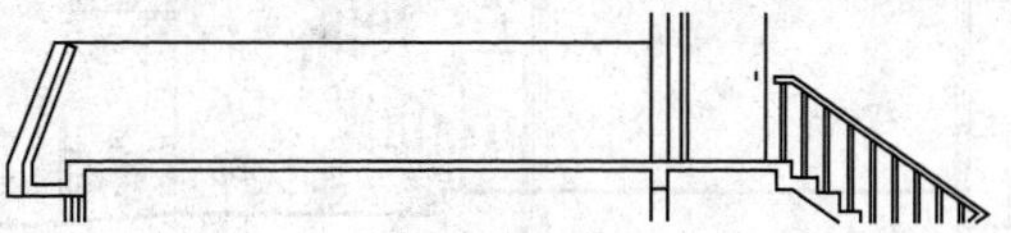

图 11.29 可视檐口处理

11.9.4.2 楼梯屋顶的处理

以本案为例，用户可根据平面图的设计要求，直接利用 CAD 的绘制命令绘制，也可利用天正“剖面”里的“双线楼板”创建楼梯屋顶，楼梯屋顶下的圈梁课利用“剖面”里的“加剖断梁”创建，结果如图 11.30 所示。

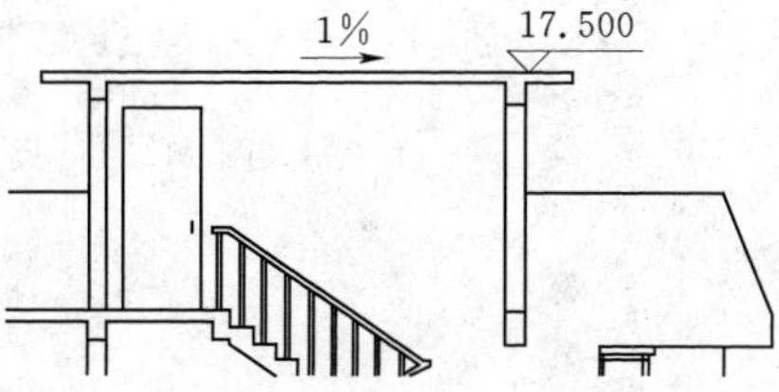

图 11.30 楼梯屋顶的创建

11.9.5 其他处理

11.9.5.1 轴线编号

本案的初始剖面图上出现轴线端只有圆圈而没有编号，用户可直接用光标在圆圈内双击左键，然后键入数字或字母即可。

11.9.5.2 尺寸和标高的添加和删除

添加或删除尺寸、标高。如标注楼梯地面标高、楼梯屋顶标高、屋顶栏板尺寸、剖面竖向尺寸和水平尺寸等。用户可以利用“尺寸标注”里的“逐点标注”命令完成尺寸的标注，利用“符号标注”里的“标高标注”完成局部标高的标注，结果如图 11.31 所示。

11.9.5.3 结构填充

对于比例为 1∶100 及以下的图，打印结果结构构件的断面几乎看不出要填充的材料图例，可以灰度填充方式表示。本案的断面梁、板均填充灰度图，结果如图 11.31 所示。

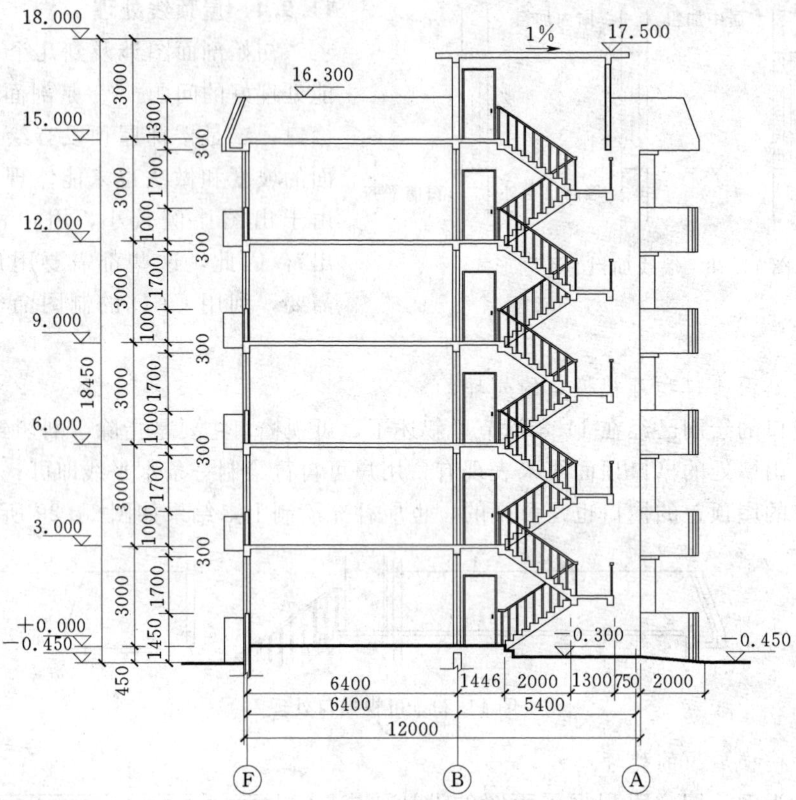

图 11.31　尺寸、标高以及结构断面填充结果

12 绘制建筑详图

本章要点

我们在绘制建筑平、立、剖面图时，由于图样比例较小，建筑物的某些细节部位及构件的详细构造和尺寸无法表示清楚，不能满足施工需求，所以，需要采取局部放大图样比例的办法，达到对建筑细部的形状、大小、材料和做法加以充分说明的目的，这样的图样绘制结果就是建筑详图。建筑详图是建筑细部施工图，是建筑平、立、剖面图的补充，是施工的重要依据之一。

本章仅对较为常见的外墙剖面详图和楼梯详图进行介绍。

本章内容主要包括以下两个内容：

(1) 墙身剖面详图的绘制。

(2) 楼梯详图的绘制。

12.1 外墙详图

外墙详图实际上是建筑剖面图中，外墙墙身从室外地坪以上到屋顶檐部的局部放大图。

1. 外墙详图的作用

外墙详图配合建筑平面图可以为砌墙、室内外装修、立门窗口、放预制构件或配件等提供具体做法，并为编制工程预算和准备材料提供依据。

2. 外墙详图的基本内容

(1) 外墙详图要和平面图中的剖切位置或立面图上的详图索引标志、朝向、轴线编号完全一致，并用放大比例画图。

(2) 表明外墙厚度与轴线的关系。轴线在墙中央还是偏向一侧，墙上哪儿有突出变化，均应分别标注清楚。

(3) 表明室内、外地面处的节点构造。这部分包括基础墙厚度、室外地面高程、散水或明沟做法、台阶或坡道做法、墙身防潮层做法、首层地面与暖气沟和暖气槽以及暖气管件的做法、室外勒脚以及室内踢脚板或墙裙做法、首层室内外窗台做法等。

(4) 表明楼层处节点详细做法。此处包括下层窗过梁到本层窗台范围里的全部内容。有门过梁、雨篷或遮阳板、楼板、圈梁、阳台板及阳台栏杆或栏板、楼地面、踢脚板或墙裙、楼层内外窗台、窗帘盒或窗帘杆、顶棚和内外墙面做法等。当楼层为若干层而节点又完全相同时，可用一个图样表示，但需标注若干层的楼面标高。

（5）表明屋顶檐口处节点细部做法。此部位从顶层窗过梁到檐口（或到女儿墙上皮）之间全部属此范围，包括门、窗过梁、雨篷或遮阳板、顶层屋顶板或屋架、圈梁、屋面以及室内顶棚或吊顶、檐口或女儿墙、屋面排水的天沟、下水口、雨水斗和雨水管、窗帘盒或窗帘杆等。

（6）各个部位的尺寸与标高的标注，原则上与立面图和剖面图注法一致，此外还应加注挑出构件的挑出长度的细部尺寸和挑出构件结构下皮标高尺寸。标高的标注总原则是：除层高线的标高为建筑表面以外（平屋顶顶层层高线，常以顶板上皮为准），都宜标注结构表面的尺寸标高。

（7）此外，还应表达清楚室内、外装修各个构造部位的详细做法。如果某些部位图面比例较小，不易表达更为详细的细部做法时，应标注文字说明或详图索引标志。

12.2　绘制墙身剖面详图

12.2.1　绘制中间楼层墙身剖面详图

绘制如图 12.1 所示的首层墙身剖面详图的剖切索引位置符号①。

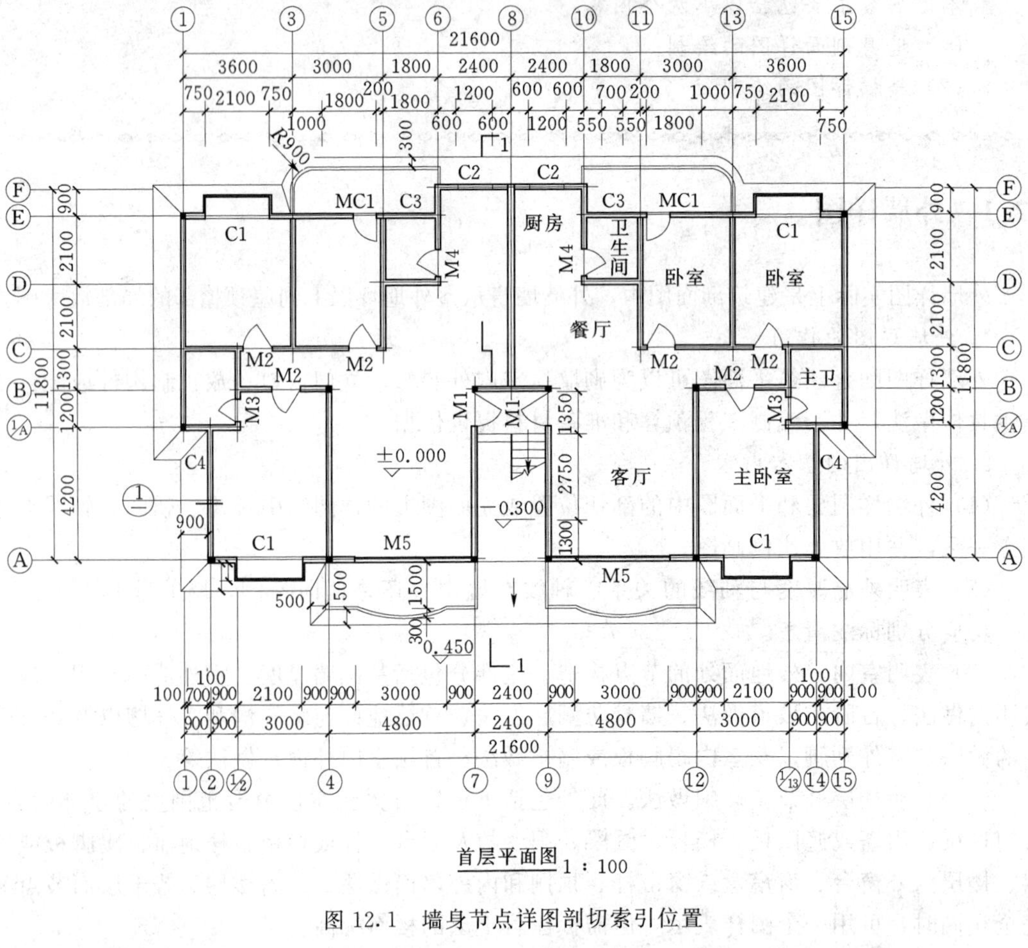

首层平面图 1：100

图 12.1　墙身节点详图剖切索引位置

详图绘制步骤如下。

1. 绘制定位轴线

调用“直线”命令，绘制一条竖直线作为定位轴线，并在线端应用天正的【符号标注】→【索引图名】绘制轴线编号②。

2. 绘制墙线

在绘制墙线前，首先做的工作是，在明确打印比例为 1：100（天正默认出图比例）后，先确定好详图的绘制比例，再按图样大小进行绘制。本案取绘制比例为 1：10，因此墙身的绘制厚度应为 2400。

选择“修改”→“偏移”工具，取偏移距离为 1200，以轴线作为参照，向轴线两侧偏移复制出墙线。如图 12.2 所示。

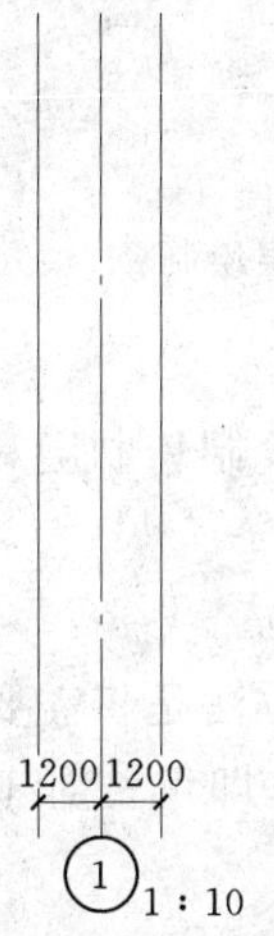

图 12.2　墙线的绘制

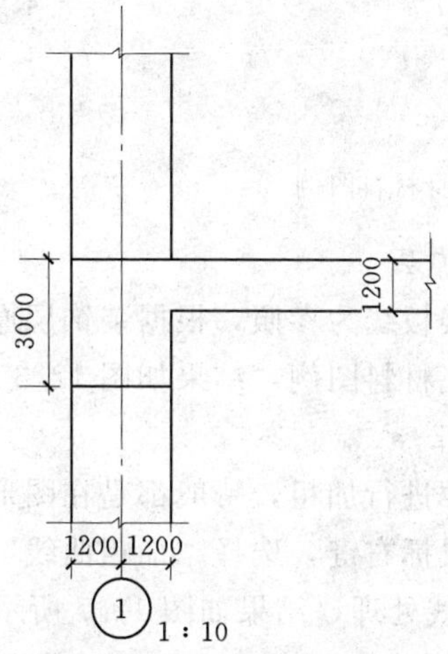

图 12.3　绘制剖面梁板线

3. 绘制剖面楼板和剖面梁线

绘制一条水平线作为楼板顶面线，再向下偏移复制出楼板底线和梁底线，应用修剪工具整理好。然后应用天正里的“符号标注”→“加折断线”，绘制板和墙线两端的折断线，结果如图 12.3 所示。

4. 绘制墙身细部图例

单击“绘图”工具栏中的“图案填充”工具，选择“预定义”中的“普通砖”和“钢筋混凝土”图案，如图 12.4 所示。填充结果如图 12.5 所示。

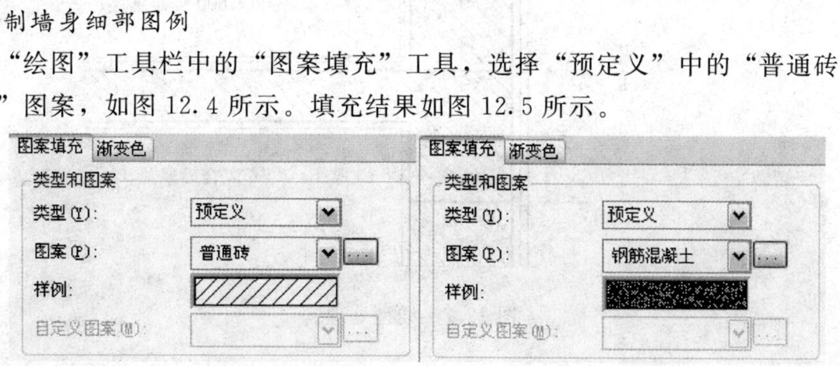

图 12.4　绘制墙身细部所需图例

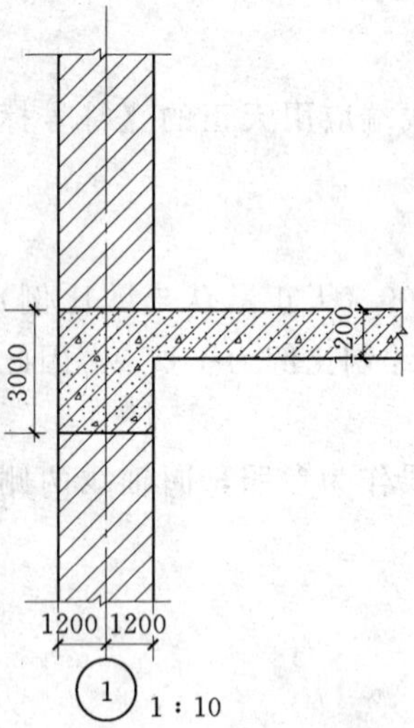

图 12.5　填充墙身材料图例

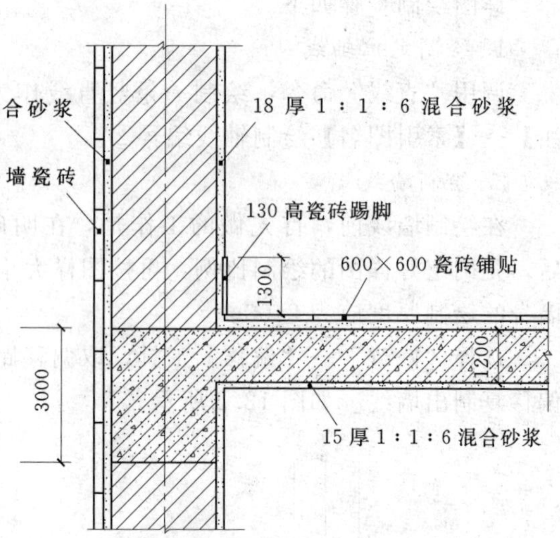

图 12.6　装饰层绘制

5. 绘制装饰层

以墙线和楼板线为参照，根据装饰层厚度，利用“偏移”绘制粉刷层和铺贴层，再根据材料情况填充材料图例，结果如图 12.6 所示。

6. 线型处理

对剖面轮廓进行加粗，一般都是在图形绘制完毕再进行。方法是将需要加粗的直线全部选中，点击鼠标右键，选择“加粗曲线”，键入线粗 80，回车即可。对于轴线，则利用 CAD 的单点划线处理，结果如图 12.7 所示。

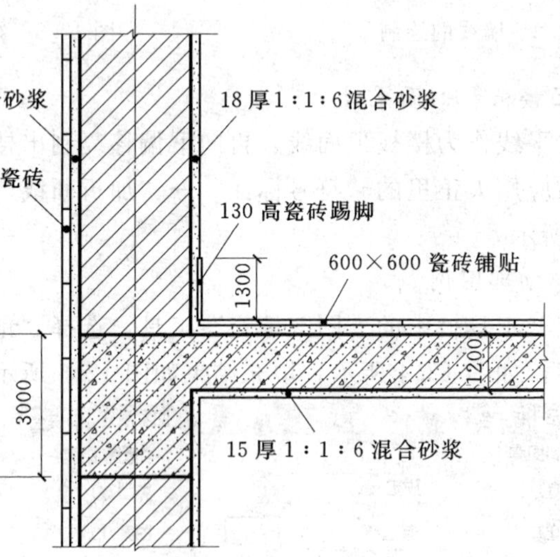

图 12.7　线型处理

7. 文字标注

对于踢脚线做法可以使用天正的“符号标注”→“引出标注”进行标注，对话框见图

12.8 所示。

对于墙面以及地面做法，则使用“符号标注”→“做法标注”命令进行标注，如图 12.9 所示。

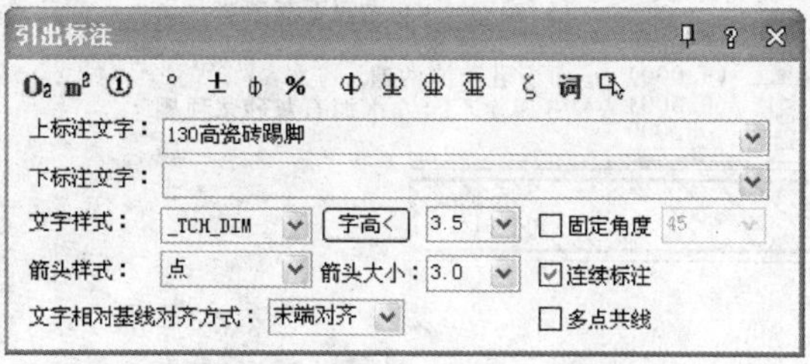

图 12.8 “引出标注”对话框

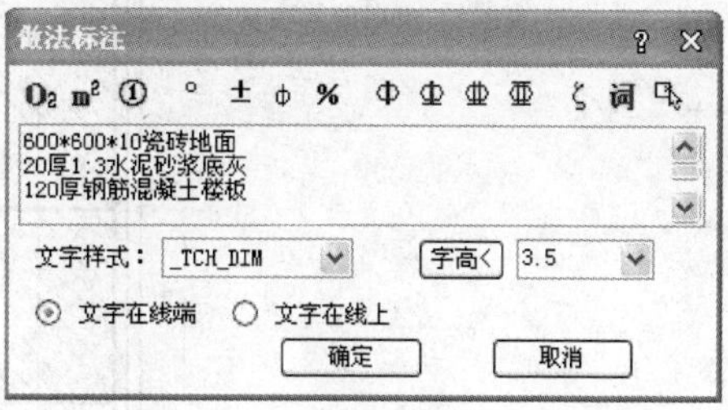

图 12.9 “做法标注”对话框

文字标注结果见图 12.10 所示。

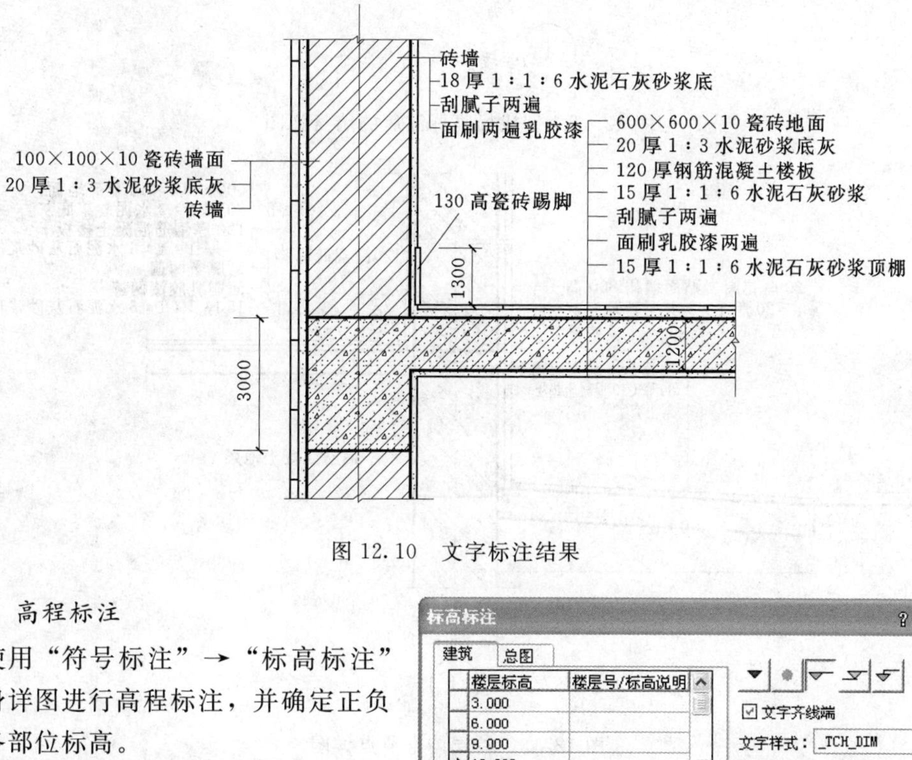

图 12.10 文字标注结果

8. 高程标注

使用“符号标注”→“标高标注”对墙身详图进行高程标注，并确定正负零及各部位标高。

说明：在进行标高标注的时候，要注意标高的单位是米（m），而其他的尺寸标注单位均为毫米（mm）。

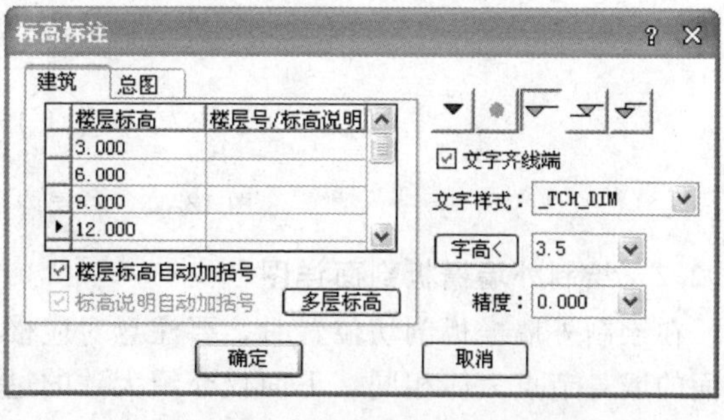

图 12.11 “标高标注”对话框

9. 绘制首层墙身节点

在楼层墙下接着绘制即可，包括首层地面和室外散水，方法与前面基本相同。需要说明的是土层处理做法可用天正的“图块图案”→“线图案”命令完成，结果如图 12.13 所示。

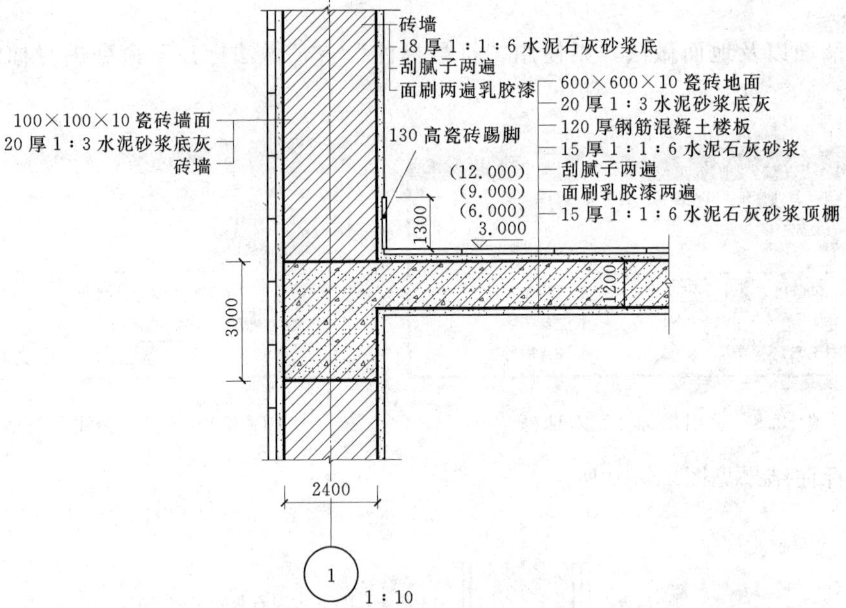

图 12.12　完成标高标注后的墙身详图

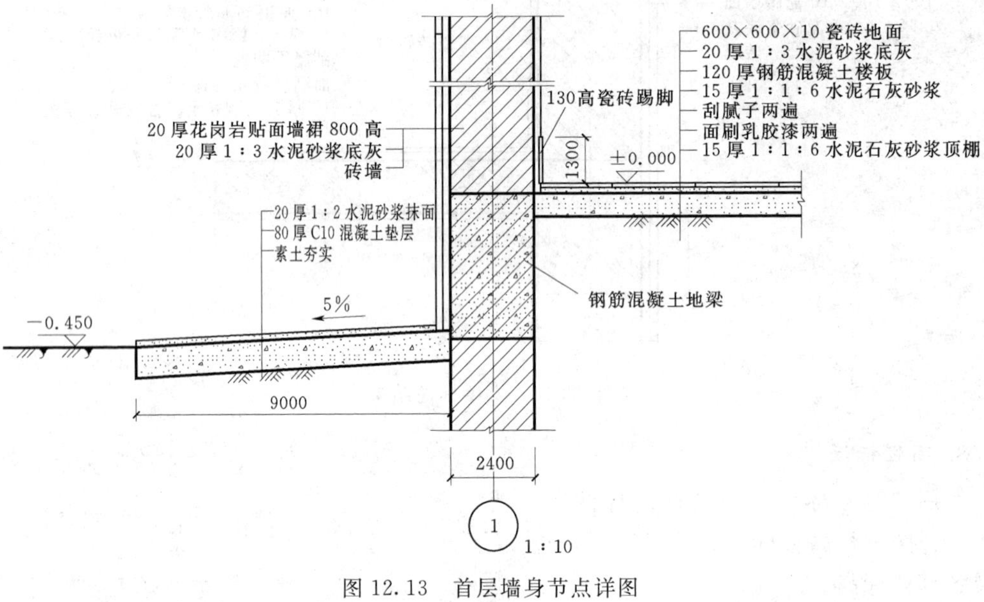

图 12.13　首层墙身节点详图

12.2.2　绘制外墙檐板剖面详图

在绘制外墙檐板剖切位置时，要注意对应楼层墙身索引位置。基本绘制过程和方法与前面的墙身节点大体相同，下面仅介绍大致的过程。

1. 确定绘图比例

如果檐板详图是置于墙身节点之上属于同一个详图的，则绘图比例要和墙身节点的相同；如果另外作为一个详图单独绘制，绘图比例可以另外设置。本案取与墙身节点同属一个详图。

2. 绘制梁板结构

如果屋面梁板结构与楼板结构相同，可以直接将楼板结构复制得出。因为根据屋顶层平面图的檐板设计意图，屋面梁上是没有女儿墙的，如图 12.14 所示。

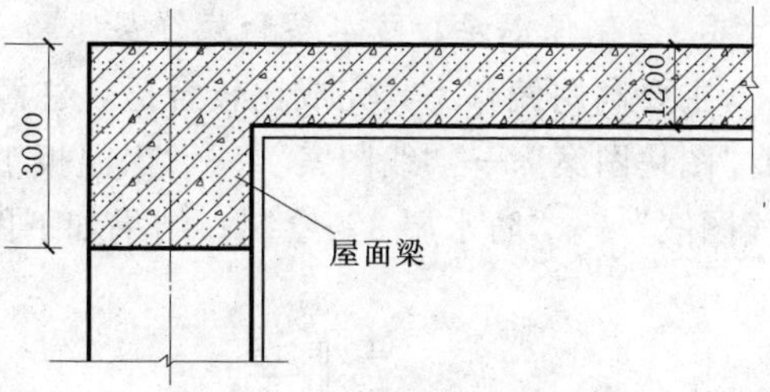

图 12.14 绘制屋面梁板结构

3. 绘制檐板结构

用户可以调取“剖面”→“剖面檐口”进行绘制，参数对话框如图 12.15 所示，注意插入点的位置和插入结果。

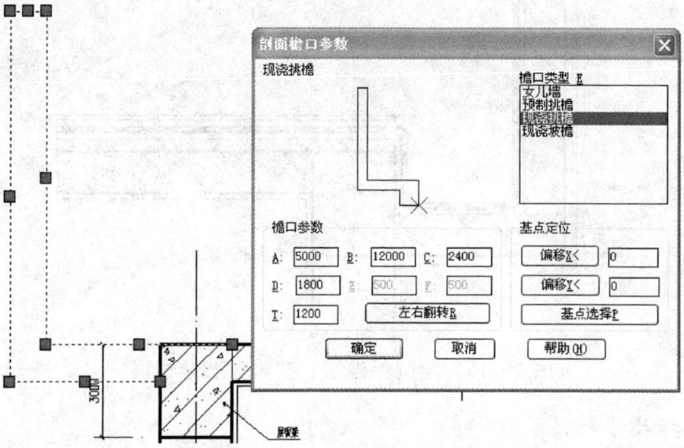

图 12.15 剖面檐口对话框

4. 修改栏板结构

用户可以在此基础上修改栏板结构，比如变成砖砌体，砌体之上还要加上压顶构造，结果如图 12.16 所示。

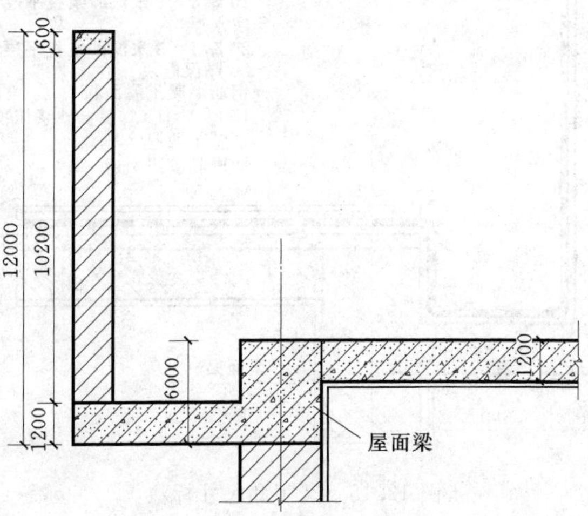

图 12.16 绘制栏板结构

5. 绘制保温层、防水层和装饰层

主要利用偏移工具完成比较合适，注意细部如滴水和坡水的处理；保温层应用天正里的“图块图案”→“线图案”→“保温板1”绘制；防水层应用天正里的“图块图案”→“线图案”→“防水层2”绘制；结果如下图12.17所示。

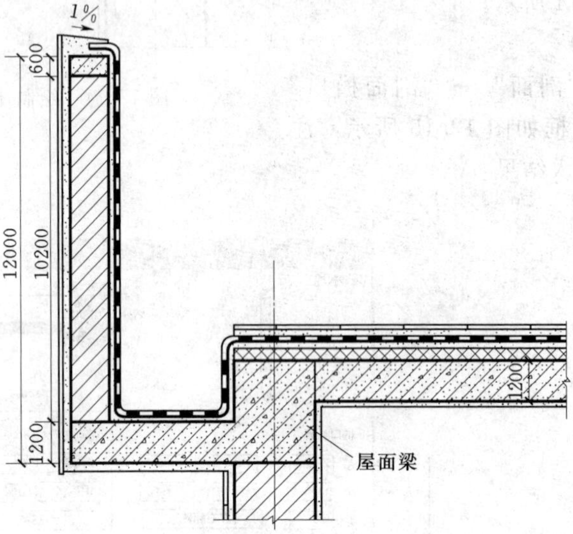

图12.17　绘制保温层、防水层和装饰层

6. 完善文字和尺寸标注

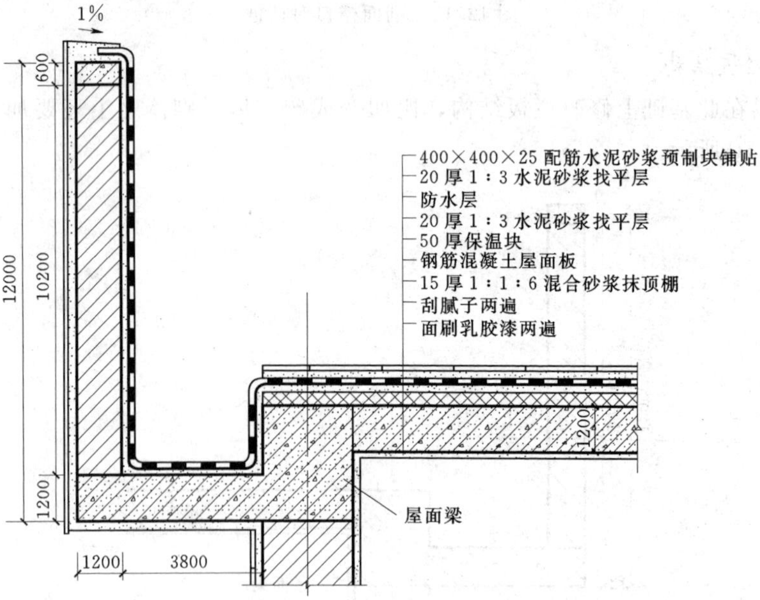

图12.18　文字和尺寸标注

7. 最后校正尺寸大小

因为图形的绘制比例为1：10，所有标注的尺寸都放大了一倍，需要变为实际数值，用户

只需双击尺寸数字，在显示为输入框时键入实际数值，回车即可。完整的详图如图 12.19 所示。

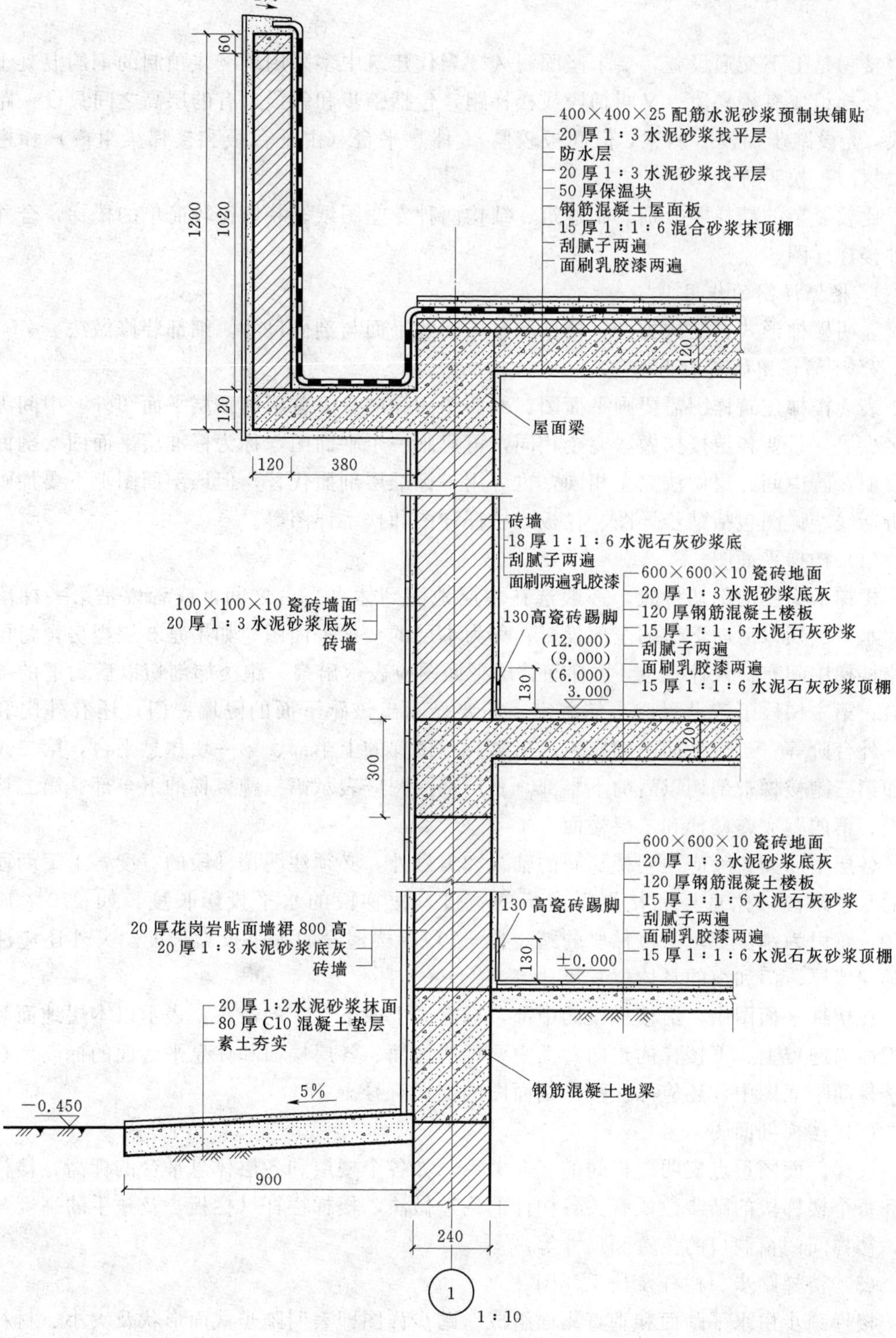

图 12.19 完整外墙节点详图

12.3　绘制楼梯详图

楼梯是上下交通设施，要求坚固耐久。当代建筑中多采用现浇或预制的钢筋混凝土楼梯。楼梯组成有楼梯段（又叫梯段或楼梯跑，包括踏步和斜梁，有的层高之间只设一跑楼梯段，光设踏步而没有斜梁，但底板较厚）、休息平台（由平台板和楼梯梁组成）和栏板（或栏杆）、扶手等。

比较复杂的楼梯要分别绘制建筑、结构两种专业图纸。装修比较简单的楼梯，合并画一种楼梯详图。

1. 楼梯详图的作用

表明楼梯形式、结构类型、楼梯和楼梯间的平面与剖面尺寸，细部装修做法。

2. 楼梯详图的基本内容

表现楼梯建筑详图需要画平面图、剖面图和详图。除首层和顶层平面图外，中间无论有多少层，只要各层楼梯做法完全相同，可只画一个平面图，称为标准层平面图。剖面图也类似，若中间各层做法完全相同，也可用一标准层剖面代替，但该剖面图上下要加画水平折断线。详图包括踏步详图、栏板或栏杆详图和扶手详图等。

（1）楼梯平面图。

楼梯平面图的剖切位置，一般选在本层地面到休息平台之间，或者说是第一梯段中间，水平剖切以后向下作的全部投影，称为本层的楼梯平面图。如果是3层楼房，每层是两跑楼梯中间有一块休息板，楼梯间首层平面图应表示出第一跑楼梯剖切以后剩下的部分梯段；第一梯段下若设置成小储藏室，还要显示出该跑下面的隔墙、门；还有外门和室内、外台阶等。二层平面图则应表示出第一跑楼梯的上半部、第一块休息平台，第二跑楼梯和第三跑楼梯被剖切以后的下半部。三层平面图应表示第三跑楼梯的下半部、第二块休息板、第四跑完整楼梯和二层楼面。

各层平面图，除应注明楼梯间的轴线和编号外，必须注明楼梯段的宽度，上下两段之间的水平距离，休息板和楼层平台板的宽度，楼梯段的水平投影长度，如 $270\times11=2970$，意思为踏步宽×（楼梯段的踏步数－1）＝楼梯段的水平投影长度。另外还应注出楼梯间墙厚、门和窗的具体位置尺寸等。

在楼梯平面图中，沿楼梯段的中部，标有“上或下”字的箭头。表示以本层地面和上层楼面为起点上、下楼梯的走向。图中要标明地面、各层楼面和休息平台面的标高。在首层楼梯间平面图中，还应标注楼梯剖面图的剖切符号。

（2）楼梯剖面图。

楼梯剖面图重点表明楼梯间的竖向关系，如各个楼层和各层休息平台的标高，楼梯段数和每个楼梯段的踏步数，有关各构件的构造做法，楼梯栏杆（栏板）及扶手的高度与式样，楼梯间门窗洞口的位置和尺寸等。

（3）楼梯踏步、栏杆及扶手详图。

楼梯踏步由水平踏面和垂直踢面组成。踏步详图即表明踏步截面形状及大小、材料与面层做法。踏面边沿磨损较大，易滑跌，常在踏步平面靠沿部位设置一条或两条防滑条。

栏杆与扶手是为上下行人安全而设，靠梯段和平台悬空一侧设置栏杆或栏板，上面做扶手，扶手形式与大小及所用材料要满足一般手握适度弯曲情况。由于踏步与栏杆、扶手是详图中的详图，所以，要用详图索引标志画出详图。

若楼梯间地面标高低于首层地面标高时，应注意楼梯间墙身防潮层具体做法。

楼梯详图若分别画有建筑、结构专业图纸时，注意核对好楼梯梁、板交接处的尺寸与标高，是否结构与建筑装修关系互相吻合。若有矛盾，要以结构尺寸为主，再定表面装修建筑尺寸。

12.3.1 天正楼梯工具栏及对话框

天正建筑软件的楼梯菜单如图 12.20 所示。天正建筑软件提供了丰富的楼梯样式供使用者选择，在本节中重点介绍使用较多的双跑楼梯形式（图 12.21），双跑楼梯是最常见的楼梯形式，由两跑直线梯段、一个休息平台、一个或两个扶手和一组或两组栏杆构成的自定义对象，具有二维视图和三维视图。双跑楼梯可分解（EXPLODE）为基本构件即直线梯段、平板和扶手栏杆等，楼梯方向线在 TArch8.0 开始属于楼梯对象的一部分，方便随着剖切位置改变自动更新位置和形式，在 TArch8.0 开始还增加了扶手的伸出长度、扶手在平台是否连接、梯段之间位置可任意调整、特性栏中可以修改楼梯方向线的文字等新功能。

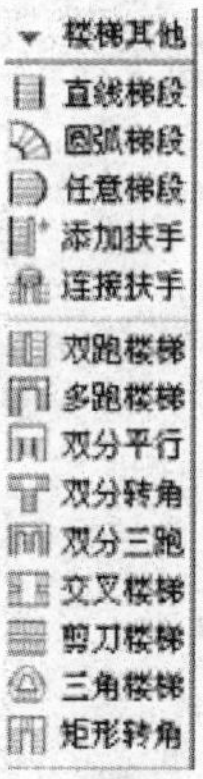

图 12.20 天正楼梯菜单

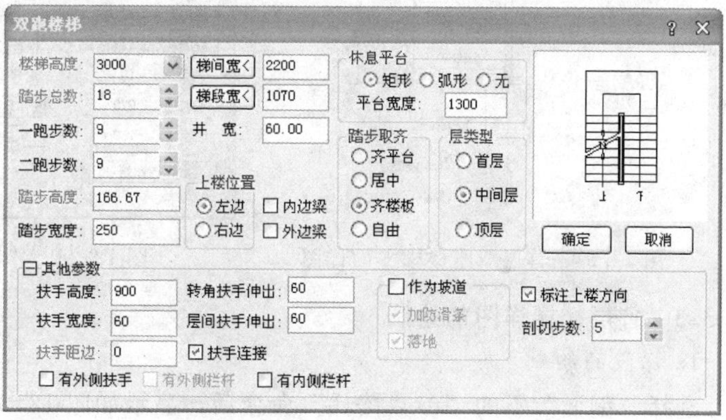

图 12.21 “双跑楼梯”对话框

参数说明：

(1) 梯间宽：双跑楼梯的总宽。点击按钮可以从平面图中直接量取楼梯间净宽作为双跑楼梯宽度。

(2) 楼梯高度：双跑楼梯的总高度，默认为当前楼层高度。

(3) 踏步总数：默认踏步总数为 20，是主要参数。

(4) 休息平台：有“矩形”、“弧形”、“无”三种选项，在非矩形休息平台时，可以选择无平台。

(5) 平台宽度：即休息平台宽度，休息平台的宽度应大于梯段宽度。

(6) 扶手高宽：默认值分别为高 900，60×100 断面尺寸。

12.3.2 首层楼梯平面详图的绘制

首层楼梯平面图见图 12.22。

(1) 打开天正双跑楼梯对话框，参照首层楼梯平面图进行参数设置，如图 12.23 所示。

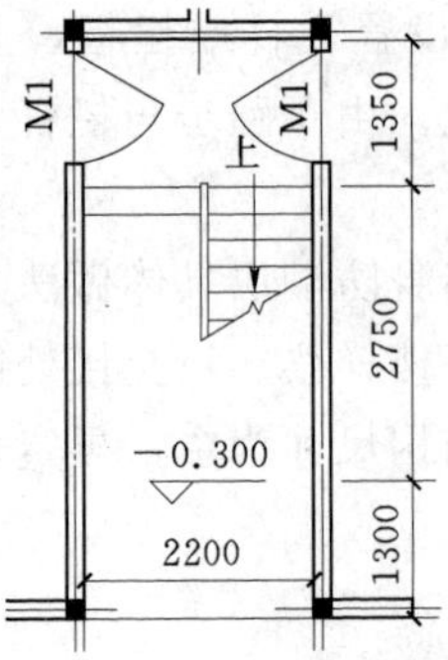

图 12.22　首层楼梯平面图

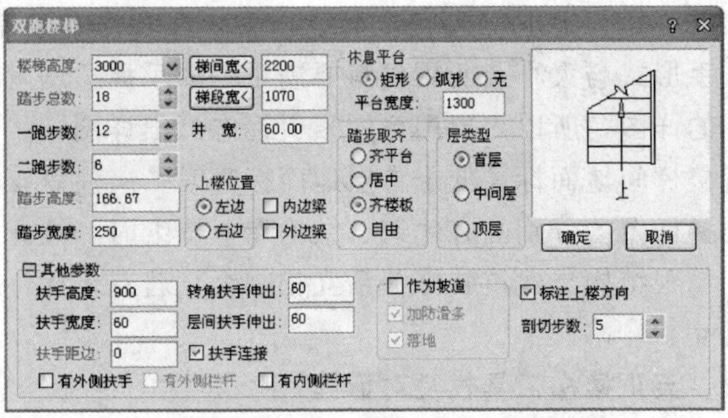

图 12.23　首层双跑楼梯参数对话框

(2) 对楼梯平面图进行细部尺寸标注与轴线定位符号标注，如图 12.24 所示。

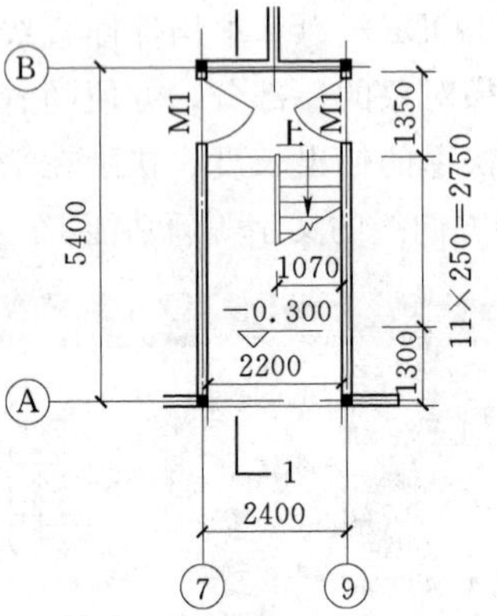

图 12.24　首层双跑楼梯平面详图

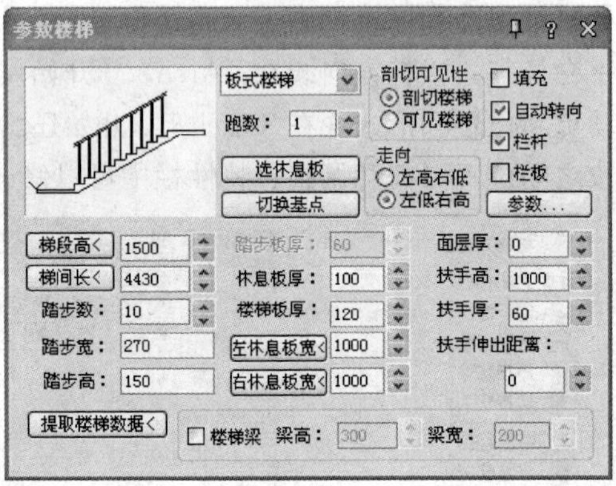

图 12.25　“参数楼梯”对话框

12.3.3　首层楼梯详图的绘制

1. 梯段的绘制

选择“剖面”下的“参数楼梯”命令后，显示如图 12.25 所示对话框。各参数定义见图 12.26。

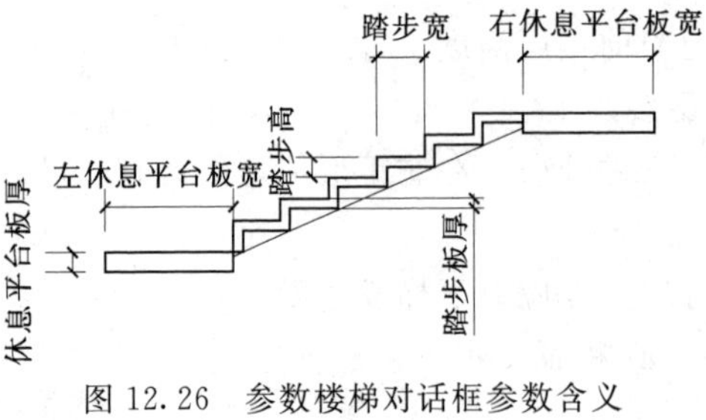

图 12.26　参数楼梯对话框参数含义

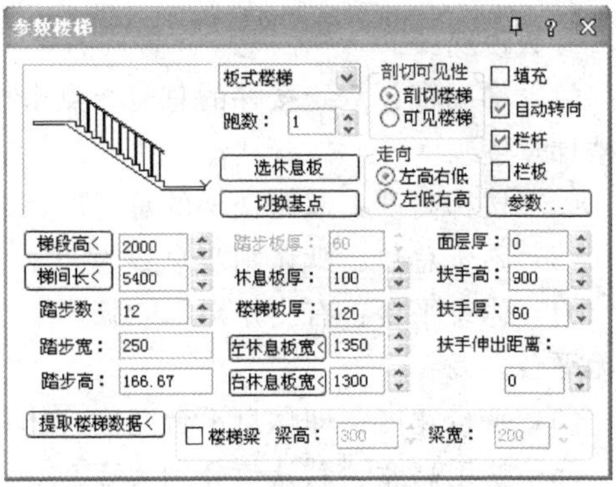

图 12.27　首层楼梯第一段参数

2. 输入参数

在参数楼梯对话框中输入图 12.27 所示的参数，绘制首层楼梯第一个楼梯段剖面图如

图 12.28 所示。

第二个楼梯段参数和剖面图分别是图 12.29 和图 12.30 所示。

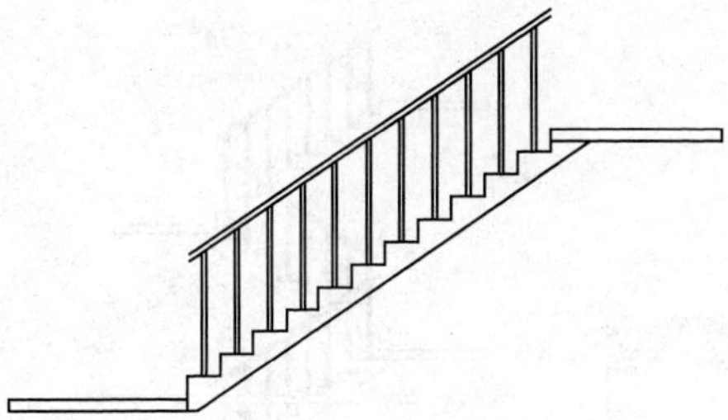

图 12.28　首层楼梯第一段剖面图

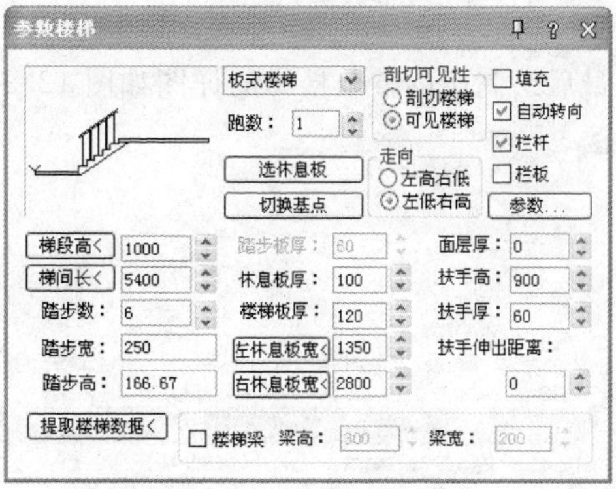

图 12.29　首层楼梯第二段参数

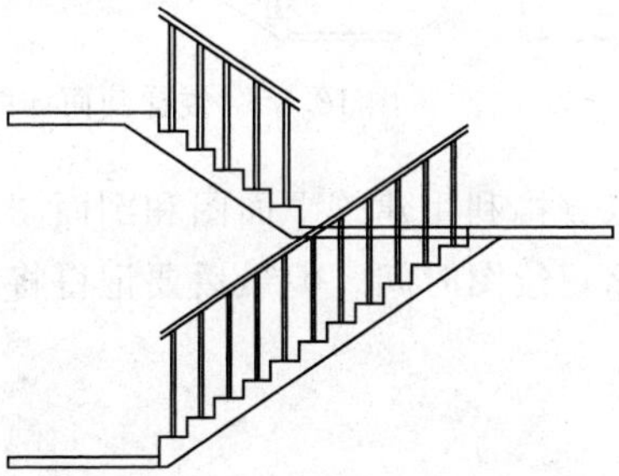

图 12.30　首层楼梯第二段剖面图

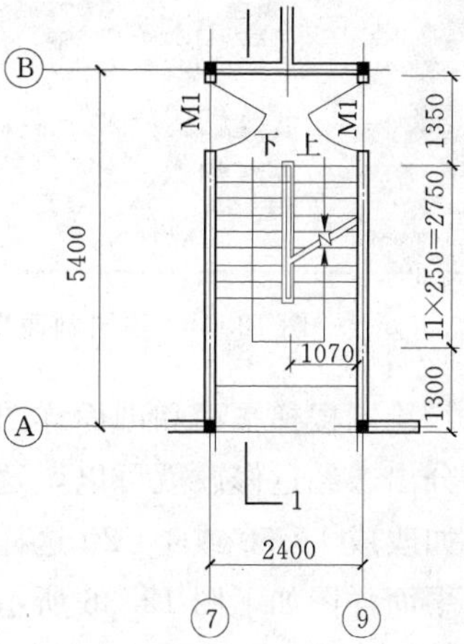

图 12.31　标准层楼梯平面详图

12.3.4　标准层楼梯详图的绘制

标准层楼梯详图的绘制方法与首层楼梯详图相同，请读者参照首层楼梯详图的绘制方法绘制标准层楼梯详图，如图 12.31～图 12.33 所示。

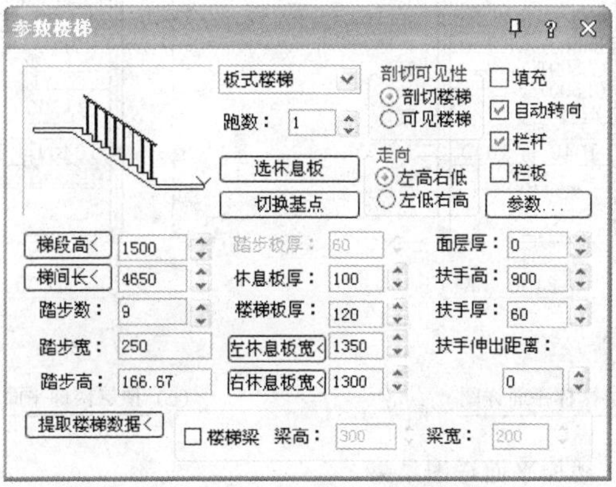

图 12.32　标准层剖面楼梯参数

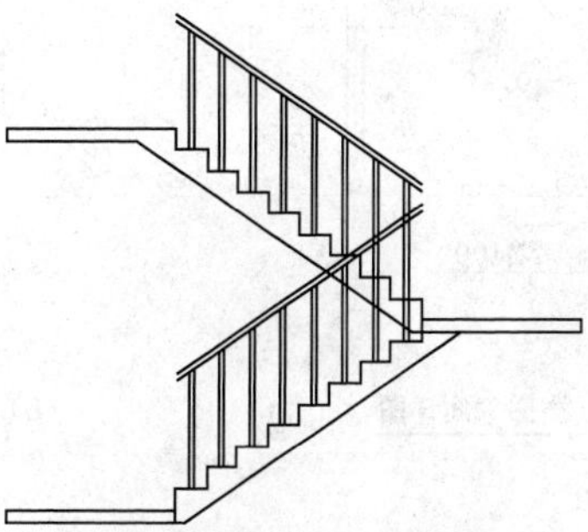

图 12.33　标准层楼梯剖面图

12.3.5　顶层楼梯详图的绘制

本案顶层楼梯由于上到屋顶层，因此剖面图形和标准层是一样的，其参数见图 12.34 所示。

最后绘制出的整个楼梯的详图如图 12.35 所示，中间加了双折断线，表示标准楼层省略画法。

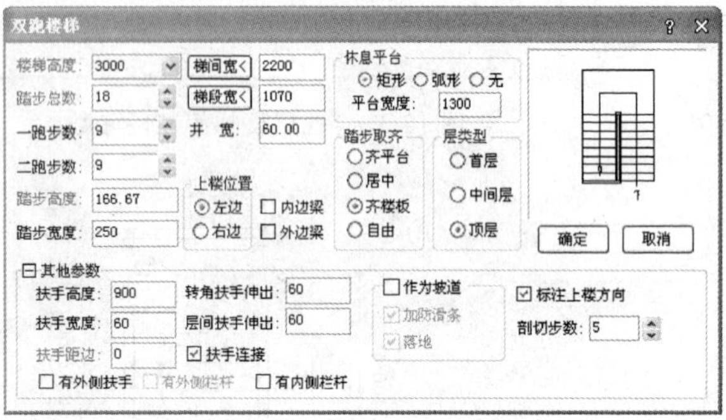

图 12.34　顶层剖面楼梯参数

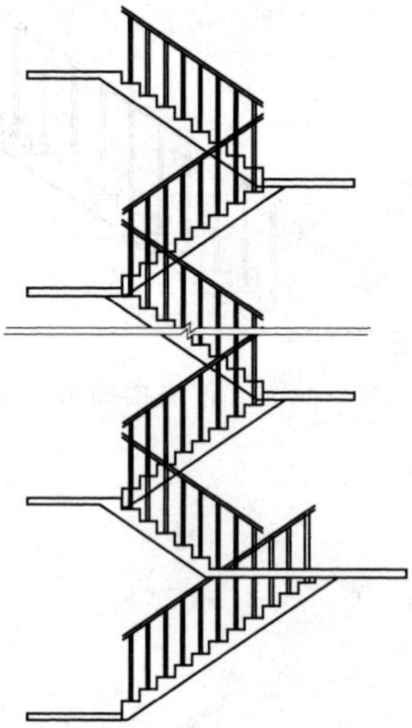

图 12.35　楼梯剖面详图

说明：绘制楼梯平面和剖面详图大样时，可以直接利用建筑平面图和剖面图，从中复制楼梯部分出来经过修改就可以，这样可以大大缩短绘图时间。但最后要记得将绘图比例改大，比如改成 1：50 或 1：20 这样的比例。

楼梯平面详图如下图 12.36 所示。

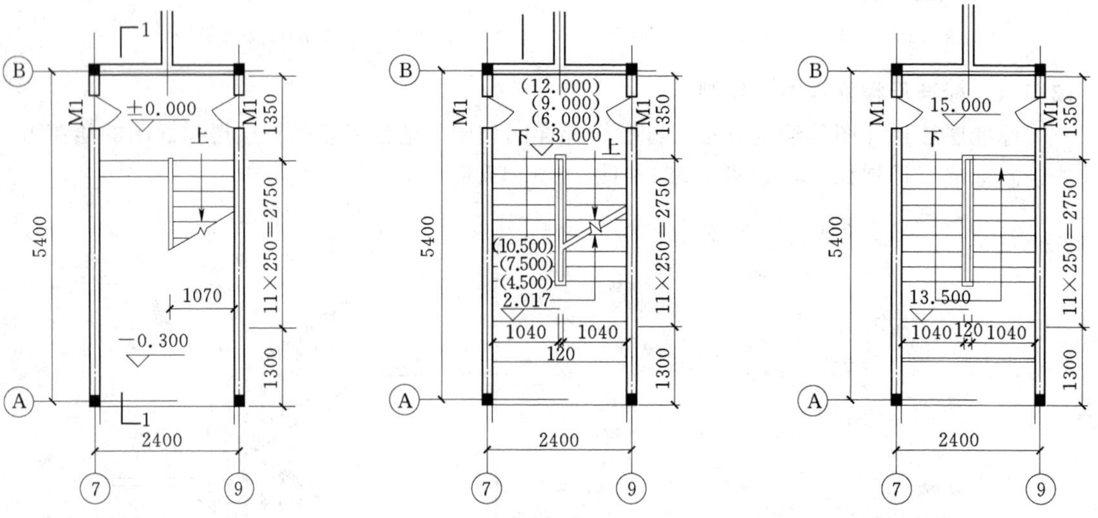

(a)首层楼梯平面详图　1：50　　(b)标准层楼梯平面详图　1：50　　(c)顶层楼梯平面详图　1：50

图 12.36　楼梯平面详图结果

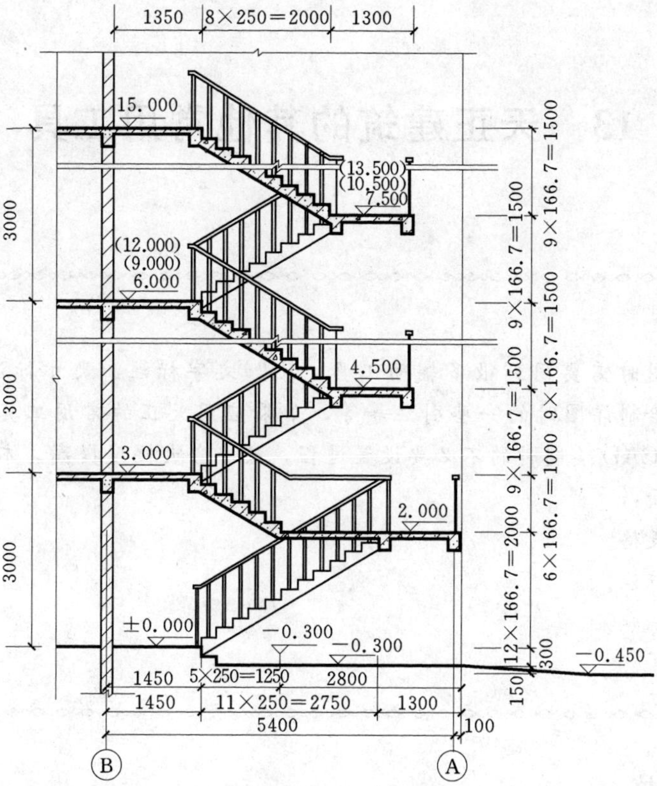

图 12.37 楼梯剖面详图结果

13 天正建筑的其他常用工具

本章要点

绘制施工图时需要用到很多辅助工具，比如文字标注、尺寸标注、插入表格、索引符号以及绘制详图时的一些引注等等，如果应用天正的常用工具来完成，会避免许多用 AutoCAD 绘制时的不必要设置过程，效率会大幅度提高。本章内容主要包括以下四个方面：

（1）文字表格。

（2）尺寸标注。

（3）符号标注。

（4）工具。

13.1 文字表格

13.1.1 标注文字

点击打开天正菜单的“文字表格”，显示菜单栏的子项菜单，如图 13.1 所示。

用户最好在使用文字标注前先打开“文字样式”进行一些设置，效果会更好，“文字样式”对话框如图 13.2 所示。

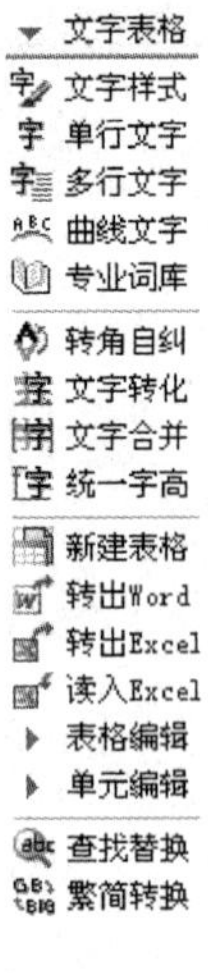

图 13.1 文字表格子项菜单

图 13.2 “文字样式”对话框

对话框里的“AutoCAD 字体”即天正字体（长仿宋字体），如果想改用其他字体可以点选“Windows 字体”；观察预览视窗，一般西文都比中文的稍大，用户可以改变西文下的“字宽方向”和“字高方向”都是 0.8，点击“≪预览”，可以发现有了很大改观，如图 13.3 所示。

图 13.3　中西文大小对照

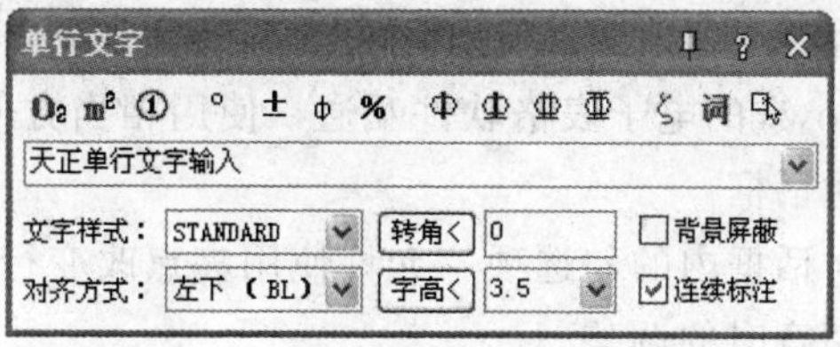

图 13.4　“单行文字”标注对话框

1.“单行文字标注”

菜单位置：“文字表格”→“单行文字”。

弹出文字内容编写对话框，如图 13.4 所示。

在单行文字输入框里有一行符号，这是 CAD 里和输入法里都没有的标准建筑符号，用起来很方便快捷。

2.“文字编辑说明”

如果文字内容需要更改，用户可用光标直接双击文字内容，然后在弹出的编辑框里直接输入你想要的内容，最后回车即可。双击后的显示样式见图 13.5 所示。

图 13.5　单行文字编辑框

3.“多行文字标注”

菜单命令：“文字表格”→“多行文字”。

弹出文字内容编写对话框，如图 13.6 所示。

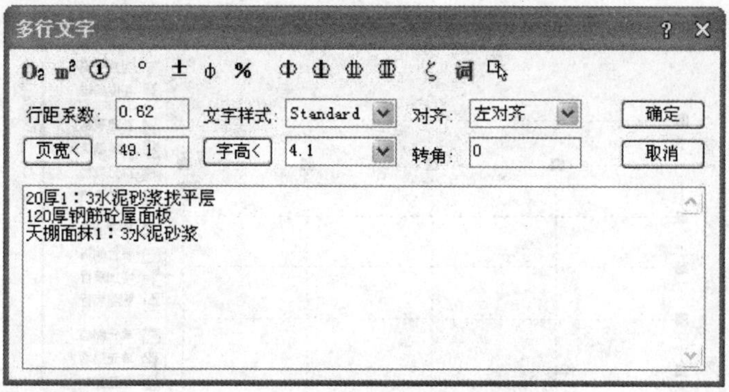

图 13.6　“多行文字”对话框

4.“统一字高”

菜单命令：“文字表格”→“统一字高”。

初学者最难把握的问题是制图比例的确定，因此容易发现自己画的图打印出来后，有许多地方文字大小差的太多，为了补救这种现象的发生，可以使用“统一字高”功能，把这些不一样大小的文字变成一样大小的，方法很简单：点击“统一字高”后，用光标把要统一字高的文字都选中，然后输入想要的字高，回车即可。

13.1.2　天正表格

菜单位置：“文字表格”→“新建表格”。

表格在施工中很常见，比如门窗表、设计说明等。天正软件附带的表格功能很强大，还能与 Windows 的电子表格软件互通，使用相当方便。点选命令菜单后，弹出如图 13.7 所示的表格对话框。

说明：对话框内的勾选项“允许使用夹点改变行宽”最好勾选，便于后面输入文字时行宽不够或超宽时的调整。

设置好表内参数后，用光标点取表格位置点（十字星代表表格的左上角点），得出如图 13.8 所示的表格。

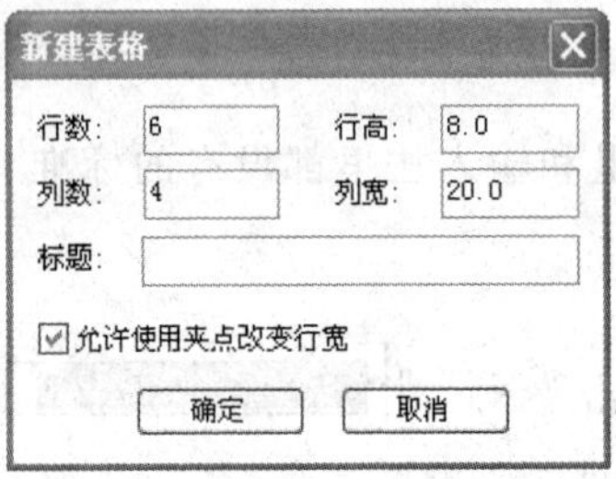

图 13.7　“新建表格”对话框

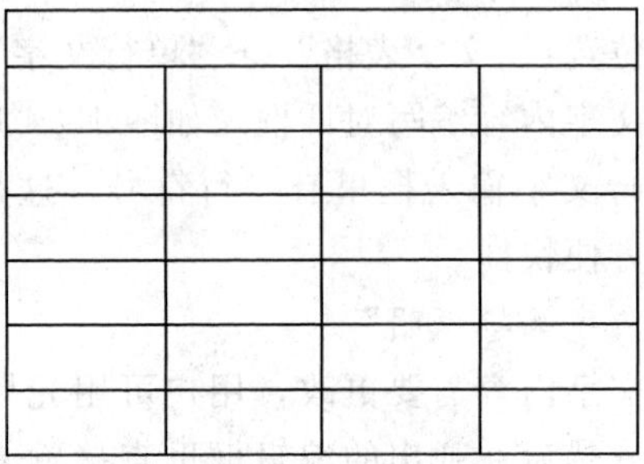

图 13.8　新建表格

对于表格内文字的输入，用户可以按照菜单选项的工具选用，或者点选表格后，再点鼠标右键，得出图 13.9 所示的快捷菜单，从中有选择的选用编辑功能，如选择“全屏编辑”，得出如图 13.10 所示的编辑框，用户可光标点选要编辑的位置或利用键盘的方向键选择输入位置后，输入文字内容。

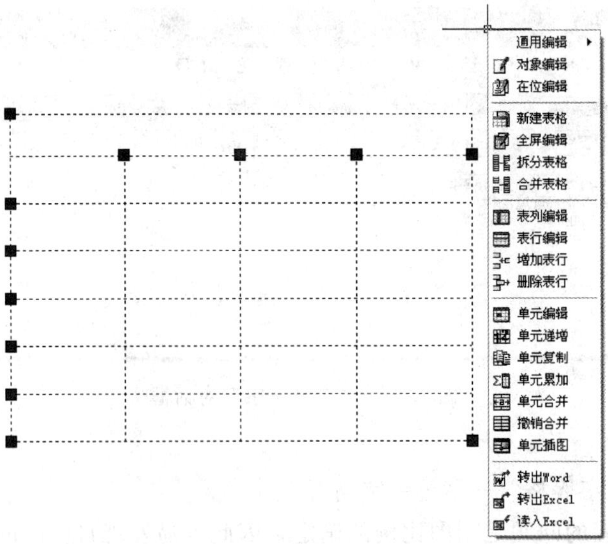

图 13.9　表格编辑快捷菜单

用户也可直接双击表格，在弹出如图 13.11 所示的表格设定对话框里，可以输入标题内容，或选择右边的表格编辑方式输入表格内容。

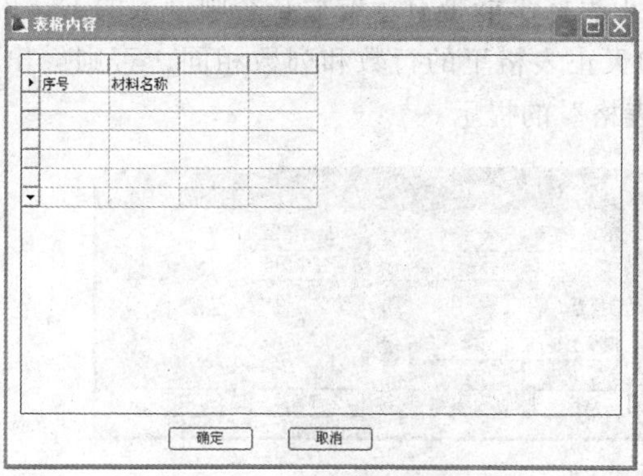

图 13.10　“表格内容”输入

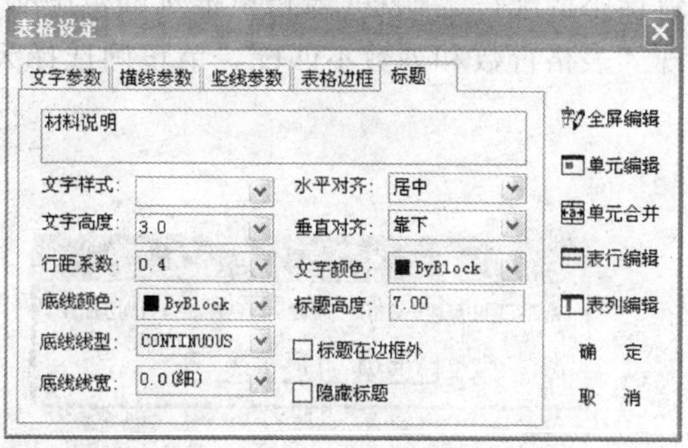

图 13.11　“表格设定”对话框

内容输入完毕后，得出如图 13.12 所示的表格。

对于表格大小的调整，用户可以在点选表格后，出现表格横竖方向可供调整的夹点，可以利用夹点的移动达到调整的目的（图 13.13）。

材料说明			
序号	材料名称	配合比或强度	备注
1	水泥砂浆	1：2	中砂
2	混凝土	C30	
3	灰土	1：1：6	
4	钢筋	ϕ20	柳钢牌
5	水泥	425＃	普通水泥
	玻璃	6 厚	耀皮玻璃

图 13.12　表格输入的初次结果

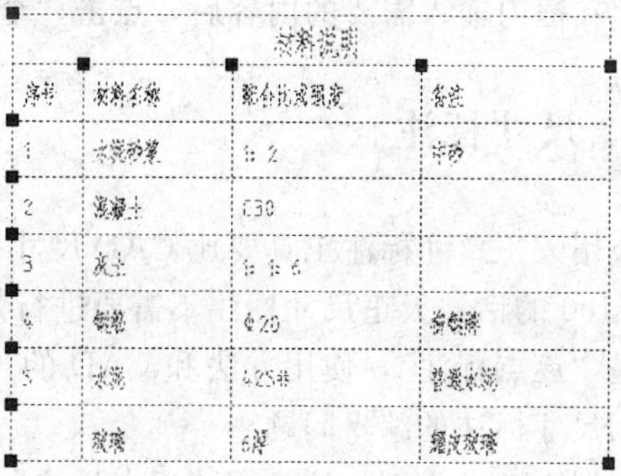

图 13.13　表格夹点的调整

“天正表格与 Excel 的转换”。菜单命令：“文字表格”→“新建表格”→“转出 Excel”（“读入 Excel”）。

天正 8.0 的表格可以实现和 Excel 表格的转换，大大方便用户的编辑工作。

“转出 Excel”：点取菜单命令后，用光标点取表格，即转进了 Excel 表格状态，如图 13.14 所示。

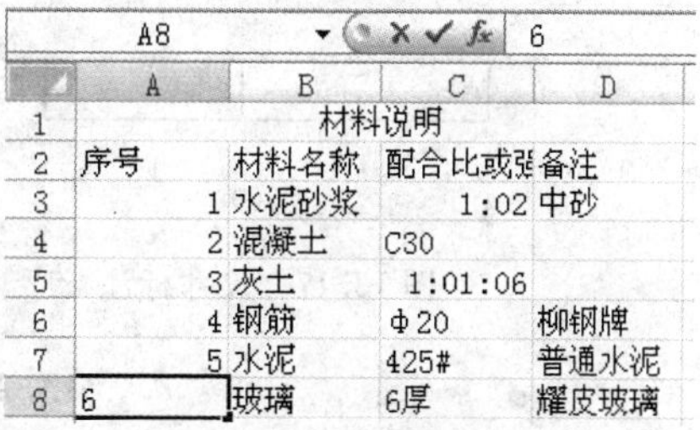

图 13.14　表格转出到 Excel 表格里

“读入 Excel”：在 Excel 表格里编辑好后，如需要转回到天正软件里更新原有表格，可以把 Excel 表格的范围框选，然后在天正软件里点取“读入 Excel”，出现一个对话框，如图 13.15 所示。输入 Y，然后用光标选择插入表格的左上角点即可得到新表格；或者输入 N，然后用光标点取表格，即可完成新内容的更新。

注意：如要正常完成天正表格与 Excel 表格的更新互换，必须注意几个问题：①Excel 表格文件必须只有一个处于打开状态；②天正表格不能带有标题栏，否则读入的 Excel 数据不匹配；③Excel 表格里框选的范围必须和天正表格里的行数和列数相同，否则会出现“表格行数和列数不匹配，请正确选择天正表格”的提示。

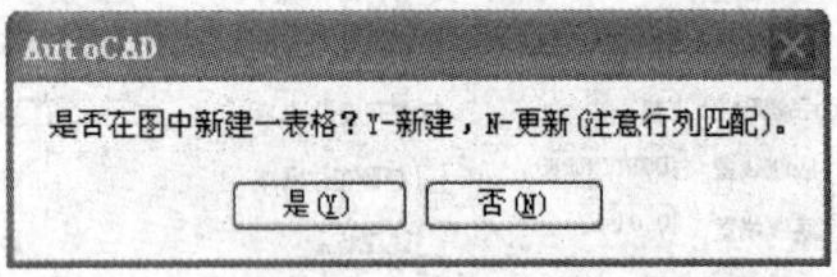

图 13.15　读入 Excel 对话框

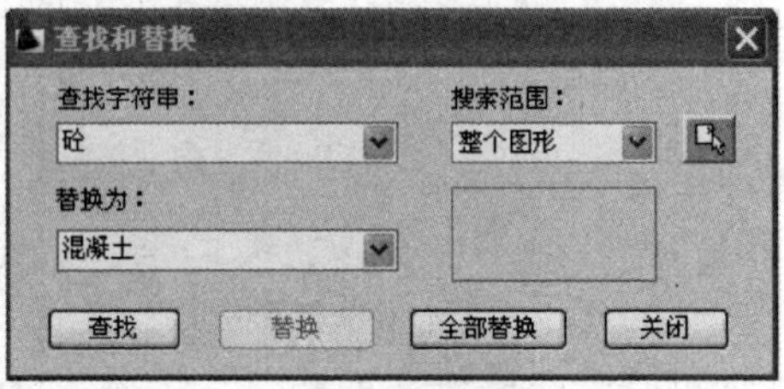

图 13.16　“查找和替换”对话框

13.1.3　查找替换

菜单位置：“文字表格”→“查找替换”。

应该承认，在高版本的 AutoCAD 里，文字的查找替换所花的时间远超低版本的时间，而用天正的查找替换则又可以瞬间完成。点取菜单命令后，弹出如图 13.16 所示的对话框，在框内输入需要的内容后，点击“全部替换”即可。

13.2　尺寸标注

应用天正尺寸标注工具要比 CAD 尺寸标注方便快捷得多，主要体现在如果打印比例为 1∶100 的话，天正尺寸标注不需要进行烦琐的设置过程，直接选用即可。使用最多的工具是“逐点标注”，使用方法和 CAD 的“线性标注”和“对齐标注”相同。本节内容仅介绍尺寸标注的编辑问题。

以图 13.17 为例，这是用“逐点标注”命令完成的。

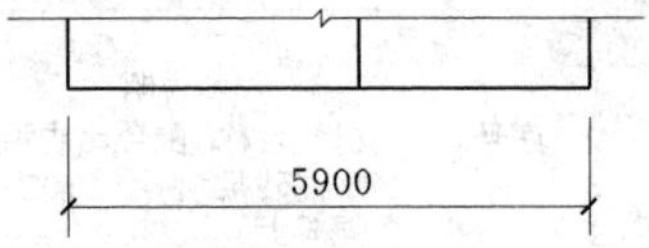

图 13.17　尺寸标注

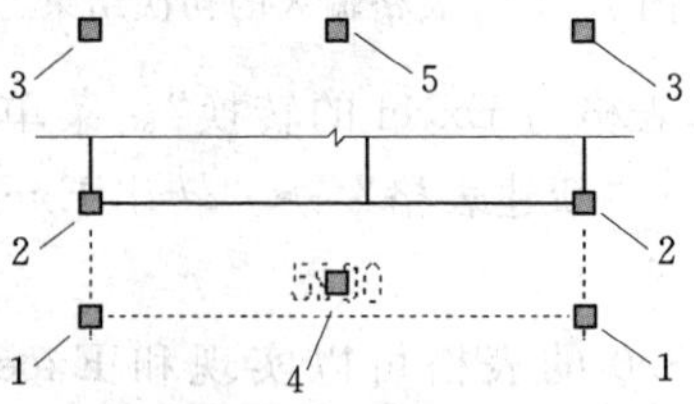

图 13.18　尺寸控制点

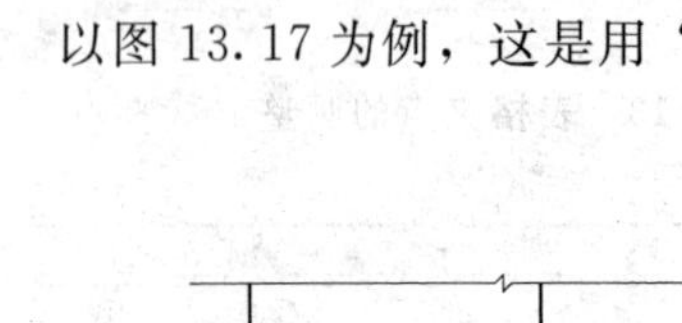

图 13.19　调整尺寸控制点位置

13.2.1　尺寸界线位置的变动

点取尺寸线或尺寸数字，会出现如图 13.18 所示的控制点（即夹点）。

说明：1 点可以调整尺寸线和图形之间的距离，也就是拉长尺寸界线的长度；2 点用来调整标注点的位置；3 点和 5 点没多大实际意义；4 点用来调整尺寸数字的位置。

如调整右边 2 点的位置，可以得到如图 13.19 所示的尺寸结果。

13.2.2 增加尺寸界线

增加尺寸界线也就是增加标注点，可以直接双击尺寸线，然后用光标点取要增加的标注点，即可完成尺寸界线的增加，如图 13.20 所示。

图 13.20 的结果都可以由图 13.18 或图 13.19 得出。

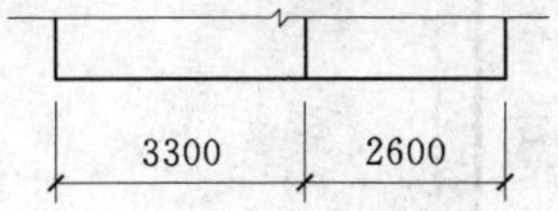

图 13.20 增加尺寸界线

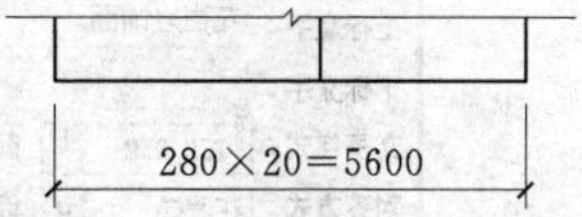

图 13.21 改变尺寸数字

13.2.3 尺寸数字的变更

可以直接双击数字，之后输入想要输入的内容即可，如图 13.21 所示。

13.2.4 尺寸的拉伸、延伸和修剪

天正尺寸的尺寸线和 CAD 的直线在拉伸、延伸和修剪上，操作是一样的，天正尺寸的尺寸线可以像 CAD 的直线一样进行这三方面的编辑，用户不妨试一下，这里就不再叙述了。

13.3 符号标注

“符号标注”里用得最多的就是标高标注和引注。下面就主要介绍这两种标注方法。

13.3.1 标高标注

菜单位置：“符号标注” → “标高标注”。

点选命令后，弹出标高标注的对话框，如图 13.22 所示。

用户如果想输入的是特定的标高数值，则需勾选“手工输入”选项，然后在“楼层标高”下的数据栏里输入特定的数值；如果要输入的是多个标高行，可以在输入完第一个后，利用回车功能，输入第二个、第三个、……，此时还需要再勾选下面的选项“楼层标高自动加括号”，如图 13.23 所示。注意对话框内注写的标高值顺序和右侧标注结果的对照。

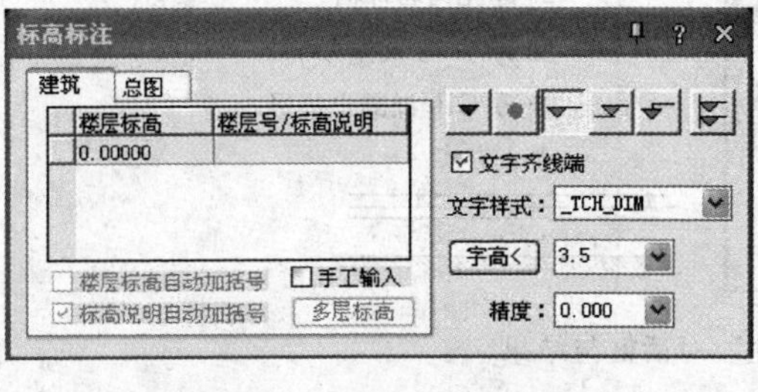

图 13.22 “标高标注”对话框

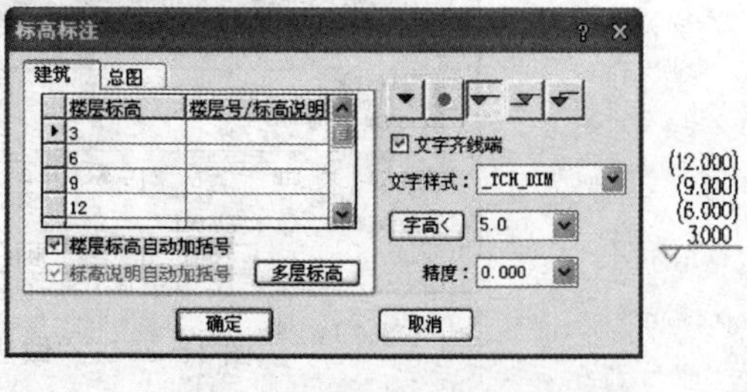

图 13.23 楼层标高标注

13.3.2 引注

菜单位置：“符号标注” → “箭头引注”、“引出标注”、“做法标注”、“索引符号”。

“箭头引注”：点选命令后，弹出标高标注对话框，如图 13.24 所示。对应标注的结果在对话框的右侧。标注时宜先点选箭头的位置，再点选箭线转折点，最后点箭尾，点两次鼠标右键即完成引注。说明：“对齐方式”的“齐线端”可以标出如图 13.26 左侧的线上下标注结果。

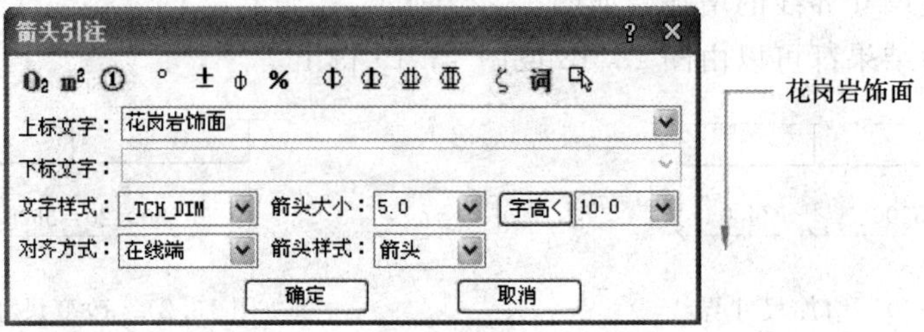

图 13.24　“箭头引注”对话框

“引出标注”：点选命令后，弹出与箭头引注很相像的引出标注对话框，如图 13.25 所示。与箭头引注不同的是：引出标注可以同时引出多条箭线，而箭头引注只有一条箭线，如图 13.26 所示（左为箭头引注，右为引出标注）。

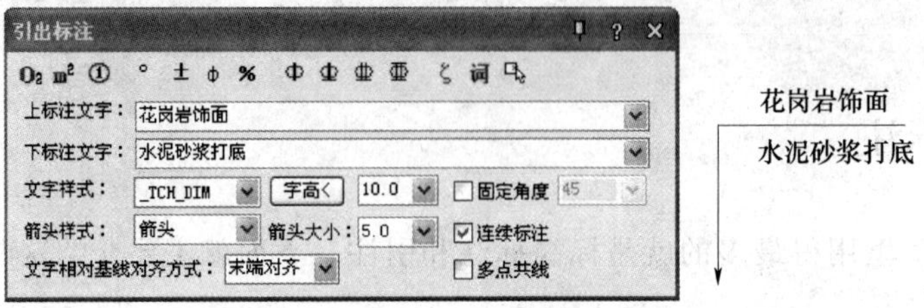

图 13.25　“引出标注”对话框

图 13.26　箭头引注与引出标注的结果对比

“做法标注”：此标注法用于多层构造引出标注，如地面构造做法、墙面构造做法、屋面构造做法等等。注意对话框内注写的内容顺序和右侧标注结果的对照（图 13.27）。

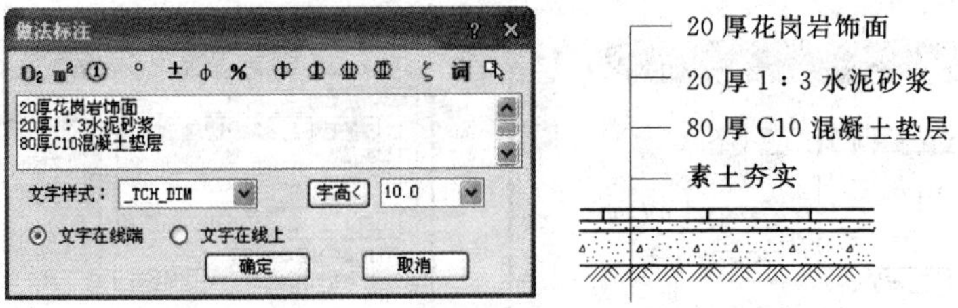

图 13.27　“做法标注”对话框与结果

“索引符号”：此标注法用于注明局部范围的构造引注，通常作为详图位置的索引，如图 13.28 所示的对话框和右侧的标注结果对照。注意对话框中“索引图号”和“索引编号”对应的右图的标注结果。

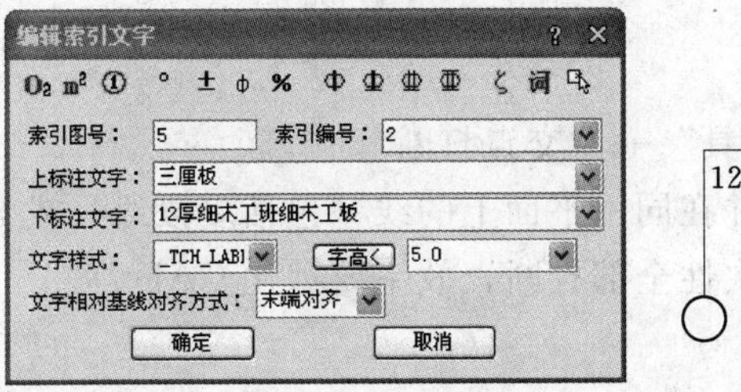

图 13.28 索引标注对话框与结果

13.3.3 索引图名

菜单位置："符号标注" → "索引图名"。

索引图名作为详图图名标注，使用很方便，且圈内文字格式符合国家制图标准。点取命令后，操作过程如下：

请输入被索引的图号（一表示在本图内）<一>：输入 5，回车（直接回车即默认索引的图在本图）

请输入索引编号<1>：输入 3，表示详图编号

请输入比例（一表示不绘制）1：<100>：回车即默认 1：100 并显示在图上

以上操作的结果如图 13.29（a）所示，图 13.29（b）为索引的图在本图内。

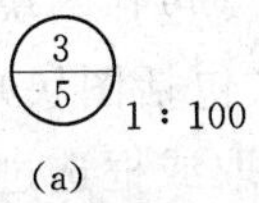

图 13.29 索引图名

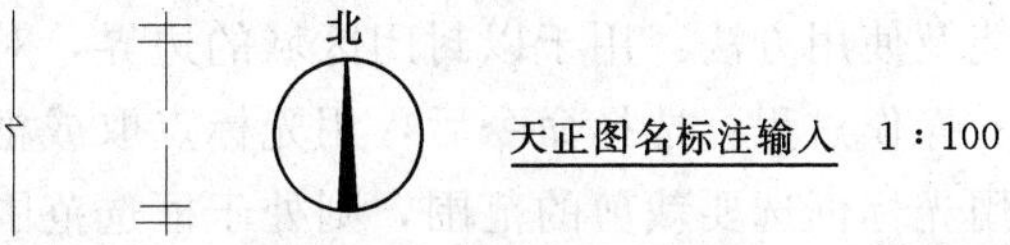

图 13.30 加折断线、画对称轴、画指北针、图名标注

13.3.4 其他工具

符号标注的其他常用工具如加折断线、画对称轴、画指北针、图名标注等，使用方法都很简单，用户只要按命令行语言提示即很容易完成，结果如图 13.30 所示。

13.4 工具

天正菜单的工具里，有许多在实际设计中很实用又好用的工具，包括：线变复线、连接线段、交点打断、虚实变换、加粗曲线、消除重线、图形裁剪等，下面仅介绍它们的功能和使用方法，因为操作较简单，就不再列图叙述了。

13.4.1 线变复线

菜单位置："工具" → "曲线工具" → "线变复线"。

功能及使用方法：将若干段彼此衔接的直线（Line）、弧线（Arc）、多段线（Pline）等连接成整段的多段线（Pline）。

13.4.2 连接线段

菜单位置："工具" → "曲线工具" → "连接线段"。

功能及使用方法：将共线的两条线段（不管是否形成重叠）或两段弧、相切的直线段

与弧相连接。

13.4.3　交点打断

菜单位置："工具"→"曲线工具"→"交点打断"。

功能及使用方法：将通过交点并在同一平面上的线（包括多段线）或弧打断。用框选的方式可以将这些线都在交点处一次性全部打断，效率要远比 CAD 高。

13.4.4　虚实变换

菜单位置："工具"→"曲线工具"→"虚实变换"。

功能及使用方法：使 AutoCAD 图形对象（包括图块）中的线型在虚线与实线之间进行切换。本命令不适用于天正图块，如需变换，应先将天正图块分解成标准图块。

13.4.5　消除重线

菜单位置："工具"→"曲线工具"→"消除重线"。

功能及使用方法：用于消除多余的或者重叠的曲线对象 Line、Arc、Circle，参与消除的重线包括：Line、Arc、Circle 的搭接、部分重合或全部重合；如是多段线（Pline）的处理，用户必须先将其分解后才能参与处理。

13.4.6　图形裁剪

菜单位置："工具"→"其他工具"→"图形裁剪"。

或"立面"→"图形裁剪"。

功能及使用方法：用于以封闭区域的边界，对区域内指定的二维图形（包括图块）进行裁剪。操作过程：选择命令后，用光标点取或框选要裁剪的二维图形（包括图块），回车后，用光标框选要裁剪的范围，则处于框选范围内的所有先前用光标点取或框选过的二维图形（包括图块）全部消除。

14 文件的打印与输出

本章要点

通过学习本章知识，学生应能掌握天正建筑软件环境下打印样式的设置方法和打印输出的一般步骤。理解和掌握打印样式管理的方法和设置，理解和学会打印出图的过程与步骤。

14.1 打印样式管理

14.1.1 设置打印样式

（1）单击“新建”下拉菜单中的“打印样式管理器”，弹出如图 14.1 所示的对话框。

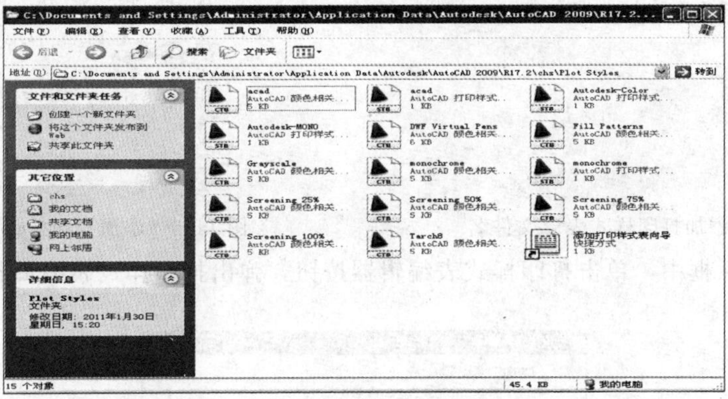

图 14.1　打印样式管理器

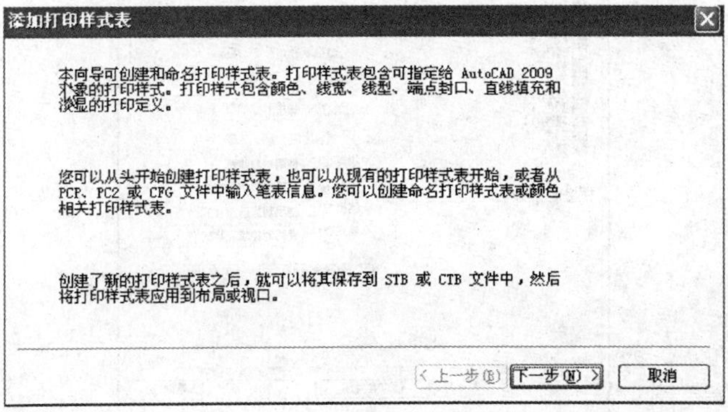

图 14.2　添加打印样式表

（2）单击添加打印样式图标，弹出添加打印样式表对话框，如图 14.2 所示。

（3）单击下一步，弹出添加打印样式表－开始对话框，如图 14.3 所示。

（4）单击下一步，弹出添加打印样式表－选择打印样式表对话框，如图 14.4 所示。

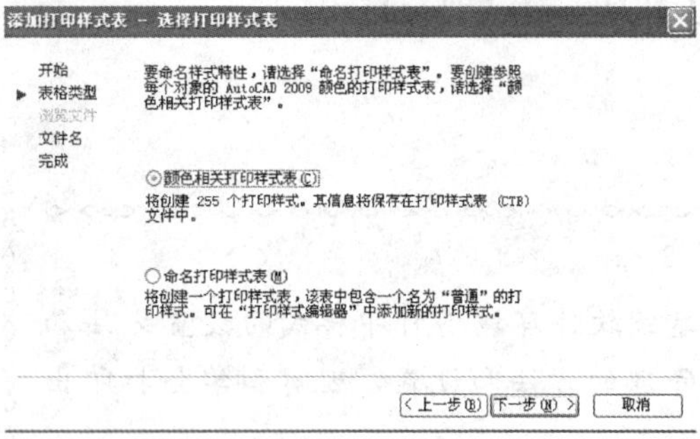

图 14.3　添加打印样式表－开始

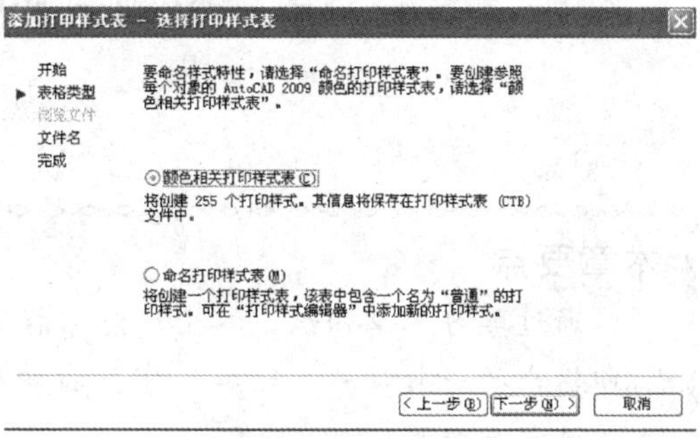

图 14.4　添加打印样式表－选择打印样式表

（5）单击下一步，弹出添加打印样式表－文件名对话框，如图 14.5 所示。

（6）单击下一步，弹出添加打印样式表－完成，如图 14.6 所示。

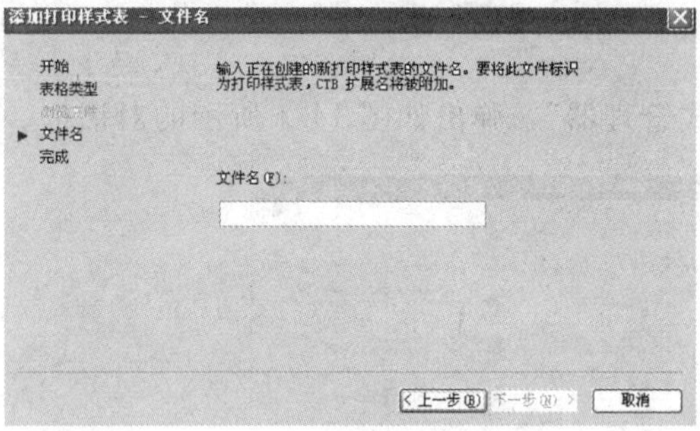

图 14.5　添加打印样式表－文件名

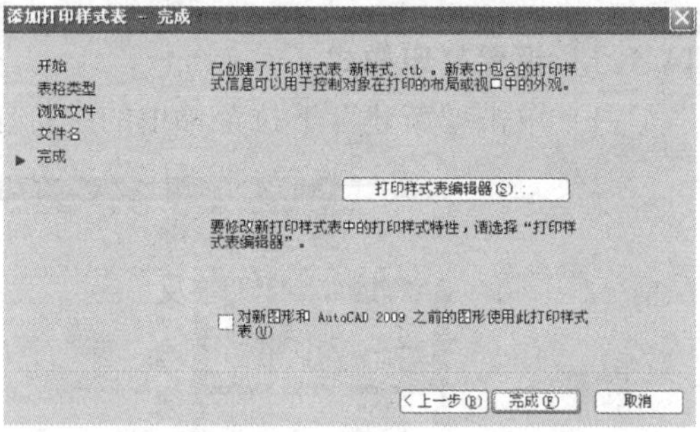

图 14.6　添加打印样式表－完成

（7）在对话框中，单击打印样式表编辑器按钮，弹出打印样式表编辑器对话框，如图 14.7 所示。

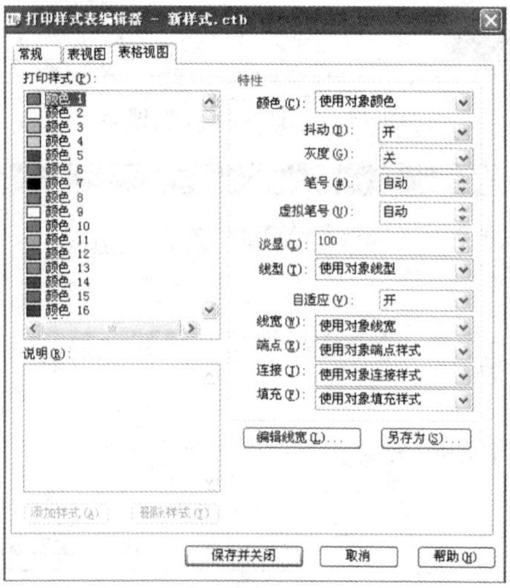

图 14.7　打印样式表编辑器

14.2 设置打印参数

在 AutoCAD 中，用户可使用内部打印机或 Windows 系统打印机输出图形，并能方便地修改打印机设置及其他打印参数。选择“文件”/“打印”选项，AutoCAD 弹出“打印”对话框，如图 14.8 所示。在此对话框中可配置打印设备及选择打印样式，还能设定图纸幅面、打印比例及打印区域等参数。以下介绍该对话框的主要功能。

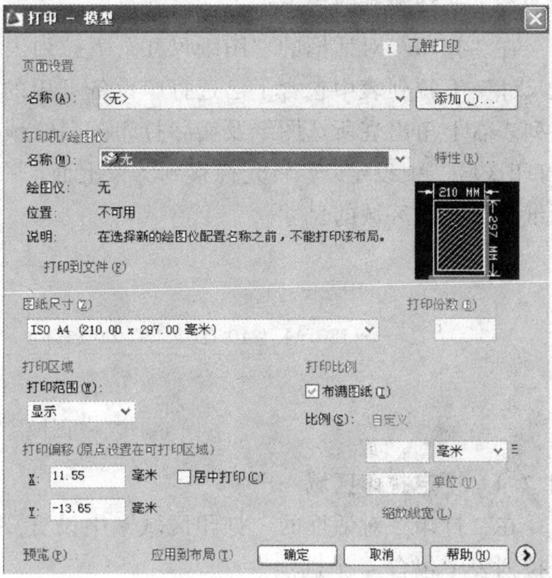

图 14.8 打印对话框

14.2.1 选择打印设备

在“打印机/绘图仪”的“名称(M)”下拉列表中用户可选择 Windows 系统打印机或 AutoCAD 内部打印机（“.pc3”文件）作为输出设备，请读者注意，这两种打印机名称前的图标是不一样的。当用户选定某种打印机后，“名称(M)”下拉列表下面将显示被选中设备的名称、连接端口以及其他有关打印机的注释信息。

14.2.2 使用打印样式

在“打印”对话框“打印样式表”区域的“名称”下拉列表中选择打印样式，如图 14.9 所示。打印样式是自 AutoCAD 2000 版开始增加的新特性，用于修改打印图形的外观。图形中每个对象或图层都具有打印样式属性，通过修改打印样式，就能改变对象原有颜色、线型或线宽。

打印样式表包括两种类型。

(1) 颜色相关打印样式表：颜色相关打印样式表以“.ctb”为文件扩展名保存，该表以对象颜色为基础，共包含 255 种打印样式，每种 ACI 颜色对应一个打印样式，样式名分别为“颜色 1”、“颜色 2”等。不能添加或删除颜色相关打印样式，也不能改变它们的名称。用户通过调整与颜色对应的打印样式可以控制所有具有同种颜色对象的打印方式。此外，也可通过改变对象的颜色来改变用于该对象的打印方式。

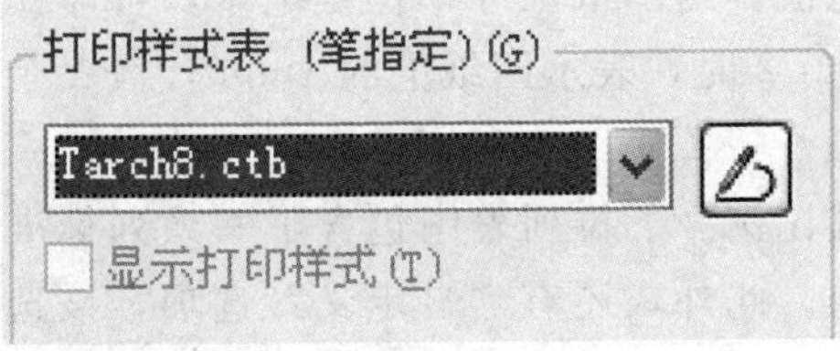

图 14.9 打印样式对话框

(2) 命名相关打印样式表：命名相关打印样式表以“.stb”为文件扩展名保存，该表包括一系列已命名的打印样式，可修改打印样式设置及其名称，还可添加新的样式。命名打印样式可以独立于对象的颜色使用，用户可以给对象指定任意一种打印样式，而不管对象的颜色是什么。

说明：选择“文件”/“打印样式管理器”选项，打开“plot styles”文件夹，该文件夹中包含打印样式文件及添加打印样式表向导快捷方式，单击此快捷方式就能创建新打印样式。

14.2.3　选择图纸幅面

在“打印”对话框的“图纸尺寸”下拉列表中指定图纸大小，如图 14.10 所示。“图纸尺寸”下拉列表中包含了已选打印设备可用的标准图纸尺寸。当选择某种幅面图纸时，该列表右上角出现所选图纸及实际打印范围的预览图像（打印范围用阴影表示出来，可在“打印区域”中设定）。将光标移到图像上面，在光标位置处就显示出精确的图纸尺寸及图纸上可打印区域的尺寸。

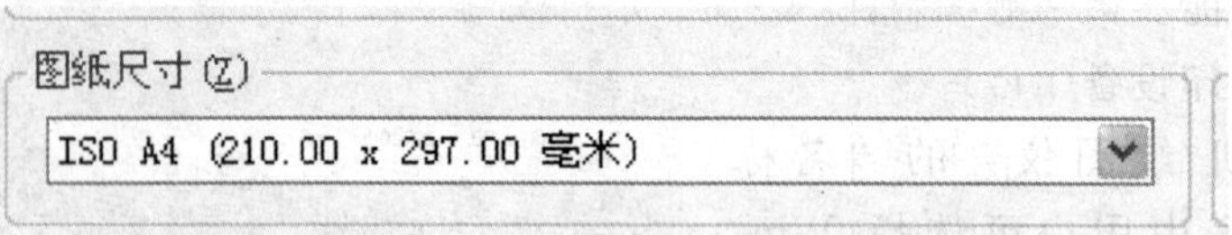

图 14.10　“图纸尺寸”对话框

14.2.4　设定打印区域

在“打印”对话框的“打印区域”中设置要输出的图形范围。该区域的“打印范围”下拉列表中包含 4 个选项。

“图形界限”：从模型空间打印时，“打印范围”下拉列表将列出“图形界限”选项。选择该选项，AutoCAD 就把设定的图形界限范围（用 LIMITS 命令设置图形界限）打印在图纸上。从图纸空间打印时，“打印范围”下拉列表将列出“布局”选项。选择该选项，AutoCAD 将打印虚拟图纸的可打印区域内的所有内容。

“显示”：打印整个图形窗口。

“窗口”：打印用户自己设定的区域。选择此选项后，AutoCAD 提示指定打印区域的两个角点，同时，在“打印”对话框中显示按钮，单击此按钮，可重新设定打印区域。

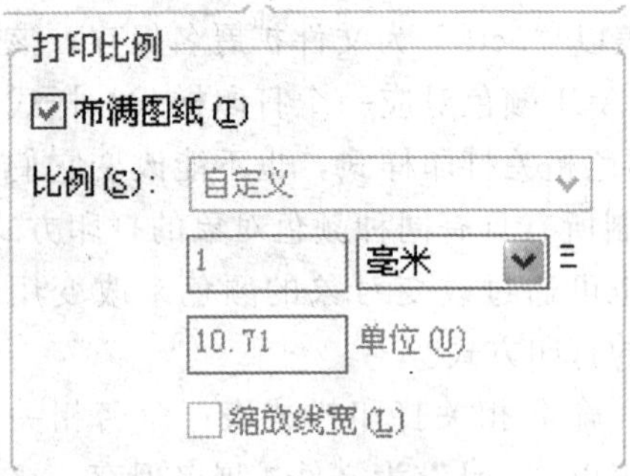

图 14.11　打印比例设置

14.2.5　设定打印比例

在“打印”对话框的“打印比例”区域中设置出图比例，如图 14.11 所示。绘制阶段用户根据实物按 1∶1 比例绘图，出图阶段需依据图纸尺寸确定打印比例，该比例是图纸尺寸单位与图形单位的比值。当图纸尺寸单位是毫米，打印比例设定为 1∶2 时，表示图纸上的 1mm 代表 2 个图形单位。

在“比例”下拉列表中包含了一系列标准缩放比例值。此外，还有“自定义”选项，该选项使用户可以自己指定打印比例。

在“比例”下拉列表中包含了一系列标准缩放比例值。此外，还有“自定义”选项，该选项使用户可以自己指定打印比例。

从模型空间打印时，“打印比例”的默认设置是“布满图纸”。此时，AutoCAD 将缩放图形以充满所选定的图纸。

14.2.6 调整图形打印方向和位置

图形在图纸上的打印方向通过“图形方向”区域中的选项调整，如图 14.12 所示。该区域包含一个图标，此图标表明图纸的放置方向，图标中的字母代表图形在图纸上的打印方向。

“纵向”：图形在图纸上的放置方向是水平的。

“横向”：图形在图纸上的放置方向是竖直的。

“反向打印”：使图形颠倒打印，此选项可与“纵向”、“横向”结合使用。

图形在图纸上的打印位置由“打印偏移”确定，如图 14.13 所示。缺省情况下，AutoCAD 从图纸左下角打印图形。打印原点处在图纸左下角位置，坐标是（0，0），用户可在“打印偏移”中设定新的打印原点，这样图形在图纸上将沿 x 和 y 轴移动。

图 14.12　打印比例设置

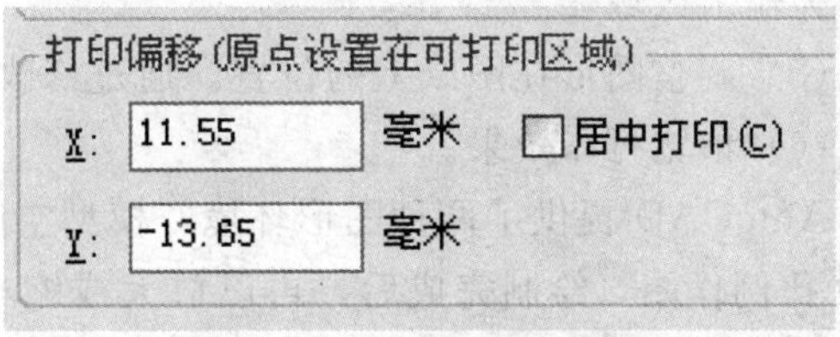

图 14.13　打印偏移设置

该区域包含以下 3 个选项：

“居中打印”：在图纸正中间打印图形（自动计算 x 和 y 方向的偏移值）。

“X”：指定打印原点在 x 方向的偏移值。

“Y”：指定打印原点在 y 方向的偏移值。

提示：如果用户不能确定打印机如何确定原点，可试着改变一下打印原点的位置并预览打印结果，然后根据图形的移动距离推测原点位置。

14.2.7 预览打印效果

打印参数设置完成后，可通过打印预览观察图形的打印效果。如果不合适可重新调整，以免浪费图纸。

单击“打印”对话框下面的预览按钮，AutoCAD 显示实际的打印效果。由于系统要重新生成图形，因此对于复杂图形需耗费较多时间。

预览时，可以进行实时缩放操作。查看完毕后，按 Esc 或 Enter 键返回“打印”对话框。

14.2.8 保存打印设置

用户选择打印设备并设置完成打印参数后（图纸幅面、比例、方向等），可以将所有这些保存在页面设置中，以便以后使用。

在“打印”对话框“页面设置”区域的“名称”下拉列表中显示了所有已命名的页面

设置。若要保存当前页面设置就单击该列表右边的添加按钮，打开“添加页面设置”对话框。在该对话框的“新页面设置名”框中输入页面名称，然后单击确定按钮，存储页面设置。

用户也可以从其他图形中输入已定义的页面设置。在“页面设置”区域的“名称”下拉列表中选择“输入”选项，打开“从文件选择页面设置”对话框，选择并打开所需的图形文件，弹出“输入页面设置”对话框。该对话框显示图形文件中包含的页面设置，选择其中之一，单击确定按钮完成。

14.2.9　小结

本章主要介绍了从模型空间出图的基础知识，并通过实例说明了具体的打印步骤，此外，还演示了从图纸空间出图的过程。打印图形时，用户一般需作以下设置：

（1）选择打印设备，包括 Windows 系统打印机及 AutoCAD 内部打印机。

（2）指定图幅大小、图纸单位及图形放置方向。

（3）设定打印比例。

（4）设置打印范围，用户可指定图形界限、所有图形对象、某一矩形区域、显示窗口等作为输出区域。

（5）调整图形在图纸上的位置。通过修改打印原点可使图形沿 x、y 轴移动。

（6）预览打印效果。

AutoCAD 提供了两种图形环境：模型空间和图纸空间。用户一般是在模型空间中按 1∶1 比例作图，绘制完成后，再以放大或缩小的比例打印图形。图纸空间提供了一张虚拟图纸，设计人员在这张图纸上布置模型空间的图形并设定缩放比例。出图时，将虚拟图纸用 1∶1 比例打印出来。

附录　AutoCAD2009 常用命令一览表

快捷键	英文命令	中文命令	快捷键	英文命令	中文命令
L	LINE	直线	CHA	CHAMFER	倒角
ML	MLINE	多线	F	FILLET	圆角
A	ARC	圆弧	ED	DDEDIT	修改文本
C	CIRCLE	圆	DI	DIST	测量距离
PL	PLINE	多段线（复合线）	AA	AREA	测量面积
REC	RECTANGLE	矩形	Z	ZOON	窗口放大
DO	DONUT	圆环	ST	STYLE	文字样式
MT	MTEXT	多行文本	D	DIMSTYLE	标注样式
T	MTEXT	多行文本	F1		HELP（帮助）
B	BLOCK	块定义	F3	OSNAP	对象捕捉
I	INSERT	插入块	F8	ORTHO	正交
DIV	DIVIDE	等分	F9		栅格捕捉
H	BHATCH	图案填充	F10		极轴
CO（CP）	COPY	复制	F11		对象追踪
MI	MIRROR	镜像	OS	OSNAP	设置对象捕捉
AR	ARRAY	阵列	CTRL＋1	PROPERTIES	修改特性
O	OFFSET	偏移	CTRL＋2	ADCENTER	设计中心
RO	ROTATE	旋转	CTRL＋O	OPEN	打开文件
M	MOVE	移动	CTRL＋N	NEW	新建文件
E（DEL 键）	ERASE	删除	CTRL＋Z（U）	UNDO	放弃
X	EXPLODE	分解	CTRL＋X	CUTCLIP	剪切
TR	TRIM	修剪	CTRL＋C	COPYCLIP	复制
EX	EXTEND	延伸	CTRL＋V	PASTECLIP	粘贴
S	STRETCH	拉伸	滚动鼠标滚轮		视图缩放
SC	SCALE	比例缩放	双击鼠标滚轮		视图最大化显示
BR	BREAK	打断	按住鼠标滚轮		视图平移

参 考 文 献

[1] 中华人民共和国建设部主编．房屋建筑制图统一标准（GB/50001—2001）．北京：中国计划出版社，2002.

[2] 中华人民共和国建设部主编．总图制图标准（GB/50103—2001）．北京：中国计划出版社，2002.

[3] 中华人民共和国建设部主编．建筑制图标准（GB/50104—2001）．北京：中国计划出版社，2002.

[4] 中华人民共和国建设部主编．建筑结构制图统一标准（GB/50105—2001）．北京：中国计划出版社，2002.

[5] 中国建筑标准设计研究院．国家建筑设计标准图集（03G101—1）．2003.

[6] 孙世青．土建工程制图与 AutoCAD. 北京：机械工业出版社，2008.

[7] 孙江宏．计算机辅助设计——AutoCAD2009 实训指导．北京：中国水利水电出版社，2010.

[8] 曾刚．计算机辅助设计与绘图实用教程学习指导与实践——AutoCAD2009. 北京：中国水利水电出版社，2008.

[9] 张多峰，等．AutoCAD 工程制图实训教程．北京：中国水利水电出版社，2010.

[10] 三虎工作室．AutoCAD2009 建筑绘图自学实战手册．北京：兵器工业出版社，2010.

[11] 郭大州．建筑 CAD. 北京：中国水利水电出版社，2008.

[12] 邵谦谦，等．新世纪 AutoCAD2009 中文版建筑制图应用教程．北京：电子工业出版社，2009.

[13] 麓山．TArch8.0 天正建筑软件标准教程．北京：机械工业出版社，2010.

[14] 钱敬平，等．AutoCAD 建筑制图教程．北京：中国建筑工业出版社，2006.

[15] 北京创新天正软件有限公司．TArch8.0 天正建筑软件实用手册．北京：人民邮电出版社，2010.